“十四五”国家重点出版物出版规划项目

智能机器人基础理论与关键技术丛书

机器人建模与分析的几何代数方法

李秦川　徐灵敏　柴馨雪　著

科学出版社

北　京

内 容 简 介

本书提出几何代数框架下的串/并联机器人建模与分析方法，分别对机器人的构型综合与自由度、运动学与尺度优化、解析静刚度和逆动力学进行综合研究。全书共 6 章。第 1 章为绪论。第 2 章介绍几何代数基础知识。第 3 章介绍几何代数框架下机器人的构型综合与自由度分析。第 4 章介绍几何代数框架下机器人的运动学分析与尺度综合。第 5 和第 6 章分别介绍几何代数框架下机器人的解析静刚度建模与应用，以及几何代数框架下机器人的解析逆动力学建模与应用。

本书可以作为高等院校机械工程及其相关专业研究生和高年级本科生的教材，也可以作为机械工程相关领域科研人员的参考用书。

图书在版编目(CIP)数据

机器人建模与分析的几何代数方法 / 李秦川，徐灵敏，柴馨雪著. 北京 ：科学出版社，2025. 3. -- (智能机器人基础理论与关键技术丛书). ISBN 978-7-03-080951-3

Ⅰ. TP242

中国国家版本馆CIP数据核字第2024AK7664号

责任编辑：朱英彪　李　娜 / 责任校对：任苗苗
责任印制：肖　兴 / 封面设计：有道文化

科学出版社出版
北京东黄城根北街 16 号
邮政编码: 100717
http://www.sciencep.com
北京中科印刷有限公司印刷
科学出版社发行　各地新华书店经销
*
2025 年 3 月第　一　版　开本：720 × 1000　1/16
2025 年 3 月第一次印刷　印张：18 1/4
字数：368 000

定价：168.00 元

前　言

串/并联机器人是机器人学的研究热点，也是机器人行业的重点研发对象。对其进行系统建模与分析，既是机器人设计过程中的必要步骤，也是实现实际应用的前提条件。串联机器人在拓扑结构上为简单的开环结构，由多个驱动关节和杆件串联而成，目前已广泛用于工业生产中。不同于串联机器人，并联机器人在拓扑结构上为复杂的多闭环耦合结构，具有刚度大、精度高、承载能力强等优点，已作为多种高端机器人装备的主要单元。

构型综合是并联机器人机构学中极具挑战性的问题，是指在给定末端输出自由度和特性的情况下，确定所需的分支数、各分支中的关节数、关节类型、关节空间布置和分支间的几何关系，并选定驱动副。研究至今，常用的少自由度并联机器人构型综合方法分别是基于运动求交思想的位移流形综合法和 G_F 集综合法等，以及基于约束求并思想的约束螺旋综合法和 Grassmann 线几何综合法等。但是，上述方法在对某些特殊并联机器人进行构型综合时，仍容易得到错误结果，例如，运用位移流形综合法会出现难以保证机器人全周自由度的情况，运用约束螺旋综合法则易得到具有瞬时输出自由度的并联机器人。

运动学分析是对串/并联机器人进行性能评估、模拟仿真和精确控制的基础，包括计算机器人的位置正逆解、确定工作空间、判定各奇异位形等。尺度综合是指确定机器人构型后，选择合适的性能评价指标，探究机器人性能变化与杆件参数(如杆件长度等)间的映射关系并对其进行优化设计。该步骤是机器人实际制造前的必要环节，对工程应用具有重要的指导意义。

静刚度建模主要研究系统在静力平衡情况下，机器人末端微小变形和外部载荷之间的映射关系，以便评估机器人抵抗变形的能力。现有的静刚度建模方法主要可分为有限元分析法、矩阵结构分析法和虚拟关节建模法等。但是，上述方法均存在一些缺陷，例如，有限元分析法需要进行多次网格划分，计算烦琐且耗时；矩阵结构分析法则包含大量高阶矩阵运算，不适用于复杂的机器人结构等。机器人大多用于高速高精度场合，因此有必要建立计算高效且意义清晰的串/并联机器人解析静刚度模型，这既是机器人静刚度性能分析的基础，也为实际工作空间选择和样机设计提供重要的参考依据。

逆动力学建模是指在已知机器人参数的前提下，根据末端输出的运动位置、速度及加速度，反向推导确定各驱动关节的驱动力/力矩，为设计机器人结构、预估电机参数和控制实际样机奠定基础。常用的机器人刚体逆动力学建模方法均存在一些问题，例如，牛顿-欧拉法通过罗列大量运动方程来进行求导计算，过程烦琐；拉格朗日法则利用广义独立坐标建立机器人中所有构件的微分运动方程，不适用于关节/杆件多的机器人逆动力学建模等。考虑到串/并联机器人中构件结构参数和内部受力情况的影响，在设计阶段建立一个简单、正确、高效的串/并联机器人逆动力学解析模型是非常必要的。

几何代数又称为 Clifford 代数，由英国数学家 Clifford 结合 Hamilton 代数和 Grassmann 代数理论创建而成。通过几何代数，不同的空间对象，如矢量、张量等元素，可在同一个框架下进行计算和描述。几何代数保留了矢量的内积计算和外积计算，并将二者之和用几何积进行描述，兼具代数意义和几何意义。在几何代数中，两个不同的一维矢量外积是一个有方向的二维平面，三个不同的一维矢量外积则是一个有方向的三维体，以此类推，可得到不同的高维空间体，在多维矢量分析和计算上具有巨大优势。在此基础上，还发展出了共形几何代数等。目前，几何代数已广泛应用于物理、信号及图像处理、机器视觉、计算机图形学、机器人学等方面。

机器人的机构学研究可以归结为运动子空间和力子空间之间映射关系的研究。然而现有数学工具如螺旋理论，在计算具有复杂结构的机器人力子空间解析表达式时，易出现求解困难的情况，严重影响了后续分析。不同于现有工具，几何代数可将子空间抽象为高维几何对象并对其进行直接计算，进而求得机器人运动子空间和力子空间的解析表达式，具有计算简单、意义清晰等优点。本书在几何代数框架下分别详细阐述串/并联机器人的构型综合与自由度分析、运动学分析与尺度综合、解析静刚度和逆动力学分析方法，为解决机器人机构学研究中的一些难题提供了有益参考。

本书共 6 章。第 1 章为绪论，主要简述串联机器人，并概述并联机器人在构型综合、运动学、静刚度和刚体逆动力学等方面的研究，同时对几何代数的发展及应用进行简单回顾。第 2 章为几何代数基础知识，主要介绍几何代数的基本定义和基本运算法则，并阐述 6 维几何代数与螺旋理论间的区别和联系，以及 5 维几何代数在刚体运动中的计算方法。第 3 章为几何代数框架下机器人的构型综合与自由度分析，基于 6 维几何代数构型综合出一系列两转动一平动非冗余驱动/冗余驱动并联机器人，并对多个并联机器人进行自由度分析验证。第 4 章为几何代数框架下机器人的运动学分析与尺度综合，通过 5 维共形几何代数阐述串/并联机器人逆运动学建模方法，以 1 个六自由度串联机器人和多个并联机器人为例进行方法验证，并基于条件数指标进行运动学性能分析和尺度综合研究。第 5 章为几何代数框架下机器人的解析静刚度建模与应用，通过 6 维几何代数和应变能原理建立串/并联机器人的解析静刚度建模方法，并以多个串联机器人和并联机器人为例进行验证。第 6 章为几何代数框架下机器人的解析逆动力学建模与应用，利用 6 维几何代数提出串/并联机器人的解析逆动力学建模方法，并通过 2 个六自由度串联机器人和多个并联机器人的建模计算和仿真对比，验证所提方法的正确性。本书数学工具统一、研究详细、结构清晰，具有较高的参考价值，同时对将几何代数这一数学工具应用于机器人学其他方面的研究有很好的启发作用。

本书主要内容源于国家自然科学基金(51525504、51935010)长期资助的研究成果，在此期间机器人学界国内外同行的宝贵意见与建议激励着我们不断前行和深入思考，科学出版社的大力支持使得此书最终得以出版，作者在此一并深表谢意！

由于作者水平有限，书中难免存在疏虞之处，敬请读者和专家批评指正。

作　者

2025 年 1 月

目　　录

第1章 绪　　论

1.1　串联机器人概述

串联机器人在拓扑结构上为一个开环运动链，目前作为串联操作臂已经成熟应用于工业自动化生产线，现有的工业机器人制造商也以开环为主要拓扑结构进行机器人设计及生产。典型的串联结构工业机器人有 Stanford 操作臂(图 1.1)、SCARA 机器人(图 1.2)等。

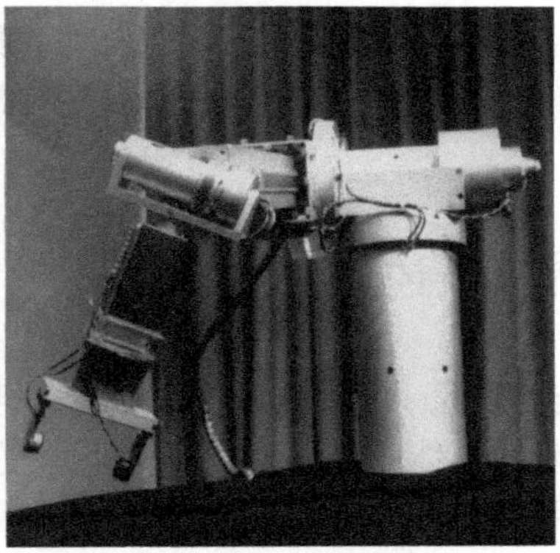

图 1.1　Stanford 操作臂

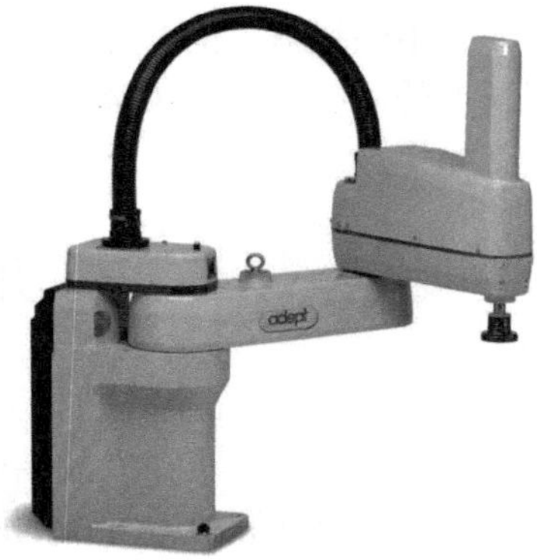

图 1.2　SCARA 机器人

串联操作臂在自动化生产线上可用于喷涂(图 1.3)、焊接(图 1.4)、码垛(图 1.5)、装配(图 1.6)等。这些串联操作臂的投入使得生产对人力的需求大大

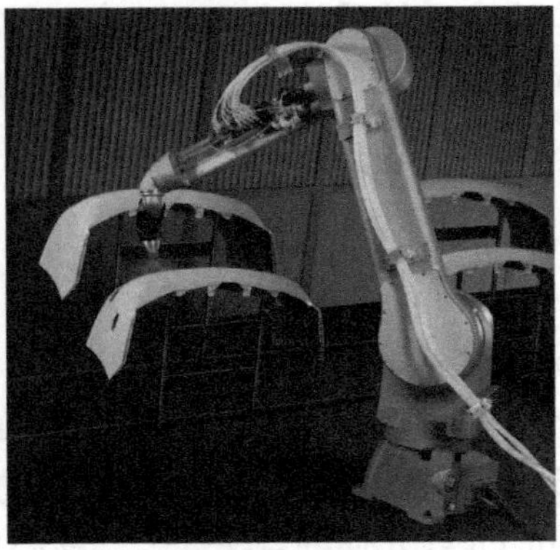

图 1.3　喷涂串联操作臂

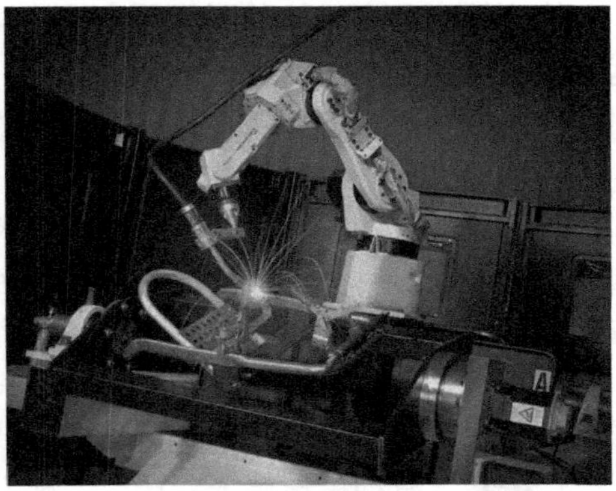

图 1.4　焊接串联操作臂

图 1.5　码垛串联操作臂

图 1.6　装配串联操作臂

减少，提高了生产效率。

然而，串联机器人的开环拓扑结构决定了其自身无法承受高载荷，同时，末端执行器上的误差为各个关节驱动器的累积误差，会带来误差放大问题，难以实现高精度操作。

1.2　并联机器人概述

不同于串联机器人，并联机器人在拓扑结构上为一个闭合的多环路运动链。相比于串联机器人，并联机器人的结构更加紧凑，整体刚度更高，末端可承受载荷更大。本节主要以并联机器人中的两转动一平动(two rotations and one translation, 2R1T)并联机器人为对象，对构型综合、自由度计算方法、运动学建模、静刚度建模、刚体逆动力学建模和尺度综合等方面的研究现状进行总结回顾。

1.2.1　并联机器人的构型综合

构型综合是在已知并联机器人机构输出自由度和性质的情况下，确定所需的运动分支数目、各个分支中的关节数目、关节类型、关节空间布置和分支间的几何关系，并选定驱动副[1,2]。不同于串联机器人，并联机器人的构型综合十分困难，主要依据设计人员的灵感和经验[3]。

经过数十年的探索和努力，研究学者主要提出了两类少自由度并联机器人构型综合方法。第一类是从机构的运动层面进行综合，如位移流形综合法[4-9]、一般特征集合(generalized function set, G_F集)综合法[10,11]、单开链综合法[12-14]、基于线性变换的综合法[15]和共形几何代数法[16]等，核心思想是运动求交，即根据并联机器人动平台运动反推出各分支运动并生成分支运动链；第二类是从机构的约束层面进行综合，有约束螺旋综合法[17-22]和 Grassmann 线几何综合法[23-27]，核心思想是约束求并，即根据并联机器人动平台所受约束反推出各分支约束，并通过互易积确定分支运动螺旋系，构建分支运动链。

通过上述不同的构型综合方法，目前已得到大量并联机器人。本书以2R1T并联机器人为例，进行具体的构型介绍。针对2R1T并联机器人，可根据是否具有确定输出转轴将其分为转轴不确定的一般情况和转轴确定的特殊情况。另外，对于具有确定输出转轴的2R1T并联机器人，还可根据两条转轴的几何关系将其细分为三类：两条转轴在近机架端垂直相交(UP类)、两条转轴在远机架端垂直相交(PU类)以及两条转轴分别在近机架端和远机架端且保持异面垂直(RPR类)[1,8,28]。

一般情况下，2R1T并联机器人[29-32]两条转轴具有时变性质，即在运动时空间中的两条转轴是异面直线，且直线间的扭角和公垂线长度会随运动发生改变。该类机器人的典型例子是Hunt[33]提出的3-RPS并联机器人(R：转动副；P：移动副；S：球面副)，由三条相同的RPS分支构成，如图1.7所示，其3个过球面副中心且平行于转动副的约束力限制了动平台的两个平动和一个转动。其他学者又提出了3-RRS[34]和不同布置的3-PRS[30,35-37]等并联机器人，如图1.8所示。根据3-RPS并联机器人的结构特征，Huang等[38]设计出A3并联动力头，如图1.9所示，其可作为并联模块用于大型结构件的高效数控加工。Chen等[39]将A3并联动力头与Z3主轴头进行性能对比，证明该A3并联动力头具有良好的运动/力传递性能。Wang等[32,40]在3-PRS并联机器人的基础上进行改进，提出了3-PUU并联机器人(U：虎克铰，又称胡克铰)，如图1.10所示。相比于3-PRS并联机器人，3-PUU并联机器人具有内部无球面副、制造装配更容易等优点。需要注意的是，虽然该类2R1T并联机器人可应用于运动模拟器[41]、微操作机械手[42]、加工主轴头[43]等方面，但由于其两条转轴之间存在角度和距离的时变性，机构动平台中心点在运动过程中会产生伴随运动[30]。尽管通过方位角和摆角描述[44,45]、参数优化或改变分支布置形式[36]能降低分析难度和减小伴随运动，但始终难以消除伴随运动，这一机器人特性对一些高精度应用存在影响，且大大增加了装备实时控制的复杂性。

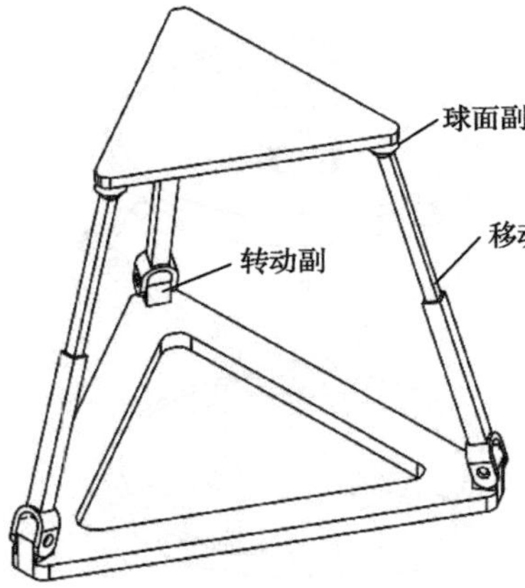

图1.7 3-RPS并联机器人[29,33]

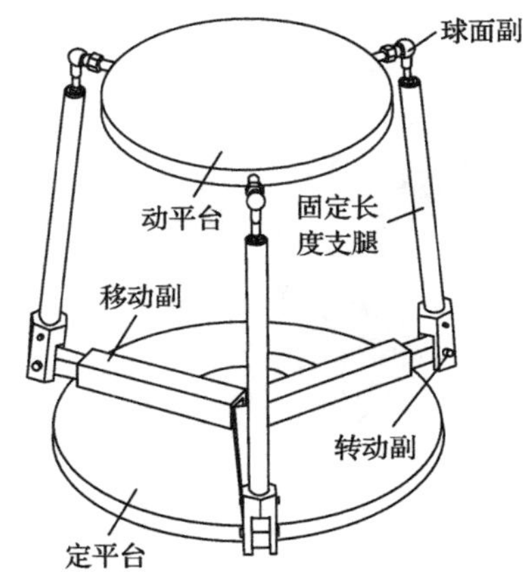

图1.8 新型3-PRS并联机器人[30]

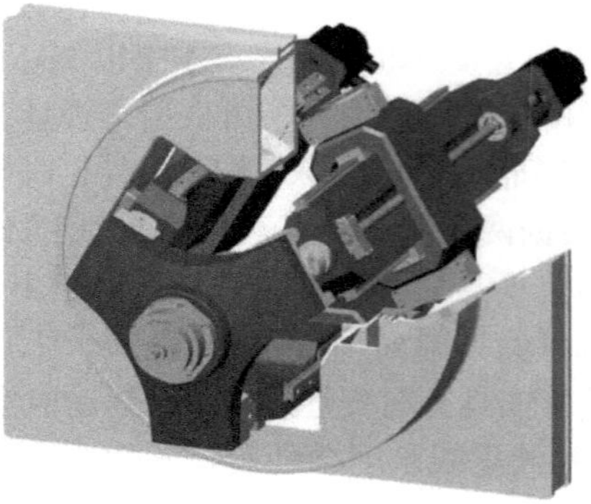
图 1.9　A3 并联动力头[31,38]

图 1.10　3-PUU 并联机器人[32]

UP 类 2R1T 并联机器人[46-49]可实现动平台绕近机架端两条垂直相交轴线的转动以及大范围的移动。该类机器人的典型例子是 3UPS-UP 并联机器人[50]，由三条六自由度 UPS 主动分支和一条三自由度 UP 被动分支构成，UP 被动分支限制了机器人末端的两个平动和一个转动。在 3UPS-UP 并联机器人的基础上，Huang 等[46,51,52]提出了 TriVariant 并联机器人(2UPS-UP)，如图 1.11 所示。相比于 Tricept 机器人，TriVariant 并联机器人中仅含有两条六自由度 UPS 主动支链，并将原有的 UP 被动分支改成主动分支，在保持自由度和性质不变的情况下，大幅减轻了机构本体质量，提高了动态性能。Kong 等[22,47]运用虚拟链和螺旋理论法，通过构型综合得到了多种 UP 类(3-RRRRR)并联机器人，如图 1.12 所示，但结构均较为复杂。Huang 等通过构型综合提出了 TriMule 并联机器人(R(2RPR-RP)-UPS)[48,53,54]，如图 1.13 所示。该机器人由少自由度支链和六自由度支链组合而成，转动能力较强。Ye 等[49]基于位移流形综合法构型出一类新型 UP 类(2UPRR-UPR)并联机器人，如图 1.14 所示，也具有较强的转动输出能力。

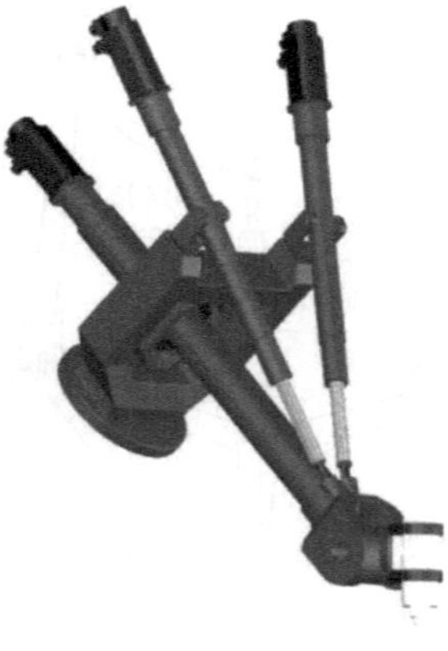
图 1.11　TriVariant 并联机器人[46]

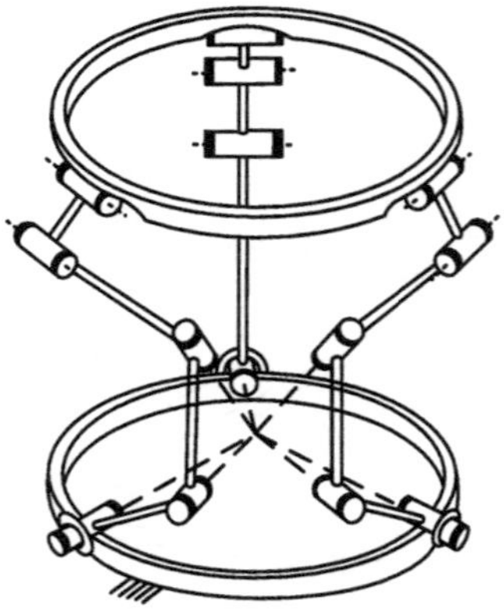
图 1.12　3-RRRRR 并联机器人[47]

图 1.13 TriMule 并联机器人[48]

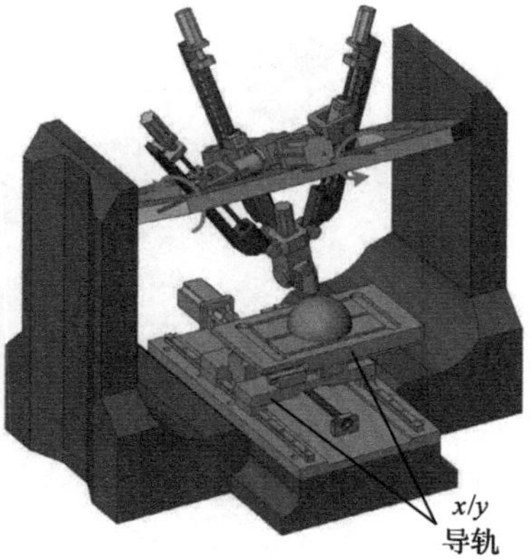

图 1.14 2UPRR-UPR 并联机器人[49]

PU 类 2R1T 并联机器人的动平台可实现沿着确定直线的移动，以及转动中心始终在该直线上的两个转动。PU 类 2R1T 并联机器人的最大优点是运动过程中不存在伴随运动，大大降低了机器人机构理论分析和实际控制的难度。借鉴于 Tricept 机器人的设计方法，通过多条六自由度分支和 PU 分支组合的思路可构型得到 PU 类 2R1T 并联机器人，但该做法得到的机器人存在关节数目多、球面副转动范围小等限制。Li 等[7]运用位移流形综合法创新性地构型综合出大量 PU 类并联机器人，如 3-PRRU 并联机器人[55]（图 1.15）、2PRU-PRRU 并联机器人[56]（图 1.16）等。Xie 等[57]通过复合虎克铰结构，提出了 PSS-PRU-PU 并联机器人，如图 1.17 所示，该机构可实现末端动平台大范围且高性能的转动。陈子明等提出了一种无伴随运动的新型 3-UPU 并联机器人，如图 1.18 所示，其可在对称平面内的任选转轴实现连续转动[58-60]。Zhang 等[61]也设计出基于 PU-2UPS 并联机器人的天线支撑座，用于完成特定的轨迹运动。

图 1.15 3-PRRU 并联机器人[55]

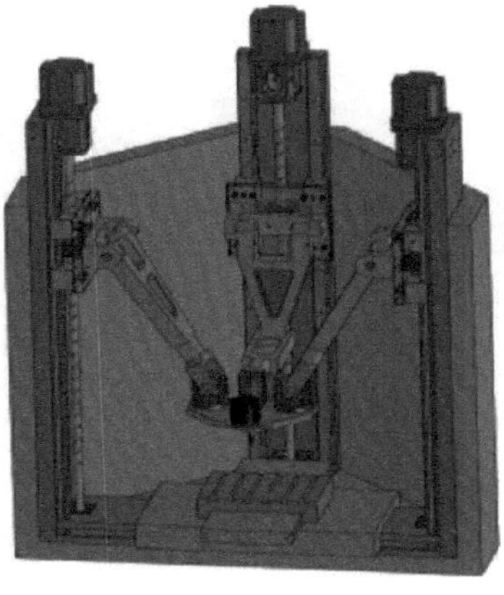

图 1.16 2PRU-PRRU 并联机器人[56]

图 1.17 PSS-PRU-PU 并联机器人[57]

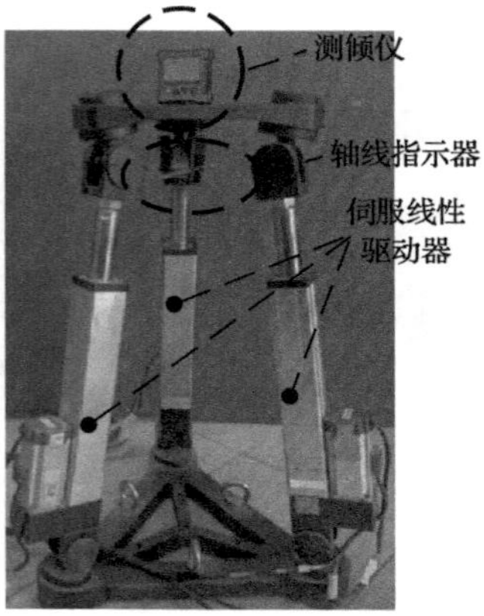

图 1.18 3-UPU 并联机器人[58-60]

RPR 类 2R1T 并联机器人的输出运动可看作绕机架固定轴线的一个转动、由驱动副驱动所形成的一个移动以及绕动平台上轴线的一个转动的组合[8]，两条转轴始终连续确定，且保持异面垂直。RPR 类 2R1T 并联机器人不仅运动学模型简单，而且各向输出异性，适用于一些不对称姿态定位要求的高速高精度操作，如五轴联动加工[62-64]、航空零部件曲面打磨加工[65]、搅拌摩擦焊[66]等。Jin 等[65]提出了 2RPU-SPR 并联机器人，如图 1.19 所示，通过将其集成于沿 x/y 轴方向的线性移动导轨，设计得到五轴混联机器人，可用于飞机结构件的加工装配。Li 等[8]通过位移流形综合法构型出大量 RPR 类并联机器人，图 1.20 为基于 2UPR-RPU 并联机器人的五轴混联机床样机。在此基础上，通过添加一条三自由度分支，Xu 等[67]构型综合出 2UPR-RPU-RPR 等并联机器人，在一定程度上提升了机器人末端的承载能力。Hu 等[68]根据 2RPU-UPR 并联机器人提出了一类运动等效机器人，并

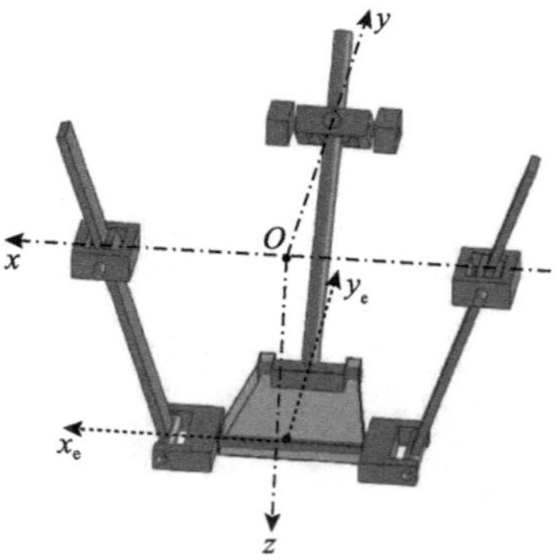

图 1.19 2RPU-SPR 并联机器人[65]

图 1.20 基于 2UPR-RPU 并联机器人的五轴混联机床样机[8]

进行了约束性能对比。Choi 等[69]还根据 2RRU-URR 并联机器人，设计出一种拇指康复装置。

1.2.2 并联机器人的自由度计算方法

自由度计算或分析是并联机器人机构学研究中的基本问题。从输入的角度出发，国际机构学与机器科学联合会(International Federation for the Promotion of Mechanism and Machine Science, IFToMM)将自由度定义为确定机构或运动链运动的独立运动参数的数目[70]。然而对于并联机器人，通常从输出运动的角度定义其自由度，即自由度是指并联机器人动平台输出独立运动的数目和性质，本书将采用上述定义进行分析。根据近年来机构自由度计算的研究发展情况，本节将现有机构自由度计算方法分为以下六类。

1)基于机构拓扑参数的自由度计算方法

基于机构拓扑参数的自由度计算方法通过将机构拓扑参数(杆件数、运动副数以及每个运动副的自由度等)代入计算公式，即可快速得到机构的自由度。该方法容易掌握、计算效率高，因此应用广泛[71-75]。然而，由于机构拓扑参数中没有包含运动副轴向/方向间的相互几何关系，而这些相互几何关系往往对机构中是否存在过约束有重要影响。因此，基于机构拓扑参数的自由度计算方法对很多含有过约束的古典机构以及现代并联机器人并不适用，容易得到错误的结果。

2)基于机构运动约束方程的自由度计算方法

基于机构运动约束方程的自由度计算方法通过建立机构运动链的运动约束方程，使用线性代数工具求解运动约束方程的秩，或者求解其雅可比矩阵的零空间，以此分析机构的自由度。该方法虽然对所有机构都适用，但需要建立机构在一般位形下的运动约束方程[76-78]，这对于拓扑结构复杂的并联机器人往往十分困难。

3)基于李群/李代数的并联机器人自由度计算方法

基于李群/李代数的并联机器人自由度计算方法利用李群、李子群或位移流形来表示刚体运动，其中李群/李子群常称为位移群/位移子群，位移流形可通过多个位移子群相乘得到。由于位移子群中包含转动或移动的几何信息，该方法可同时得到机构的自由度和性质，且结果具有全周性或连续性[4,79-88]。通过该方法，可将并联机器人的自由度计算从瞬时自由度扩展为有限自由度。但是需要指出的是，虽然上述方法在数学上比较严密，且结果更具一般性，但要求使用者具有较高的数学水平，因此在机械工程师群体中尚未得到广泛应用。

4)基于螺旋理论的并联机器人自由度计算方法

螺旋理论是机构学研究中的重要数学工具。运动螺旋和约束螺旋可以分别表示出机构的瞬时运动和约束(力/力偶)。基于螺旋理论的并联机器人自由度计算方法不仅可以得到自由度的数目，还可以表示出机构自由度的运动性质。

并联机器人自由度计算的最大难点在于对机构过约束的表达和计算，尤其是在运动空间内很难实现。基于约束螺旋理论，黄真等[89-94]给出适用于全部并联机器人的修正 Grübler-Kutzbach 自由度计算公式。该公式将冗余约束与公共约束的参数引入计算公式中，解决了闭环机构中由过约束引起的自由度公式不适用难题。修正后的自由度计算公式被成功用于分析并联机器人[58,95-100]和可重构机器人[101]的自由度。基于螺旋理论的并联机器人自由度计算结果简单，物理意义明确，可以得到并联机器人的具体运动模式，因此得到了广泛应用[102-116]。

但需要指出的是，螺旋是瞬时运动层面上的数学工具，描述的是刚体的瞬时运动或力，其得到的自由度结果也具有瞬时性，因此还需要通过几何条件等进一步判定被计算的并联机器人是否为连续自由度。

5)基于几何代数的并联机器人自由度计算方法

对于并联机器人，其动平台的输出运动是所有分支输出运动集合的交集，对所有分支的运动螺旋系求交应该可以得到动平台运动螺旋系的解析表达式，并由此判断运动是否连续。但是，螺旋理论中并没有提供运动螺旋系直接求交的算法，因此只能通过约束求并间接求解，在此过程中涉及大量的线性方程组求解。对于相当数量的并联机器人，如 3-RPS 并联机器人等，即使使用符号运算软件也很难得到其运动螺旋系的解析解。

针对该问题，Li 等[29,117]提出了几何代数框架下的少自由度并联机器人自由度计算方法。该方法将运动空间与力空间的映射关系在几何代数框架下进行表达，利用几何代数内生的数据结构和算法，提出了基于约束求并思路和运动求交思路的两种并联机器人自由度计算方法，在计算过程中不需要求解符号线性方程组，可以得到并联机器人动平台输出运动空间和约束力空间的解析表达式。值得注意的是，几何代数求交方法的应用使得自由度计算的计算量有效减少，也不需要求解冗余约束，可直接对运动空间进行计算[118]，在求解具有复杂约束条件的机构自由度时具有很大优势，例如，首次得到了 Bennet 机构在固定坐标系下运动螺旋系的解析表达式[119]。

6)其他方法

除了以上五类自由度计算方法外，杨廷力等[12,13]还提出了基于方位特征(position and orientation characteristic, POC)集的机构自由度计算公式。高峰等[10,120,121]提出了并联机器人的 G_F 集理论，可用于描述并联机器人的末端特征。

1.2.3　并联机器人的运动学建模

并联机器人的运动学建模是实现其性能分析、尺度优化设计和精确控制的基础。研究学者做了大量相关工作，主要集中在运动学正逆解、工作空间、奇异位形的分析等方面。Lee 等[122]在推导 3-RPS 并联机器人运动学正逆解的基础上，讨论了支链末端球面副对机器人运动的影响，如图 1.21 所示。在引入 3-PRS 并联机器人导轨布局角变量的情况下，Li 等[35]对其进行了运动学正逆解、速度和奇异位形分析，并详细讨论了布局角对 3-PRS 并联机器人工作空间和灵巧度的影响。Gallardo 等[123]推导得到 3-RPS 并联机器人的速度和加速度解析表达式，结果可用于动力学研究。Bi 等[124,125]对 2UPR-SPR 并联机器人进行了运动学建模，得到了机器人逆解表达式和工作空间图谱，如图 1.22 所示。Liu 等[126,127]则对 TriVariant 并联机器人进行了运动学逆解和工作空间分析，如图 1.23 所示，并在此基础上进行了性能评估和优化设计。Wang 等[40]对 3-PUU 并联机器人的运动学正逆解、工作空间和奇异位形进行了详细分析，还讨论了机器人的伴随运动，如图 1.24 所示。Chen 等[55,128]对 3-PRRU、2PRS-PRRU 等 PU 类并联机器人进行

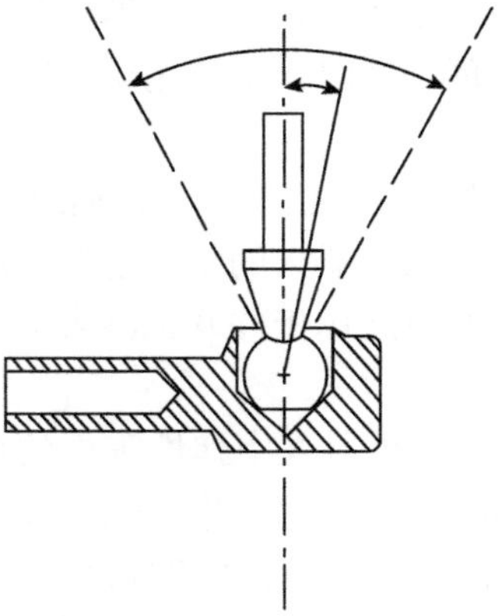

图 1.21 3-RPS 并联机器人的球面副范围[122]

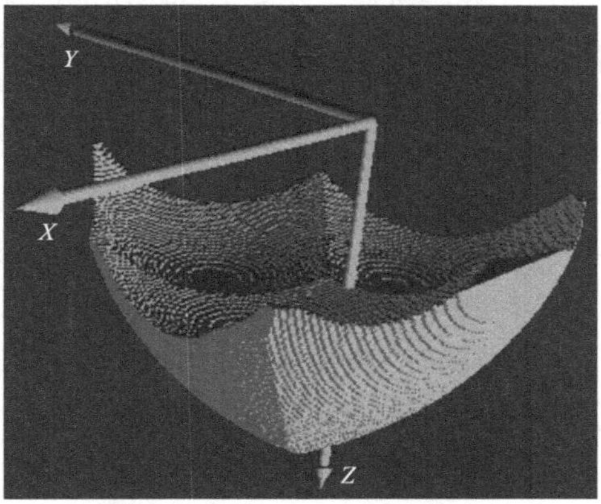

图 1.22 2UPR-SPR 并联机器人的工作空间图谱[124]

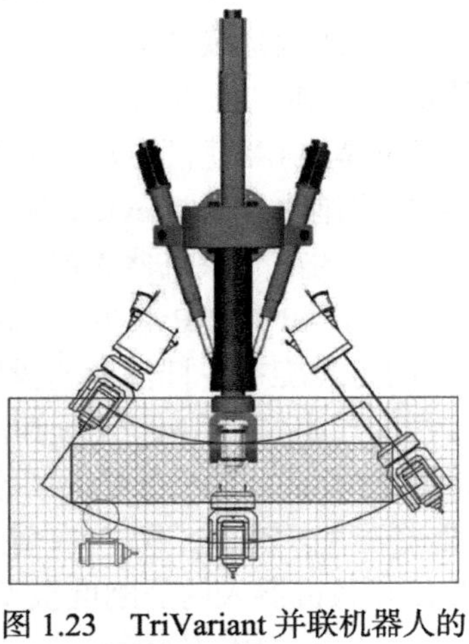

图 1.23 TriVariant 并联机器人的工作空间图谱[126]

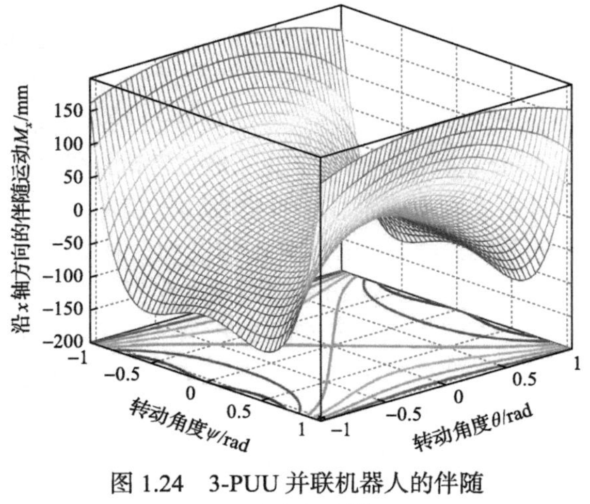

图 1.24 3-PUU 并联机器人的伴随运动分布图[40]

了运动学逆解和奇异性分析。Xu 等[62,129-132]对一系列 RPR 类并联机器人进行了运动学逆解、奇异性、工作空间以及运动/力传递性能的分析和对比。

1.2.4 并联机器人的静刚度建模

静刚度建模的目的是通过建立外部载荷与并联机器人微小变形之间的映射关系，评估机器人在外部载荷作用下抵抗变形的能力[133-135]，对用于高精度、高刚度应用场合的并联机器人尤为重要。常用的静刚度建模方法主要分为三类[134]：有限元法[136-138]、矩阵结构分析法[52,139-142]和虚拟关节模型法[143-147]。

(1) 有限元法又称为数值建模法，借助有限元软件将导入的机器人三维模型进行网格划分，通过计算网格位移变形和外部载荷之间的关系得到高精度的变形结果，适用于并联机器人初始设计阶段的验证。然而有限元法在不同机器人位姿下需用有限元软件重新划分网格并进行仿真，计算烦琐、耗时，不宜用于复杂机器人刚度建模和参数设计[137]。

(2) 矩阵结构分析法又称为解析建模法，从机器人零件出发，直接通过梁/板等单元描述零件特性，并借助变形协调矩阵等确定并联机器人的整体解析刚度矩阵。但是，该方法包含大量复杂的高阶矩阵运算，并不适用于并联机器人的解析静刚度分析[140]，尤其是对于零件数量多的并联机器人。

(3) 虚拟关节模型法又称为半解析建模法，将并联机器人中弹性零件的变形情况使用虚拟弹簧表示，建立零件变形和力之间的映射关系，并在此基础上结合虚功原理等构建机器人的整体刚度模型[144]。虽然运用该方法能够得到高精度的刚度模型，但对于一些特殊的并联机器人，建模过程较复杂[134]，且所需计算时间较长[146]。

至今，静刚度建模的研究工作主要集中于非过约束并联机器人。对于过约束并联机器人，因其过约束结构会产生超静定问题，增加刚度建模和分析的复杂性，因此相关研究并不多[134,140,148-157]。综合考虑外部载荷和机构应力的作用，Klimchik 等[134]提出了一种可用于过约束并联机器人的静刚度建模方法，并以 Orthoglide 机构为例进行验证。通过考虑杆件和驱动关节的弹性，Pashkevich 等[140]以六自由度虚拟弹簧代替杆件变形，提出了一种可用于过约束并联机器人静刚度建模的系统方法，具有较高的精度和计算效率，并以 3-PUU 和 3-PRPaR 并联机器人为例进行验证。从约束螺旋角度出发，Xu 等[151]利用力螺旋在各杆件上的投影来确定分支弹性变形和刚度矩阵，并结合变形协调方程推导出整体弹性变形和刚度矩阵。Li 等[149]和 Bi[150]则考虑运动关节的变形建立了 2UPR-SPR 并联机器人的静刚度模型，但理论结果和有限元法所得结果相差较大。Zhang 等[152]在前人工作基础上添加了杆件的柔性影响，修正了 2UPR-SPR 并联机器人的静刚度模型，并得到了高精度的变形结果。以螺旋理论为数学工具，Yang 等[155]分析得到了在外部载荷作用下过约束并联机器人各分支的受力情况，结合应变能方法和虚功原理推导获得了机器人的解析刚/柔度矩阵，经仿真对比证明了结果误差较小。

虽然螺旋理论已被用于求解过约束并联机器人的超静定系统[19,129]，但在确定与运动螺旋互易的力螺旋时涉及大量的线性方程组，这在数值计算时是简单的，但在符号求解时，即使使用专门的符号计算软件也很复杂。对于某些复杂的过约束并联机器人，很难得到约束力/驱动力的解析表达式，阻碍了机器人解析静刚度模型的建立。考虑到过约束并联机器人中存在大量杆件参数和复杂受力情况，在设计阶段建立计算高效的过约束并联机器人解析静刚度模型是非常必要的。

1.2.5 并联机器人的刚体逆动力学建模

刚体逆动力学建模是在已知机器人尺寸和惯性参数的前提下，考虑零件重力及外部载荷作用，根据末端运动轨迹(位置、速度及加速度)确定关节驱动力/力矩，为评价机器人动力学性能、进行结构设计、预估电机参数和控制实际样机奠定了基础[158]。常用的并联机器人刚体逆动力学建模方法主要分为三种：牛顿-欧拉法[159-162]、拉格朗日法[163-165]和虚功原理法[166-168]，其余还有凯恩法[169]等。

牛顿-欧拉法[170-176]是最常用的动力学建模方法，通过牛顿运动定律和欧拉方程分别描述机器人机构中零件的移动运动和旋转运动，进而计算关节力/力矩，方法原理简单，应用广泛，但需罗列大量运动方程，计算过程较为烦琐。基于牛顿-欧拉法，李永刚等[173]建立了3-RPS并联机器人的逆动力学模型，并探讨了不同外部载荷对广义约束力的影响。Bi等[174]根据机床的特殊结构，简化了可重构3-PRS并联机床的动力学模型，降低了计算复杂性。另外，考虑过约束并联机器人中的柔性变形方程，Bi等[170]建立了2UPR-SPR并联机器人的逆动力学模型，如图1.25所示，该方法适用于其他过约束并联机器人。结合指数积方法，Chen等[171]对3-PRRU并联机器人进行了动力学建模和性能评估，如图1.26所示，并通过机械系统动力学自动分析(Adams)软件验证了模型的正确性。Wang等[175]和Herrero等[176]也通过牛顿-欧拉法分别建立了2URR-RRU并联机器人和2PRU-PRS并联机器人的动力学模型，并进行了性能评价。

拉格朗日法从能量角度出发进行动力学分析，综合考虑机器人中零件动能和势能，以机器人广义坐标为独立变量构建动力学方程。其优点是避开机器人内力分析，动力学方程形式简单，其缺点是运算过程中需要进行微分计算，对复杂系统进行分析时计算量较大。Lee等[177]运用拉格朗日法对3-RPS并联机器人进行了逆动力学建模分析及仿真验证。刘善增等[163]建立了3-RRS并联机器人的动力学模型，并研究了机器人运动时驱动角速度、驱动力/力矩和能耗的变化情况。

虚功原理法则是根据虚功原理来建立并联机器人的刚体动力学模型，其优点是不需要计算关节内力，整体建模过程简单，缺点是内部约束力无法确定。Li 等[46]通过虚功原理建立了 TriVariant 并联机器人(图 1.27) 和 Tricept 并联机器人的动力学模型，并通过动力学性能比较证明了 TriVariant 并联机器人的工业应用潜力。Sokolov 等[178]则对 3-RPS 并联机器人进行了动力学建模及驱动力计算。结合螺旋理论和虚功原理，Gallardo 等[172,179]对 2-(3-RPS) 并联机器人进行了速度和加速度分析，并建立了动力学模型，如图 1.28 所示。

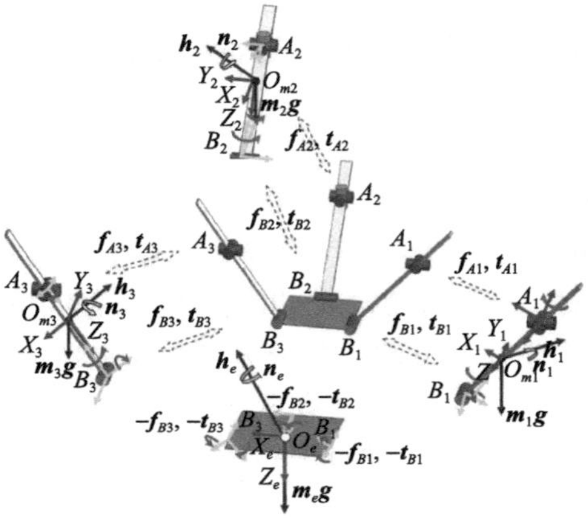

图 1.25　2UPR-SPR 并联机器人的受力情况[170]

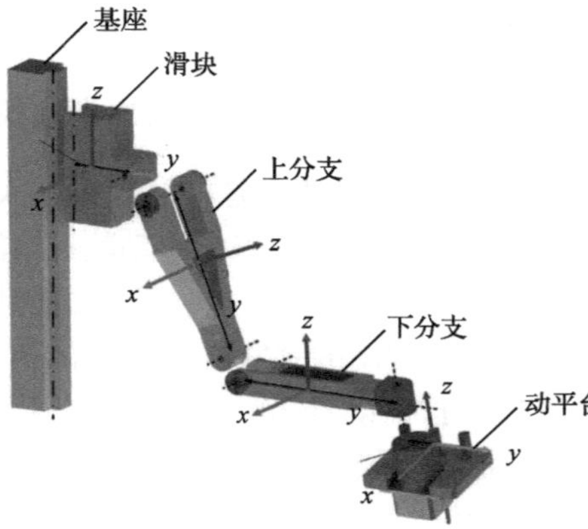

图 1.26　3-PRRU 并联机器人分支[171]

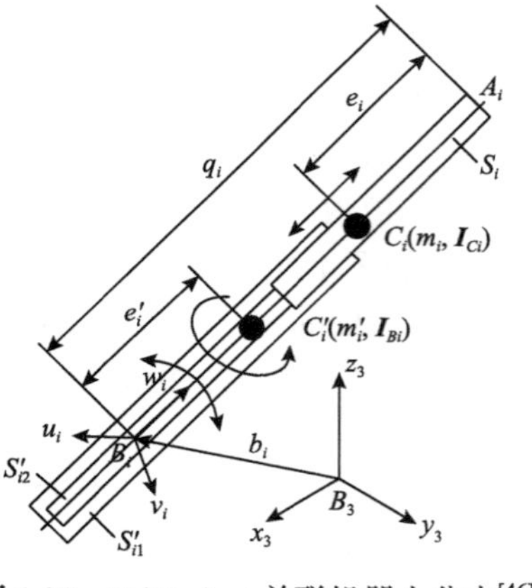

图 1.27　TriVariant 并联机器人分支[46]

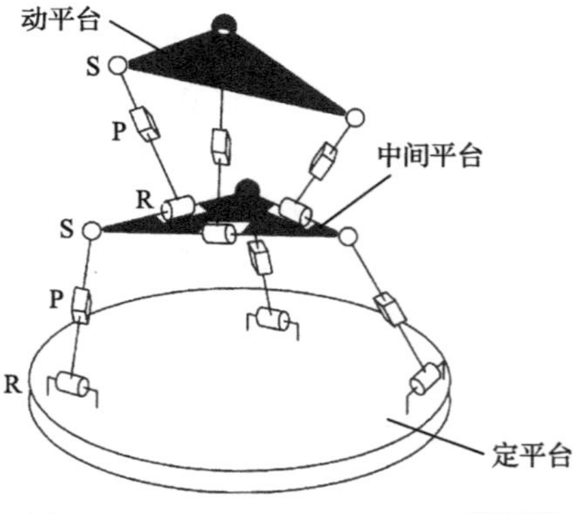

图 1.28　2-(3-RPS) 并联机器人[172,179]

尽管螺旋理论法已用于串/并联机器人中关节及部件的速度和加速度推导[179-181]，但其中涉及大量的线性方程组求解。对于一些结构复杂的串/并联机器人，推导速度和加速度解析表达式较为复杂耗时，阻碍了建立机器人逆动力学的解析模型。考虑到串/并联机器人中构件结构参数和内部受力情况的影响，在设计阶段建立一个简单、正确、高效的串/并联机器人逆动力学解析模型是非常有必要的。

1.2.6　并联机器人的尺度综合

尺度综合是指在选定并联机器人构型后，选取合适的性能指标(运动学、静刚度或动力学等)，优化机器人杆件的尺寸参数。本节主要对基于运动学性能指标的尺度综合进行阐述，并简要介绍动力学性能指标。

并联机器人的运动学性能指标主要可分为两类：基于雅可比矩阵代数特征的性能指标和基于螺旋理论的运动/力传递性能指标[182]。在过去较长的一段时间内，利用雅可比矩阵的代数特征来构造并联机器人的性能指标(如条件数[183]、可操作度[184]等)，并以此进行尺度综合是并联机器人性能评估和优化设计的常用方法。但是，Merlet[185]指出对于混合自由度并联机器人，雅可比矩阵中各项的物理量纲不一致，构造出来的性能指标存在物理意义不清楚等缺陷，故该类指标不能直接用于评价机器人性能。针对量纲不一致所带来的问题，各国研究学者提出了很多方法来实现雅可比矩阵的齐次化[186-190]。Ma 等[186]和 Angeles[190]利用特征长度的概念对机构雅可比矩阵进行了单位归一化处理。Kim 等[187]建立了动平台上各点线速度和驱动速度间量纲一致的雅可比矩阵。Pond 等[188]则构造了一种新的齐次化运动雅可比矩阵，并通过条件数指标对不同布局的 3-PRS 并联机器人进行了对比分析。针对用于搅拌摩擦焊的 3-PRS 并联机器人，Shi 等[191]采用齐次化运动雅可比矩阵的全局灵巧度指标对机器人进行了性能分析，并结合空间图谱化方法[192]进行了尺度综合。

运动/力传递性能指标是指机器人能量从输入端到输出端的传递效率，也可用于评估驱动器抵抗外部载荷的能力[193]。Yuan 等[194]和 Sutherland 等[195]进行了机器人传递性能的研究，但只考虑了机器人的输出传递指标(output transmission index，OTI)。在前人研究的基础上，Liu 等提出了输入传递指标(input transmission index，ITI)，并综合考虑输入/输出传递性能的影响，定义了描述机器人某一位形性能的局部传递指标(local transmission index，LTI)[193,196,197]。运动/力传递性能指标已广泛应用于 2R1T 并联机器人的性能分析与优化设计中。Xie 等[57,198]运用该指标对一些 2R1T 并联机器人进行了分析与优化设计，如 2PUR-PRS 和 PSS-PRU-PU 等。针对冗余驱动并联机器人，Li 等[199]通过逐步锁定驱动分支的方式进行单自由度机器人组合，分析多驱动与单输出的映射关系，提出了描述冗余驱动并联机器人的运动/力传递性能指标，并成功将其应用于 2R1T 冗余驱动并联机器人中。Xu 等[62,129-132]和张伟中等[182]运用运动/力传递性能指标对大量 2R1T 非冗余驱动并联机器人和冗余驱动并联机器人进行了性能评估和尺度综合。

相比于运动学性能指标，对于并联机器人动力学性能指标的研究较少，其主要原因是并联机器人动力学建模复杂，且早期设计中大多注重运动学性能评价。

通过分析机构动能与广义速度之间的关系，Asada[200,201]提出了广义惯性椭球法，可用于描述机构在不同位姿下的惯性特征分布情况。Yoshikawa[202]则通过推导机构广义加速度和广义驱动力之间的映射关系，得到了动态可操作度椭球(dynamic manipulability ellipsoid，DME)，可用于评估在驱动力一定的情况下，机构末端改变位姿的能力。之后，Yoshikawa[203]又将 DME 指标细分为移动动态可操作度指标和转动动态可操作度指标，适用于混合自由度机器人的动力学性能评估。基于 DME 指标，研究学者还做了许多应用工作[171,204-206]。例如，Wu 等[206]利用 DME 指标分析了两自由度并联机器人的动力学性能，Chen 等[171]利用 DME 指标分析了 3-PRRU 并联机器人的动力学性能。不同于动力学操作度椭球，Graettinger 等[207]提出了加速度半径用于衡量机器人的加速度性能。Wang 等[208]提出了一个用于描述机器人时变耦合动力学的性能指标，可用于评估动态载荷的变化。Liu 等[209]从能量传递的角度提出了用于评估高速移动机器人的加速度性能指标。

现有的动力学性能评价方法大多仅考虑了机器人的惯性矩阵，缺少对机器人进行全面且准确的考虑，并且所提出的评价方法多数缺少解释合理的全局性指标，难以判断不同机器人间的动力学性能优劣情况。为更好地对并联机器人进行性能分析与尺度综合，需提出物理解释清晰、具有直观性的动力学性能指标。

1.3 几何代数的发展及应用

几何代数(geometric algebra，GA)是描述空间对象的统一化数学方法，它将矢量、张量和四元数等在同一个框架下进行计算和描述，在相关问题的物理意义和几何解释上具有巨大优势[210]。几何代数的起源可以追溯到 19 世纪。1843 年，Hamilton[211,212]提出了四元数，并将其用于平面几何问题的研究中。虽然四元数可用于描述空间中物体的姿态，但其在相当长一段时间内并没有引起重视。1844 年，Grassmann[213]提出了线性代数中线性独立、n 维线性空间以及线性子空间的线性延伸等概念。结合 Hamilton 的四元数和 Grassmann 的代数理论，Clifford[214]提出了 Clifford 代数，并命名为几何代数，将矢量内积和外积的和用几何积(geometric product)进行描述，兼具代数意义和几何意义。随后 Hestenes[215]对几何代数进行了明确解释，并将其用于描述物理问题。在此基础上，Li 等[216]提出了共形几何代数(conformal geometric algebra，CGA)，现其发展成几何代数的一个重要分支。

目前，几何代数已被广泛应用到物理[217]、信号及图像处理[218]、机器视觉[219]和计算机图形学[220]等方面。然而，在机器人学方面，几何代数的应用还处于起步阶段，现在几何代数的应用主要集中在自由度分析和运动学建模等方面。柴馨雪等建立了基于几何代数的并联机器人自由度分析方法[29,221,222]。Zamora 等[223,224]用共形几何代数分析了串联机械臂的运动学逆解等问题。Lasenby 等[225]提出了一种基于几何代数的机器视觉结构与运动评估方法。黄昔光[226]和张忠海[227]也在几何代数框架下，建立了一些机器人的运动学模型并进行了分析。在并联机器人奇异性分析方面，Tanev[228,229]和 Yao 等[230,231]利用几何代数分析了并联机器人的奇异性问题。

综合前人的研究内容可以发现，几何代数在并联机器人方面应用较少。几何代数可直接对各个子集进行加减及相交等运算，避免了由乘除运算带来的复杂情况，同时对于计算结果的几何解释具有独特优势。上述优点对于并联机器人的构型综合、运动学建模、解析静刚度建模和解析逆动力学建模具有重要意义。

1.4 本书主要内容

本书以几何代数为数学工具，对串/并联机器人(包括多个串联机器人、少自由度并联机器人和六自由度并联机器人)进行系统建模和分析，包括构型综合、自由度分析、运动学分析与尺度综合、静刚度建模、解析逆动力学建模，旨在为促进机器人技术自主创新与工程应用、推动高端制造业的发展奠定基础。本书共 6 章，具体内容如下：

第 1 章首先简要概述串联机器人，接着介绍并联机器人的构型综合、自由度计算、运动学建模、静刚度建模、刚体逆动力学建模和尺度综合研究，并对几何代数的发展及应用进行简要介绍。

第 2 章主要介绍本书所需的几何代数基础知识，包括 n 维几何代数 $\mathcal{G}_n$ 中的基本定义、基本元素和基本运算法则。该章还详细阐述 6 维几何代数 $\mathcal{G}_6$ 与螺旋理论的区别与联系，以及 5 维几何代数 $\mathcal{G}_{4,1}$ (即共形几何代数)在刚体运动中的计算应用。

第 3 章运用 6 维几何代数 $\mathcal{G}_6$ 确定并联机器人动平台运动和分支末端运动之间的几何约束关系，对一系列具有确定输出转轴的 2R1T 非冗余驱动/冗余驱动并联机器人进行构型综合，并对非冗余驱动并联机器人 2PUR-PRU、2PRU-UPR 和 2PRU-PSR，以及冗余驱动并联机器人 2PUR-2PRU、2PUR-2RPU 和 2PRU-2UPR 进行自由度分析及验证。最后，运用几何代数对两个六自由度并联机器人(6-UPS 和 6-PSS)进行自由度分析。

第 4 章首先运用 5 维共形几何代数 $\mathcal{G}_{4,1}$ 建立一个六自由度 FANUC 串联机器人的逆运动学模型。接着建立多个并联机器人的逆运动学模型，分别包括多个具有确定输出转轴的 2R1T 非冗余驱动/冗余驱动并联机器人(2PUR-PRU、2PRU-UPR、2PRU-PSR、2PUR-2PRU、2PUR-2RPU 和 2PRU-2UPR)、一个输出转轴不定的 2R1T 并联机器人(3-RPS)和两个六自由度并联机器人(6-UPS 和 6-PSS)，并采用基于运动雅可比矩阵的条件数指标进行各个并联机器人的运动学性能评价与尺度综合。

第 5 章提出 6 维几何代数 $\mathcal{G}_6$ 框架下串/并联机器人的解析静刚度建模方法。针对串联机器人，考虑各串联柔性杆件的影响，建立串联机器人解析静刚度模型，并以多个少自由度串联机器人为例进行建模验证。针对并联机器人，考虑各柔性分支对末端动平台的影响，建立各运动分支和机器人整体的解析静刚度模型，并以多个并联机器人为例验证所提方法的正确性和通用性，分别包括多个具有确定输出转轴的 2R1T 非冗余驱动/冗余驱动并联机器人(2PUR-PRU、2PRU-PSR、2PUR-2PRU 和 2PRU-2UPR)、一个输出转轴不定的 2R1T 并联机器人(3-RPS)和两个六自由度并联机器人(6-UPS 和 6-PSS)。

第 6 章提出 6 维几何代数 $\mathcal{G}_6$ 框架下串/并联机器人的解析逆动力学建模方法。针对串联机器人，利用几何代数的外积性质直接确定关节/杆件的速度和加速度幅值，进而确定驱动力/力矩的解析表达式，以两个六自由度串联机器人(FANUC 和 JAKA)为例进行方法验证。针对并联机器人，建立驱动速度和被动速度之间的映射关系，结合虚功原理确定驱动力/力矩的解析表达式，通过两个 2R1T 三自由度并联机器人(2PRU-PSR 和 2PUR-PRU)以及两个六自由度并联机器人(6-UPS 和 6-PSS)对所提方法进行验证。最后，将所提方法与牛顿-欧拉法进行计算效率的对比，阐述该方法的适用情况。

参 考 文 献

[1] 李秦川, 柴馨雪, 陈巧红. 两转一移三自由度并联机构研究进展[J]. 科学通报, 2017, 62(14): 1507-1519.

[2] Ye W, Li Q C. Type synthesis of lower mobility parallel mechanisms: A review[J]. Chinese Journal of Mechanical Engineering, 2019, 32(1): 38.

[3] Merlet J P. Still a long way to go on the road for parallel mechanisms[C]. Proceedings of ASME 27th Biennial Mechanisms and Robotics Conference, Montreal, 2002: 1-19.

[4] Hervé J M. The Lie group of rigid body displacements, a fundamental tool for mechanism design[J]. Mechanism and Machine Theory, 1999, 34(5): 719-730.

[5] Li Q C, Huang Z, Hervé J M. Type synthesis of 3R2T 5-DoF parallel mechanisms using the Lie group of displacements[J]. IEEE Transactions on Robotics and Automation, 2004, 20(2): 173-180.

[6] Li Q C, Hervé J M. Parallel mechanisms with bifurcation of schoenflies motion[J]. IEEE Transactions on Robotics, 2009, 25(1): 158-164.

[7] Li Q C, Hervé J M. 1T2R parallel mechanisms without parasitic motion[J]. IEEE Transactions on Robotics, 2010, 26(3): 401-410.

[8] Li Q C, Hervé J M. Type synthesis of 3-DoF RPR-equivalent parallel mechanisms[J]. IEEE Transactions on Robotics, 2014, 30(6): 1333-1343.

[9] Wang L, Fang Y F, Qu H B, et al. Design and analysis of novel 2R1T generalized parallel mechanisms with large rotational angles[J]. Mechanism and Machine Theory, 2020, 150: 103879.
[10] 高峰, 杨加伦, 葛巧德. 并联机器人型综合的GF集理论[M]. 北京: 科学出版社, 2010.
[11] Gao F, Zhang Y, Li W M. Type synthesis of 3-DoF reducible translational mechanisms[J]. Robotica, 2005, 23(2): 239-245.
[12] Yang T L, Liu A X, Jin Q, et al. Position and orientation characteristic equation for topological design of robot mechanisms[J]. Journal of Mechanical Design, 2009, 131(2): 021001.
[13] 杨廷力. 机器人机构拓扑结构学[M]. 北京: 机械工业出版社, 2004.
[14] Jin Q, Yang T L. Theory for topology synthesis of parallel manipulators and its application to three-dimension-translation parallel manipulators[J]. Journal of Mechanical Design, 2004, 126(4): 625-639.
[15] Gogu G. Structural synthesis of fully-isotropic translational parallel robots via theory of linear transformations[J]. European Journal of Mechanics A/Solids, 2004, 23(6): 1021-1039.
[16] Song Y M, Han P P, Wang P F. Type synthesis of 1T2R and 2R1T parallel mechanisms employing conformal geometric algebra[J]. Mechanism and Machine Theory, 2018, 121: 475-486.
[17] Fang Y F, Tsai L W. Structure synthesis of a class of 4-DoF and 5-DoF parallel manipulators with identical limb structures[J]. The International Journal of Robotics Research, 2002, 21(9): 799-810.
[18] Huang Z, Li Q C. General methodology for type synthesis of symmetrical lower-mobility parallel manipulators and several novel manipulators[J]. The International Journal of Robotics Research, 2002, 21(2): 131-145.
[19] Huang Z, Li Q C. Type synthesis of symmetrical lower-mobility parallel mechanisms using the constraint-synthesis method[J]. The International Journal of Robotics Research, 2003, 22(1): 59-79.
[20] 李秦川. 对称少自由度并联机器人型综合理论及新机型综合[D]. 秦皇岛: 燕山大学, 2003.
[21] Fang Y F, Tsai L W. Structure synthesis of a class of 3-DoF rotational parallel manipulators[J]. IEEE Transactions on Robotics and Automation, 2004, 20(1): 117-121.
[22] Kong X W, Gosselin C M. Type synthesis of three-degree-of-freedom spherical parallel manipulators[J]. The International Journal of Robotics Research, 2004, 23(3): 237-245.
[23] Xie F G, Liu X J, Wang C. Design of a novel 3-DoF parallel kinematic mechanism: Type synthesis and kinematic optimization[J]. Robotica, 2015, 33(3): 622-637.
[24] Xie F G, Liu X J, You Z, et al. Type synthesis of 2T1R-type parallel kinematic mechanisms and the application in manufacturing[J]. Robotics and Computer-Integrated Manufacturing, 2014, 30(1): 1-10.

[25] 李永泉，张阳，郭雨，等. 两转一移冗余驱动并联机构构型综合新方法研究[J]. 机械工程学报, 2019, 55 (23) : 25-37.

[26] Li Y Q, Zhang Y, Zhang L J. A new method for type synthesis of 2R1T and 2T1R 3-DoF redundant actuated parallel mechanisms with closed loop units[J]. Chinese Journal of Mechanical Engineering, 2020, 33 (1) : 78.

[27] Chong Z H, Xie F G, Liu X J, et al. Design of the parallel mechanism for a hybrid mobile robot in wind turbine blades polishing[J]. Robotics and Computer Integrated Manufacturing, 2020, 61: 101857.

[28] Li Q C, Xu L M, Chen Q H, et al. New family of RPR-equivalent parallel mechanisms: Design and application[J]. Chinese Journal of Mechanical Engineering, 2017, 30 (2) : 217-221.

[29] Li Q C, Chai X X, Xiang J N. Mobility analysis of limited-degrees-of-freedom parallel mechanisms in the framework of geometric algebra[J]. Journal of Mechanisms and Robotics, 2016, 8 (4) : 041005.

[30] Carretero J A, Podhorodeski R P, Nahon M A, et al. Kinematic analysis and optimization of a new three degree-of-freedom spatial parallel manipulator[J]. Journal of Mechanical Design, 2000, 122 (1) : 17-24.

[31] Li Y G, Liu H T, Zhao X M, et al. Design of a 3-DoF PKM module for large structural component machining[J]. Mechanism and Machine Theory, 2010, 45 (6) : 941-954.

[32] Wang L P, Xu H Y, Guan L W. Optimal design of a 3-PUU parallel mechanism with 2R1T DoFs[J]. Mechanism and Machine Theory, 2017, 114: 190-203.

[33] Hunt K H. Structural kinematics of in-parallel-actuated robot-arms[J]. Journal of Mechanisms, Transmissions, and Automation in Design, 1983, 105 (4) : 705-712.

[34] Gallardo-Alvarado J. An application of the Newton-Homotopy continuation method for solving the forward kinematic problem of the 3-RRS parallel manipulator[J]. Mathematical Problems in Engineering, 2019, (2) : 3123808.

[35] Li Y M, Xu Q S. Kinematic analysis of a 3-PRS parallel manipulator[J]. Robotics and Computer-Integrated Manufacturing, 2007, 23 (4) : 395-408.

[36] Li Q C, Chen Z, Chen Q H, et al. Parasitic motion comparison of 3-PRS parallel mechanism with different limb arrangements[J]. Robotics and Computer-Integrated Manufacturing, 2011, 27 (2) : 389-396.

[37] 胡波，施东生，史艳国，等. 非对称 3-PRS 机构运动等效机构演化及约束性能对比分析[J]. 机械工程学报, 2020, 56 (3) : 31-40.

[38] Huang T, Liu H T. Parallel mechanism having two rotational and one translational degrees of freedom: 20080193241A1[P]. 2008-8-14.

[39] Chen X, Liu X J, Xie F G, et al. A comparison study on motion/force transmissibility of two

typical 3-DoF parallel manipulators: The sprint Z3 and A3 tool heads[J]. International Journal of Advanced Robotic Systems, 2014, 11 (1): 1-10.
[40] Wang L P, Xu H Y, Guan L W, et al. A novel 3-PUU parallel mechanism and its kinematic issues[J]. Robotics and Computer-Integrated Manufacturing, 2016, 42: 86-102.
[41] Pouliot N A, Gosselin C M, Nahon M A. Motion simulation capabilities of three-degree-of-freedom flight simulators[J]. Journal of Aircraft, 2012, 35 (1): 9-17.
[42] Yu J J, Hu Y D, Bi S S, et al. Kinematics feature analysis of a 3DoF compliant mechanism for micro manipulation[J]. Chinese Journal of Mechanical Engineering, 2004, 17 (1): 127-131.
[43] Wahl J. Articulated tool head: US6431803B1[P]. 2002-8-13.
[44] Liu X J, Bonev I A. Orientation capability, error analysis, and dimensional optimization of two articulated tool heads with parallel kinematics[J]. Journal of Manufacturing Science and Engineering, 2008, 130 (1): 011015.
[45] 刘辛军, 吴超, 汪劲松, 等. [PP]S 类并联机器人机构姿态描述方法[J]. 机械工程学报, 2008, 44 (10): 19-23.
[46] Li M, Huang T, Mei J P, et al. Dynamic formulation and performance comparison of the 3DoF modules of two reconfigurable PKM—The Tricept and the TriVariant[J]. Journal of Mechanical Design, 2005, 127 (6): 1129-1136.
[47] Kong X W, Gosselin C M. Type Synthesis of Three-DoF Up-equivalent Parallel Manipulators Using a Virtual-chain Approach[M]. Dordrecht: Springer, 2006.
[48] Dong C L, Liu H T, Yue W, et al. Stiffness modeling and analysis of a novel 5-DoF hybrid robot[J]. Mechanism and Machine Theory, 2018, 125: 80-93.
[49] Ye W, Li Q C, Chai X X. New family of 3-DoF UP-equivalent parallel mechanisms with high rotational capability[J]. Chinese Journal of Mechanical Engineering, 2018, 31 (1): 12.
[50] Siciliano B. The Tricept robot: Inverse kinematics, manipulability analysis and closed-loop direct kinematics algorithm[J]. Robotica, 1999, 17 (4): 437-445.
[51] Huang T, Li M, Zhao X M, et al. Conceptual design and dimensional synthesis for a 3-DoF module of the TriVariant—A novel 5-DoF reconfigurable hybrid robot[J]. IEEE Transactions on Robotics, 2005, 21 (3): 449-456.
[52] Li M, Huang T, Chetwynd D G. Forward position analysis of the 3-DoF module of the TriVariant: A 5-DoF reconfigurable hybrid robot[J]. Journal of Mechanical Design, 2006, 128 (1): 319-322.
[53] Huang T, Dong C L, Liu H T, et al. Five-degree-of-freedom parallel robot with multi-shaft rotary brackets: EP3195988A1[P]. 2017-1-12.
[54] Wu L, Wang G F, Liu H T, et al. An approach for elastodynamic modeling of hybrid robots based on substructure synthesis technique[J]. Mechanism and Machine Theory, 2018, 123:

124-136.

[55] Chen Q H, Chen Z, Chai X X, et al. Kinematic analysis of a 3-axis parallel manipulator: The P3[J]. Advances in Mechanical Engineering, 2013, 5: 1-10.

[56] 余旭锋. 2-PRU-PRRU 并联机构运动学及性能分析[D]. 杭州: 浙江理工大学, 2012.

[57] Xie F G, Liu X J, Wang J S. A 3-DoF parallel manufacturing module and its kinematic optimization[J]. Robotics and Computer-Integrated Manufacturing, 2012, 28 (3): 334-343.

[58] 陈子明, 张扬, 黄坤, 等. 一种无伴随运动的对称两转一移并联机构[J]. 机械工程学报, 2016, 52 (3): 9-17.

[59] Zhao C, Chen Z M, Li Y W, et al. Motion characteristics analysis of a novel 2R1T 3-UPU parallel mechanism[J]. Journal of Mechanical Design, 2020, 142 (1): 012302.

[60] Zhao C, Chen Z M, Song J K, et al. Deformation analysis of a novel 3-DoF parallel spindle head in gravitational field[J]. Mechanism and Machine Theory, 2020, 154: 104036.

[61] Zhang G X, Guo J W, Hou Y L, et al. Analysis of the PU-2UPS antenna parallel mechanism[J]. Journal of Mechanical Science and Technology, 2021, 35 (2): 717-728.

[62] Xu L M, Li Q C, Tong J H, et al. Tex3: A 2R1T parallel manipulator with minimum DoF of joints and fixed linear actuators[J]. International Journal of Precision Engineering and Manufacturing, 2018, 19 (2): 227-238.

[63] Fang H L, Tang T F, Zhang J. Kinematic analysis and comparison of a 2R1T redundantly actuated parallel manipulator and its non-redundantly actuated forms[J]. Mechanism and Machine Theory, 2019, 142: 103587.

[64] Tang T F, Fang H L, Zhang J. Hierarchical design, laboratory prototype fabrication and machining tests of a novel 5-axis hybrid serial-parallel kinematic machine tool[J]. Robotics and Computer Integrated Manufacturing, 2020, 64: 101944.

[65] Jin Y, Kong X W, Higgins C, et al. Kinematic design of a new parallel kinematic machine for aircraft wing assembly[C]. Proceedings of IEEE 10th International Conference on Industrial Informatics, Beijing, 2012: 669-674.

[66] Li Q C, Wu W F, Xiang J N, et al. A hybrid robot for friction stir welding[J]. Proceedings of the Institution of Mechanical Engineers Part C—Journal of Mechanical Engineering Science, 2015, 229 (14): 2639-2650.

[67] Xu Y D, Zhao Y, Yue Y, et al. Type synthesis of overconstrained 2R1T parallel mechanisms with the fewest kinematic joints based on the ultimate constraint wrenches[J]. Mechanism and Machine Theory, 2020, 147: 103766.

[68] Hu B, Shi D S, Xie T F, et al. Kinematically identical manipulators derivation for the 2-RPU+UPR parallel manipulator and their constraint performance comparison[J]. Journal of Mechanisms and Robotics, 2020, 12 (6): 061011.

[69] Choi W H, Takeda Y. Displacement analysis and design of a (2-RRU)-URR parallel mechanism performing 2R1T output motion for thumb rehabilitation[J]. Robotics, 2020, 9(3): 67.

[70] Ionescu T G. Terminology for mechanisms and machine science[J]. Mechanism and Machine Theory, 2003, 38(7-10): 767-776.

[71] Chebychev P L. Théorie des Mécanismes Connus Sous Le Nom de Parallélogrammes[M]. 2nd ed. Saint-Pétersbourg: Imprimerie de l'Académie Impériale des Sciences, 1869.

[72] Grübler M F. Getriebelehre: Eine Theorie des Zwanglaufes und der Ebenen Mechanismen[M]. Berlin: Springer, 1917.

[73] Kutzbach K. Mechanische leitungsverzweigung, ihre gesetze und anwendungen[J]. Maschinenbau, 1929, 8(21): 710-716.

[74] Waldron K J. The constraint analysis of mechanisms[J]. Journal of Mechanisms, 1966, 1(2): 101-114.

[75] Gogu G. Mobility and spatiality of parallel robots revisited via theory of linear transformations[J]. European Journal of Mechanics A/Solids, 2005, 24(4): 690-711.

[76] Moroskine Y. General analysis of the theory of mechanisms[J]. Teorii Masini Mekhanizmov, 1954, 14: 25-50.

[77] Angeles J, Gosselin C M. Determination du degre de liberte des chaines cinematique[J]. Transactions of the Canadian Society for Mechanical Engineering, 1988, 12(4): 219-226.

[78] Yang D C, Xiong J, Yang X D. A simple method to calculate mobility with Jacobian[J]. Mechanism and Machine Theory, 2008, 43(9): 1175-1185.

[79] Hervé J M. Analyse structurelle des mécanismes par groupe des déplacements[J]. Mechanism and Machine Theory, 1978, 13(4): 437-450.

[80] Hervé J M. Principes fondamentaux d'une théorie des mécanismes[J]. Revue Roumaine Des Sciences Techniques Serie De MecaniqueAppliquee, 1978, 23(5): 693-709.

[81] Fanghella P, Galletti C. Mobility analysis of single-loop kinematic chains: An algorithmic approach based on displacement groups[J]. Mechanism and Machine Theory, 1994, 29(8): 1187-1204.

[82] Martinez J M R, Ravani B. On mobility analysis of linkages using group theory[J]. Journal of Mechanical Design, 2003, 125(1): 70-80.

[83] Angeles J. The qualitative synthesis of parallel manipulators[J]. Journal of Mechanical Design, 2004, 126(4): 617-624.

[84] Martinez J M R, Gallardo J, Ravani B. Lie algebra and the mobility of kinematic chains[J]. Journal of Robotic Systems, 2003, 20(8): 477-499.

[85] Martinez J M R, Aguilera L D, Gallardo J, et al. A more general mobility criterion for parallel platforms[J]. Journal of Mechanical Design, 2006, 128(1): 207-219.

[86] Milenkovic P. Mobility of single-loop kinematic mechanisms under differential displacement[J]. Journal of Mechanical Design, 2010, 132(4): 041001.

[87] Milenkovic P. Mobility of multichain platform mechanisms under differential displacement[J]. Journal of Mechanisms and Robotics, 2010, 2(3): 031004.

[88] Milenkovic P, Brown M V. Properties of the Bennett mechanism derived from the RRRS closure ellipse[J]. Journal of Mechanisms and Robotics, 2011, 3(2): 021012.

[89] 黄真. 空间机构学[M]. 北京: 机械工业出版社, 1991.

[90] Huang Z, Fang Y F. Kinematic characteristics analysis of 3 DoF in-parallel actuated pyramid mechanism[J]. Mechanism and Machine Theory, 1996, 31(8): 1009-1018.

[91] Huang Z, Tao W S, Fang Y F. Study on the kinematic characteristics of 3 DoF in-parallel actuated platform mechanisms[J]. Mechanism and Machine Theory, 1996, 31(8): 999-1007.

[92] 黄真, 孔令富, 方跃法. 并联机器人机构学理论及控制[M]. 北京: 机械工业出版社, 1997.

[93] 黄真, 刘婧芳, 曾达幸. 基于约束螺旋理论的机构自由度分析的普遍方法[J]. 中国科学: E辑, 2009, 39(1): 84-93.

[94] 黄真, 刘婧芳, 李艳文. 论机构自由度: 寻找了 150 年的自由度通用公式[M]. 北京: 科学出版社, 2011.

[95] Huang Z, Xia P. The mobility analyses of some classical mechanism and recent parallel robots[C]. Proceedings of the ASME International Design Engineering Technical Conferences and Computers and Information in Engineering Conference, Philadelphia, 2006: 977-983.

[96] Huang Z, Wang J, Fang Y F. Analysis of instantaneous motions of deficient-rank 3-RPS parallel manipulators[J]. Mechanism and Machine Theory, 2002, 37(2): 229-240.

[97] 李秦川, 柴馨雪, 陈巧红, 等. 2-UPR-SPR 并联机构转轴分析[J]. 机械工程学报, 2013, 49(21): 62-69.

[98] Huang Z, Liu J F, Li Q C. A Unified Methodology for Mobility Analysis Based on Screw Theory[M]. London: Springer, 2008.

[99] Li Q C, Huang Z. Mobility analysis of lower-mobility parallel manipulators based on screw theory[C]. Proceedings of IEEE International Conference on Robotics and Automation, Taipei, 2003: 1179-1184.

[100] Li Q C, Huang Z. Mobility analysis of a 3-5R parallel mechanism family[C]. Proceedings of IEEE International Conference on Robotics and Automation, Taipei, 2003: 1887-1892.

[101] Qu H B, Guo S. Topology and Mobility Variations of A Novel Redundant Reconfigurable Parallel Mechanism[M]. Cham: Springer, 2016.

[102] Dai J S, Huang Z, Lipkin H. Screw system analysis of parallel mechanisms and applications to constraint and mobility study[C]. Proceedings of the ASME International Design Engineering Technical Conferences and Computers and Information in Engineering Conference, Salt Lake

City, 2004: 1569-1582.

[103] Dai J S, Jones J R. Kinematics and mobility analysis of carton folds in packing manipulation based on the mechanism equivalent[J]. Proceedings of the Institution of Mechanical Engineers Part C—Journal of Mechanical Engineering Science, 2002, 216(10): 959-970.

[104] Dai J S. Finite displacement screw operators with embedded Chasles' motion[J]. Journal of Mechanisms and Robotics, 2012, 4(4): 041002.

[105] Yu J J, Dai J S, Zhao T S, et al. Mobility analysis of complex joints by means of screw theory[J]. Robotica, 2009, 27(6): 915-927.

[106] Dai J S, Jones J R. Mobility in metamorphic mechanisms of foldable/erectable kinds[J]. Journal of Mechanical Design, 1998, 121(3): 375-382.

[107] Gan D M, Dai J S, Liao Q Z. Constraint analysis on mobility change of a novel metamorphic parallel mechanism[J]. Mechanism and Machine Theory, 2010, 45(12): 1864-1876.

[108] Gan D M, Dai J S, Liao Q Z. Mobility change in two types of metamorphic parallel mechanisms[J]. Journal of Mechanisms and Robotics, 2009, 1(4): 041007.

[109] Zhang K T, Dai J S, Fang Y F. Geometric constraint and mobility variation of two 3SvPSv metamorphic parallel mechanisms[J]. Journal of Mechanical Design, 2013, 135(1): 011001.

[110] Zhang K T, Dai J S. Screw-system-variation enabled reconfiguration of the Bennett plano-spherical hybrid linkage and its evolved parallel mechanism[J]. Journal of Mechanical Design, 2015, 137(6): 062303.

[111] Ren P, Hong D. Mobility analysis of a spoked walking machine with variable topologies[J]. Journal of Mechanisms and Robotics, 2011, 3(4): 041005.

[112] Gao Z, Su R, Zhao J T, et al. Analysis on Motion Characters for a 3-PRS Parallel Mechanism[M]. London: Springer, 2012.

[113] Ruggiu M, Kong X W. Mobility and kinematic analysis of a parallel mechanism with both PPR and planar operation modes[J]. Mechanism and Machine Theory, 2012, 55: 77-90.

[114] Liu X, Zhao J S, Feng Z J. Instantaneous motion of a 2-RCR mechanism with variable mobility[C]. International Conference on Intelligent Robotics and Applications, Cham, 2014: 44-55.

[115] Palpacelli M, Carbonari L, Palmieri G, et al. Mobility Analysis of Non-overconstrained Reconfigurable Parallel Manipulators with 3-CPU/3-CRU Kinematics[M]. Cham: Springer, 2016.

[116] Wang L P, Xu H Y, Guan L W. Mobility analysis of parallel mechanisms based on screw theory and mechanism topology[J]. Advances in Mechanical Engineering, 2015, 7(11): 1-13.

[117] Chai X X, Li Q C. Mobility analysis of two limited-DoF parallel mechanisms using geometric algebra[C]. International Conference on Intelligent Robotics and Applications, Guangzhou,

2014: 13-22.

[118] 柴馨雪，李秦川. 3-PRRU 并联机构自由度分析[J]. 浙江理工大学学报(自然科学版)，2016, 35(2): 192-197.

[119] Chai X X, Li Q C. Analytical mobility analysis of Bennett linkage using geometric algebra[J]. Advances in Applied Clifford Algebras, 2017, 27(3): 2083-2095.

[120] Gao F, Yang J L, Ge Q J. Type synthesis of parallel mechanisms having the second class GF sets and two dimensional rotations[J]. Journal of Mechanisms and Robotics, 2011, 3(1): 011003.

[121] He J, Gao F, Meng X D, et al. Type synthesis for 4-DoF parallel press mechanism using GF set theory[J]. Chinese Journal of Mechanical Engineering, 2015, 28(4): 851-859.

[122] Lee K M, Shah D K. Kinematic analysis of a three-degrees-of-freedom in-parallel actuated manipulator[J]. IEEE Journal of Robotics and Automation, 1988, 4(3): 354-360.

[123] Gallardo J, Orozco H, Rico J M. Kinematics of 3-RPS parallel manipulators by means of screw theory[J]. International Journal of Advanced Manufacturing Technology, 2008, 36(5-6): 598-605.

[124] Bi Z M, Jin Y. Kinematic modeling of exechon parallel kinematic machine[J]. Robotics and Computer-Integrated Manufacturing, 2011, 27(1): 186-193.

[125] Jin Y, Bi Z M, Liu H T, et al. Kinematic analysis and dimensional synthesis of exechon parallel kinematic machine for large volume machining[J]. Journal of Mechanisms and Robotics, 2015, 7(4): 041004.

[126] Liu H T, Huang T, Mei J P, et al. Kinematic design of a 5-DoF hybrid robot with large workspace/limb-stroke ratio[J]. Journal of Mechanical Design, 2007, 129(5): 530-537.

[127] Liu H T, Huang T, Zhao X M, et al. Optimal design of the TriVariant robot to achieve a nearly axial symmetry of kinematic performance[J]. Mechanism and Machine Theory, 2007, 42(12): 1643-1652.

[128] Xu L M, Chen Q H, Tong J H, et al. Dimensional synthesis of a 2-PRS-PRRU parallel manipulator[C]. IFToMM Asian Conference on Mechanism and Machine Science and International Conference on Mechanism and Machine Science, Guangzhou, 2017: 341-355.

[129] Xu L M, Li Q C, Zhang N B, et al. Mobility, kinematic analysis, and dimensional optimization of new three-degrees-of-freedom parallel manipulator with actuation redundancy[J]. Journal of Mechanisms and Robotics, 2017, 9(4): 041008.

[130] Xu L M, Chen G L, Ye W, et al. Design, analysis and optimization of Hex4, a new 2R1T overconstrained parallel manipulator with actuation redundancy[J]. Robotica, 2018, 37(2): 358-377.

[131] Xu L M, Zhu X B, Ye W, et al. Kinematic analysis and dimensional synthesis of a new 2R1T

parallel kinematic machine[C]. Proceedings of the ASME International Design Engineering Technical Conferences and Computers and Information in Engineering Conference, Quebec City, 2018: 1-9.

[132] Xu L M, Chai X X, Li Q C, et al. Design and experimental investigation of a new 2R1T overconstrained parallel kinematic machine with actuation redundancy[J]. Journal of Mechanisms and Robotics, 2019, 11(3): 031016.

[133] Wu J, Wang J S, Wang L P, et al. Study on the stiffness of a 5-DoF hybrid machine tool with actuation redundancy[J]. Mechanism and Machine Theory, 2009, 44(2): 289-305.

[134] Klimchik A, Chablat D, Pashkevich A. Stiffness modeling for perfect and non-perfect parallel manipulators under internal and external loadings[J]. Mechanism and Machine Theory, 2014, 79: 1-28.

[135] Lian B B, Sun T, Song Y M, et al. Stiffness analysis and experiment of a novel 5-DoF parallel kinematic machine considering gravitational effects[J]. International Journal of Machine Tools and Manufacture, 2015, 95: 82-96.

[136] El-Khasawneh B S, Ferreira P M. Computation of stiffness and stiffness bounds for parallel link manipulators[J]. International Journal of Machine Tools and Manufacture, 1999, 39(2): 321-342.

[137] Huang T, Zhao X Y, Whitehouse D J. Stiffness estimation of a tripod-based parallel kinematic machine[J]. IEEE Transactions on Robotics and Automation, 2002, 18(1): 50-58.

[138] Klimchik A, Pashkevich A, Chablat D. CAD-based approach for identification of elasto-static parameters of robotic manipulators[J]. Finite Elements in Analysis and Design, 2013, 75: 19-30.

[139] Martin H C. Introduction to Matrix Methods of Structural Analysis[M]. New York: MaGraw-Hill, 1966.

[140] Pashkevich A, Chablat D, Wenger P. Stiffness analysis of overconstrained parallel manipulators[J]. Mechanism and Machine Theory, 2009, 44(5): 966-982.

[141] Soares Junior G D L, Carvalho J C M, Goncalves R S. Stiffness analysis of multibody systems using matrix structural analysis-MSA[J]. Robotica, 2016, 34(10): 2368-2385.

[142] Yu G, Wang L P, Wu J, et al. Stiffness modeling approach for a 3-DoF parallel manipulator with consideration of nonlinear joint stiffness[J]. Mechanism and Machine Theory, 2018, 123: 137-152.

[143] Gosselin C M. Stiffness mapping for parallel manipulators[J]. IEEE Transactions on Robotics and Automation, 1990, 6(3): 377-382.

[144] Gosselin C M, Zhang D. Stiffness analysis of parallel mechanisms using a lumped model[J]. International Journal of Robotics and Automation, 2002, 17(1): 17-27.

[145] Majou F, Gosselin C M, Wenger P, et al. Parametric stiffness analysis of the orthoglide[J]. Mechanism and Machine Theory, 2007, 42 (3) : 296-311.

[146] Hoevenaars A G L, Lambert P, Herder J L. Jacobian-based stiffness analysis method for parallel manipulators with non-redundant legs[J]. Proceedings of the Institution of Mechanical Engineers Part C—Journal of Mechanical Engineering Science, 2016, 230 (3) : 341-352.

[147] Sun T, Lian B B, Song Y M. Stiffness analysis of a 2-DoF over-constrained RPM with an articulated traveling platform[J]. Mechanism and Machine Theory, 2016, 96: 165-178.

[148] Deblaise D, Hernot X, Maurine P. A systematic analytical method for PKM stiffness matrix calculation[C]. Proceedings of IEEE International Conference on Robotics and Automation, Orlando, 2006: 4213-4219.

[149] Li X, Zlatanov D, Zoppi M, et al. Stiffness estimation and experiments for the exechon parallel self-reconfiguring fixture mechanism[C]. Proceedings of the ASME International Design Engineering Technical Conferences and Computers and Information in Engineering Conference, Chicago, 2012: 637-645.

[150] Bi Z M. Kinetostatic modeling of exechon parallel kinematic machine for stiffness analysis[J]. International Journal of Advanced Manufacturing Technology, 2014, 71 (1-4) : 325-335.

[151] Xu Y D, Liu W L, Yao J T, et al. A method for force analysis of the overconstrained lower mobility parallel mechanism[J]. Mechanism and Machine Theory, 2015, 88: 31-48.

[152] Zhang J, Zhao Y Q, Jin Y. Kinetostatic-model-based stiffness analysis of exechon PKM[J]. Robotics and Computer-Integrated Manufacturing, 2016, 37: 208-220.

[153] Cao W A, Ding H F, Yang D H. A method for compliance modeling of five degree-of-freedom overconstrained parallel robotic mechanisms with 3T2R output motion[J]. Journal of Mechanisms and Robotics, 2017, 9 (1) : 011011.

[154] Li Q C, Xu L M, Chen Q H, et al. Analytical elastostatic stiffness modeling of overconstrained parallel manipulators using geometric algebra and strain energy[J]. Journal of Mechanisms and Robotics, 2019, 11 (3) : 031007.

[155] Yang C, Li Q C, Chen Q H, et al. Elastostatic stiffness modeling of overconstrained parallel manipulators[J]. Mechanism and Machine Theory, 2018, 122: 58-74.

[156] Herrero S, Pinto C, Diez M, et al. Analytical procedure based on the matrix structural method for the analysis of the stiffness of the 2PRU-1PRS parallel manipulator[J]. Robotica, 2019, 37 (8) : 1401-1414.

[157] Briot S, Khalil W. Recursive and symbolic calculation of the elastodynamic model of flexible parallel robots[J]. The International Journal of Robotics Research, 2014, 33 (3) : 469-483.

[158] Siciliano B, Khatib O. Springer Handbook of Robotics[M]. 2nd ed. Heidelberg: Springer, 2016.

[159] Dasgupta B, Mruthyunjaya T S. A Newton-Euler formulation for the inverse dynamics of the

Stewart platform manipulator[J]. Mechanism and Machine Theory, 1998, 33(8): 1135-1152.

[160] Gosselin C M. Compact dynamic models for the tripteron and quadrupteron parallel manipulators[J]. Proceedings of the Institution of Mechanical Engineers Part I—Journal of Systems and Control Engineering, 2009, 223(1): 1-12.

[161] Wang L P, Wu J, Wang J S. Dynamic formulation of a planar 3-DoF parallel manipulator with actuation redundancy[J]. Robotics and Computer-Integrated Manufacturing, 2010, 26(1): 67-73.

[162] Chen Z S, Xu L M, Zhang W Z, et al. Closed-form dynamic modeling and performance analysis of an over-constrained 2PUR-PSR parallel manipulator with parasitic motions[J]. Nonlinear Dynamics, 2019, 96(1): 517-534.

[163] 刘善增, 余跃庆, 佀国宁, 等. 3 自由度并联机器人的运动学与动力学分析[J]. 机械工程学报, 2009, 45(8): 11-17.

[164] Li Y W, Wang J S, Liu X J, et al. Dynamic performance comparison and counterweight optimization of two 3-DoF parallel manipulators for a new hybrid machine tool[J]. Mechanism and Machine Theory, 2010, 45(11): 1668-1680.

[165] Yao J T, Gu W D, Feng Z Q, et al. Dynamic analysis and driving force optimization of a 5-DoF parallel manipulator with redundant actuation[J]. Robotics and Computer-Integrated Manufacturing, 2017, 48: 51-58.

[166] Liu H T, Mei J P, Zhao X M, et al. Inverse dynamics and servomotor parameter estimation of a 2-DoF spherical parallel mechanism[J]. Science in China Series E: Technological Sciences, 2008, 51(3): 288-301.

[167] Wu J, Wang J S, Wang L P. Identification of dynamic parameter of a 3DoF parallel manipulator with actuation redundancy[J]. Journal of Manufacturing Science and Engineering, 2008, 130(4): 041012.

[168] Zhang H Z, Cheng G, Shan X L, et al. Singularity-free path optimization of the parallel test mechanism for artificial hip joints[J]. Journal of Mechanical Science and Technology, 2018, 32(4): 1775-1786.

[169] Wen S H, Yu H Y, Zhang B W, et al. Fuzzy identification and delay compensation based on the force/position control scheme of the 5-DoF redundantly actuated parallel robot[J]. International Journal of Fuzzy Systems, 2017, 19(1): 124-140.

[170] Bi Z M, Kang B. An inverse dynamic model of over-constrained parallel kinematic machine based on Newton-Euler formulation[J]. Journal of Dynamic Systems Measurement and Control, 2014, 136(4): 041001.

[171] Chen G L, Yu W D, Li Q C, et al. Dynamic modeling and performance analysis of the 3-PRRU 1T2R parallel manipulator without parasitic motion[J]. Nonlinear Dynamics, 2017, 90(1):

339-353.

[172] Gallardo J, Aguilar-Najera C R, Casique-Rosas L, et al. Kinematics and dynamics of 2(3-RPS) manipulators by means of screw theory and the principle of virtual work[J]. Mechanism and Machine Theory, 2008, 43(10): 1281-1294.

[173] 李永刚, 宋轶民, 冯志友, 等. 基于牛顿欧拉法的 3-RPS 并联机构逆动力学分析[J]. 航空学报, 2007, 28(5): 1210-1215.

[174] Bi Z M, Lang S Y T, Verner M. Dynamic modeling and validation of a tripod-based machine tool[J]. International Journal of Advanced Manufacturing Technology, 2008, 37(3-4): 410-421.

[175] Wang Z L, Zhang N B, Chai X X, et al. Kinematic/dynamic analysis and optimization of a 2-URR-RRU parallel manipulator[J]. Nonlinear Dynamics, 2017, 88(1): 503-519.

[176] Herrero S, Pinto C, Altuzarra O, et al. Analysis of the 2PRU-1PRS 3DoF parallel manipulator: Kinematics, singularities and dynamics[J]. Robotics and Computer-Integrated Manufacturing, 2018, 51: 63-72.

[177] Lee K M, Shah D K. Dynamic analysis of a three-degrees-of-freedom in-parallel actuated manipulator[J]. IEEE Journal of Robotics and Automation, 1988, 4(3): 361-367.

[178] Sokolov A, Xirouchakis P. Dynamics analysis of a 3-DoF parallel manipulator with R-P-S joint structure[J]. Mechanism and Machine Theory, 2007, 42(5): 541-557.

[179] Gallardo J, Rico J M, Frisoli A, et al. Dynamics of parallel manipulators by means of screw theory[J]. Mechanism and Machine Theory, 2003, 38(11): 1113-1131.

[180] Joshi S A, Tsai L W. Jacobian analysis of limited-DoF parallel manipulators[J]. Journal of Mechanical Design, 2002, 124(2): 254-258.

[181] Gan D M, Dias J, Seneviratne L D. Unified inverse dynamics of variable topologies of a metamorphic parallel mechanism using screw theory[C]. Proceedings of the ASME International Design Engineering Technical Conferences and Computers and Information in Engineering Conference, Portland, 2013: 1-7.

[182] 张伟中, 徐灵敏, 童俊华, 等. 2-PUR-PSR 并联机构的运动学分析及尺度综合[J]. 机械工程学报, 2018, 54(7): 45-53.

[183] Angeles J, López-Cajún C S. Kinematic isotropy and the conditioning index of serial robotic manipulators[J]. The International Journal of Robotics Research, 1992, 11(6): 560-571.

[184] Yoshikawa T. Manipulability of robotic mechanisms[J]. The International Journal of Robotics Research, 1985, 4(2): 3-9.

[185] Merlet J P. Jacobian, manipulability, condition number and accuracy of parallel robots[J]. Journal of Mechanical Design, 2007, 128(1): 199-206.

[186] Ma O, Angeles J. Optimum architecture design of platform manipulators[C]. The International Conference on Advanced Robotics, Pisa, 1991: 1130-1135.

[187] Kim S G, Ryu J. New dimensionally homogeneous Jacobian matrix formulation by three end-effector points for optimal design of parallel manipulators[J]. IEEE Transactions on Robotics and Automation, 2003, 19(4): 731-736.

[188] Pond G, Carretero J A. Formulating Jacobian matrices for the dexterity analysis of parallel manipulators[J]. Mechanism and Machine Theory, 2006, 41(12): 1505-1519.

[189] Liu H T, Huang T, Chetwynd D G. A method to formulate a dimensionally homogeneous Jacobian of parallel manipulators[J]. IEEE Transactions on Robotics, 2011, 27(1): 150-156.

[190] Angeles J. The design of isotropic manipulator architectures in the presence of redundancies[J]. The International Journal of Robotics Research, 1992, 11(3): 196-201.

[191] Shi J, Wang Y H, Zhang G, et al. Optimal design of 3-DoF PKM module for friction stir welding[J]. International Journal of Advanced Manufacturing Technology, 2013, 66(9-12): 1879-1889.

[192] Liu X J, Wang J S. A new methodology for optimal kinematic design of parallel mechanisms[J]. Mechanism and Machine Theory, 2007, 42(9): 1210-1224.

[193] Wang J S, Wu C, Liu X J. Performance evaluation of parallel manipulators: Motion/force transmissibility and its index[J]. Mechanism and Machine Theory, 2010, 45(10): 1462-1476.

[194] Yuan M S C, Freudenstein F, Woo L S. Kinematic analysis of spatial mechanisms by means of screw coordinates. Part 2—Analysis of spatial mechanisms[J]. Journal of Engineering for Industry, 1971, 93(1): 67-73.

[195] Sutherland G, Roth B. A transmission index for spatial mechanisms[J]. Journal of Engineering for Industry, 1973, 95(2): 589-597.

[196] Liu X J, Wu C, Wang J S. A new approach for singularity analysis and closeness measurement to singularities of parallel manipulators[J]. Journal of Mechanisms and Robotics, 2012, 4(4): 041001.

[197] Xie F G, Liu X J, Wang J S. Performance evaluation of redundant parallel manipulators assimilating motion/force transmissibility[J]. International Journal of Advanced Robotic Systems, 2011, 8(5): 113-124.

[198] Xie F G, Liu X J, Li T M. A comparison study on the orientation capability and parasitic motions of two novel articulated tool heads with parallel kinematics[J]. Advances in Mechanical Engineering, 2013, 5: 249103.

[199] Li Q C, Zhang N B, Wang F B. New indices for optimal design of redundantly actuated parallel manipulators[J]. Journal of Mechanisms and Robotics, 2017, 9(1): 011007.

[200] Asada H. A geometrical representation of manipulator dynamics and its application to arm design[J]. Journal of Dynamic Systems, Measurement, and Control, 1983, 105(3): 131-142.

[201] Asada H. Dynamic analysis and design of robot manipulators using inertia ellipsoids[C].

Proceedings of IEEE International Conference on Robotics and Automation, Atlanta, 1984: 94-102.

[202] Yoshikawa T. Dynamic manipulability of robot manipulators[C]. Proceedings of IEEE International Conference on Robotics and Automation, St. Louis, 1985: 1033-1038.

[203] Yoshikawa T. Translational and rotational manipulability of robotic manipulators[C]. Proceedings of International Conference on Industrial Electronics, Control and Instrumentation, Kobe, 1990: 228-233.

[204] Lee J H, Shim H. On the dynamic manipulability of cooperating multiple arm robot systems[C]. Proceedings of IEEE/RSJ International Conference on Intelligent Robots and Systems, Sendai, 2004: 2087-2092.

[205] Kurazume R, Hasegawa T. A new index of serial-link manipulator performance combining dynamic manipulability and manipulating force ellipsoids[J]. IEEE Transactions on Robotics, 2006, 22(5): 1022-1028.

[206] Wu J, Wang J S, Li T M, et al. Dynamic dexterity of a planar 2-DoF parallel manipulator in a hybrid machine tool[J]. Robotica, 2008, 26(1): 93-98.

[207] Graettinger T J, Krogh B H. The acceleration radius: A global performance measure for robotic manipulators[J]. IEEE Journal of Robotics and Automation, 1988, 4(1): 60-69.

[208] Wang D, Wu J, Wang L P, et al. Research on the dynamic characteristics of a 3-DoF parallel tool head[J]. Industrial Robot: An International Journal, 2017, 44(1): 28-37.

[209] Liu X J, Han G, Xie F G, et al. A novel acceleration capacity index based on motion/force transmissibility for high-speed parallel robots[J]. Mechanism and Machine Theory, 2018, 126: 155-170.

[210] 王娟. 共形几何代数的应用实例分析[D]. 青岛: 中国石油大学, 2009.

[211] Hamilton W R. Lectures on Quaternions[M]. London: Hodges and Smith, 1853.

[212] Hamilton W R. Elements of Quaternions[M]. London: Longmans, Green, & Company, 1866.

[213] Grassmann H. Linear Extension Theory (Die Lineale Ausdehnungslehre)[M]. Leipzig: Wigand, 1844.

[214] Clifford W K. Applications of Grassmann's extensive algebra[J]. American Journal of Mathematics, 1878, 1(4): 350-358.

[215] Hestenes D. New Foundations for Classical Mechanics[M]. Dordrecht: Kluwer Academic Publishers, 1999.

[216] Li H B, Hestenes D, Rockwood A. Generalized Homogeneous Coordinates for Computational Geometry[M]. Heidelberg: Springer, 2001.

[217] de Sabbata V, Datta B K. Geometric Algebra and Applications to Physics[M]. New York: Taylor & Francis, 2006.

[218] Tirkkonen O, Hottinen A. Square-matrix embeddable space-time block codes for complex signal constellations[J]. IEEE Transactions on Information Theory, 2002, 48(2): 384-395.

[219] Sommer G. Applications of Geometric Algebra in Robot Vision[M]. Heidelberg: Springer, 2005.

[220] Sommer G. Geometric Computing with Clifford Algebras: Theoretical Foundations and Applications in Computer Vision and Robotics[M]. Heidelberg: Springer, 2001.

[221] Chai X X, Li Q C, Ye W. Mobility analysis of overconstrained parallel mechanism using Grassmann-Cayley algebra[J]. Applied Mathematical Modelling, 2017, 51: 643-654.

[222] 柴馨雪. 几何代数框架下的并联机构自由度分析方法研究[D]. 杭州: 浙江理工大学, 2017.

[223] Zamora J, Bayro-Corrochano E. Inverse kinematics, fixation and grasping using conformal geometric algebra[C]. Proceedings of IEEE/RSJ International Conference on Intelligent Robots and Systems, Sendai, 2004: 3841-3846.

[224] Hildenbrand D, Zamora J, Bayro-Corrochano E. Inverse kinematics computation in computer graphics and robotics using conformal geometric algebra[J]. Advances in Applied Clifford Algebras, 2008, 18(3): 699-713.

[225] Lasenby J, Fitzgerald W J, Lasenby A N, et al. New geometric methods for computer vision: An application to structure and motion estimation[J]. International Journal of Computer Vision, 1998, 26(3): 191-213.

[226] 黄昔光. 机构运动学若干问题及其代数法理论研究[D]. 北京: 北京邮电大学, 2008.

[227] 张忠海. 机构运动分析的几何代数新方法研究[D]. 北京: 北京邮电大学, 2014.

[228] Tanev T K. Singularity Analysis of a 4-DoF Parallel Manipulator Using Geometric Algebra[M]. Dordrecht: Springer, 2006.

[229] Tanev T K. Geometric Algebra Approach to Singularity of Parallel Manipulators with Limited Mobility[M]. Dordrecht: Springer, 2008.

[230] Yao H J, Chen Q H, Chai X X, et al. Singularity analysis of 3-RPR parallel manipulators using geometric algebra[J]. Advances in Applied Clifford Algebras, 2017, 27(3): 2097-2113.

[231] Yao H J, Li Q C, Chen Q H, et al. Measuring the closeness to singularities of a planar parallel manipulator using geometric algebra[J]. Applied Mathematical Modelling, 2018, 57: 192-205.

第 2 章　几何代数基础知识

几何代数是描述空间对象的统一化数学方法，是解决复杂几何问题的高效计算工具[1-7]。通过几何代数，可实现对高维几何体的直接运算。几何代数不仅兼具代数意义和几何意义，而且在表达和计算上具有明显优势。不同于机构学及工程上已广泛应用的传统线性代数，几何代数中的基本计算单元不再是矢量，而是子空间。通过对子空间进行对偶、求交、求并等运算，可得到几何意义明确的计算结果。

本章首先介绍 n 维几何代数 $\mathcal{G}_n$ 中的相关基本定义、基本元素和基本运算法则，接着详细阐述 6 维几何代数 $\mathcal{G}_6$ 与螺旋理论的区别和联系，以及 5 维几何代数 $\mathcal{G}_{4,1}$ 在刚体运动中的计算应用，为后续章节中的机器人构型综合和自由度计算验证、逆运动学建模、解析静刚度建模和解析逆动力学建模奠定重要基础。

2.1　几何代数的基本定义

在实数域 $\mathbf{R}$ 中，一个 n 维的矢量空间可表示为 $\mathcal{V}_n$。几何代数 $\mathcal{G}_n=\mathcal{G}(\mathcal{V}_n)$ 是由几何积构成的矢量空间 $\mathcal{V}_n$ 的空间。几何积由矢量的内积和外积共同构成，本节将依次定义矢量的内积、外积和几何积，并详细介绍三者的几何意义[1]。

2.1.1　内积

在几何代数中，两个矢量 $\boldsymbol{a}$ 和 $\boldsymbol{b}$ 的内积等同于欧氏空间中矢量 $\boldsymbol{a}$ 和 $\boldsymbol{b}$ 的点积，可表示为 $\boldsymbol{a}\cdot\boldsymbol{b}$ 的数学形式。在几何意义上，两个矢量 $\boldsymbol{a}$ 和 $\boldsymbol{b}$ 的内积为矢量 $\boldsymbol{a}$ 在矢量 $\boldsymbol{b}$ 上投影的放大或缩小，且放大或缩小的倍数是矢量 $\boldsymbol{b}$ 的模，为

$$\boldsymbol{a}\cdot\boldsymbol{b}=|\boldsymbol{a}||\boldsymbol{b}|\mathrm{c}_\theta \tag{2.1}$$

式中，c 表示余弦函数；θ 为矢量 $\boldsymbol{a}$ 和 $\boldsymbol{b}$ 之间的夹角。

当夹角 θ 为 90° 时，矢量 $\boldsymbol{a}$ 和 $\boldsymbol{b}$ 相互垂直。在该情况下，式(2.1)可简化为

$$\boldsymbol{a}\cdot\boldsymbol{b}=0 \tag{2.2}$$

对于几何代数中的内积运算，其具有以下性质。

1) 对称性

矢量 $\boldsymbol{a}$ 和 $\boldsymbol{b}$ 的内积满足对称性规则，即

$$\boldsymbol{a}\cdot\boldsymbol{b}=\boldsymbol{b}\cdot\boldsymbol{a} \tag{2.3}$$

2) 分配律

三个矢量 $\boldsymbol{a}$、$\boldsymbol{b}$ 和 $\boldsymbol{c}$ 的内积满足分配律规则，即

$$\boldsymbol{a}\cdot(\boldsymbol{b}+\boldsymbol{c})=\boldsymbol{a}\cdot\boldsymbol{b}+\boldsymbol{a}\cdot\boldsymbol{c} \tag{2.4}$$

2.1.2　外积

在几何代数中，两个矢量 $\boldsymbol{a}$ 和 $\boldsymbol{b}$ 的外积可表示为 $\boldsymbol{a}\wedge\boldsymbol{b}$ 的数学形式。在几何意义上，两个矢量 $\boldsymbol{a}$ 和 $\boldsymbol{b}$ 的外积为矢量 $\boldsymbol{a}$ 沿着矢量 $\boldsymbol{b}$ 扫过的有方向的平行四边形，具体如图 2.1 所示。在图 2.1 中，平行四边形的方向为沿着矢量 $\boldsymbol{a}$ 到矢量 $\boldsymbol{b}$ 的方向，此时为逆时针方向。该平行四边形 $\boldsymbol{a}\wedge\boldsymbol{b}$ 的大小为矢量 $\boldsymbol{a}$ 沿着矢量 $\boldsymbol{b}$ 扫过的面积，为

$$\boldsymbol{a}\wedge\boldsymbol{b}=|\boldsymbol{a}||\boldsymbol{b}|\mathrm{s}_\theta \tag{2.5}$$

式中，s 表示正弦函数。

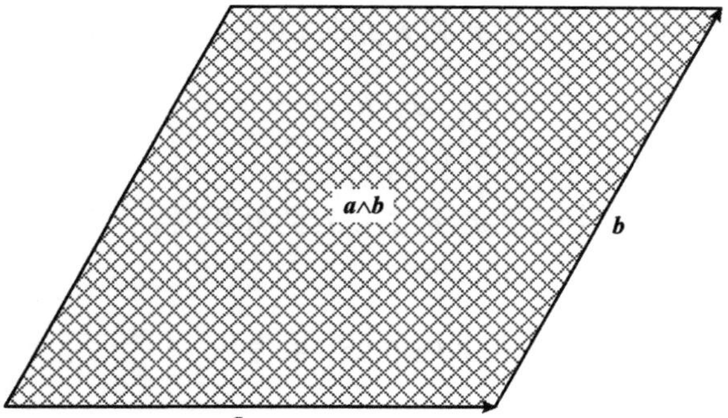

图 2.1　几何代数中两个矢量 $\boldsymbol{a}$ 和 $\boldsymbol{b}$ 的外积形式：$\boldsymbol{a}\wedge\boldsymbol{b}$

对于几何代数中的外积运算，其具有以下性质。

1) 反对称性

不同于内积运算，矢量 $\boldsymbol{a}$ 和 $\boldsymbol{b}$ 的外积满足反对称性规则，即

$$\boldsymbol{a}\wedge\boldsymbol{b}=-\boldsymbol{b}\wedge\boldsymbol{a} \tag{2.6}$$

2) 分配律

三个矢量 $\boldsymbol{a}$、$\boldsymbol{b}$ 和 $\boldsymbol{c}$ 的外积满足分配律规则，即

$$\boldsymbol{a}\wedge(\boldsymbol{b}+\boldsymbol{c})=\boldsymbol{a}\wedge\boldsymbol{b}+\boldsymbol{a}\wedge\boldsymbol{c} \tag{2.7}$$

在几何代数中，两个矢量 $\boldsymbol{a}$ 和 $\boldsymbol{b}$ 的外积为 $\boldsymbol{a}\wedge\boldsymbol{b}$，具体表示为一个有方向的平行四边形，如图 2.1 所示。当两个矢量增加到三个矢量 $\boldsymbol{a}$、$\boldsymbol{b}$ 和 $\boldsymbol{c}$ 时，它们的外积为 $\boldsymbol{a}\wedge\boldsymbol{b}\wedge\boldsymbol{c}$，此时可具体表示为一个有方向的三维体，如图 2.2 所示。以此类推，

k 个矢量 $\boldsymbol{a}_1, \boldsymbol{a}_2, \cdots, \boldsymbol{a}_k$ 的外积为 $\boldsymbol{a}_1 \wedge \boldsymbol{a}_2 \wedge \cdots \wedge \boldsymbol{a}_k$，在几何意义上可表示为由该 k 个矢量构成的有方向的 k 维空间。

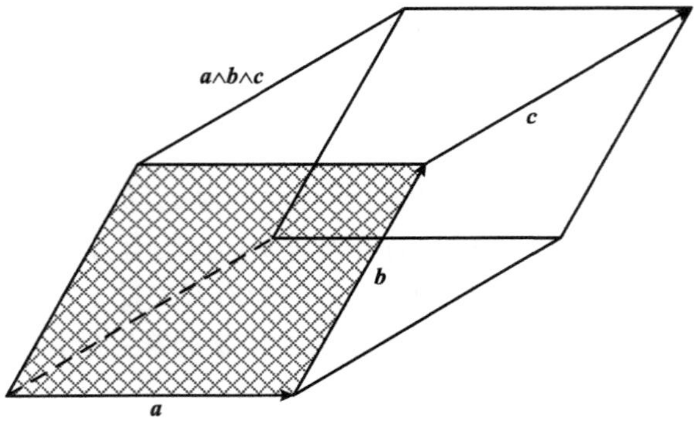

图 2.2　几何代数中三个矢量 $\boldsymbol{a}$、$\boldsymbol{b}$ 和 $\boldsymbol{c}$ 的外积形式：$\boldsymbol{a} \wedge \boldsymbol{b} \wedge \boldsymbol{c}$

在几何代数中，矢量的外积运算还可以用来判别各矢量间是否线性相关。在计算两个矢量的外积时，若矢量 $\boldsymbol{a}$ 和 $\boldsymbol{b}$ 方向相同或相反，则根据式(2.5)可得

$$\boldsymbol{a} \wedge \boldsymbol{b} = 0 \tag{2.8}$$

即当矢量 $\boldsymbol{a}$ 和 $\boldsymbol{b}$ 线性相关时，其外积结果为零。

以此类推，在计算 k 个矢量 $\boldsymbol{a}_1, \boldsymbol{a}_2, \cdots, \boldsymbol{a}_k$ 的外积时，若其中存在线性相关项，则其外积结果为零，即

$$\boldsymbol{a}_1 \wedge \boldsymbol{a}_2 \wedge \cdots \wedge \boldsymbol{a}_k = 0 \tag{2.9}$$

2.1.3　几何积

在几何代数中，两个矢量 $\boldsymbol{a}$ 和 $\boldsymbol{b}$ 的几何积可表示为 $\boldsymbol{ab}$ 的数学形式，其由矢量 $\boldsymbol{a}$、$\boldsymbol{b}$ 的内积和外积之和构成，为

$$\boldsymbol{ab} = \boldsymbol{a} \cdot \boldsymbol{b} + \boldsymbol{a} \wedge \boldsymbol{b} \tag{2.10}$$

根据前面的定义，几何积中的内积和外积分别满足对称性和反对称性规则。因此，矢量的内积和外积也可用几何积的运算进行表示。对于矢量 $\boldsymbol{a}$ 和 $\boldsymbol{b}$，其内积和外积可分别表示为如下形式：

$$\boldsymbol{a} \cdot \boldsymbol{b} = \frac{1}{2}(\boldsymbol{ab} + \boldsymbol{ba}) = \boldsymbol{b} \cdot \boldsymbol{a} \tag{2.11}$$

和

$$\boldsymbol{a} \wedge \boldsymbol{b} = \frac{1}{2}(\boldsymbol{ab} - \boldsymbol{ba}) = -\boldsymbol{b} \wedge \boldsymbol{a} \tag{2.12}$$

2.2　几何代数的基本元素

在 n 维矢量空间 $\mathcal{V}_n$ 的几何代数 $\mathcal{G}_n$ 中，其基矢量 $\boldsymbol{e}_1, \boldsymbol{e}_2, \cdots, \boldsymbol{e}_n$ 为单位矢量组，满足以下关系：

$$\begin{aligned} &\boldsymbol{e}_i \cdot \boldsymbol{e}_j = \begin{cases} 1, & i = j \\ 0, & i \neq j \end{cases}, \quad i, j = 1, 2, \cdots, n \\ &\boldsymbol{e}_i \wedge \boldsymbol{e}_i = 0 \end{aligned} \tag{2.13}$$

但是，上述基矢量组只是 n 维几何代数 $\mathcal{G}_n$ 中的代数元素，并不是基本代数元素[8]。

2.2.1　片积

在几何代数中，基本代数元素是片积(blade)。一个 k 阶片积由 $k(k \leqslant n)$ 个矢量 $\boldsymbol{a}_1, \boldsymbol{a}_2, \cdots, \boldsymbol{a}_k$ 的外积组成，为

$$\langle \boldsymbol{A} \rangle_k = \boldsymbol{a}_1 \wedge \boldsymbol{a}_2 \wedge \cdots \wedge \boldsymbol{a}_k \tag{2.14}$$

式中，k 表示该片积的阶数，故 $\langle \boldsymbol{A} \rangle_k$ 又称为 k 阶片积，表示由该 k 个矢量张成的有方向的子空间。特别地，当 k=0 时，$\langle \boldsymbol{A} \rangle_0$ 表示一个标量；当 k=1 时，$\langle \boldsymbol{A} \rangle_1$ 表示一个矢量。

n 维几何代数 $\mathcal{G}_n$ 主要由阶数分别为 $0, 1, 2, \cdots, n$ 阶的片积组成，其中阶数为 0 的片积是标量；阶数为 1 的片积是基矢量 $\boldsymbol{e}_1, \boldsymbol{e}_2, \cdots, \boldsymbol{e}_n$；阶数为 2 的片积是两个矢量的外积 $\boldsymbol{e}_i \wedge \boldsymbol{e}_j$，以此类推，可得到各阶片积。在 n 维几何代数 $\mathcal{G}_n$ 中，最大阶数的片积是 n 阶片积，由 n 个单位矢量的外积组成，为

$$\boldsymbol{I}_n = \boldsymbol{e}_1 \wedge \boldsymbol{e}_2 \wedge \cdots \wedge \boldsymbol{e}_n \tag{2.15}$$

式中，$\boldsymbol{I}_n$ 为 $\mathcal{G}_n$ 中的单位伪标量，$\boldsymbol{I}_n$ 的标量倍数称为伪标量。

在 n 维几何代数 $\mathcal{G}_n$ 中，令 $\boldsymbol{A} = \boldsymbol{a}_1 \wedge \boldsymbol{a}_2 \wedge \cdots \wedge \boldsymbol{a}_k$ 和 $\boldsymbol{B} = \boldsymbol{b}_1 \wedge \boldsymbol{b}_2 \wedge \cdots \wedge \boldsymbol{b}_j$ 分别表示 k 阶片积和 j 阶片积的子空间，则子空间 $\boldsymbol{A}$ 和 $\boldsymbol{B}$ 的内积[9]可表示为

$$\begin{aligned} \boldsymbol{A} \cdot \boldsymbol{B} &= (\boldsymbol{a}_1 \wedge \boldsymbol{a}_2 \wedge \cdots \wedge \boldsymbol{a}_k) \cdot (\boldsymbol{b}_1 \wedge \boldsymbol{b}_2 \wedge \cdots \wedge \boldsymbol{b}_j) \\ &= \begin{cases} ((\boldsymbol{a}_1 \wedge \boldsymbol{a}_2 \wedge \cdots \wedge \boldsymbol{a}_k) \cdot \boldsymbol{b}_1) \cdot (\boldsymbol{b}_2 \wedge \boldsymbol{b}_3 \wedge \cdots \wedge \boldsymbol{b}_j), & k \geqslant j \\ (\boldsymbol{a}_1 \wedge \boldsymbol{a}_2 \wedge \cdots \wedge \boldsymbol{a}_{k-1}) \cdot (\boldsymbol{a}_k \cdot (\boldsymbol{b}_1 \wedge \boldsymbol{b}_2 \wedge \cdots \wedge \boldsymbol{b}_j)), & k < j \end{cases} \end{aligned} \tag{2.16}$$

式中，

$$(\boldsymbol{a}_1 \wedge \boldsymbol{a}_2 \wedge \cdots \wedge \boldsymbol{a}_k) \cdot \boldsymbol{b}_1 = \sum_{i=1}^{k} (-1)^{k-i} \boldsymbol{a}_1 \wedge \cdots \wedge \boldsymbol{a}_{i-1} \wedge (\boldsymbol{a}_i \cdot \boldsymbol{b}_1) \wedge \boldsymbol{a}_{i+1} \wedge \cdots \wedge \boldsymbol{a}_k$$

$$\boldsymbol{a}_k \cdot (\boldsymbol{b}_1 \wedge \boldsymbol{b}_2 \wedge \cdots \wedge \boldsymbol{b}_j) = \sum_{i=1}^{j} (-1)^{j-1} \boldsymbol{b}_1 \wedge \cdots \wedge \boldsymbol{b}_{i-1} \wedge (\boldsymbol{a}_k \cdot \boldsymbol{b}_i) \wedge \boldsymbol{b}_{i+1} \wedge \cdots \wedge \boldsymbol{b}_j$$

另外，子空间 $\boldsymbol{A}$ 和 $\boldsymbol{B}$ 的外积可表示为

$$\boldsymbol{A} \wedge \boldsymbol{B} = (\boldsymbol{a}_1 \wedge \boldsymbol{a}_2 \wedge \cdots \wedge \boldsymbol{a}_k) \wedge (\boldsymbol{b}_1 \wedge \boldsymbol{b}_2 \wedge \cdots \wedge \boldsymbol{b}_j) \tag{2.17}$$

根据式(2.16)和式(2.17)，可知子空间 $\boldsymbol{A}$ 和 $\boldsymbol{B}$ 的内积会减少空间维度，外积则会增加空间维度，两者可分别表示为

$$\boldsymbol{A} \cdot \boldsymbol{B} = \langle \boldsymbol{AB} \rangle_{|k-j|} \tag{2.18}$$

和

$$\boldsymbol{A} \wedge \boldsymbol{B} = \langle \boldsymbol{AB} \rangle_{k+j} \tag{2.19}$$

上述公式将会广泛用于后续机器人计算中。

2.2.2　多维矢量

在 n 维几何代数 $\mathcal{G}_n$ 中，k 阶片积的线性组合称为 k 维矢量(*k*-vector)，是 $\mathcal{G}_n$ 中的一个 $\begin{bmatrix} n \\ k \end{bmatrix}$ 维子空间，记为 $\mathcal{G}_n^k$ 。对于几何代数 $\mathcal{G}_n$，其维度为 $\sum_{i=0}^{n} \begin{bmatrix} n \\ i \end{bmatrix} = 2^n$，由所有不同维数的子空间和组成，可表示为

$$\mathcal{G}_n = \sum_{i=0}^{n} \mathcal{G}_n^i \tag{2.20}$$

另外，$\mathcal{G}_n$ 中的一个普通元素称为多重矢量(multi-vector)。由式(2.20)可知，每一个多重矢量 $\boldsymbol{M}$ 都可以表示为

$$\boldsymbol{M} = \sum_{i=0}^{n} \langle \boldsymbol{M} \rangle_i \tag{2.21}$$

式中，$\langle \boldsymbol{M} \rangle_i$ 表示 i 维矢量部分。

2.3　几何代数的基本运算法则

2.3.1　对偶

在 n 维几何代数 $\mathcal{G}_n$ 中，多重矢量 $\boldsymbol{M}$ 的对偶(dual)形式定义为

$$\boldsymbol{M}^* = \boldsymbol{M}\boldsymbol{I}_n^{-1} \tag{2.22}$$

式中，$\boldsymbol{I}_n^{-1}$ 为单位伪标量的逆，$\boldsymbol{I}_n^{-1}$ 可展开为

$$\boldsymbol{I}_n^{-1} = \boldsymbol{e}_n \wedge \boldsymbol{e}_{n-1} \wedge \cdots \wedge \boldsymbol{e}_1 = -\boldsymbol{I}_n \tag{2.23}$$

对于 k 阶片积，其对偶是一个 n–k 阶片积；特别地，n 阶片积的对偶是 0 阶片积，即为一个标量，而这也是 n 阶片积被称为伪标量的原因。需要指出的是，此处几何代数中的对偶概念对应了线性代数中的补集概念。

另外，几何代数中的内积和外积互为对偶。一个矢量 $\boldsymbol{a}$ 和一个多重矢量 $\boldsymbol{M}$ 的内积与外积具有以下关系：

$$(\boldsymbol{a}\cdot\boldsymbol{M})\boldsymbol{I}_n = \boldsymbol{a}\wedge(\boldsymbol{M}\boldsymbol{I}_n) \tag{2.24}$$

和

$$(\boldsymbol{a}\wedge\boldsymbol{M})\boldsymbol{I}_n = \boldsymbol{a}\cdot(\boldsymbol{M}\boldsymbol{I}_n) \tag{2.25}$$

式(2.24)和式(2.25)表明，通过伪标量 $\boldsymbol{I}_n$，矢量和多重矢量间的内积、外积运算可相互转换。

2.3.2　并集

在 n 维几何代数 $\mathcal{G}_n$ 中，子空间 $\boldsymbol{A}$ 和 $\boldsymbol{B}$ 的并集(join)表现为由 $\boldsymbol{A}$ 和 $\boldsymbol{B}$ 所共同张成的空间 $\boldsymbol{J}$，可写成如下形式：

$$\boldsymbol{J} = \boldsymbol{A}\cup\boldsymbol{B} \tag{2.26}$$

式中，$\cup$ 为求并符号；$\boldsymbol{A} = \boldsymbol{a}_1 \wedge \boldsymbol{a}_2 \wedge \cdots \wedge \boldsymbol{a}_k$；$\boldsymbol{B} = \boldsymbol{b}_1 \wedge \boldsymbol{b}_2 \wedge \cdots \wedge \boldsymbol{b}_j$。

如果子空间 $\boldsymbol{A}$ 和 $\boldsymbol{B}$ 不相交，则 $\boldsymbol{A}$ 和 $\boldsymbol{B}$ 的并集可由两个子空间的外积表示[3]，直接写为

$$\boldsymbol{J} = \boldsymbol{A}\cup\boldsymbol{B} = \boldsymbol{A}\wedge\boldsymbol{B} \tag{2.27}$$

为方便理解，此处以 3 维几何代数 $\mathcal{G}_3$ 中的并集运算为例进行说明。设矢量 $\boldsymbol{a}_1 =$

$\boldsymbol{e}_1+\boldsymbol{e}_2$、$\boldsymbol{a}_2=\boldsymbol{e}_2+\boldsymbol{e}_3$、$\boldsymbol{b}_1=\boldsymbol{e}_1/2$、$\boldsymbol{b}_2=\boldsymbol{e}_2$，子空间 $\boldsymbol{A}$ 和 $\boldsymbol{B}$ 分别为 $\boldsymbol{a}_1$、$\boldsymbol{a}_2$ 和 $\boldsymbol{b}_1$、$\boldsymbol{b}_2$ 的并集，则 $\boldsymbol{A}$ 和 $\boldsymbol{B}$ 可表示为

$$\begin{aligned}\boldsymbol{A}&=\boldsymbol{a}_1\cup\boldsymbol{a}_2\\&=\boldsymbol{a}_1\wedge\boldsymbol{a}_2\\&=(\boldsymbol{e}_1+\boldsymbol{e}_2)\wedge(\boldsymbol{e}_2+\boldsymbol{e}_3)\\&=\boldsymbol{e}_1\wedge\boldsymbol{e}_2+\boldsymbol{e}_1\wedge\boldsymbol{e}_3+\boldsymbol{e}_2\wedge\boldsymbol{e}_3\end{aligned}\tag{2.28}$$

和

$$\begin{aligned}\boldsymbol{B}&=\boldsymbol{b}_1\cup\boldsymbol{b}_2\\&=\boldsymbol{b}_1\wedge\boldsymbol{b}_2\\&=\frac{1}{2}\boldsymbol{e}_1\wedge\boldsymbol{e}_2\end{aligned}\tag{2.29}$$

图 2.3 是子空间 $\boldsymbol{A}$ 和 $\boldsymbol{B}$ 在三维空间中的几何表示，可以发现子空间 $\boldsymbol{A}$ 是由矢量 $\boldsymbol{a}_1$ 和 $\boldsymbol{a}_2$ 构成的有方向的平行四边形，子空间 $\boldsymbol{B}$ 是由矢量 $\boldsymbol{b}_1$ 和 $\boldsymbol{b}_2$ 构成的有方向的平行四边形。

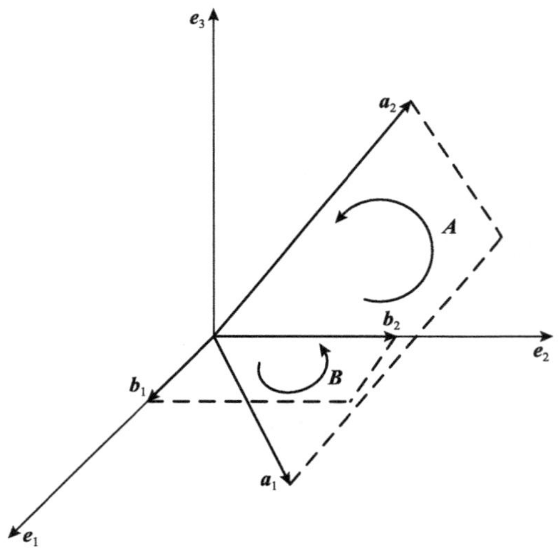

图 2.3　子空间 $\boldsymbol{A}$ 和 $\boldsymbol{B}$ 在三维空间中的几何表示

对于子空间 $\boldsymbol{A}$ 和 $\boldsymbol{B}$，若两者相交，则 $\boldsymbol{A}$ 和 $\boldsymbol{B}$ 的并集需要在去除线性相关项后再利用式(2.27)进行计算。例如，由式(2.28)和式(2.29)可知，$\boldsymbol{A}=\boldsymbol{e}_1\wedge\boldsymbol{e}_2+\boldsymbol{e}_1\wedge\boldsymbol{e}_3+\boldsymbol{e}_2\wedge\boldsymbol{e}_3$、$\boldsymbol{B}=(\boldsymbol{e}_1/2)\wedge\boldsymbol{e}_2$，两个子空间的外积为

$$\boldsymbol{A}\wedge\boldsymbol{B}=(\boldsymbol{e}_1\wedge\boldsymbol{e}_2+\boldsymbol{e}_1\wedge\boldsymbol{e}_3+\boldsymbol{e}_2\wedge\boldsymbol{e}_3)\wedge\left(\frac{1}{2}\boldsymbol{e}_1\wedge\boldsymbol{e}_2\right)=0\tag{2.30}$$

因此，在计算子空间 $\boldsymbol{A}$ 和 $\boldsymbol{B}$ 的并集时，需要去除矢量 $\boldsymbol{b}_2$ 后再代入式(2.27)，可得

$$
\begin{aligned}
\boldsymbol{J} &= \boldsymbol{A} \cup \boldsymbol{B} \\
&= \boldsymbol{A} \wedge \boldsymbol{b}_1 \\
&= (\boldsymbol{e}_1 \wedge \boldsymbol{e}_2 + \boldsymbol{e}_1 \wedge \boldsymbol{e}_3 + \boldsymbol{e}_2 \wedge \boldsymbol{e}_3) \wedge \frac{1}{2}\boldsymbol{e}_1 \\
&= \frac{1}{2}\boldsymbol{e}_1 \wedge \boldsymbol{e}_2 \wedge \boldsymbol{e}_3
\end{aligned}
\tag{2.31}
$$

图 2.4 中的长方体即为子空间 $\boldsymbol{A}$ 和 $\boldsymbol{B}$ 的并集，几何表示为有方向的平行四边形 $\boldsymbol{A}$ 沿着矢量 $\boldsymbol{b}_1$ 扫过所形成的有方向的长方体。

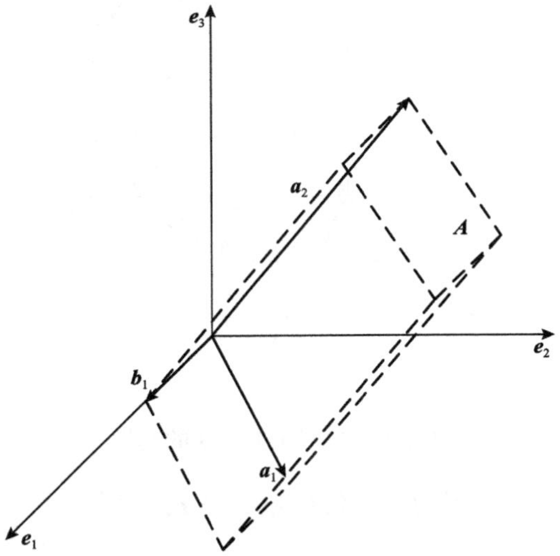

图 2.4　子空间 $\boldsymbol{A}$ 和 $\boldsymbol{B}$ 的并集

2.3.3　交集

在 n 维几何代数 $\mathcal{G}_n$ 中，若子空间 $\boldsymbol{A}$ 和 $\boldsymbol{B}$ 并集的单位伪标量为 $\boldsymbol{I}_n$，则 $\boldsymbol{A}$ 和 $\boldsymbol{B}$ 的交集(meet)定义为

$$
\boldsymbol{A} \cap \boldsymbol{B} = (\boldsymbol{A}\boldsymbol{I}_n^{-1}) \cdot \boldsymbol{B} \tag{2.32}
$$

式中，$\cap$ 为求交符号。

为方便理解，此处仍以 2.3.2 节并集介绍中的子空间 $\boldsymbol{A}$ 和 $\boldsymbol{B}$ 为例进行说明。由式(2.31)已知，$\boldsymbol{A}$ 和 $\boldsymbol{B}$ 的并集的单位伪标量为 $\boldsymbol{I}_3$。因此，根据式(2.32)，可求得 $\boldsymbol{A}$ 和 $\boldsymbol{B}$ 的交集为

$$
\begin{aligned}
A \cap B &= (AI_3^{-1}) \cdot B \\
&= \left[(e_1 \wedge e_2 + e_1 \wedge e_3 + e_2 \wedge e_3)(e_3 \wedge e_2 \wedge e_1)\right] \cdot \left(\frac{1}{2} e_1 \wedge e_2\right) \\
&= \frac{1}{2}(e_1 + e_2)
\end{aligned} \tag{2.33}
$$

式中，子空间 $\boldsymbol{A}$ 和 $\boldsymbol{B}$ 的交集为矢量 $(e_1 + e_2)/2$，即为图 2.5 中粗实线表示的矢量，它表示有方向的平面 $\boldsymbol{A}$ 和有方向的平面 $\boldsymbol{B}$ 的相交线。

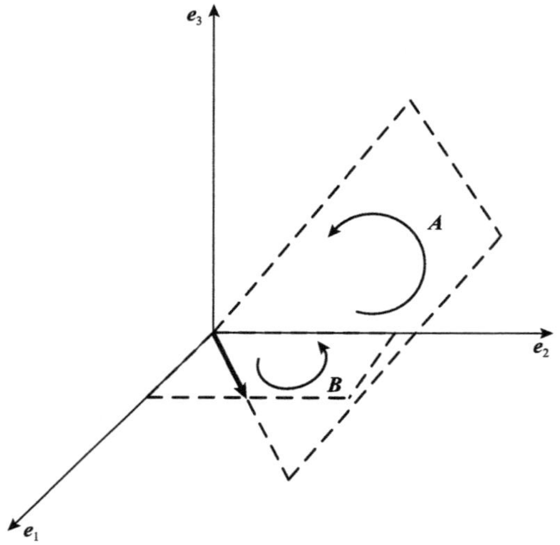

图 2.5　子空间 $\boldsymbol{A}$ 和 $\boldsymbol{B}$ 的交集

若子空间 $\boldsymbol{A}$ 和 $\boldsymbol{B}$ 的并集的单位伪标量不是 $\boldsymbol{I}_n$，则

$$
A \cap B = (AJ^{-1}) \cdot B \tag{2.34}
$$

该情况可通过以下例子进行验证。在 3 维几何代数 $\mathcal{G}_3$ 中，设 $A' = e_1 \wedge e_2$、$B = (e_1/2) \wedge e_2$，A' 和 B 的并集的单位伪标量为 $J = e_1 \wedge e_2 \neq I_3$，根据式(2.34)，子空间 A' 和 B 的交集可表示为

$$
\begin{aligned}
A' \cap B &= (A'J^{-1}) \cdot B \\
&= \left[(e_1 \wedge e_2)(e_2 \wedge e_1)\right] \cdot \left(\frac{1}{2} e_1 \wedge e_2\right) \\
&= \frac{1}{2} e_1 \wedge e_2
\end{aligned} \tag{2.35}
$$

式中，A' 和 B 的交集为 $(e_1/2) \wedge e_2$，即为子空间 $\boldsymbol{B}$。

如图 2.6 所示，子空间 $\boldsymbol{A}'$ 和 $\boldsymbol{B}$ 的交集为阴影部分的有方向的平行四边形 $\boldsymbol{B}$。

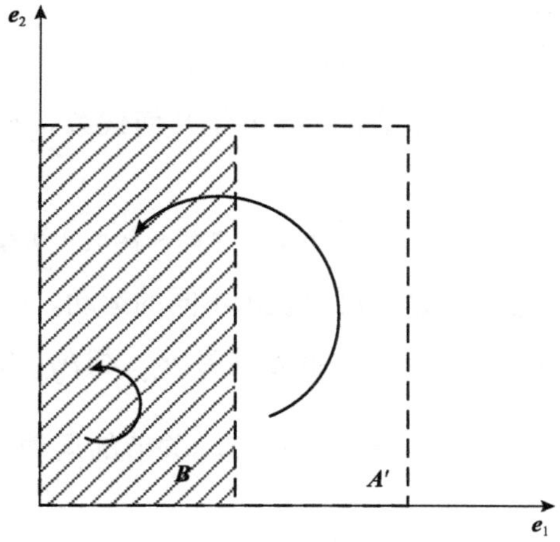

图 2.6　子空间 $\boldsymbol{A}'$ 和 $\boldsymbol{B}$ 的交集

本节阐述了 n 维几何代数 $\mathcal{G}_n$ 中的基本定义、基本元素和基本运算法则。2.4 节和 2.5 节将分别详细介绍 6 维几何代数 $\mathcal{G}_6$ 和 5 维几何代数 $\mathcal{G}_{4,1}$，从而用于后续章节的机器人分析。

2.4　6 维几何代数 $\mathcal{G}_6$

在详细介绍 6 维几何代数 $\mathcal{G}_6$[4,10-12]之前，本节先简单介绍螺旋理论[13,14]。螺旋可以表示刚体的运动和力，即刚体运动的速度以及对刚体施加的力或力偶。螺旋是带有节距的线矢量，可以表示为

$$\boldsymbol{\$} = \left(\boldsymbol{s}^{\mathrm{T}}\ \boldsymbol{s}_0^{\mathrm{T}}\right)^{\mathrm{T}} = \left(\boldsymbol{s}^{\mathrm{T}}\left(\boldsymbol{r}\times\boldsymbol{s}+h\boldsymbol{s}\right)^{\mathrm{T}}\right)^{\mathrm{T}} = \left(p_1, p_2, p_3, b_1, b_2, b_3\right)^{\mathrm{T}} \tag{2.36}$$

式中，$\boldsymbol{s}$ 表示直线的单位方向矢量；$\boldsymbol{r}$ 表示直线上一点的位置矢量；h 表示节距；标量 p_i 和 b_i (i=1, 2, 3)表示该直线的 Plücker 坐标，通过两点可确定该直线，因此直线的 Plücker 坐标为射线坐标。

在几何代数中，可以选用 6 维矢量空间 $\mathcal{V}_6$ 的几何代数 $\mathcal{G}_6$ 来表示螺旋。在 6 维几何代数 $\mathcal{G}_6$ 中，其基矢量为 $\boldsymbol{e}_1$, $\boldsymbol{e}_2$, $\boldsymbol{e}_3$, $\boldsymbol{e}_4$, $\boldsymbol{e}_5$, $\boldsymbol{e}_6$，满足以下条件：

$$\begin{aligned}&\boldsymbol{e}_i\cdot\boldsymbol{e}_j=\begin{cases}1, & i=j\\ 0, & i\neq j\end{cases},\quad i,j=1,2,3,4,5,6\\ &\boldsymbol{e}_i\wedge\boldsymbol{e}_i=0\end{aligned} \tag{2.37}$$

在$\mathcal{G}_6$中，片积的最大阶数为 6，任意一个 6 阶的片积称为伪标量，其中单位伪标量$\boldsymbol{I}_6$的大小为 1，定义为

$$\boldsymbol{I}_6=\boldsymbol{e}_1\boldsymbol{e}_2\boldsymbol{e}_3\boldsymbol{e}_4\boldsymbol{e}_5\boldsymbol{e}_6 \tag{2.38}$$

几何代数可以与螺旋理论相结合。在 6 维几何代数$\mathcal{G}_6$框架下，运动螺旋可以表示为

$$\boldsymbol{S}=p_1\boldsymbol{e}_1+p_2\boldsymbol{e}_2+p_3\boldsymbol{e}_3+b_1\boldsymbol{e}_4+b_2\boldsymbol{e}_5+b_3\boldsymbol{e}_6 \tag{2.39}$$

类似于螺旋理论，$\mathcal{G}_6$中的$\boldsymbol{S}$也可以表示不同的运动。设$\boldsymbol{S}_{i,j}$为分支i中第j关节的运动螺旋，其主部元素和副部元素分别为$p_{ij,k}$和$b_{ij,k}$（k=1,2,3）。当式(2.39)中的参数满足$\sum_{k=1}^{3}p_{ij,k}b_{ij,k}=0$时，$\boldsymbol{S}_{i,j}$表示转动关节的运动；当式(2.39)中的参数满足$\sum_{k=1}^{3}p_{ij,k}^2=0$时，$\boldsymbol{S}_{i,j}$表示移动关节的运动，此时式(2.39)可以简化为

$$\boldsymbol{S}_{i,j}=b_{ij,1}\boldsymbol{e}_4+b_{ij,2}\boldsymbol{e}_5+b_{ij,3}\boldsymbol{e}_6 \tag{2.40}$$

假设分支i中含h_i个运动螺旋$\boldsymbol{S}_{i,1},\boldsymbol{S}_{i,2},\cdots,\boldsymbol{S}_{i,h_i}$，则分支$i$的运动空间$\boldsymbol{S}_{m_i}$可以表示为

$$\boldsymbol{S}_{m_i}=\boldsymbol{S}_{i,1}\wedge\boldsymbol{S}_{i,2}\wedge\cdots\wedge\boldsymbol{S}_{i,h_i} \tag{2.41}$$

另外，在螺旋理论中，若两个螺旋$\$_1=\left(\boldsymbol{s}_1^{\mathrm{T}}\ \boldsymbol{s}_{10}^{\mathrm{T}}\right)^{\mathrm{T}}=\left(p_{11},p_{12},p_{13},b_{11},b_{12},b_{13}\right)^{\mathrm{T}}$和$\$_2=\left(\boldsymbol{s}_2^{\mathrm{T}}\ \boldsymbol{s}_{20}^{\mathrm{T}}\right)^{\mathrm{T}}=\left(p_{21},p_{22},p_{23},b_{21},b_{22},b_{23}\right)^{\mathrm{T}}$是互易的(reciprocal)，则需要满足以下条件：

$$\begin{aligned}\$_1\circ\$_2&=\boldsymbol{s}_1\cdot\boldsymbol{s}_{20}+\boldsymbol{s}_2\cdot\boldsymbol{s}_{10}\\&=p_{11}b_{21}+p_{12}b_{22}+p_{13}b_{23}+p_{21}b_{11}+p_{22}b_{12}+p_{23}b_{13}\\&=0\end{aligned} \tag{2.42}$$

式中，$\circ$表示互易积。

实际上，式(2.42)中的互易积由两个运算共同组成，为

$$\begin{aligned}\$_1\circ\$_2&=\$_1^{\mathrm{T}}\Delta\$_2\\&=\left(\boldsymbol{s}_1^{\mathrm{T}}\ \boldsymbol{s}_{10}^{\mathrm{T}}\right)\Delta\left(\boldsymbol{s}_2^{\mathrm{T}}\ \boldsymbol{s}_{20}^{\mathrm{T}}\right)^{\mathrm{T}}\\&=\left(\boldsymbol{s}_1^{\mathrm{T}}\ \boldsymbol{s}_{10}^{\mathrm{T}}\right)\begin{bmatrix}\boldsymbol{0}&\boldsymbol{I}\\\boldsymbol{I}&\boldsymbol{0}\end{bmatrix}\begin{bmatrix}\boldsymbol{s}_2\\\boldsymbol{s}_{20}\end{bmatrix}\\&=0\end{aligned} \tag{2.43}$$

式中，Δ 为一种直射变换算子，实际作用为互换了螺旋 $\boldsymbol{\$}_2$ 的主部元素和副部元素[15]，即

$$\Delta\boldsymbol{\$}_2=\left(\boldsymbol{s}_{20}^{\mathrm{T}}\ \boldsymbol{s}_2^{\mathrm{T}}\right)^{\mathrm{T}}=\left(b_{21},b_{22},\ b_{23},\ p_{21},\ p_{22},\ p_{23}\right)^{\mathrm{T}} \tag{2.44}$$

相似地，与运动螺旋 $\boldsymbol{\$}_1$ 互易的所有螺旋，即互易螺旋系 $\boldsymbol{\$}_i^r$，需要满足以下关系：

$$\boldsymbol{\$}_i^r\circ\boldsymbol{\$}_1=\boldsymbol{\$}_i^{r\mathrm{T}}\Delta\boldsymbol{\$}_1=0,\quad i=1,2,3,4,5 \tag{2.45}$$

式中，互易螺旋系 $\boldsymbol{\$}_i^r$ 实为 $\Delta\boldsymbol{\$}_1$ 的正交补。

不同于螺旋理论，在 6 维几何代数 $\mathcal{G}_6$ 中不能运用互易积计算互易螺旋系，但可通过对偶和直射变换运算表示互易积结果[15]。首先互换式(2.39)的主部和副部，该操作可看作运用直射变换算子 Δ 将式(2.39)主部元素 $\boldsymbol{e}_1$，$\boldsymbol{e}_2$，$\boldsymbol{e}_3$ 上的系数 p_1，p_2，p_3 和副部元素 $\boldsymbol{e}_4$，$\boldsymbol{e}_5$，$\boldsymbol{e}_6$ 上的系数 b_1，b_2，b_3 进行互换，即

$$\Delta\boldsymbol{S}=b_1\boldsymbol{e}_1+b_2\boldsymbol{e}_2+b_3\boldsymbol{e}_3+p_1\boldsymbol{e}_4+p_2\boldsymbol{e}_5+p_3\boldsymbol{e}_6 \tag{2.46}$$

式中，Δ 等价于 $\begin{bmatrix}\boldsymbol{0} & \boldsymbol{I}\\ \boldsymbol{I} & \boldsymbol{0}\end{bmatrix}$。

螺旋 $\boldsymbol{S}$ 的互易螺旋系 $\boldsymbol{S}^C$ 为 $\Delta\boldsymbol{S}$ 的对偶空间，即由其组成子空间的正交补，可以表示为

$$\boldsymbol{S}^C=\Delta\boldsymbol{S}\boldsymbol{I}_6^{-1} \tag{2.47}$$

式中，$\boldsymbol{I}_6^{-1}=\boldsymbol{e}_6\boldsymbol{e}_5\boldsymbol{e}_4\boldsymbol{e}_3\boldsymbol{e}_2\boldsymbol{e}_1$ 为单位伪标量的逆；$\boldsymbol{S}^C$ 为由五个 1 阶片积互易螺旋所张成的 5 阶片积。需要注意的是，上述计算过程仅涉及加法和乘法，可避免复杂的计算，提高效率。

为方便对比，本节罗列了螺旋的表达形式及运算法则在螺旋理论和 6 维几何代数 $\mathcal{G}_6$ 中的区别和联系，如表 2.1 所示。

表 2.1　螺旋在螺旋理论和几何代数框架下表达的区别和联系

名称	螺旋理论	6 维几何代数 $\mathcal{G}_6$
螺旋	$\boldsymbol{\$}=\left(p_1,\ p_2,\ p_3,\ b_1,\ b_2,\ b_3\right)^{\mathrm{T}}$	$\boldsymbol{S}=p_1\boldsymbol{e}_1+p_2\boldsymbol{e}_2+p_3\boldsymbol{e}_3+b_1\boldsymbol{e}_4+b_2\boldsymbol{e}_5+b_3\boldsymbol{e}_6$
直射变换	$\Delta\boldsymbol{\$}=\left(b_1,\ b_2,\ b_3,\ p_1,\ p_2,\ p_3\right)^{\mathrm{T}}$	$\Delta\boldsymbol{S}=b_1\boldsymbol{e}_1+b_2\boldsymbol{e}_2+b_3\boldsymbol{e}_3+p_1\boldsymbol{e}_4+p_2\boldsymbol{e}_5+p_3\boldsymbol{e}_6$
互易积	$\boldsymbol{\$}\circ\boldsymbol{\$}^r=\boldsymbol{s}\cdot\boldsymbol{s}_{0r}+\boldsymbol{s}_r\cdot\boldsymbol{s}_0=0$	—
对偶	—	$\boldsymbol{D}=\boldsymbol{S}\boldsymbol{I}_6^{-1}$

2.5 5 维几何代数 $\mathcal{G}_{4,1}$

不同于 6 维几何代数 $\mathcal{G}_6$，5 维几何代数 $\mathcal{G}_{4,1}$ 空间由一个三维欧氏空间 $\mathcal{G}_3$ 和一个二维闵氏空间(闵可夫斯基空间) $\mathcal{G}_{1,1}$ 组成，又称为共形几何代数[2,3,16-20]。在共形几何代数中，存在五个正交基矢量，包括三个欧氏正交基矢量 $\boldsymbol{e}_1$、$\boldsymbol{e}_2$、$\boldsymbol{e}_3$ 和另外两个附加正交基矢量 $\boldsymbol{e}_+$、$\boldsymbol{e}_-$。该正交基矢量满足以下关系：

$$\begin{cases}\boldsymbol{e}_1^2=\boldsymbol{e}_2^2=\boldsymbol{e}_3^2=\boldsymbol{e}_+^2=-\boldsymbol{e}_-^2=1\\ \boldsymbol{e}_i\cdot\boldsymbol{e}_j=0,\quad i\neq j,\quad i,j=1,\ 2,\ 3,\ +,\ -\end{cases}\tag{2.48}$$

另外，在共形几何代数 $\mathcal{G}_{4,1}$ 中，还引入了两个零基矢量 $\boldsymbol{e}_0$ 和 $\boldsymbol{e}_\infty$，分别表示原点和无穷远点，可表示为

$$\begin{cases}\boldsymbol{e}_0=\dfrac{1}{2}(\boldsymbol{e}_--\boldsymbol{e}_+)\\ \boldsymbol{e}_\infty=\boldsymbol{e}_-+\boldsymbol{e}_+\end{cases}\tag{2.49}$$

式中，矢量 $\boldsymbol{e}_0$ 和 $\boldsymbol{e}_\infty$ 满足如下运算关系，即

$$\begin{cases}\boldsymbol{e}_0^2=\boldsymbol{e}_\infty^2=0\\ \boldsymbol{e}_\infty\cdot\boldsymbol{e}_0=-1\end{cases}\tag{2.50}$$

共形几何代数提供了大量基本几何实体，即点、球面、平面、圆、直线和点对，如表 2.2 所示。其几何实体的表达有内积表达和外积表达两种方式，且两种表达方式互相对偶。

表 2.2 各几何元素的内积和外积形式

几何元素	内积形式	外积形式
点	$\boldsymbol{P}=\boldsymbol{x}+\frac{1}{2}\boldsymbol{x}^2\boldsymbol{e}_\infty+\boldsymbol{e}_0$	$\boldsymbol{P}^*=\boldsymbol{S}_1\wedge\boldsymbol{S}_2\wedge\boldsymbol{S}_3\wedge\boldsymbol{S}_4$
球面	$\boldsymbol{S}=\boldsymbol{P}-\frac{1}{2}r^2\boldsymbol{e}_\infty$	$\boldsymbol{S}^*=\boldsymbol{P}_1\wedge\boldsymbol{P}_2\wedge\boldsymbol{P}_3\wedge\boldsymbol{P}_4$
平面	$\boldsymbol{\pi}=\boldsymbol{n}+d\boldsymbol{e}_\infty$	$\boldsymbol{\pi}^*=\boldsymbol{P}_1\wedge\boldsymbol{P}_2\wedge\boldsymbol{P}_3\wedge\boldsymbol{e}_\infty$
圆	$\boldsymbol{Z}=\boldsymbol{S}_1\wedge\boldsymbol{S}_2$	$\boldsymbol{Z}^*=\boldsymbol{P}_1\wedge\boldsymbol{P}_2\wedge\boldsymbol{P}_3$
直线	$\boldsymbol{L}=\boldsymbol{\pi}_1\wedge\boldsymbol{\pi}_2$	$\boldsymbol{L}^*=\boldsymbol{P}_1\wedge\boldsymbol{P}_2\wedge\boldsymbol{e}_\infty$
点对	$\boldsymbol{Pp}=\boldsymbol{S}_1\wedge\boldsymbol{S}_2\wedge\boldsymbol{S}_3$	$\boldsymbol{Pp}^*=\boldsymbol{P}_1\wedge\boldsymbol{P}_2$

在共形几何代数 $\mathcal{G}_{4,1}$ 中，点的坐标可以表示为

$$\boldsymbol{P}=\boldsymbol{x}+\frac{1}{2}\boldsymbol{x}^2\boldsymbol{e}_\infty+\boldsymbol{e}_0 \tag{2.51}$$

式中，$\boldsymbol{x}=x_1\cdot\boldsymbol{e}_1+x_2\cdot\boldsymbol{e}_2+x_3\cdot\boldsymbol{e}_3$ 为三个欧氏正交基矢量的线性组合；$\boldsymbol{x}^2=x_1^2+x_2^2+x_3^2$ 为点对应的标量积。

在共形几何代数 $\mathcal{G}_{4,1}$ 中，几何矢量 $\boldsymbol{P}$ 与 $\boldsymbol{S}$ 的内积可以表示为

$$\boldsymbol{P}\cdot\boldsymbol{S}=(\boldsymbol{p}+p_4\boldsymbol{e}_\infty+\boldsymbol{e}_0)(\boldsymbol{s}+s_4\boldsymbol{e}_\infty+\boldsymbol{e}_0)=\boldsymbol{p}\cdot\boldsymbol{s}-p_5s_4-p_4s_5 \tag{2.52}$$

若式(2.52)中的 $\boldsymbol{P}$ 和 $\boldsymbol{S}$ 表示两点的位置，则

$$\boldsymbol{p}=p_1\boldsymbol{e}_1+p_2\boldsymbol{e}_2+p_3\boldsymbol{e}_3，\ p_4=\frac{\boldsymbol{p}^2}{2}，\ p_5=1 \tag{2.53}$$

和

$$\boldsymbol{s}=s_1\boldsymbol{e}_1+s_2\boldsymbol{e}_2+s_3\boldsymbol{e}_3，\ s_4=\frac{\boldsymbol{s}^2}{2}，\ s_5=1 \tag{2.54}$$

根据式(2.52)、式(2.53)和式(2.54)，两点之间的距离 L 可以表示为

$$L^2=(\boldsymbol{P}-\boldsymbol{S})^2=-2\boldsymbol{P}\cdot\boldsymbol{S} \tag{2.55}$$

在共形几何代数 $\mathcal{G}_{4,1}$ 中，两条直线或者两个平面之间的角度 θ 可以用标准化对偶几何体的内积来计算，即

$$\mathrm{c}_\theta=\frac{\boldsymbol{o}_1^*\cdot\boldsymbol{o}_2^*}{|\boldsymbol{o}_1^*|\cdot|\boldsymbol{o}_2^*|} \tag{2.56}$$

式中，$\boldsymbol{o}_1^*$ 和 $\boldsymbol{o}_2^*$ 表示直线或平面的对偶。

另外，若已知一个点对 $\boldsymbol{Pp}$，可以将点对 $\boldsymbol{Pp}$ 中的点分离出来，其中点 P 的分离表示为

$$\boldsymbol{P}=\frac{\pm\sqrt{\boldsymbol{Pp}^*\cdot\boldsymbol{Pp}^*}+\boldsymbol{Pp}^*}{\boldsymbol{e}_\infty\cdot\boldsymbol{Pp}^*} \tag{2.57}$$

刚体的运动主要有平移和旋转两种，在共形几何代数 $\mathcal{G}_{4,1}$ 中，刚体的平移运动如图 2.7(a)所示，可以用平移算子 $\boldsymbol{T}$ 表示，为

$$\boldsymbol{T}=1-\frac{1}{2}\boldsymbol{t}\boldsymbol{e}_\infty \tag{2.58}$$

式中，$\boldsymbol{t}=t_1\boldsymbol{e}_1+t_2\boldsymbol{e}_2+t_3\boldsymbol{e}_3$ 是平移矢量，表示平移的距离和方向。

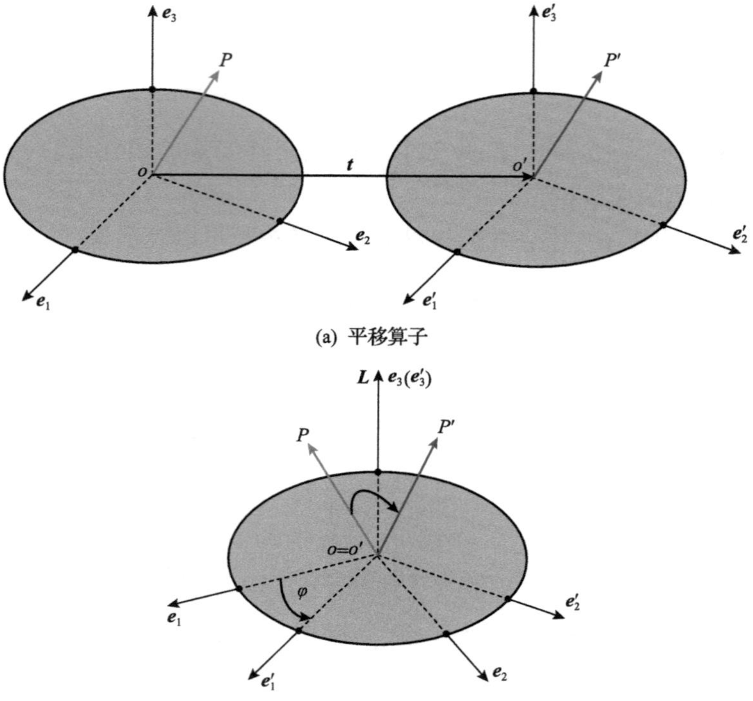

图 2.7　刚体运动算子

刚体的旋转运动如图 2.7(b)所示，可以用旋转算子 $\boldsymbol{R}$ 来表示，为

$$\boldsymbol{R}=\mathrm{c}_{\varphi/2}-\mathrm{s}_{\varphi/2}\boldsymbol{L} \tag{2.59}$$

式中，φ 表示旋转角度；$\boldsymbol{L}$ 表示旋转轴的单位二矢量。

刚体同时存在平移和旋转的复合运动可以由运动算子 $\boldsymbol{M}$ 来表示，为

$$\boldsymbol{M}=\boldsymbol{TR} \tag{2.60}$$

在共形几何代数中刚体的运动可以通过几何积来计算，分别用 ${}^{q}\boldsymbol{o}$ 和 $\boldsymbol{o}$ 表示刚体变换前后的几何元素，则变换后的几何元素 $\boldsymbol{o}$ 可以表示为

$$\boldsymbol{o}=\boldsymbol{M}\,{}^{q}\boldsymbol{o}\tilde{\boldsymbol{M}}=\boldsymbol{TR}\,{}^{q}\boldsymbol{o}\tilde{\boldsymbol{R}}\tilde{\boldsymbol{T}} \tag{2.61}$$

式中，$\tilde{\boldsymbol{M}}=\tilde{\boldsymbol{R}}\tilde{\boldsymbol{T}}$ 表示 $\boldsymbol{M}$ 的共轭；$\tilde{\boldsymbol{T}}=1+\boldsymbol{t}\boldsymbol{e}_{\infty}/2$ 表示 $\boldsymbol{T}$ 的共轭；$\tilde{\boldsymbol{R}}=\mathrm{c}_{\varphi/2}+\mathrm{s}_{\varphi/2}\boldsymbol{L}$ 表示 $\boldsymbol{R}$ 的共轭。

2.6 本章小结

本章介绍了构成 n 维几何代数 $\mathcal{G}_n$ 的基本运算：内积、外积以及由内积和外积共同构成的几何积，并详细阐述了这三种积的代数形式及几何意义。不同于线性代数等其他数学工具，几何代数的基本单元是片积，本章阐释了片积的构成以及几何含义。同时，还介绍了几何代数空间中的基本元素多重矢量的构成及含义，以及 k 维矢量与 k 阶片积的区别和联系。在运算法则方面，本章详细介绍了几何代数中对片积进行操作的几种基本运算法则，分别为对偶、并集和交集。

在上述基础上，本章还详细介绍了 6 维几何代数 $\mathcal{G}_6$ 与螺旋理论的区别和联系，以及 5 维几何代数 $\mathcal{G}_{4,1}$ 在刚体运动中的计算应用，为后续章节中的机器人建模与分析奠定基础。

参考文献

[1] Hestenes D. New Foundations for Classical Mechanics[M]. Dordrecht: Kluwer Academic Publishers, 1999.

[2] Li H B, Hestenes D, Rockwood A. Generalized Homogeneous Coordinates for Computational Geometry[M]. Heidelberg: Springer, 2001.

[3] Perwass C. Geometric Algebra with Applications in Engineering[M]. Heidelberg: Springer, 2009.

[4] Li Q C, Chai X X, Xiang J N. Mobility analysis of limited-degrees-of-freedom parallel mechanisms in the framework of geometric algebra[J]. Journal of Mechanisms and Robotics, 2016, 8(4): 041005.

[5] Chai X X, Li Q C. Analytical mobility analysis of Bennett linkage using geometric algebra[J]. Advances in Applied Clifford Algebras, 2017, 27(3): 2083-2095.

[6] 柴馨雪. 几何代数框架下的并联机构自由度分析方法研究[D]. 杭州: 浙江理工大学, 2017.

[7] 李秦川, 柴馨雪, 姚辉晶. 并联机构自由度计算与奇异分析的几何代数方法[M]. 北京: 科学出版社, 2019.

[8] Hildenbrand D. Foundations of Geometric Algebra Computing[M]. Berlin: Springer, 2013.

[9] Hestenes D, Li H B, Rockwood A. New Algebraic Tools for Classical Geometry[M]. Heidelberg: Springer, 2001.

[10] Li Q C, Xu L M, Chen Q H, et al. Analytical elastostatic stiffness modeling of overconstrained parallel manipulators using geometric algebra and strain energy[J]. Journal of Mechanisms and Robotics, 2019, 11(3): 031007.

[11] Tanev T K. Singularity Analysis of a 4-DoF Parallel Manipulator Using Geometric Algebra[M]. Dordrecht: Springer, 2006.

[12] Tanev T K. Geometric Algebra Approach to Singularity of Parallel Manipulators with Limited Mobility[M]. Dordrecht: Springer, 2008.

[13] Huang Z, Li Q C. General methodology for type synthesis of symmetrical lower-mobility parallel manipulators and several novel manipulators[J]. The International Journal of Robotics Research, 2002, 21(2): 131-145.

[14] Huang Z, Li Q C. Type synthesis of symmetrical lower-mobility parallel mechanisms using the constraint-synthesis method[J]. The International Journal of Robotics Research, 2003, 22(1): 59-79.

[15] Lipkin H, Duffy J. The elliptic polarity of screws[J]. Journal of Mechanical Design, 1985, 107(3): 377-386.

[16] 石赫, 李洪波. 几何代数和几何计算(一)[J]. 科学, 2005, 57(5): 3-7.

[17] Zhu G M, Wei S M, Zhang Y, et al. Direct kinematic analysis of the spatial parallel mechanism with 3-R(P)S structure based on the point pair relationship[J]. Journal of Mechanisms and Robotics, 2021, 13(6): 061011.

[18] 黄昔光, 刘聪聪, 黄旭, 等. 空间连杆机构位移分析的共形几何代数方法[J]. 机械工程学报, 2021, 57(9): 39-50.

[19] 张忠海, 李端玲. 空间并联机构运动学分析的共形几何代数方法[J]. 农业机械学报, 2015, 46(4): 325-330.

[20] 李洪波. 共形几何代数: 几何代数的新理论和计算框架[J]. 计算机辅助设计与图形学学报, 2005, 17(11): 2383-2393.

第 3 章　几何代数框架下机器人的构型综合与自由度分析

构型综合是并联机器人机构学中极具挑战性的问题，是指在给定机器人动平台输出自由度和特性的情况下，确定所需的分支数目、各分支中的关节数目、类型、空间布置和分支间的几何关系，并进行驱动副的选取[1]。为得到具有良好性能且适用于实际应用场合的并联机器人结构，必须在构型综合这一步骤中采用合适的方法。

目前，常用的少自由度并联机器人构型综合方法主要分为两类：一是从并联机器人的运动层面进行构型综合，其核心思想是运动求交，即并联机器人末端动平台的运动是所有分支末端运动的交集，如位移流形综合法[2-6]、G_F 集综合法[7,8]、单开链综合法[9-11]、基于线性变换的综合法[12]等；二是从并联机器人的约束层面进行构型综合，其核心思想是约束求并，即并联机器人末端动平台所受约束是所有分支约束的并集，如约束螺旋综合法[13-18]、Grassmann 线几何综合法[19-23]。本章主要以五轴混联机床中的 2R1T 并联机器人模块为研究对象，对其进行构型综合。为更好地控制五轴混联机床对复杂结构件进行高效、高精度加工，其中的 2R1T 并联机器人需具有确定的输出转轴。该特征是 2R1T 并联机器人构型综合的难点，若运用基于李群的位移流形综合法，则难以保持并联机器人全周自由度的几何条件；若采用约束螺旋综合法进行构型综合，则极易得到瞬时并联机器人，导致机器人自由度在不同位形下发生变化。总体而言，无法保证并联机器人运动时始终具有确定输出转轴的 2R1T 三自由度。本章以 6 维几何代数 $\mathcal{G}_6$ [24-30]为数学工具，根据运动求交的原理，通过并联机器人动平台运动反推出分支末端运动子空间及分支间的几何约束关系，选取合适的分支，设计出一系列具有确定输出转轴的 2R1T 非冗余驱动并联机器人，并运用几何代数 $\mathcal{G}_6$ 对所提出的多个 2R1T 非冗余驱动并联机器人(2PUR-PRU(简称为 Tex3[31])、2PRU-UPR[32]和 2PRU- PSR[33])进行自由度验证。在此基础上，为减少奇异位形，提升刚度性能，通过添加驱动分支设计出一系列具有确定输出转轴的 2R1T 冗余驱动并联机器人，并运用几何代数对所提出的多个 2R1T 冗余驱动并联机器人(2PUR-2PRU(简称为 Tex4[34])、2PUR-2RPU(简称为 Hex4[35])和 2PRU-2UPR[36])进行自由度验证。最后，运用几何代数对两个六自由度并联机器人(6-UPS[37]和 6-PSS[38])进行自由度分析。

3.1 具有确定输出转轴的 2R1T 非冗余驱动并联机器人构型综合与自由度分析

3.1.1 具有确定输出转轴的 2R1T 非冗余驱动并联机器人构型综合

针对现有 2R1T 并联机器人存在关节数目多、输出转轴不确定、电机不固定等情况，本节首先采用 6 维几何代数 $\mathcal{G}_6$ 对 2R1T 非冗余驱动并联机器人进行构型综合。基本设计思路如下：首先确定 2R1T 并联机器人动平台的输出自由度形式，接着设计包含 2R1T 运动输出的分支，然后确定各分支间转轴需满足的几何约束关系，最后选取合适的分支结构进行整体构型设计，可得到一系列具有确定输出转轴的 2R1T 非冗余驱动并联机器人[39]。

对于具有确定输出转轴的 2R1T 非冗余驱动并联机器人，其输出自由度可用 6 维几何代数 $\mathcal{G}_6$ 表示为

$$\boldsymbol{S}_m = \boldsymbol{S}_{m_1} \cap \boldsymbol{S}_{m_2} \cap \boldsymbol{S}_{m_3} = \boldsymbol{G}_1 \wedge \boldsymbol{G}_2 \wedge \boldsymbol{G}_3 = \boldsymbol{e}_1 \wedge \left(\mathrm{c}_\alpha \boldsymbol{e}_2 - \mathrm{s}_\alpha \boldsymbol{e}_3 + b_{2,1,m} \boldsymbol{e}_4\right) \wedge \left(\mathrm{s}_\alpha \boldsymbol{e}_5 + \mathrm{c}_\alpha \boldsymbol{e}_6\right) \tag{3.1}$$

式中，$\boldsymbol{S}_{m_i}$ $(i=1, 2, 3)$ 表示 2R1T 并联机器人中各运动分支末端的运动子空间；$\boldsymbol{S}_m$ 表示各运动分支运动子空间的交集，即并联机器人末端动平台的运动子空间；$\boldsymbol{G}_i$ $(i=1, 2, 3)$ 表示 2R1T 并联机器人的各个输出自由度，其展开形式分别为 $\boldsymbol{e}_1$、$\mathrm{c}_\alpha \boldsymbol{e}_2 - \mathrm{s}_\alpha \boldsymbol{e}_3 + b_{2,1,m} \boldsymbol{e}_4$ 和 $\mathrm{s}_\alpha \boldsymbol{e}_5 + \mathrm{c}_\alpha \boldsymbol{e}_6$，$\alpha$ 表示绕空间中某一轴线转动的旋转角度，$b_{2,1,m}$ 表示第二个输出自由度表达式中的第一个副部元素。

为保证并联机器人末端的输出自由度，所选分支需包含 2R1T 三自由度，并且各转轴需满足一定的几何关系。考虑到关节数目等对机器人精度或刚度性能的影响，本章不考虑六自由度分支，设计了多种少自由度运动分支，其中 PRU、PUR、PSR 和 RPU 分支末端的运动子空间如表 3.1 所示。需要说明的是，为方便表达不

表 3.1 分支形式及分支末端的运动子空间

分支形式	分支末端的运动子空间
PRU	$\mathrm{c}_\alpha \boldsymbol{e}_1 \wedge \boldsymbol{e}_2 \wedge \boldsymbol{e}_5 \wedge \boldsymbol{e}_6 - \mathrm{s}_\alpha \boldsymbol{e}_1 \wedge \boldsymbol{e}_3 \wedge \boldsymbol{e}_5 \wedge \boldsymbol{e}_6 + \left(-z_B \mathrm{c}_\alpha - y_B \mathrm{s}_\alpha\right) \boldsymbol{e}_1 \wedge \boldsymbol{e}_4 \wedge \boldsymbol{e}_5 \wedge \boldsymbol{e}_6$
PUR	$-\mathrm{s}_\alpha \mathrm{c}_\alpha \boldsymbol{e}_1 \wedge \boldsymbol{e}_2 \wedge \boldsymbol{e}_4 \wedge \boldsymbol{e}_5 - \mathrm{c}_\alpha^2 \boldsymbol{e}_1 \wedge \boldsymbol{e}_2 \wedge \boldsymbol{e}_4 \wedge \boldsymbol{e}_6 + \mathrm{s}_\alpha^2 \boldsymbol{e}_1 \wedge \boldsymbol{e}_3 \wedge \boldsymbol{e}_4 \wedge \boldsymbol{e}_5 + \mathrm{s}_\alpha \mathrm{c}_\alpha \boldsymbol{e}_1 \wedge \boldsymbol{e}_3 \wedge \boldsymbol{e}_4 \wedge \boldsymbol{e}_6$
PSR	$\left(z_B \mathrm{c}_\alpha - y_B \mathrm{s}_\alpha\right) \boldsymbol{e}_1 \wedge \boldsymbol{e}_2 \wedge \boldsymbol{e}_3 \wedge \boldsymbol{e}_4 \wedge \boldsymbol{e}_6 + \mathrm{s}_\alpha x_B \boldsymbol{e}_1 \wedge \boldsymbol{e}_2 \wedge \boldsymbol{e}_3 \wedge \boldsymbol{e}_5 \wedge \boldsymbol{e}_6$
RPU	$-\mathrm{c}_\alpha \boldsymbol{e}_1 \wedge \boldsymbol{e}_2 \wedge \boldsymbol{e}_5 \wedge \boldsymbol{e}_6 + \mathrm{s}_\alpha \boldsymbol{e}_1 \wedge \boldsymbol{e}_3 \wedge \boldsymbol{e}_5 \wedge \boldsymbol{e}_6 + \left(z_B \mathrm{c}_\alpha + y_B \mathrm{s}_\alpha\right) \boldsymbol{e}_1 \wedge \boldsymbol{e}_4 \wedge \boldsymbol{e}_5 \wedge \boldsymbol{e}_6$

同类型的分支，各分支的运动子空间均在局部坐标系下进行描述，其中 $(x_B, y_B, z_B)^{\mathrm{T}}$ 表示各分支末端点的位置。

为确保并联机器人的输出运动，在构型综合时，运动分支需满足以下四个几何约束关系：

(1) 如果一个并联机器人中含有两条 ${}^{u}P^{uv}U^{v}R$ 分支，则各分支中虎克铰的第一转动轴线需重合；

(2) 如果一个并联机器人中含有两条 ${}^{u}RP^{uv}U$ 分支，或者两条 ${}^{u}RR^{uv}U$ 分支，亦或者两条 ${}^{u}PR^{uv}U$ 分支，则各分支中虎克铰的第二转动轴线需重合；

(3) 如果一个并联机器人中含有两条 ${}^{u}PS^{v}R$ 分支，则各分支中球面副中心的连线需平行于移动副的移动方向；

(4) 如果一个并联机器人中含有两条 ${}^{u}RP^{uv}S$ 分支，或者两条 ${}^{u}RR^{uv}S$ 分支，亦或者两条 ${}^{u}PR^{uv}S$ 分支，则各分支中球面副中心的连线需平行于第三条分支与动平台连接处的转动副轴线方向。

根据上述几何约束关系，将表 3.1 中的分支进行合理组合，最终设计得到一系列具有确定输出转轴的 2R1T 非冗余驱动并联机器人，如表 3.2 所示，其中 X-Y-Z 类表示三条分支的末端自由度分别为 X、Y 和 Z，上标 u 和 v 则代表相应关节的轴线方向。表 3.2 中各并联机器人的分支运动子空间的交集均为 $\boldsymbol{G}_1 \wedge \boldsymbol{G}_2 \wedge \boldsymbol{G}_3$，输出自由度为 2R1T。需要指出的是，表 3.2 中并未列出全部具有确定输出转轴的 2R1T 非冗余驱动并联机器人，一些分支可由其他分支替换，如 RPU 分支可替换为 RRU 等分支，UPR 分支可替换为 URR 等分支。为更清楚地展示上述几何约束关系，图 3.1 给出了表 3.2 中一些具有确定输出转轴的 2R1T 非冗余驱动并联机器人三维示意图，图中的两条点划线分别代表 2R1T 非冗余驱动并联机器人的两个转动轴线。

为验证本节所设计的 2R1T 非冗余驱动并联机器人构型的正确性，本节采用 6 维几何代数 $\mathcal{G}_6$ [25,26]对图 3.1 中的 2PUR-PRU (Tex3) [31]、2PRU-UPR[32]和 2PRU-PSR[33]三个并联机器人进行自由度分析和验证。

表 3.2　具有确定输出转轴的 2R1T 非冗余驱动并联机器人

类别	具有确定输出转轴的 2R1T 非冗余驱动并联机器人
4-4-4 类	$2{}^{u}P^{uv}U^{v}R$-${}^{u}RP^{uv}U$, $2{}^{u}RP^{uv}U$-${}^{u}P^{uv}U^{v}R$, $2{}^{u}P^{uv}U^{v}R$-${}^{u}RR^{uv}U$, $2{}^{u}RR^{uv}U$-${}^{u}P^{uv}U^{v}R$, $2{}^{u}P^{uv}U^{v}R$-${}^{u}PR^{uv}U$, $2{}^{u}PR^{uv}U$-${}^{u}P^{uv}U^{v}R$, $2{}^{u}PR^{uv}U$-${}^{uv}UP^{v}R$, $2{}^{uv}UP^{v}R$-${}^{u}PR^{uv}U$
4-4-5 类	$2{}^{u}P^{uv}U^{v}R$-${}^{u}RPS$, $2{}^{u}RP^{uv}U$-${}^{u}PS^{v}R$, $2{}^{u}P^{uv}U^{v}R$-${}^{u}RRS$, $2{}^{u}RR^{uv}U$-${}^{u}PS^{v}R$, $2{}^{u}P^{uv}U^{v}R$-${}^{u}PRS$, $2{}^{u}PR^{uv}U$-${}^{u}PS^{v}R$
5-5-4 类	$2{}^{u}PS^{v}R$-${}^{u}RP^{uv}U$, $2{}^{u}RPS$-${}^{u}P^{uv}U^{v}R$, $2{}^{u}PS^{v}R$-${}^{u}RR^{uv}U$, $2{}^{u}RRS$-${}^{u}P^{uv}U^{v}R$, $2{}^{u}PS^{v}R$-${}^{u}PR^{uv}U$, $2{}^{u}PRS$-${}^{u}P^{uv}U^{v}R$
5-5-5 类	$2{}^{u}PS^{v}R$-${}^{u}RPS$, $2{}^{u}RPS$-${}^{u}PS^{v}R$, $2{}^{u}PS^{v}R$-${}^{u}RRS$, $2{}^{u}RRS$-${}^{u}PS^{v}R$, $2{}^{u}PS^{v}R$-${}^{u}PRS$, $2{}^{u}PRS$-${}^{u}PS^{v}R$

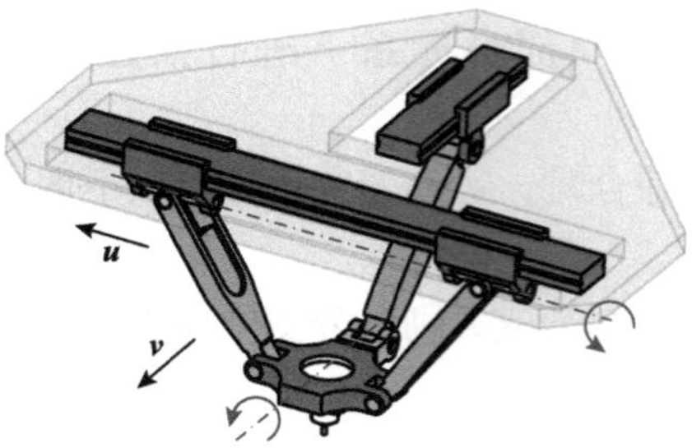

(a) $2^{u}P^{uv}U^{v}R\text{-}^{u}PR^{uv}U$并联机器人

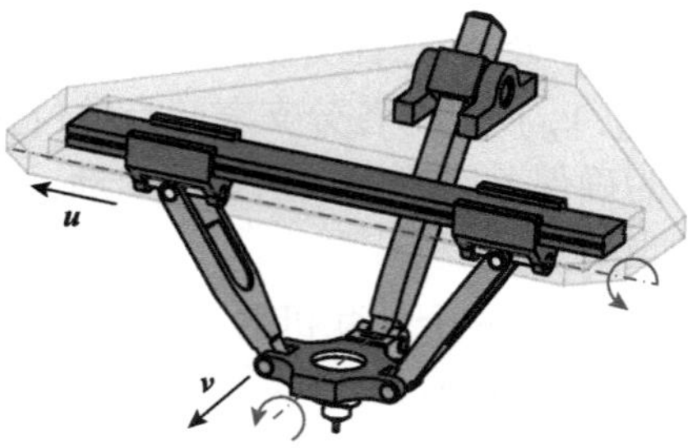

(b) $2^{u}P^{uv}U^{v}R\text{-}^{u}RP^{uv}U$并联机器人

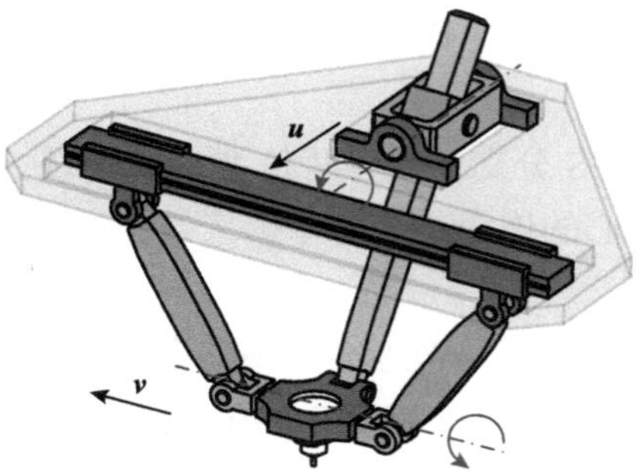

(c) $2^{u}PR^{uv}U\text{-}^{uv}UP^{v}R$并联机器人

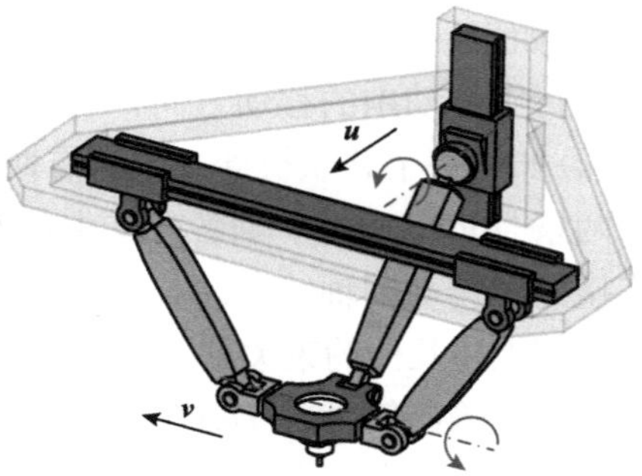

(d) $2^{u}PR^{uv}U\text{-}^{u}PS^{v}R$并联机器人

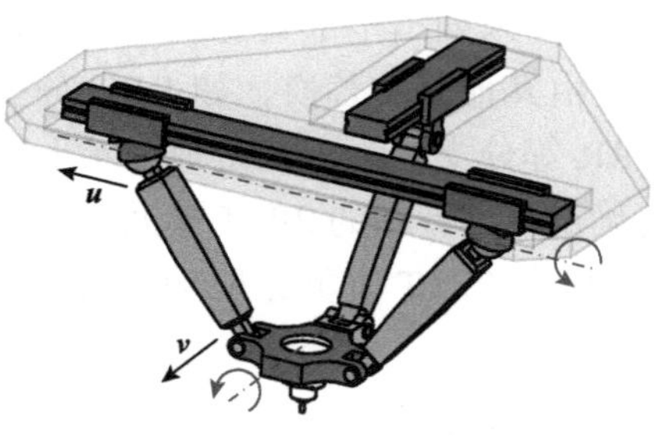

(e) $2^{u}PS^{v}R\text{-}^{u}PR^{uv}U$并联机器人

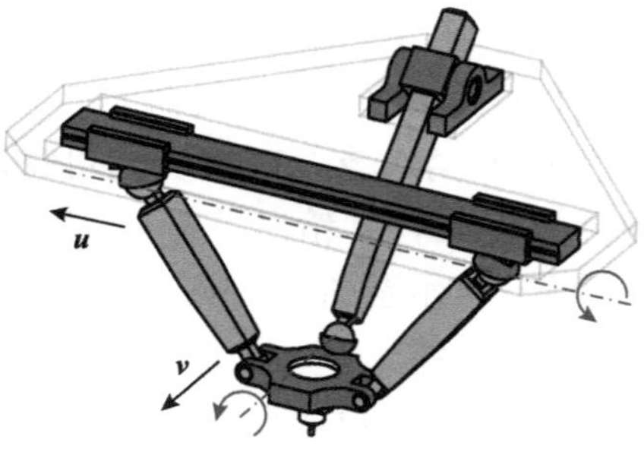

(f) $2^{u}PS^{v}R\text{-}^{u}RPS$并联机器人

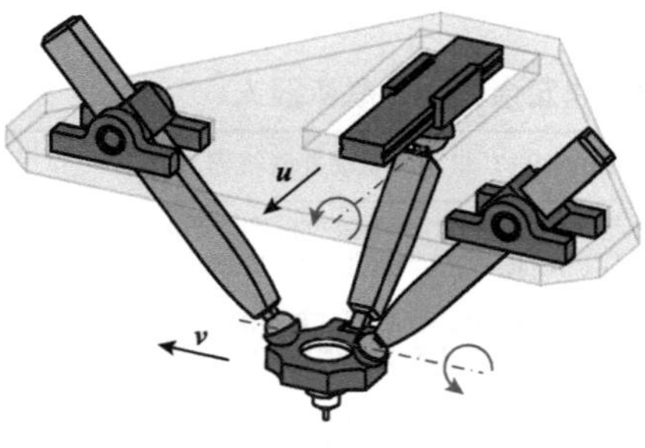

(g) $2^{u}RPS\text{-}^{u}PS^{v}R$并联机器人

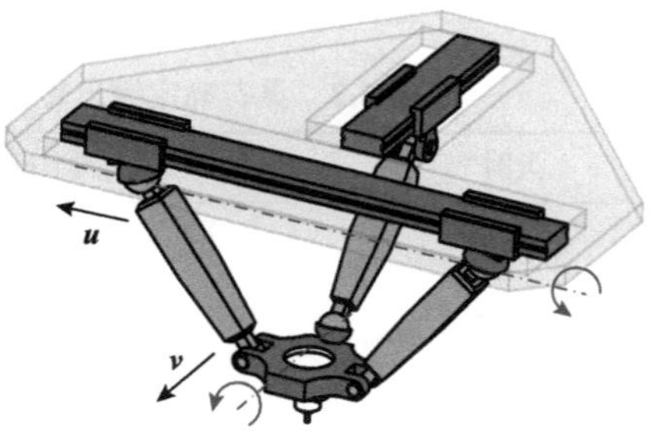

(h) $2^{u}PS^{v}R\text{-}^{u}PRS$并联机器人

图 3.1　具有确定输出转轴的 2R1T 非冗余驱动并联机器人三维示意图

3.1.2　算例 1：Tex3 并联机器人的自由度分析

图 3.2 为 Tex3 并联机器人[31]的三维结构示意图，其动平台通过三条运动分支 A_iB_i (i=1, 2, 3) 和机架相连。分支 1 和分支 2 为结构相同的 PUR 运动分支，分支 3 为 PRU 运动分支，通过驱动三个移动副（q_1, q_2, q_3）可改变动平台末端点的位姿（α, β, z_o）。定坐标系 O-xyz 的 x 轴与 OA_1 共线，y 轴沿着 OA_3 方向，z 轴垂直向下。动坐标系 o-uvw 的原点为 B_1B_2 的中点，其中 u 轴与 oB_1 共线，v 轴沿着 oB_3 方向，w 轴垂直于动平台向下。本节定义 Tex3 并联机器人的结构参数为：$oB_1 = oB_2 = l_1$、$oB_3 = l_2$、$A_1B_1 = A_2B_2 = l_3$ 和 $A_3B_3 = l_4$。在定坐标系下，点 A_i 和 B_i 的坐标分别为 $A_1 = (q_1,\ 0,\ 0)^{\mathrm{T}}$、$A_2 = (-q_2,\ 0,\ 0)^{\mathrm{T}}$、$A_3 = (0,\ q_3,\ 0)^{\mathrm{T}}$ 和 $B_i = \left(x_{B_i},\ y_{B_i},\ z_{B_i}\right)^{\mathrm{T}}$。

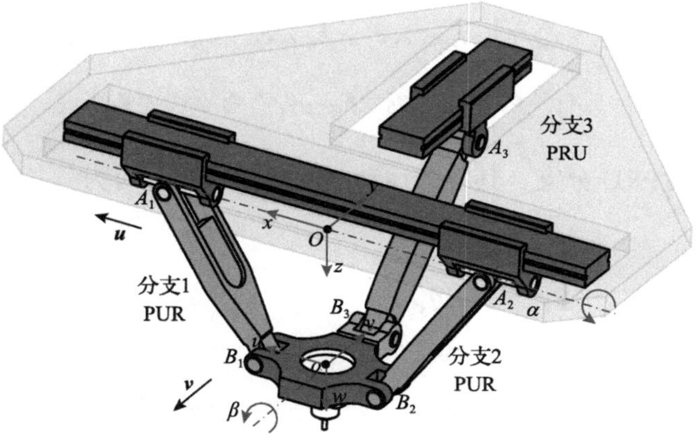

图 3.2　Tex3 并联机器人的三维结构示意图

根据图 3.2，可得到第一条 PUR 分支上各个运动副的运动螺旋为

$$\begin{cases} \boldsymbol{S}_{1,1} = \boldsymbol{e}_4 \\ \boldsymbol{S}_{1,2} = \boldsymbol{e}_1 \\ \boldsymbol{S}_{1,3} = \mathrm{c}_\alpha \boldsymbol{e}_2 - \mathrm{s}_\alpha \boldsymbol{e}_3 + q_1 \mathrm{s}_\alpha \boldsymbol{e}_5 + q_1 \mathrm{c}_\alpha \boldsymbol{e}_6 \\ \boldsymbol{S}_{1,4} = \mathrm{c}_\alpha \boldsymbol{e}_2 - \mathrm{s}_\alpha \boldsymbol{e}_3 - \left(z_{B_1}\mathrm{c}_\alpha + y_{B_1}\mathrm{s}_\alpha\right)\boldsymbol{e}_4 + x_{B_1}\mathrm{s}_\alpha \boldsymbol{e}_5 + x_{B_1}\mathrm{c}_\alpha \boldsymbol{e}_6 \end{cases} \tag{3.2}$$

根据式(3.2)，可推得 PUR 分支的运动子空间 $\boldsymbol{S}_{m_1}$ 为

$$\begin{aligned} \boldsymbol{S}_{m_1} &= \boldsymbol{S}_{1,1} \wedge \boldsymbol{S}_{1,2} \wedge \boldsymbol{S}_{1,3} \wedge \boldsymbol{S}_{1,4} \\ &= \left(q_1 - x_{B_1}\right)\left(-\mathrm{s}_\alpha \mathrm{c}_\alpha \boldsymbol{e}_1 \wedge \boldsymbol{e}_2 \wedge \boldsymbol{e}_4 \wedge \boldsymbol{e}_5 - \mathrm{c}_\alpha^2 \boldsymbol{e}_1 \wedge \boldsymbol{e}_2 \wedge \boldsymbol{e}_4 \wedge \boldsymbol{e}_6 \right. \\ &\quad \left. + \mathrm{s}_\alpha^2 \boldsymbol{e}_1 \wedge \boldsymbol{e}_3 \wedge \boldsymbol{e}_4 \wedge \boldsymbol{e}_5 + \mathrm{s}_\alpha \mathrm{c}_\alpha \boldsymbol{e}_1 \wedge \boldsymbol{e}_3 \wedge \boldsymbol{e}_4 \wedge \boldsymbol{e}_6\right) \end{aligned} \tag{3.3}$$

式中，$\boldsymbol{S}_{m_1}$ 为一个 4 阶片积的运动子空间。

同样地，可得到第二条 PUR 分支上各个运动副的运动螺旋和 4 阶片积分支运动子空间 $\boldsymbol{S}_{m_2}$ 分别为

$$\begin{cases}\boldsymbol{S}_{2,1}=\boldsymbol{e}_4\\ \boldsymbol{S}_{2,2}=\boldsymbol{e}_1\\ \boldsymbol{S}_{2,3}=\mathrm{c}_\alpha\boldsymbol{e}_2-\mathrm{s}_\alpha\boldsymbol{e}_3-q_2\mathrm{s}_\alpha\boldsymbol{e}_5-q_2\mathrm{c}_\alpha\boldsymbol{e}_6\\ \boldsymbol{S}_{2,4}=\mathrm{c}_\alpha\boldsymbol{e}_2-\mathrm{s}_\alpha\boldsymbol{e}_3-\left(z_{B_2}\mathrm{c}_\alpha+y_{B_2}\mathrm{s}_\alpha\right)\boldsymbol{e}_4+x_{B_2}\mathrm{s}_\alpha\boldsymbol{e}_5+x_{B_2}\mathrm{c}_\alpha\boldsymbol{e}_6\end{cases}\tag{3.4}$$

和

$$\begin{aligned}\boldsymbol{S}_{m_2}&=\boldsymbol{S}_{2,1}\wedge\boldsymbol{S}_{2,2}\wedge\boldsymbol{S}_{2,3}\wedge\boldsymbol{S}_{2,4}\\&=\left(q_2+x_{B_2}\right)\left(\mathrm{s}_\alpha\mathrm{c}_\alpha\boldsymbol{e}_1\wedge\boldsymbol{e}_2\wedge\boldsymbol{e}_4\wedge\boldsymbol{e}_5+\mathrm{c}_\alpha^2\boldsymbol{e}_1\wedge\boldsymbol{e}_2\wedge\boldsymbol{e}_4\wedge\boldsymbol{e}_6\right.\\&\quad\left.-\mathrm{s}_\alpha^2\boldsymbol{e}_1\wedge\boldsymbol{e}_3\wedge\boldsymbol{e}_4\wedge\boldsymbol{e}_5-\mathrm{s}_\alpha\mathrm{c}_\alpha\boldsymbol{e}_1\wedge\boldsymbol{e}_3\wedge\boldsymbol{e}_4\wedge\boldsymbol{e}_6\right)\end{aligned}\tag{3.5}$$

对于第三条 PRU 分支，其各个运动副的运动螺旋可写为

$$\begin{cases}\boldsymbol{S}_{3,1}=\boldsymbol{e}_5\\ \boldsymbol{S}_{3,2}=\boldsymbol{e}_1-q_3\boldsymbol{e}_6\\ \boldsymbol{S}_{3,3}=\boldsymbol{e}_1+z_{B_3}\boldsymbol{e}_5-y_{B_3}\boldsymbol{e}_6\\ \boldsymbol{S}_{3,4}=\mathrm{c}_\alpha\boldsymbol{e}_2-\mathrm{s}_\alpha\boldsymbol{e}_3-\left(z_{B_3}\mathrm{c}_\alpha+y_{B_3}\mathrm{s}_\alpha\right)\boldsymbol{e}_4\end{cases}\tag{3.6}$$

根据式(3.6)，PRU 分支的 4 阶片积运动子空间 $\boldsymbol{S}_{m_3}$ 可表示为

$$\begin{aligned}\boldsymbol{S}_{m_3}&=\boldsymbol{S}_{3,1}\wedge\boldsymbol{S}_{3,2}\wedge\boldsymbol{S}_{3,3}\wedge\boldsymbol{S}_{3,4}\\&=\left(y_{B_3}-q_3\right)\left[\mathrm{c}_\alpha\boldsymbol{e}_1\wedge\boldsymbol{e}_2\wedge\boldsymbol{e}_5\wedge\boldsymbol{e}_6-\mathrm{s}_\alpha\boldsymbol{e}_1\wedge\boldsymbol{e}_3\wedge\boldsymbol{e}_5\wedge\boldsymbol{e}_6\right.\\&\quad\left.+\left(-z_{B_3}\mathrm{c}_\alpha-y_{B_3}\mathrm{s}_\alpha\right)\boldsymbol{e}_1\wedge\boldsymbol{e}_4\wedge\boldsymbol{e}_5\wedge\boldsymbol{e}_6\right]\end{aligned}\tag{3.7}$$

结合上述结果和 Tex3 并联机器人的几何约束关系，可得到末端动平台的运动子空间，即各分支运动子空间的交集[27]为

$$\boldsymbol{S}_m=\boldsymbol{S}_{m_1}\cap\boldsymbol{S}_{m_2}\cap\boldsymbol{S}_{m_3}=\boldsymbol{e}_1\wedge\left[\mathrm{c}_\alpha\boldsymbol{e}_2-\mathrm{s}_\alpha\boldsymbol{e}_3-\left(z_{B_3}\mathrm{c}_\alpha+y_{B_3}\mathrm{s}_\alpha\right)\boldsymbol{e}_4\right]\wedge\left(\mathrm{s}_\alpha\boldsymbol{e}_5+\mathrm{c}_\alpha\boldsymbol{e}_6\right)\tag{3.8}$$

式(3.8)表明 Tex3 并联机器人动平台的运动子空间是一个 3 阶片积，由向量 $\boldsymbol{e}_1$、$\mathrm{c}_\alpha\boldsymbol{e}_2-\mathrm{s}_\alpha\boldsymbol{e}_3-\left(z_{B_3}\mathrm{c}_\alpha+y_{B_3}\mathrm{s}_\alpha\right)\boldsymbol{e}_4$ 和 $\mathrm{s}_\alpha\boldsymbol{e}_5+\mathrm{c}_\alpha\boldsymbol{e}_6$ 所张成。Tex3 并联机器人具有

2R1T 三自由度，分别为过点 A_1 且沿着 x 轴方向的转动（α）、过点 B_3 且沿着 v 轴方向的转动（β）和沿着 z 轴方向的移动（z_o），其转动自由度示意图如图 3.3 所示。因此，Tex3 并联机器人是具有确定输出转轴的 2R1T 非冗余驱动并联机器人。

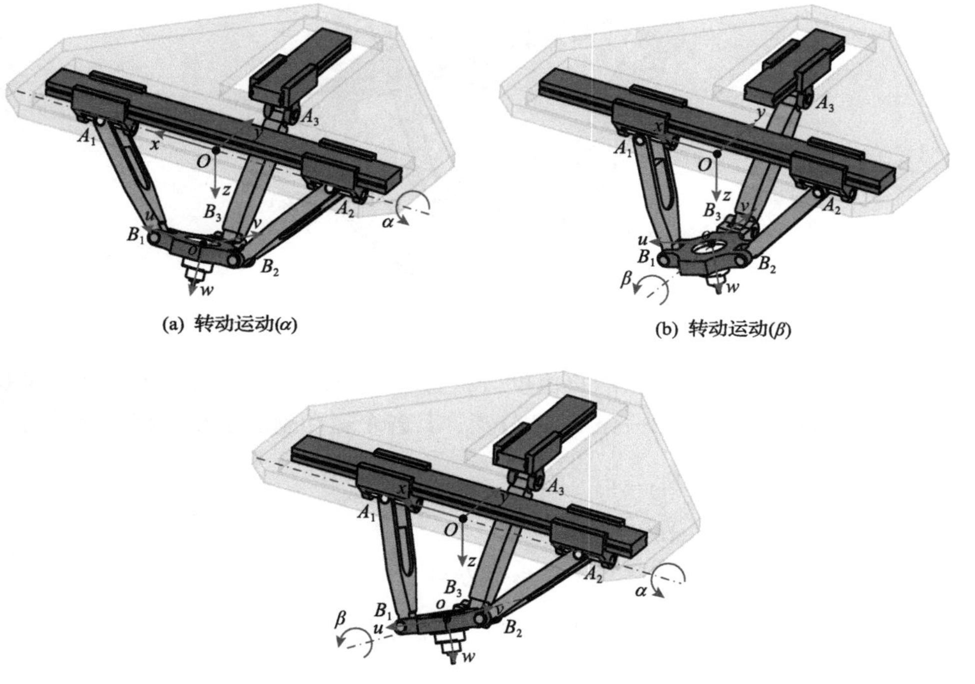

(a) 转动运动(α)　　(b) 转动运动(β)

(c) 转动运动(α和β)

图 3.3　Tex3 并联机器人的转动自由度示意图

3.1.3　算例 2：2PRU-UPR 并联机器人的自由度分析

图 3.4 为 2PRU-UPR 并联机器人[32]的三维结构示意图，其动平台通过三条运动分支 A_iB_i (i=1, 2, 3) 和机架相连。分支 1 和分支 2 为结构相同的 PRU 运动分支，分支 3 为 UPR 运动分支，通过驱动三个移动副（q_1, q_2, q_3）可改变动平台末端点的位姿（α, β, z_o）。在 2PRU-UPR 并联机器人中建立定坐标系 $O\text{-}xyz$，其中 x 轴与 OA_3 共线，y 轴沿着 OA_1 方向，z 轴垂直向下。动坐标系 $o\text{-}uvw$ 的原点为 B_1B_2 的中点，其中 u 轴与 oB_3 共线，v 轴沿着 oB_1 方向，w 轴垂直于动平台向下。本节定义 2PRU-UPR 并联机器人的结构参数为：$oB_1 = oB_2 = l_1$、$oB_3 = l_2$、$OA_3 = l_3$ 和 $A_1B_1 = A_2B_2 = l$。在定坐标系下，点 A_i 和 B_i 的坐标分别为 $A_1 = (0,\ q_1,\ 0)^{\mathrm{T}}$、$A_2 = (0,\ -q_2,\ 0)^{\mathrm{T}}$、$A_3 = (l_3,\ 0,\ 0)^{\mathrm{T}}$ 和 $B_i = \left(x_{B_i},\ y_{B_i},\ z_{B_i}\right)^{\mathrm{T}}$。

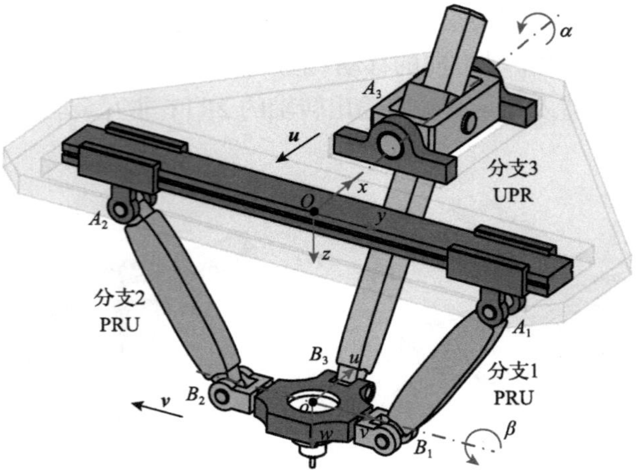

图 3.4　2PRU-UPR 并联机器人的三维结构示意图

2PRU-UPR 并联机器人的自由度分析过程与 Tex3 并联机器人类似。根据式(3.6)和式(3.7)，对于第一条 PRU 分支，其各个运动副的运动螺旋可表示为

$$\begin{cases} \boldsymbol{S}_{1,1} = \boldsymbol{e}_5 \\ \boldsymbol{S}_{1,2} = \boldsymbol{e}_1 - q_1\boldsymbol{e}_6 \\ \boldsymbol{S}_{1,3} = \boldsymbol{e}_1 + z_{B_1}\boldsymbol{e}_5 - y_{B_1}\boldsymbol{e}_6 \\ \boldsymbol{S}_{1,4} = \mathrm{c}_\alpha\boldsymbol{e}_2 - \mathrm{s}_\alpha\boldsymbol{e}_3 - \left(z_{B_1}\mathrm{c}_\alpha + y_{B_1}\mathrm{s}_\alpha\right)\boldsymbol{e}_4 \end{cases} \tag{3.9}$$

根据式(3.9)，第一条 PRU 分支的 4 阶片积运动子空间 $\boldsymbol{S}_{m_1}$ 可表示为

$$\begin{aligned} \boldsymbol{S}_{m_1} &= \boldsymbol{S}_{1,1} \wedge \boldsymbol{S}_{1,2} \wedge \boldsymbol{S}_{1,3} \wedge \boldsymbol{S}_{1,4} \\ &= \left(y_{B_1} - q_1\right)\left[\mathrm{c}_\alpha\boldsymbol{e}_1 \wedge \boldsymbol{e}_2 \wedge \boldsymbol{e}_5 \wedge \boldsymbol{e}_6 - \mathrm{s}_\alpha\boldsymbol{e}_1 \wedge \boldsymbol{e}_3 \wedge \boldsymbol{e}_5 \wedge \boldsymbol{e}_6 \right. \\ &\quad \left. + \left(-z_{B_1}\mathrm{c}_\alpha - y_{B_1}\mathrm{s}_\alpha\right)\boldsymbol{e}_1 \wedge \boldsymbol{e}_4 \wedge \boldsymbol{e}_5 \wedge \boldsymbol{e}_6\right] \end{aligned} \tag{3.10}$$

同样地，第二条 PRU 分支上各个运动副的运动螺旋和 4 阶片积运动子空间 $\boldsymbol{S}_{m_2}$ 可分别表示为

$$\begin{cases} \boldsymbol{S}_{2,1} = \boldsymbol{e}_5 \\ \boldsymbol{S}_{2,2} = \boldsymbol{e}_1 + q_2\boldsymbol{e}_6 \\ \boldsymbol{S}_{2,3} = \boldsymbol{e}_1 + z_{B_2}\boldsymbol{e}_5 - y_{B_2}\boldsymbol{e}_6 \\ \boldsymbol{S}_{2,4} = \mathrm{c}_\alpha\boldsymbol{e}_2 - \mathrm{s}_\alpha\boldsymbol{e}_3 - \left(z_{B_2}\mathrm{c}_\alpha + y_{B_2}\mathrm{s}_\alpha\right)\boldsymbol{e}_4 \end{cases} \tag{3.11}$$

和

$$
\begin{aligned}
\boldsymbol{S}_{m_2} &= \boldsymbol{S}_{2,1} \wedge \boldsymbol{S}_{2,2} \wedge \boldsymbol{S}_{2,3} \wedge \boldsymbol{S}_{2,4} \\
&= \left(y_{B_2} + q_2\right)\Big[\mathrm{c}_\alpha \boldsymbol{e}_1 \wedge \boldsymbol{e}_2 \wedge \boldsymbol{e}_5 \wedge \boldsymbol{e}_6 - \mathrm{s}_\alpha \boldsymbol{e}_1 \wedge \boldsymbol{e}_3 \wedge \boldsymbol{e}_5 \wedge \boldsymbol{e}_6 \\
&\quad + \left(-z_{B_2}\mathrm{c}_\alpha - y_{B_2}\mathrm{s}_\alpha\right)\boldsymbol{e}_1 \wedge \boldsymbol{e}_4 \wedge \boldsymbol{e}_5 \wedge \boldsymbol{e}_6\Big]
\end{aligned}
\tag{3.12}
$$

对于第三条 UPR 分支，其各个运动副的运动螺旋为

$$
\begin{cases}
\boldsymbol{S}_{3,1} = \boldsymbol{e}_1 \\
\boldsymbol{S}_{3,2} = \mathrm{c}_\alpha \boldsymbol{e}_2 - \mathrm{s}_\alpha \boldsymbol{e}_3 + \mathrm{s}_\alpha l_3 \boldsymbol{e}_5 + \mathrm{c}_\alpha l_3 \boldsymbol{e}_6 \\
\boldsymbol{S}_{3,3} = \left(x_{B_3} - l_3\right)\boldsymbol{e}_4 + y_{B_3}\boldsymbol{e}_5 + z_{B_3}\boldsymbol{e}_6 \\
\boldsymbol{S}_{3,4} = \mathrm{c}_\alpha \boldsymbol{e}_2 - \mathrm{s}_\alpha \boldsymbol{e}_3 - \left(z_{B_3}\mathrm{c}_\alpha + y_{B_3}\mathrm{s}_\alpha\right)\boldsymbol{e}_4 + x_{B_3}\mathrm{s}_\alpha \boldsymbol{e}_5 + x_{B_3}\mathrm{c}_\alpha \boldsymbol{e}_6
\end{cases}
\tag{3.13}
$$

根据式(3.13)，UPR 分支的 4 阶片积运动子空间 $\boldsymbol{S}_{m_3}$ 可表示为

$$
\begin{aligned}
\boldsymbol{S}_{m_3} &= \boldsymbol{S}_{3,1} \wedge \boldsymbol{S}_{3,2} \wedge \boldsymbol{S}_{3,3} \wedge \boldsymbol{S}_{3,4} \\
&= \left(y_{B_3} z_{B_3}\mathrm{c}_\alpha^2 + l_3^2 \mathrm{s}_\alpha \mathrm{c}_\alpha - 2l_3 x_{B_3}\mathrm{s}_\alpha \mathrm{c}_\alpha + x_{B_3}^2 \mathrm{s}_\alpha \mathrm{c}_\alpha + y_{B_3}^2 \mathrm{s}_\alpha \mathrm{c}_\alpha\right)\boldsymbol{e}_1 \wedge \boldsymbol{e}_2 \wedge \boldsymbol{e}_4 \wedge \boldsymbol{e}_5 \\
&\quad + \left(l_3^2 \mathrm{c}_\alpha^2 - 2l_3 x_{B_3}\mathrm{c}_\alpha^2 + x_{B_3}^2 \mathrm{c}_\alpha^2 + z_{B_3}^2 \mathrm{c}_\alpha^2 + y_{B_3} z_{B_3}\mathrm{s}_\alpha \mathrm{c}_\alpha\right)\boldsymbol{e}_1 \wedge \boldsymbol{e}_2 \wedge \boldsymbol{e}_4 \wedge \boldsymbol{e}_6 \\
&\quad + \left(-l_3 y_{B_3}\mathrm{c}_\alpha^2 + x_{B_3} y_{B_3}\mathrm{c}_\alpha^2 + l_3 z_{B_3}\mathrm{s}_\alpha \mathrm{c}_\alpha - x_{B_3} z_{B_3}\mathrm{s}_\alpha \mathrm{c}_\alpha\right)\boldsymbol{e}_1 \wedge \boldsymbol{e}_2 \wedge \boldsymbol{e}_5 \wedge \boldsymbol{e}_6 \\
&\quad + \left(-y_{B_3} z_{B_3}\mathrm{s}_\alpha \mathrm{c}_\alpha - l_3^2 \mathrm{s}_\alpha^2 + 2l_3 x_{B_3}\mathrm{s}_\alpha^2 - x_{B_3}^2 \mathrm{s}_\alpha^2 - y_{B_3}^2 \mathrm{s}_\alpha^2\right)\boldsymbol{e}_1 \wedge \boldsymbol{e}_3 \wedge \boldsymbol{e}_4 \wedge \boldsymbol{e}_5 \\
&\quad + \left(-l_3^2 \mathrm{s}_\alpha \mathrm{c}_\alpha + 2l_3 x_{B_3}\mathrm{s}_\alpha \mathrm{c}_\alpha - x_{B_3}^2 \mathrm{s}_\alpha \mathrm{c}_\alpha - z_{B_3}^2 \mathrm{s}_\alpha \mathrm{c}_\alpha - y_{B_3} z_{B_3}\mathrm{s}_\alpha^2\right)\boldsymbol{e}_1 \wedge \boldsymbol{e}_3 \wedge \boldsymbol{e}_4 \wedge \boldsymbol{e}_6 \\
&\quad + \left(l_3 y_{B_3}\mathrm{s}_\alpha \mathrm{c}_\alpha - x_{B_3} y_{B_3}\mathrm{s}_\alpha \mathrm{c}_\alpha - l_3 z_{B_3}\mathrm{s}_\alpha^2 + x_{B_3} z_{B_3}\mathrm{s}_\alpha^2\right)\boldsymbol{e}_1 \wedge \boldsymbol{e}_3 \wedge \boldsymbol{e}_5 \wedge \boldsymbol{e}_6 \\
&\quad + \left(l_3 y_{B_3} z_{B_3}\mathrm{c}_\alpha^2 + l_3 y_{B_3}^2 \mathrm{s}_\alpha \mathrm{c}_\alpha - l_3 z_{B_3}^2 \mathrm{s}_\alpha \mathrm{c}_\alpha - l_3 y_{B_3} z_{B_3}\mathrm{s}_\alpha^2\right)\boldsymbol{e}_1 \wedge \boldsymbol{e}_4 \wedge \boldsymbol{e}_5 \wedge \boldsymbol{e}_6
\end{aligned}
\tag{3.14}
$$

根据上述结果和 2PRU-UPR 并联机器人的几何约束关系，同样可以得到末端动平台的运动子空间[27]为

$$
\boldsymbol{S}_m = \boldsymbol{S}_{m_1} \cap \boldsymbol{S}_{m_2} \cap \boldsymbol{S}_{m_3} = \boldsymbol{e}_1 \wedge \left[\mathrm{c}_\alpha \boldsymbol{e}_2 - \mathrm{s}_\alpha \boldsymbol{e}_3 - \left(z_{B_1}\mathrm{c}_\alpha + y_{B_1}\mathrm{s}_\alpha\right)\boldsymbol{e}_4\right] \wedge \left(\mathrm{s}_\alpha \boldsymbol{e}_5 + \mathrm{c}_\alpha \boldsymbol{e}_6\right) \tag{3.15}
$$

式(3.15)表明，2PRU-UPR 并联机器人动平台的运动子空间也是一个 3 阶片积。2PRU-UPR 并联机器人具有 2R1T 三自由度，分别为过点 A_3 且沿着 x 轴方向的转动（α）、过点 B_1 且沿着 v 轴方向的转动（β）和沿着 z 轴方向的移动（z_o），其转动自由度示意图如图 3.5 所示。因此，2PRU-UPR 并联机器人也是具有确定输

出转轴的 2R1T 非冗余驱动并联机器人。

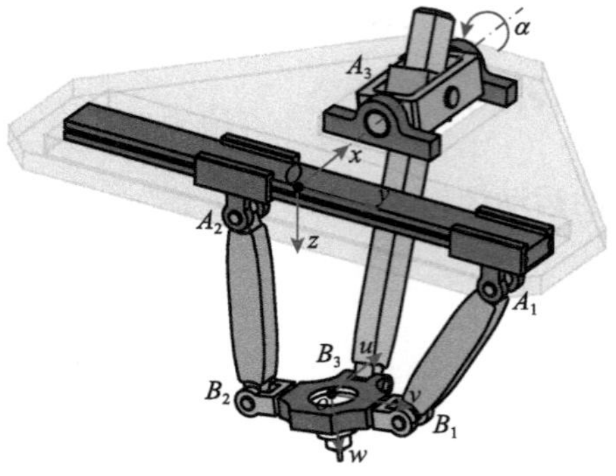

(a) 转动运动(α)

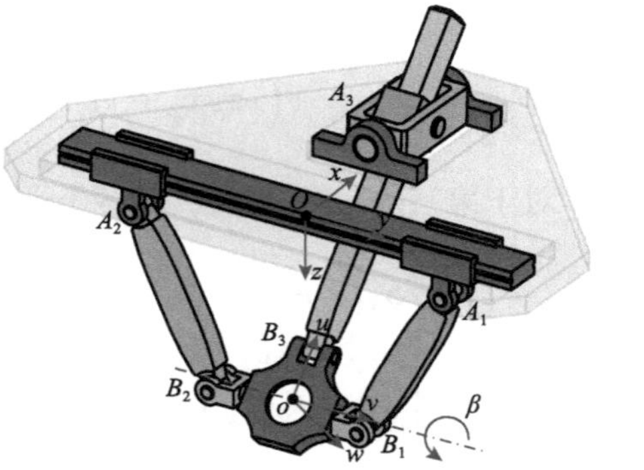

(b) 转动运动(β)

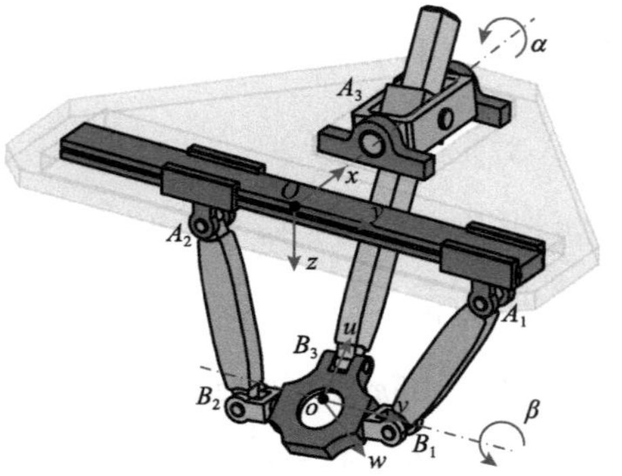

(c) 转动运动(α和β)

图 3.5　2PRU-UPR 并联机器人的转动自由度示意图

3.1.4　算例 3：2PRU-PSR 并联机器人的自由度分析

针对复杂结构件，目前国外主要采用基于 Z3 主轴头的五轴混联加工中心[40]。但是，该装备结构上存在一些缺陷，即内部含有较多负载能力低的球面副(3 个)，单自由度关节总数多(15 个)，误差源多，且输出转轴为时变虚拟转轴，无法实时测量，难以实现闭环控制。另外，该加工装备价格高，且核心技术对我国封锁。

结合精度、刚度、承载能力、转动范围等性能要求，在上述所构型综合的一系列 2R1T 非冗余驱动并联机器人中选取 2PRU-PSR 并联机器人[33]，如图 3.1(d)所示，通过将三个移动副的移动都改为同一方向，可得到如图 3.6 所示的新型 2PRU-PSR 并联机器人，其动平台通过三条运动分支 A_iB_i (i=1, 2, 3)和机架相连。分支 1 和分支 2 为结构相同的 PRU 运动分支，分支 3 为 PSR 运动分支。通过移动副，三条分支与机架导轨固接，驱动三个移动副(q_1, q_2, q_3)可改变动平台的输出位姿(α,β,z_o)。点C_1、C_2和C_3分别为$z=0$平面与三个分支的交点。相比于Z3 主轴头装备(3-PRS)，2PRU-PSR 并联机器人具有以下优点：一是总关节数(13个)和分支数少，可提高精度/刚度；二是输出转轴确定，可实现闭环控制；三是球面副数少，可以保证并联机器人的运动灵活性和承载能力；四是结构对称，制造方便。

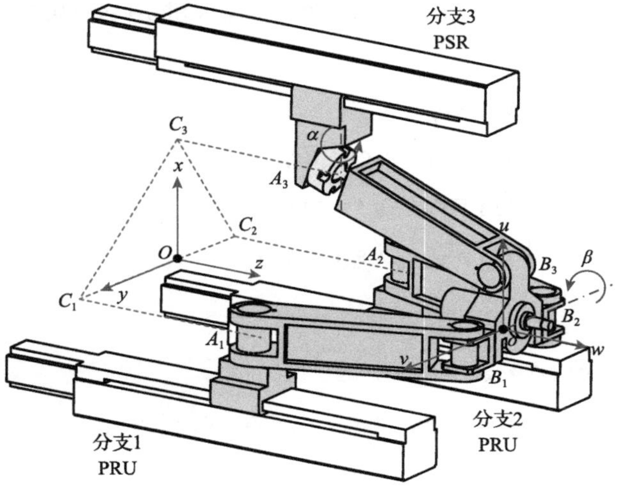

图 3.6　新型 2PRU-PSR 并联机器人

在 2PRU-PSR 并联机器人中建立定坐标系$O\text{-}xyz$，其中O是C_1C_2的中点，x轴与OC_3共线，y轴沿着OC_1方向，z轴满足右手定则。动坐标系$o\text{-}uvw$的原点为B_1B_2的中点，其中u轴与oB_3共线，v轴沿着oB_1方向，w轴满足右手定则。本节定义 2PRU-PSR 并联机器人的结构参数为：$OC_1=OC_2=OC_3=R$、$A_1B_1=A_2B_2=l_1$、$A_3B_3=l_2$、$oB_1=oB_2=e_1$和$oB_3=e_2$。在定坐标系下，点A_i和B_i的坐标分别为$A_1=(0,\ R,\ q_1)^{\mathrm{T}}$、$A_2=(0,\ -R,\ q_2)^{\mathrm{T}}$、$A_3=(R,\ 0,\ q_3)^{\mathrm{T}}$和$B_i=\left(x_{B_i},\ y_{B_i},\ z_{B_i}\right)^{\mathrm{T}}$。下面对 2PRU-PSR 并联机器人的自由度进行分析验证。

运用 6 维几何代数$\mathcal{G}_6$对 2PRU-PSR 并联机器人进行自由度分析，过程与上述两个非冗余驱动并联机器人的自由度验证类似。对于第一条 PRU 分支，其各个运动副的运动螺旋可表示为

$$
\begin{cases}
\boldsymbol{S}_{1,1}=\boldsymbol{e}_6 \\
\boldsymbol{S}_{1,2}=\boldsymbol{e}_1+q_1\boldsymbol{e}_5-R\boldsymbol{e}_6 \\
\boldsymbol{S}_{1,3}=\boldsymbol{e}_1+z_{B_1}\boldsymbol{e}_5-y_{B_1}\boldsymbol{e}_6 \\
\boldsymbol{S}_{1,4}=\mathrm{c}_\alpha\boldsymbol{e}_2+\mathrm{s}_\alpha\boldsymbol{e}_3-\left(z_{B_1}\mathrm{c}_\alpha-y_{B_1}\mathrm{s}_\alpha\right)\boldsymbol{e}_4
\end{cases}
\tag{3.16}
$$

根据式(3.16)，第一条 PRU 分支的 4 阶片积运动子空间 $\boldsymbol{S}_{m_1}$ 可表示为

$$\begin{aligned}\boldsymbol{S}_{m_1} &= \boldsymbol{S}_{1,1}\wedge\boldsymbol{S}_{1,2}\wedge\boldsymbol{S}_{1,3}\wedge\boldsymbol{S}_{1,4}\\ &=\left(z_{B_1}-q_1\right)\left[\mathrm{c}_\alpha\boldsymbol{e}_1\wedge\boldsymbol{e}_2\wedge\boldsymbol{e}_5\wedge\boldsymbol{e}_6+\mathrm{s}_\alpha\boldsymbol{e}_1\wedge\boldsymbol{e}_3\wedge\boldsymbol{e}_5\wedge\boldsymbol{e}_6+\left(y_{B_1}\mathrm{s}_\alpha-z_{B_1}\mathrm{c}_\alpha\right)\boldsymbol{e}_1\wedge\boldsymbol{e}_4\wedge\boldsymbol{e}_5\wedge\boldsymbol{e}_6\right]\end{aligned} \tag{3.17}$$

同样地，可得到第二条 PRU 分支上各个运动副的运动螺旋和 4 阶片积运动子空间 $\boldsymbol{S}_{m_2}$ 分别为

$$\begin{cases}\boldsymbol{S}_{2,1}=\boldsymbol{e}_6\\ \boldsymbol{S}_{2,2}=\boldsymbol{e}_1+q_2\boldsymbol{e}_5+R\boldsymbol{e}_6\\ \boldsymbol{S}_{2,3}=\boldsymbol{e}_1+z_{B_2}\boldsymbol{e}_5-y_{B_2}\boldsymbol{e}_6\\ \boldsymbol{S}_{2,4}=\mathrm{c}_\alpha\boldsymbol{e}_2+\mathrm{s}_\alpha\boldsymbol{e}_3-\left(z_{B_2}\mathrm{c}_\alpha-y_{B_2}\mathrm{s}_\alpha\right)\boldsymbol{e}_4\end{cases} \tag{3.18}$$

和

$$\begin{aligned}\boldsymbol{S}_{m_2} &= \boldsymbol{S}_{2,1}\wedge\boldsymbol{S}_{2,2}\wedge\boldsymbol{S}_{2,3}\wedge\boldsymbol{S}_{2,4}\\ &=\left(z_{B_2}-q_2\right)\left[\mathrm{c}_\alpha\boldsymbol{e}_1\wedge\boldsymbol{e}_2\wedge\boldsymbol{e}_5\wedge\boldsymbol{e}_6+\mathrm{s}_\alpha\boldsymbol{e}_1\wedge\boldsymbol{e}_3\wedge\boldsymbol{e}_5\wedge\boldsymbol{e}_6+\left(y_{B_2}\mathrm{s}_\alpha-z_{B_2}\mathrm{c}_\alpha\right)\boldsymbol{e}_1\wedge\boldsymbol{e}_4\wedge\boldsymbol{e}_5\wedge\boldsymbol{e}_6\right]\end{aligned} \tag{3.19}$$

对于第三条 PSR 分支，其各个运动副的运动螺旋为

$$\begin{cases}\boldsymbol{S}_{3,1}=\boldsymbol{e}_6\\ \boldsymbol{S}_{3,2}=\boldsymbol{e}_1+q_3\boldsymbol{e}_5\\ \boldsymbol{S}_{3,3}=\mathrm{c}_\alpha\boldsymbol{e}_2+\mathrm{s}_\alpha\boldsymbol{e}_3-q_3\mathrm{s}_\alpha\boldsymbol{e}_4-R\mathrm{s}_\alpha\boldsymbol{e}_5+R\mathrm{c}_\alpha\boldsymbol{e}_6\\ \boldsymbol{S}_{3,4}=\mathrm{s}_\alpha\boldsymbol{e}_2-\mathrm{c}_\alpha\boldsymbol{e}_3-q_3\mathrm{s}_\alpha\boldsymbol{e}_4+R\mathrm{c}_\alpha\boldsymbol{e}_5+R\mathrm{s}_\alpha\boldsymbol{e}_6\\ \boldsymbol{S}_{3,5}=\mathrm{c}_\alpha\boldsymbol{e}_2+\mathrm{s}_\alpha\boldsymbol{e}_3+\left(y_{B_3}\mathrm{s}_\alpha-z_{B_3}\mathrm{c}_\alpha\right)\boldsymbol{e}_4-x_{B_3}\mathrm{s}_\alpha\boldsymbol{e}_5+x_{B_3}\mathrm{c}_\alpha\boldsymbol{e}_6\end{cases} \tag{3.20}$$

根据式(3.20)，可得到 PSR 分支的 5 阶片积运动子空间 $\boldsymbol{S}_{m_3}$ 为

$$\begin{aligned}\boldsymbol{S}_{m_3} &= \boldsymbol{S}_{3,1}\wedge\boldsymbol{S}_{3,2}\wedge\boldsymbol{S}_{3,3}\wedge\boldsymbol{S}_{3,4}\wedge\boldsymbol{S}_{3,5}\\ &=\left(z_{B_3}\mathrm{c}_\alpha-q_3\mathrm{c}_\alpha-y_{B_3}\mathrm{s}_\alpha\right)\boldsymbol{e}_1\wedge\boldsymbol{e}_2\wedge\boldsymbol{e}_3\wedge\boldsymbol{e}_4\wedge\boldsymbol{e}_6-\mathrm{s}_\alpha\left(R-x_{B_3}\right)\boldsymbol{e}_1\wedge\boldsymbol{e}_2\wedge\boldsymbol{e}_3\wedge\boldsymbol{e}_5\wedge\boldsymbol{e}_6\\ &\quad+R\left(z_{B_3}\mathrm{c}_\alpha-q_3\mathrm{c}_\alpha-y_{B_3}\mathrm{s}_\alpha\right)\boldsymbol{e}_1\wedge\boldsymbol{e}_2\wedge\boldsymbol{e}_4\wedge\boldsymbol{e}_5\wedge\boldsymbol{e}_6-q_3\mathrm{s}_\alpha\left(R-x_{B_3}\right)\boldsymbol{e}_1\wedge\boldsymbol{e}_3\wedge\boldsymbol{e}_4\wedge\boldsymbol{e}_5\wedge\boldsymbol{e}_6\\ &\quad-q_3\left(z_{B_3}\mathrm{c}_\alpha-q_3\mathrm{c}_\alpha-y_{B_3}\mathrm{s}_\alpha\right)\boldsymbol{e}_2\wedge\boldsymbol{e}_3\wedge\boldsymbol{e}_4\wedge\boldsymbol{e}_5\wedge\boldsymbol{e}_6\end{aligned} \tag{3.21}$$

结合上述结果和机器人的几何约束关系，可得到 2PRU-PSR 并联机器人各分支运动子空间的交集[27]为

$$\begin{aligned}\boldsymbol{S}_m &= \boldsymbol{S}_{m_1} \cap \boldsymbol{S}_{m_2} \cap \boldsymbol{S}_{m_3} = \boldsymbol{e}_6 \wedge \left(\boldsymbol{e}_1 + q_3 \boldsymbol{e}_5\right) \\ &\wedge \left\{ \mathrm{c}_\alpha \boldsymbol{e}_2 + \mathrm{s}_\alpha \boldsymbol{e}_3 + \left(y_{B_2}\mathrm{s}_\alpha - z_{B_2}\mathrm{c}_\alpha\right)\boldsymbol{e}_4 \right. \\ &\left. - \frac{\mathrm{s}_\alpha\left[q_3 x_{B_3}\mathrm{c}_\alpha - \left(x_{B_3} - R\right)z_{B_2}\mathrm{c}_\alpha + \left(x_{B_3} - R\right)y_{B_2}\mathrm{s}_\alpha - Rz_{B_3}\mathrm{c}_\alpha + Ry_{B_3}\mathrm{s}_\alpha\right]}{q_3\mathrm{c}_\alpha - z_{B_3}\mathrm{c}_\alpha + y_{B_3}\mathrm{s}_\alpha}\boldsymbol{e}_5 \right\}\end{aligned} \tag{3.22}$$

式(3.22)表明 2PRU-PSR 并联机器人动平台的运动子空间是一个 3 阶片积，机器人具有 2R1T 三自由度，分别为：沿着 z 轴方向的移动(z_o)、过点 A_3 且沿着 x 轴方向的转动(α)和过点 o' 且沿着 v 轴方向的转动(β)，其中 o' 为空间中靠近动平台且随运动变化的点，如图 3.7 所示。因此，2PRU-PSR 并联机器人是具有确定输出转轴的 2R1T 非冗余驱动并联机器人。

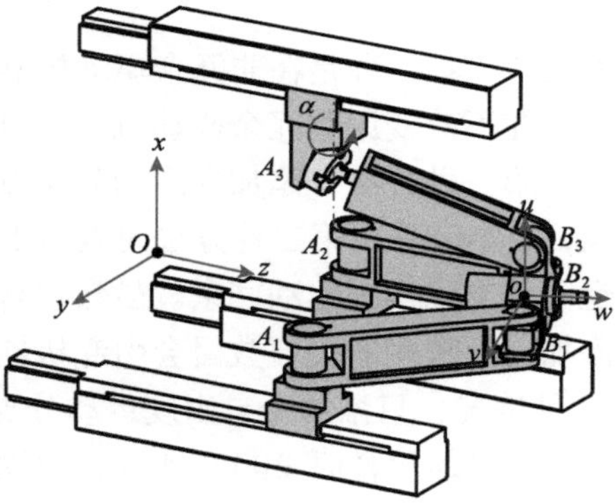

(a) 转动运动(α)

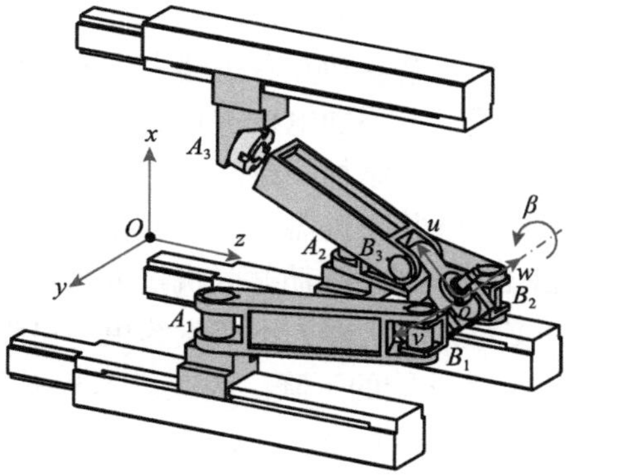

(b) 转动运动(β)

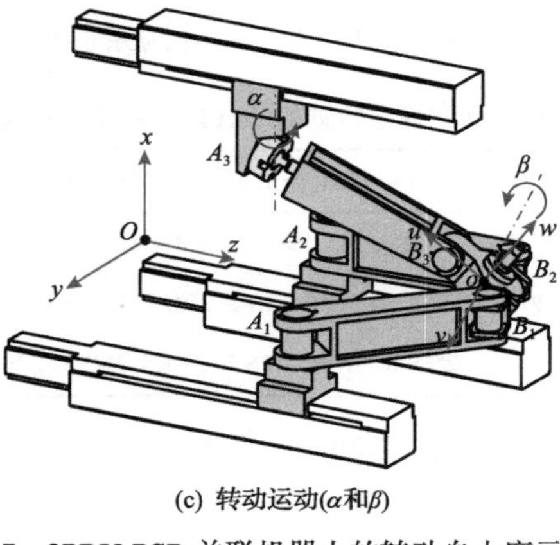

(c) 转动运动(α和β)

图 3.7　2PRU-PSR 并联机器人的转动自由度示意图

表 3.2 中的其余 2R1T 非冗余驱动并联机器人均可采用 6 维几何代数 $\mathcal{G}_6$ 进行自由度分析验证。为节省篇幅，本节不再一一展开验证。

3.2 具有确定输出转轴的2R1T冗余驱动并联机器人构型综合与自由度分析

3.2.1 具有确定输出转轴的 2R1T 冗余驱动并联机器人构型综合

奇异性是并联机器人研究中的一个重要内容。当并联机器人位于或靠近奇异位形时，机器人运动学性能、动力学性能和刚度等急剧下降，导致并联机器人存在运动控制不稳定等缺点[41-43]。相比于非冗余驱动并联机器人，冗余驱动并联机器人不仅能消除并联机器人中的部分奇异位形，还能增强承载能力，有利于促进机器人的实际应用[44-46]。因此，有必要对具有确定输出转轴的 2R1T 冗余驱动并联机器人进行构型综合。

设计冗余驱动并联机器人主要有两种方法[44-46]：一种是在非冗余驱动机器人的被动关节上添加电机进行驱动；另一种则是在不改变原非冗余驱动机器人自由度的情况下，添加一条新的运动分支。相比于第一种方法，添加新运动分支可以更好地提升并联机器人的刚度和力传递性能，故本节采用第二种方法向表 3.2 中的 2R1T 非冗余驱动并联机器人添加一条运动分支以实现驱动冗余。虽然六自由度分支对并联机器人不产生约束，可随意添加，但较多的关节数目会引起机器人精度/刚度性能的下降。因此，本节不考虑这种情况，只添加少自由度运动分支。为不影响机器人输出，添加的少自由度运动分支必须包含原 2R1T 非冗余驱动并联机器人末端输出的运动子空间。结合上述分析和表 3.2，表 3.3 列出了一些具有确定输出转轴的 2R1T 冗余驱动并联机器人[39]，其均具有以下特点：每个并联机器人均有两条 ${}^{u}P^{u/v}U^{v}R$ 或 ${}^{u}PS^{v}R$ 运动分支，另外两条运动分支结构相同。

表 3.3　具有确定输出转轴的 2R1T 冗余驱动并联机器人

类别	具有确定输出转轴的 2R1T 冗余驱动并联机器人
4-4-4-4 类	$2{}^{u}P^{u/v}U^{v}R\text{-}2{}^{u}RP^{u/v}U$, $2{}^{u}P^{u/v}U^{v}R\text{-}2{}^{u}RR^{u/v}U$, $2{}^{u}P^{u/v}U^{v}R\text{-}2{}^{u}PR^{u/v}U$
4-4-5-5 类	$2{}^{u}P^{u/v}U^{v}R\text{-}2{}^{u}RPS$, $2{}^{u}RP^{u/v}U\text{-}2{}^{u}PS^{v}R$, $2{}^{u}P^{u/v}U^{v}R\text{-}2{}^{u}RRS$, $2{}^{u}RR^{u/v}U\text{-}2{}^{u}PS^{v}R$, $2{}^{u}P^{u/v}U^{v}R\text{-}2{}^{u}PRS$, $2{}^{u}PR^{u/v}U\text{-}2{}^{u}PS^{v}R$
5-5-5-5 类	$2{}^{u}PS^{v}R\text{-}2{}^{u}RPS$, $2{}^{u}PS^{v}R\text{-}2{}^{u}RRS$, $2{}^{u}PS^{v}R\text{-}2{}^{u}PRS$

值得指出的是，3.1 节对于 2R1T 非冗余驱动并联机器人的四个几何约束条件同样适用于具有确定输出转轴的 2R1T 冗余驱动并联机器人。另外，表 3.3 中并未列出全部具有确定输出转轴的 2R1T 冗余驱动并联机器人，一些分支也可由

其他分支替换，如 ^{u}RP^{uv}U 分支可替换为 ^{u}RR^{uv}U 等分支。图 3.8 给出了一些具有确定输出转轴的 2R1T 冗余驱动并联机器人三维示意图。

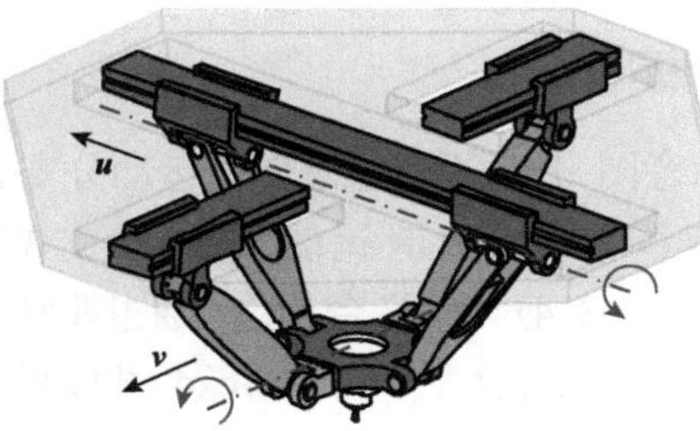

(a) 2^{u}P^{uv}U^{v}R-2^{u}PR^{uv}U并联机器人

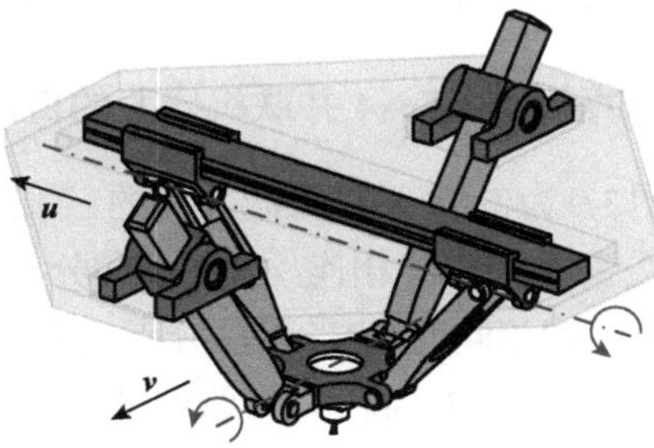

(b) 2^{u}P^{uv}U^{v}R-2^{u}RP^{uv}U并联机器人

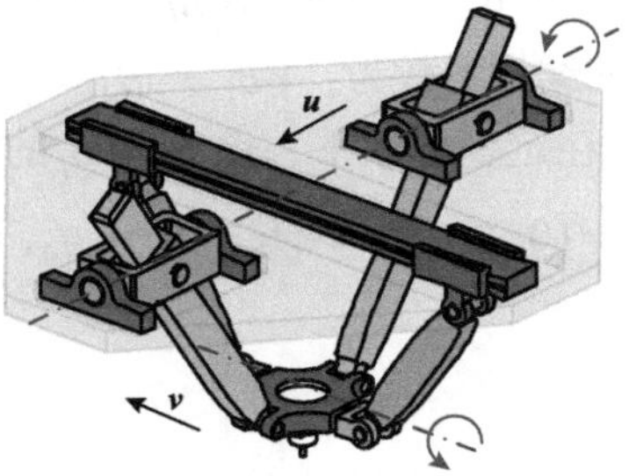

(c) 2^{u}PR^{uv}U-2^{uv}UP^{v}R并联机器人

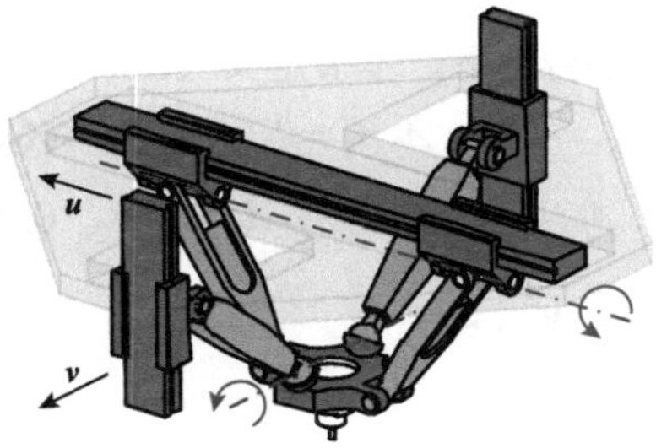

(d) 2^{u}P^{uv}U^{v}R-2^{u}PRS并联机器人

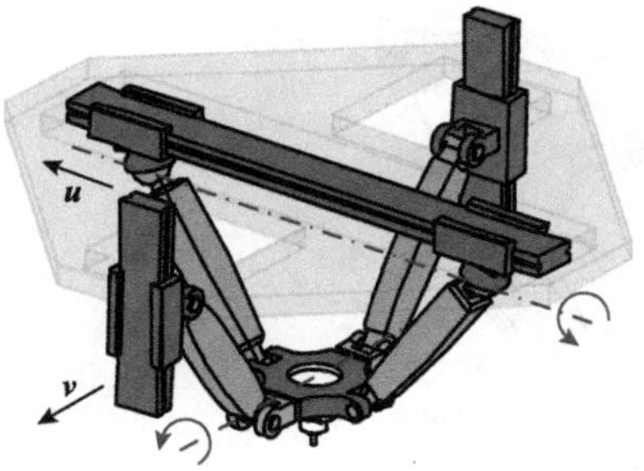

(e) 2^{u}PR^{uv}U-2^{u}PS^{v}R并联机器人

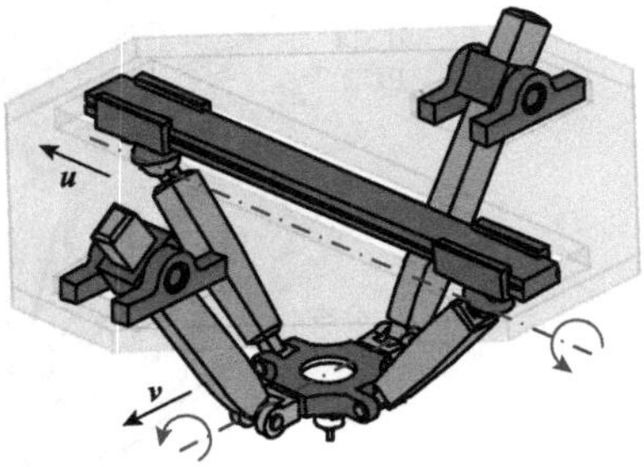

(f) 2^{u}RP^{uv}U-2^{u}PS^{v}R并联机器人

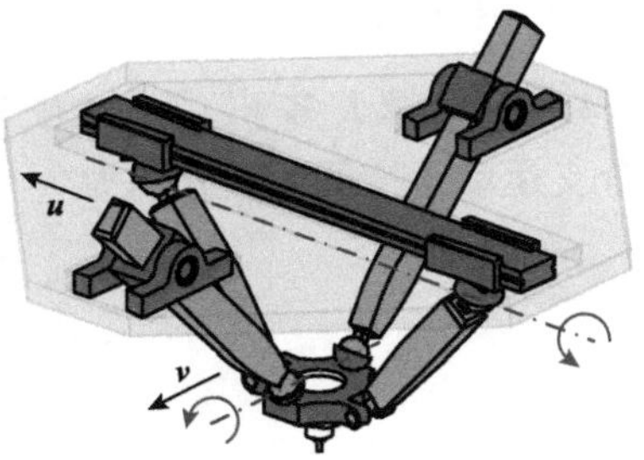

(g) 2^{u}PS^{v}R-2^{u}RPS并联机器人

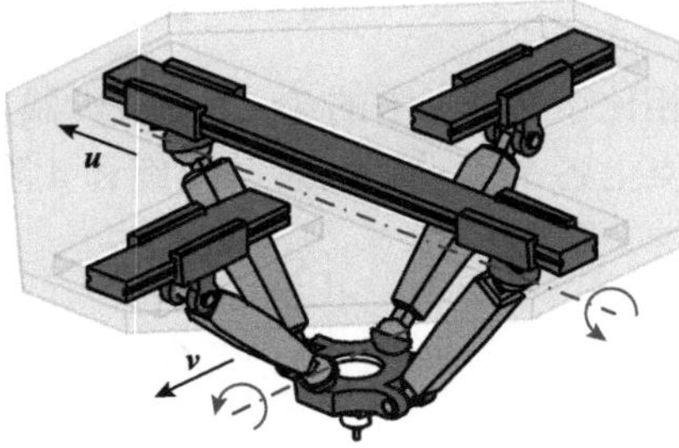

(h) 2^{u}PS^{v}R-2-^{u}PRS并联机器人

图 3.8　具有确定输出转轴的 2R1T 冗余驱动并联机器人三维示意图

同样地，为验证本节所设计的 2R1T 冗余驱动并联机器人构型的正确性，下面以 2PUR-2PRU (Tex4) [34]、2PUR-2RPU (Hex4) [35]和 2PRU-2UPR[36]三个并联机器人为例，采用 6 维几何代数 $\mathcal{G}_6$ [25,26]对其进行自由度分析和验证。

3.2.2　算例 1：Tex4 并联机器人的自由度分析

图 3.9 为 Tex4 并联机器人[34]的三维结构示意图，其动平台通过四条运动分支 A_iB_i (i=1, 2, 3, 4) 与机架相连。分支 1 和分支 2 为结构相同的 PUR 运动分支，分支 3 和分支 4 为结构相同的 PRU 运动分支，其通过 B_iC_i (i=3, 4) 与动平台相连。通过驱动四个移动副 (q_1, q_2, q_3, q_4)，可改变动平台的输出位姿 (α, β, z_o)。在 Tex4 并联机器人中建立定坐标系 $O\text{-}xyz$，其中 x 轴与 OA_1 共线，y 轴沿着 OA_3 方向，z 轴垂直向下。动坐标系 $o\text{-}uvw$ 的原点为 B_1B_2 的中点，其中 u 轴与 oB_1 共线，v 轴沿着 oB_2 方向，w 轴垂直于动平台向下。本节定义 Tex4 并联机器人的结构参数为：$oB_1 = oB_2 = l_1$、$oB_3 = oB_4 = l_2$、$A_1B_1 = A_2B_2 = l_3$ 和 $A_3B_3 = A_4B_4 = l_4$。在定坐标系下，点 A_i 和 B_i 的坐标分别为 $A_1 = (q_1,\ 0,\ 0)^{\mathrm{T}}$、$A_2 = (-q_2,\ 0,\ 0)^{\mathrm{T}}$、$A_3 = (0,\ q_3,\ 0)^{\mathrm{T}}$、$A_4 = (0,\ -q_4,\ 0)^{\mathrm{T}}$ 和 $B_i = \left(x_{B_i}, y_{B_i}, z_{B_i}\right)^{\mathrm{T}}$。

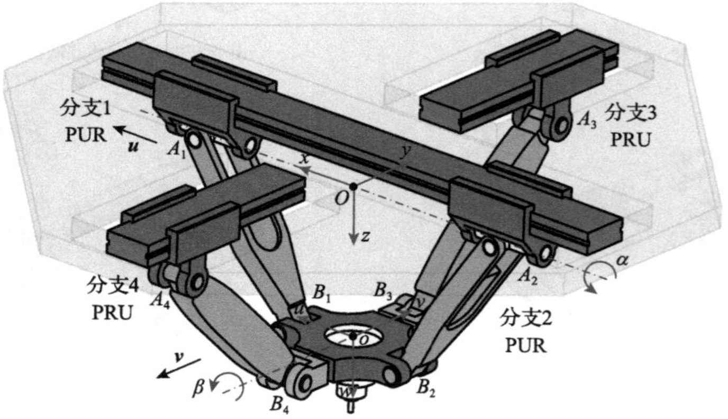

图 3.9　Tex4 并联机器人的三维结构示意图

相比于图 3.2 中的 Tex3 并联机器人，Tex4 并联机器人多了一条 PRU 分支，该分支上各个运动副的运动螺旋和 4 阶片积分支运动子空间 $\boldsymbol{S}_{m_4}$ 分别为

$$\begin{cases} \boldsymbol{S}_{4,1} = \boldsymbol{e}_5 \\ \boldsymbol{S}_{4,2} = \boldsymbol{e}_1 + q_4\boldsymbol{e}_6 \\ \boldsymbol{S}_{4,3} = \boldsymbol{e}_1 + z_{B_4}\boldsymbol{e}_5 - y_{B_4}\boldsymbol{e}_6 \\ \boldsymbol{S}_{4,4} = \mathrm{c}_\alpha\boldsymbol{e}_2 - \mathrm{s}_\alpha\boldsymbol{e}_3 - \left(z_{B_4}\mathrm{c}_\alpha + y_{B_4}\mathrm{s}_\alpha\right)\boldsymbol{e}_4 \end{cases} \tag{3.23}$$

和

$$\begin{aligned}\boldsymbol{S}_{m_4} &= \boldsymbol{S}_{4,1} \wedge \boldsymbol{S}_{4,2} \wedge \boldsymbol{S}_{4,3} \wedge \boldsymbol{S}_{4,4} \\ &= \left(y_{B_4} + q_4\right)\left[\mathrm{c}_\alpha \boldsymbol{e}_1 \wedge \boldsymbol{e}_2 \wedge \boldsymbol{e}_5 \wedge \boldsymbol{e}_6 - \mathrm{s}_\alpha \boldsymbol{e}_1 \wedge \boldsymbol{e}_3 \wedge \boldsymbol{e}_5 \wedge \boldsymbol{e}_6 \right. \\ &\quad \left. + \left(-z_{B_4}\mathrm{c}_\alpha - y_{B_4}\mathrm{s}_\alpha\right)\boldsymbol{e}_1 \wedge \boldsymbol{e}_4 \wedge \boldsymbol{e}_5 \wedge \boldsymbol{e}_6\right]\end{aligned} \tag{3.24}$$

根据式(3.8)和式(3.24)，并结合该并联机器人的几何约束关系，可得到 Tex4 并联机器人中动平台的运动子空间[27]为

$$\begin{aligned}\boldsymbol{S}_m &= \boldsymbol{S}_{m_1} \cap \boldsymbol{S}_{m_2} \cap \boldsymbol{S}_{m_3} \cap \boldsymbol{S}_{m_4} \\ &= \boldsymbol{e}_1 \wedge \left[\mathrm{c}_\alpha \boldsymbol{e}_2 - \mathrm{s}_\alpha \boldsymbol{e}_3 - \left(z_{B_3}\mathrm{c}_\alpha + y_{B_3}\mathrm{s}_\alpha\right)\boldsymbol{e}_4\right] \wedge \left(\mathrm{s}_\alpha \boldsymbol{e}_5 + \mathrm{c}_\alpha \boldsymbol{e}_6\right)\end{aligned} \tag{3.25}$$

式(3.25)表明，Tex4 并联机器人动平台的运动子空间为一个 3 阶片积，其为 2R1T 三自由度并联机器人。该机器人的三个输出自由度分别为过点 A_1 且沿着 x 轴方向的转动（α）、过点 B_3 且沿着 v 轴方向的转动（β）和沿着 z 轴方向的移动（z_o），其转动自由度示意图如图 3.10 所示。因此，Tex4 是具有确定输出转轴的 2R1T 冗余驱动并联机器人。

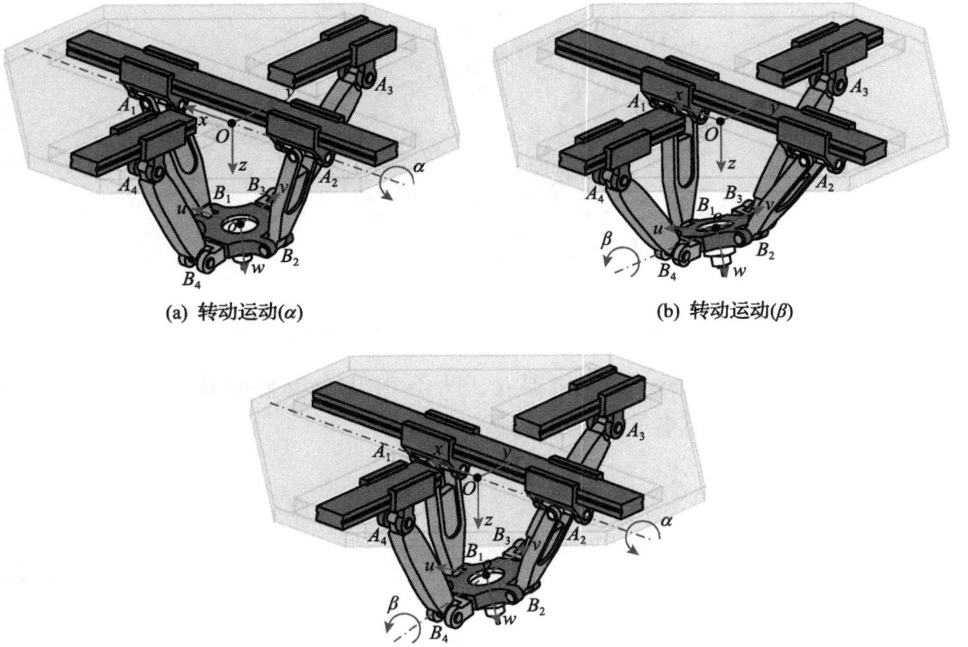

(a) 转动运动(α)　(b) 转动运动(β)

(c) 转动运动(α和β)

图 3.10　Tex4 并联机器人的转动自由度示意图

3.2.3　算例 2：Hex4 并联机器人的自由度分析

图 3.11 为 Hex4 并联机器人[35]的三维结构示意图，其动平台通过四条运动分支 A_iB_i (i=1, 2, 3, 4) 与机架相连。分支 1 和分支 2 为结构相同的 PUR 运动分支，分支 3 和分支 4 为结构相同的 RPU 运动分支，驱动四个移动副（q_1, q_2, q_3, q_4）可改变动平台末端点的位姿（α, β, z_o）。在 Hex4 并联机器人中建立定坐标系 O-xyz，其中 x 轴与 OA_1 共线，y 轴沿着 OA_4 方向，z 轴垂直向下。动坐标系 o-uvw 的原点为 B_1B_2 的中点，其中 u 轴与 oB_1 共线，v 轴沿着 oB_4 方向，w 轴垂直于动平台向下。本节定义 Hex4 并联机器人的结构参数为：$oB_1 = oB_2 = l_1$、$oB_3 = oB_4 = l_2$、$OA_3 = OA_4 = l_3$ 和 $A_1B_1 = A_2B_2 = l$。在定坐标系下，点 A_i 和 B_i 的坐标分别为 $A_1 = (q_1,\ 0,\ 0)^{\mathrm{T}}$、$A_2 = (-q_2,\ 0,\ 0)^{\mathrm{T}}$、$A_3 = (0,\ -l_3,\ 0)^{\mathrm{T}}$、$A_4 = (0,\ l_3,\ 0)^{\mathrm{T}}$ 和 $B_i = \left(x_{B_i},\ y_{B_i},\ z_{B_i}\right)^{\mathrm{T}}$。

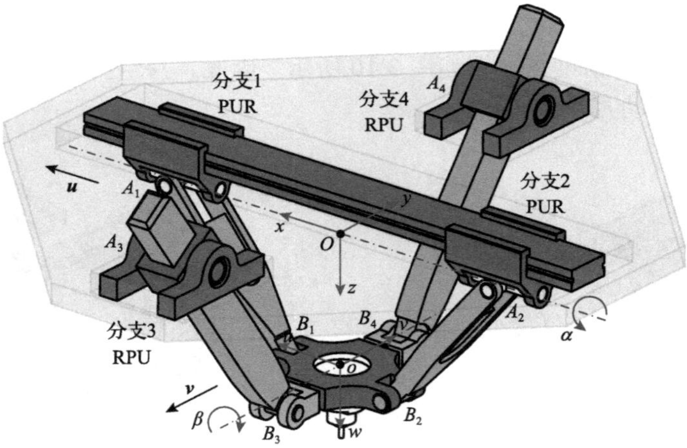

图 3.11　Hex4 并联机器人的三维结构示意图

相比于 3.2.2 节的 Tex4 并联机器人，两条 PRU 分支替换成了 RPU 分支。对于第三条 RPU 分支，其各个运动副的运动螺旋为

$$\begin{cases} \boldsymbol{S}_{3,1} = \boldsymbol{e}_1 + l_3\boldsymbol{e}_6 \\ \boldsymbol{S}_{3,2} = \left(y_{B_3} + l_3\right)\boldsymbol{e}_5 + z_{B_3}\boldsymbol{e}_6 \\ \boldsymbol{S}_{3,3} = \boldsymbol{e}_1 + z_{B_3}\boldsymbol{e}_5 - y_{B_3}\boldsymbol{e}_6 \\ \boldsymbol{S}_{3,4} = \mathrm{c}_\alpha\boldsymbol{e}_2 - \mathrm{s}_\alpha\boldsymbol{e}_3 - \left(z_{B_3}\mathrm{c}_\alpha + y_{B_3}\mathrm{s}_\alpha\right)\boldsymbol{e}_4 \end{cases} \tag{3.26}$$

根据式(3.26)，RPU 分支的 4 阶片积运动子空间 $\boldsymbol{S}_{m_3}$ 可表示为

$$
\begin{aligned}
\boldsymbol{S}_{m_3} &= \boldsymbol{S}_{3,1} \wedge \boldsymbol{S}_{3,2} \wedge \boldsymbol{S}_{3,3} \wedge \boldsymbol{S}_{3,4} \\
&= \left(l_3^2 + 2l_3 y_{B_3} + y_{B_3}^2 + z_{B_3}^2\right)\left[-\mathrm{c}_\alpha \boldsymbol{e}_1 \wedge \boldsymbol{e}_2 \wedge \boldsymbol{e}_5 \wedge \boldsymbol{e}_6 + \mathrm{s}_\alpha \boldsymbol{e}_1 \wedge \boldsymbol{e}_3 \wedge \boldsymbol{e}_5 \wedge \boldsymbol{e}_6\right. \\
&\quad \left. + \left(z_{B_3}\mathrm{c}_\alpha + y_{B_3}\mathrm{s}_\alpha\right)\boldsymbol{e}_1 \wedge \boldsymbol{e}_4 \wedge \boldsymbol{e}_5 \wedge \boldsymbol{e}_6\right]
\end{aligned} \tag{3.27}
$$

同样地，可得到第四条 RPU 分支上各个运动副的运动螺旋和 4 阶片积运动子空间 $\boldsymbol{S}_{m_4}$ 分别为

$$
\begin{cases}
\boldsymbol{S}_{4,1} = \boldsymbol{e}_1 - l_3 \boldsymbol{e}_6 \\
\boldsymbol{S}_{4,2} = \left(y_{B_4} - l_3\right)\boldsymbol{e}_5 + z_{B_4}\boldsymbol{e}_6 \\
\boldsymbol{S}_{4,3} = \boldsymbol{e}_1 + z_{B_4}\boldsymbol{e}_5 - y_{B_4}\boldsymbol{e}_6 \\
\boldsymbol{S}_{4,4} = \mathrm{c}_\alpha \boldsymbol{e}_2 - \mathrm{s}_\alpha \boldsymbol{e}_3 - \left(z_{B_4}\mathrm{c}_\alpha + y_{B_4}\mathrm{s}_\alpha\right)\boldsymbol{e}_4
\end{cases} \tag{3.28}
$$

和

$$
\begin{aligned}
\boldsymbol{S}_{m_4} &= \boldsymbol{S}_{4,1} \wedge \boldsymbol{S}_{4,2} \wedge \boldsymbol{S}_{4,3} \wedge \boldsymbol{S}_{4,4} \\
&= \left(l_3^2 - 2l_3 y_{B_4} + y_{B_4}^2 + z_{B_4}^2\right)\left[-\mathrm{c}_\alpha \boldsymbol{e}_1 \wedge \boldsymbol{e}_2 \wedge \boldsymbol{e}_5 \wedge \boldsymbol{e}_6 + \mathrm{s}_\alpha \boldsymbol{e}_1 \wedge \boldsymbol{e}_3 \wedge \boldsymbol{e}_5 \wedge \boldsymbol{e}_6\right. \\
&\quad \left. + \left(z_{B_4}\mathrm{c}_\alpha + y_{B_4}\mathrm{s}_\alpha\right)\boldsymbol{e}_1 \wedge \boldsymbol{e}_4 \wedge \boldsymbol{e}_5 \wedge \boldsymbol{e}_6\right]
\end{aligned} \tag{3.29}
$$

根据式(3.3)、式(3.5)、式(3.27)和式(3.29)，并结合机器人的几何约束关系，可得到 Hex4 并联机器人各分支运动子空间的交集[27]为

$$
\begin{aligned}
\boldsymbol{S}_m &= \boldsymbol{S}_{m_1} \cap \boldsymbol{S}_{m_2} \cap \boldsymbol{S}_{m_3} \cap \boldsymbol{S}_{m_4} \\
&= \boldsymbol{e}_1 \wedge \left[\mathrm{c}_\alpha \boldsymbol{e}_2 - \mathrm{s}_\alpha \boldsymbol{e}_3 - \left(z_{B_3}\mathrm{c}_\alpha + y_{B_3}\mathrm{s}_\alpha\right)\boldsymbol{e}_4\right] \wedge \left(\mathrm{s}_\alpha \boldsymbol{e}_5 + \mathrm{c}_\alpha \boldsymbol{e}_6\right)
\end{aligned} \tag{3.30}
$$

式(3.30)表明，Hex4 并联机器人动平台的运动子空间也是一个 3 阶片积。Hex4 并联机器人具有 2R1T 三自由度，分别为过点 A_1 且沿着 x 轴方向的转动（α）、过点 B_3 且沿着 v 轴方向的转动（β）和沿着 z 轴方向的移动（z_o），其转动自由度示意图如图 3.12 所示。因此，Hex4 也是具有确定输出转轴的 2R1T 冗余驱动并联机器人。

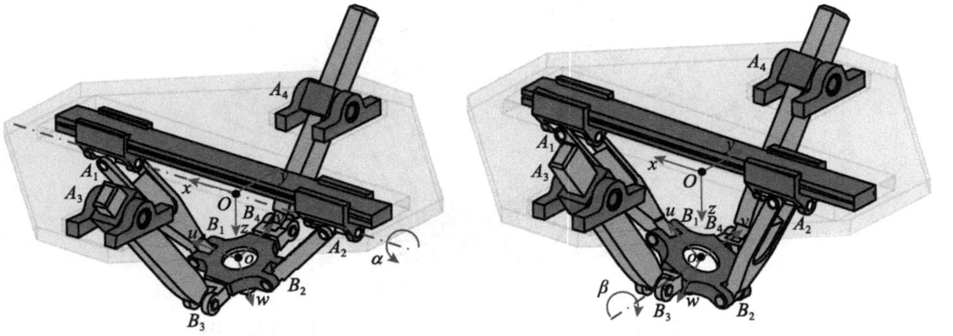

(a) 转动运动(α)　(b) 转动运动(β)

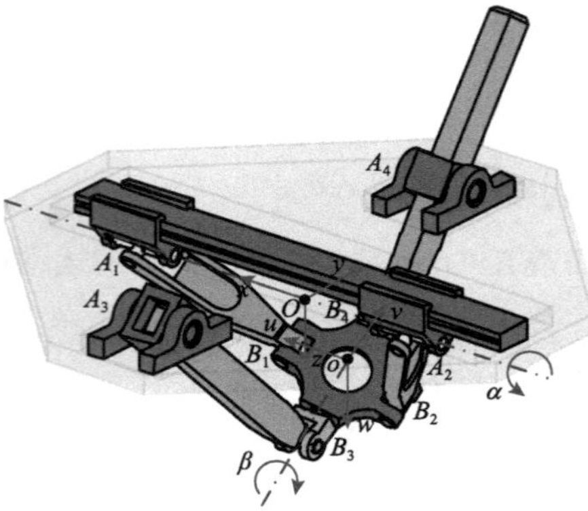

(c) 转动运动(α和β)

图 3.12　Hex4 并联机器人的转动自由度示意图

3.2.4　算例 3：2PRU-2UPR 并联机器人的自由度分析

图 3.13 为 2PRU-2UPR 并联机器人[36]的三维结构示意图，其动平台通过四条运动分支 A_iB_i (i=1, 2, 3, 4)与机架相连。分支 1 和分支 2 为结构相同的 PRU 运动分支，分支 3 和分支 4 为结构相同的 UPR 运动分支。通过驱动四个移动副(q_1, q_2, q_3, q_4)可改变动平台末端点的位姿(α, β, z_o)。在 2PRU-2UPR 并联机器人中建立定坐标系 O-xyz，其中 x 轴与 OA_3 共线，y 轴沿着 OA_1 方向，z 轴垂直向下。动坐标系 o-uvw 的原点为 B_1B_2 的中点，其中 u 轴与 oB_3 共线，v 轴沿着 oB_1 方向，w 轴垂直于动平台向下。本节定义 2PRU-2UPR 并联机器人的尺寸参数为：$oB_3 = oB_4 = l_1$、$OA_3 = OA_4 = l_2$、$oB_1 = oB_2 = l_3$ 和 $A_1B_1 = A_2B_2 = l$。在定坐标系下，点 A_i

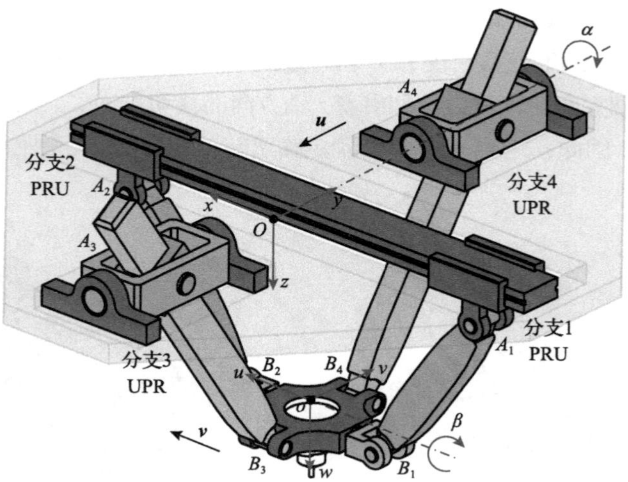

图 3.13　2PRU-2UPR 并联机器人的三维结构示意图

和 B_i 的坐标分别为 $A_1=(-q_1,\ 0,\ 0)^{\mathrm{T}}$、$A_2=(q_2,\ 0,\ 0)^{\mathrm{T}}$、$A_3=(0,\ -l_2,\ 0)^{\mathrm{T}}$、$A_4=(0,\ l_2,\ 0)^{\mathrm{T}}$ 和 $B_i=\left(x_{B_i},\ y_{B_i},\ z_{B_i}\right)^{\mathrm{T}}$。

相比于图 3.4 中的 2PRU-UPR 并联机器人，2PRU-2UPR 并联机器人多了一条 UPR 分支。首先，可得到第一条 PRU 分支各个运动副的运动螺旋和 4 阶片积运动子空间 $\boldsymbol{S}_{m_1}$ 分别为

$$\begin{cases}\boldsymbol{S}_{1,1}=\boldsymbol{e}_4\\ \boldsymbol{S}_{1,2}=\boldsymbol{e}_2-q_1\boldsymbol{e}_6\\ \boldsymbol{S}_{1,3}=\boldsymbol{e}_2-z_{B_1}\boldsymbol{e}_4+x_{B_1}\boldsymbol{e}_6\\ \boldsymbol{S}_{1,4}=\mathrm{c}_\alpha\boldsymbol{e}_1-\mathrm{s}_\alpha\boldsymbol{e}_3+\left(z_{B_1}\mathrm{c}_\alpha+x_{B_1}\mathrm{s}_\alpha\right)\boldsymbol{e}_5\end{cases}\tag{3.31}$$

和

$$\begin{aligned}\boldsymbol{S}_{m_1}&=\boldsymbol{S}_{1,1}\wedge\boldsymbol{S}_{1,2}\wedge\boldsymbol{S}_{1,3}\wedge\boldsymbol{S}_{1,4}\\&=\left(q_1+x_{B_1}\right)\left[\mathrm{c}_\alpha\boldsymbol{e}_1\wedge\boldsymbol{e}_2\wedge\boldsymbol{e}_4\wedge\boldsymbol{e}_6+\mathrm{s}_\alpha\boldsymbol{e}_2\wedge\boldsymbol{e}_3\wedge\boldsymbol{e}_4\wedge\boldsymbol{e}_6\right.\\&\quad\left.+\left(z_{B_1}\mathrm{c}_\alpha+x_{B_1}\mathrm{s}_\alpha\right)\boldsymbol{e}_2\wedge\boldsymbol{e}_4\wedge\boldsymbol{e}_5\wedge\boldsymbol{e}_6\right]\end{aligned}\tag{3.32}$$

同样地，也可得到第二条 PRU 分支上各个运动副的运动螺旋和 4 阶片积运动子空间 $\boldsymbol{S}_{m_2}$ 表达式分别为

$$\begin{cases}\boldsymbol{S}_{2,1}=\boldsymbol{e}_4\\ \boldsymbol{S}_{2,2}=\boldsymbol{e}_2+q_2\boldsymbol{e}_6\\ \boldsymbol{S}_{2,3}=\boldsymbol{e}_2-z_{B_2}\boldsymbol{e}_4+x_{B_2}\boldsymbol{e}_6\\ \boldsymbol{S}_{2,4}=\mathrm{c}_\alpha\boldsymbol{e}_2-\mathrm{s}_\alpha\boldsymbol{e}_3+\left(z_{B_2}\mathrm{c}_\alpha+x_{B_2}\mathrm{s}_\alpha\right)\boldsymbol{e}_5\end{cases}\tag{3.33}$$

和

$$\begin{aligned}\boldsymbol{S}_{m_2}&=\boldsymbol{S}_{2,1}\wedge\boldsymbol{S}_{2,2}\wedge\boldsymbol{S}_{2,3}\wedge\boldsymbol{S}_{2,4}\\&=-\left(q_2-x_{B_2}\right)\left[\mathrm{c}_\alpha\boldsymbol{e}_1\wedge\boldsymbol{e}_2\wedge\boldsymbol{e}_4\wedge\boldsymbol{e}_6+\mathrm{s}_\alpha\boldsymbol{e}_2\wedge\boldsymbol{e}_3\wedge\boldsymbol{e}_4\wedge\boldsymbol{e}_6\right.\\&\quad\left.+\left(z_{B_2}\mathrm{c}_\alpha+x_{B_2}\mathrm{s}_\alpha\right)\boldsymbol{e}_2\wedge\boldsymbol{e}_4\wedge\boldsymbol{e}_5\wedge\boldsymbol{e}_6\right]\end{aligned}\tag{3.34}$$

对于 UPR 分支，第一条分支中各个运动副的运动螺旋可表示为

$$\begin{cases}\boldsymbol{S}_{3,1}=\boldsymbol{e}_2\\ \boldsymbol{S}_{3,2}=\mathrm{c}_\alpha\boldsymbol{e}_1-\mathrm{s}_\alpha\boldsymbol{e}_3+\mathrm{s}_\alpha l_2\boldsymbol{e}_4+\mathrm{c}_\alpha l_2\boldsymbol{e}_6\\ \boldsymbol{S}_{3,3}=x_{B_3}\boldsymbol{e}_4+\left(y_{B_3}+l_2\right)\boldsymbol{e}_5+z_{B_3}\boldsymbol{e}_6\\ \boldsymbol{S}_{3,4}=\mathrm{c}_\alpha\boldsymbol{e}_1-\mathrm{s}_\alpha\boldsymbol{e}_3-y_{B_3}\mathrm{s}_\alpha\boldsymbol{e}_4+\left(x_{B_3}\mathrm{s}_\alpha+z_{B_3}\mathrm{c}_\alpha\right)\boldsymbol{e}_5-y_{B_3}\mathrm{c}_\alpha\boldsymbol{e}_6\end{cases}\tag{3.35}$$

根据式(3.35)，第一条 UPR 分支的 4 阶片积运动子空间 $\boldsymbol{S}_{m_3}$ 可表示为

$$\begin{aligned}
\boldsymbol{S}_{m_3} &= \boldsymbol{S}_{3,1} \wedge \boldsymbol{S}_{3,2} \wedge \boldsymbol{S}_{3,3} \wedge \boldsymbol{S}_{3,4} \\
&= \left(-x_{B_3} z_{B_3} \mathrm{c}_\alpha^2 - l_2^2 \mathrm{s}_\alpha \mathrm{c}_\alpha - 2 l_2 y_{B_3} \mathrm{s}_\alpha \mathrm{c}_\alpha - x_{B_3}^2 \mathrm{s}_\alpha \mathrm{c}_\alpha - y_{B_3}^2 \mathrm{s}_\alpha \mathrm{c}_\alpha\right) \boldsymbol{e}_1 \wedge \boldsymbol{e}_2 \wedge \boldsymbol{e}_4 \wedge \boldsymbol{e}_5 \\
&\quad + \left(l_2 x_{B_3} \mathrm{c}_\alpha^2 - l_2 z_{B_3} \mathrm{s}_\alpha \mathrm{c}_\alpha + x_{B_3} y_{B_3} \mathrm{c}_\alpha^2 - y_{B_3} z_{B_3} \mathrm{s}_\alpha \mathrm{c}_\alpha\right) \boldsymbol{e}_1 \wedge \boldsymbol{e}_2 \wedge \boldsymbol{e}_4 \wedge \boldsymbol{e}_6 \\
&\quad + \left(l_2^2 \mathrm{c}_\alpha^2 + 2 l_2 y_{B_3} \mathrm{c}_\alpha^2 + y_{B_3}^2 \mathrm{c}_\alpha^2 + z_{B_3}^2 \mathrm{c}_\alpha^2 + x_{B_3} z_{B_3} \mathrm{s}_\alpha \mathrm{c}_\alpha\right) \boldsymbol{e}_1 \wedge \boldsymbol{e}_2 \wedge \boldsymbol{e}_5 \wedge \boldsymbol{e}_6 \\
&\quad + \left(-x_{B_3} z_{B_3} \mathrm{s}_\alpha \mathrm{c}_\alpha - l_2^2 \mathrm{s}_\alpha^2 - 2 l_2 y_{B_3} \mathrm{s}_\alpha^2 - y_{B_3}^2 \mathrm{s}_\alpha^2 - x_{B_3}^2 \mathrm{s}_\alpha^2\right) \boldsymbol{e}_2 \wedge \boldsymbol{e}_3 \wedge \boldsymbol{e}_4 \wedge \boldsymbol{e}_5 \\
&\quad + \left(l_2 x_{B_3} \mathrm{s}_\alpha \mathrm{c}_\alpha - l_2 z_{B_3} \mathrm{s}_\alpha^2 + x_{B_3} y_{B_3} \mathrm{s}_\alpha \mathrm{c}_\alpha - y_{B_3} z_{B_3} \mathrm{s}_\alpha^2\right) \boldsymbol{e}_2 \wedge \boldsymbol{e}_3 \wedge \boldsymbol{e}_4 \wedge \boldsymbol{e}_6 \\
&\quad + \left(l_2^2 \mathrm{s}_\alpha \mathrm{c}_\alpha + 2 l_2 y_{B_3} \mathrm{s}_\alpha \mathrm{c}_\alpha + y_{B_3}^2 \mathrm{s}_\alpha \mathrm{c}_\alpha + z_{B_3}^2 \mathrm{s}_\alpha \mathrm{c}_\alpha + x_{B_3} z_{B_3} \mathrm{s}_\alpha^2\right) \boldsymbol{e}_2 \wedge \boldsymbol{e}_3 \wedge \boldsymbol{e}_5 \wedge \boldsymbol{e}_6 \\
&\quad + \left(l_2 x_{B_3}^2 \mathrm{s}_\alpha \mathrm{c}_\alpha + l_2 x_{B_3} z_{B_3} \mathrm{c}_\alpha^2 - l_2 x_{B_3} z_{B_3} \mathrm{s}_\alpha^2 - l_2 z_{B_3}^2 \mathrm{s}_\alpha \mathrm{c}_\alpha\right) \boldsymbol{e}_2 \wedge \boldsymbol{e}_4 \wedge \boldsymbol{e}_5 \wedge \boldsymbol{e}_6
\end{aligned} \tag{3.36}$$

对于第二条 UPR 分支，同样可得到其各个运动副的运动螺旋和 4 阶片积运动子空间 $\boldsymbol{S}_{m_4}$ 分别为

$$\begin{cases}
\boldsymbol{S}_{4,1} = \boldsymbol{e}_2 \\
\boldsymbol{S}_{4,2} = \mathrm{c}_\alpha \boldsymbol{e}_1 - \mathrm{s}_\alpha \boldsymbol{e}_3 - \mathrm{s}_\alpha l_2 \boldsymbol{e}_4 - \mathrm{c}_\alpha l_2 \boldsymbol{e}_6 \\
\boldsymbol{S}_{4,3} = x_{B_4} \boldsymbol{e}_4 + \left(y_{B_4} - l_2\right) \boldsymbol{e}_5 + z_{B_4} \boldsymbol{e}_6 \\
\boldsymbol{S}_{4,4} = \mathrm{c}_\alpha \boldsymbol{e}_1 - \mathrm{s}_\alpha \boldsymbol{e}_3 - y_{B_4} \mathrm{s}_\alpha \boldsymbol{e}_4 + \left(x_{B_4} \mathrm{s}_\alpha + z_{B_4} \mathrm{c}_\alpha\right) \boldsymbol{e}_5 - y_{B_4} \mathrm{c}_\alpha \boldsymbol{e}_6
\end{cases} \tag{3.37}$$

和

$$\begin{aligned}
\boldsymbol{S}_{m_4} &= \boldsymbol{S}_{4,1} \wedge \boldsymbol{S}_{4,2} \wedge \boldsymbol{S}_{4,3} \wedge \boldsymbol{S}_{4,4} \\
&= \left(-x_{B_4} z_{B_4} \mathrm{c}_\alpha^2 - l_2^2 \mathrm{s}_\alpha \mathrm{c}_\alpha + 2 l_2 y_{B_4} \mathrm{s}_\alpha \mathrm{c}_\alpha - x_{B_4}^2 \mathrm{s}_\alpha \mathrm{c}_\alpha - y_{B_4}^2 \mathrm{s}_\alpha \mathrm{c}_\alpha\right) \boldsymbol{e}_1 \wedge \boldsymbol{e}_2 \wedge \boldsymbol{e}_4 \wedge \boldsymbol{e}_5 \\
&\quad + \left(-l_2 x_{B_4} \mathrm{c}_\alpha^2 + l_2 z_{B_4} \mathrm{s}_\alpha \mathrm{c}_\alpha + x_{B_4} y_{B_4} \mathrm{c}_\alpha^2 - y_{B_4} z_{B_4} \mathrm{s}_\alpha \mathrm{c}_\alpha\right) \boldsymbol{e}_1 \wedge \boldsymbol{e}_2 \wedge \boldsymbol{e}_4 \wedge \boldsymbol{e}_6 \\
&\quad + \left(l_2^2 \mathrm{c}_\alpha^2 - 2 l_2 y_{B_4} \mathrm{c}_\alpha^2 + y_{B_4}^2 \mathrm{c}_\alpha^2 + z_{B_4}^2 \mathrm{c}_\alpha^2 + x_{B_4} z_{B_4} \mathrm{s}_\alpha \mathrm{c}_\alpha\right) \boldsymbol{e}_1 \wedge \boldsymbol{e}_2 \wedge \boldsymbol{e}_5 \wedge \boldsymbol{e}_6 \\
&\quad + \left(-x_{B_4} z_{B_4} \mathrm{s}_\alpha \mathrm{c}_\alpha - l_2^2 \mathrm{s}_\alpha^2 + 2 l_2 y_{B_4} \mathrm{s}_\alpha^2 - y_{B_4}^2 \mathrm{s}_\alpha^2 - x_{B_4}^2 \mathrm{s}_\alpha^2\right) \boldsymbol{e}_2 \wedge \boldsymbol{e}_3 \wedge \boldsymbol{e}_4 \wedge \boldsymbol{e}_5 \\
&\quad + \left(-l_2 x_{B_4} \mathrm{s}_\alpha \mathrm{c}_\alpha + l_2 z_{B_4} \mathrm{s}_\alpha^2 + x_{B_4} y_{B_4} \mathrm{s}_\alpha \mathrm{c}_\alpha - y_{B_4} z_{B_4} \mathrm{s}_\alpha^2\right) \boldsymbol{e}_2 \wedge \boldsymbol{e}_3 \wedge \boldsymbol{e}_4 \wedge \boldsymbol{e}_6 \\
&\quad + \left(l_2^2 \mathrm{s}_\alpha \mathrm{c}_\alpha - 2 l_2 y_{B_4} \mathrm{s}_\alpha \mathrm{c}_\alpha + y_{B_4}^2 \mathrm{s}_\alpha \mathrm{c}_\alpha + z_{B_4}^2 \mathrm{s}_\alpha \mathrm{c}_\alpha + x_{B_4} z_{B_4} \mathrm{s}_\alpha^2\right) \boldsymbol{e}_2 \wedge \boldsymbol{e}_3 \wedge \boldsymbol{e}_5 \wedge \boldsymbol{e}_6 \\
&\quad + \left(-l_2 x_{B_4}^2 \mathrm{s}_\alpha \mathrm{c}_\alpha - l_2 x_{B_4} z_{B_4} \mathrm{c}_\alpha^2 + l_2 x_{B_4} z_{B_4} \mathrm{s}_\alpha^2 + l_2 z_{B_4}^2 \mathrm{s}_\alpha \mathrm{c}_\alpha\right) \boldsymbol{e}_2 \wedge \boldsymbol{e}_4 \wedge \boldsymbol{e}_5 \wedge \boldsymbol{e}_6
\end{aligned} \tag{3.38}$$

根据上述结果并结合机器人的几何约束关系，可得到 2PRU-2UPR 并联机器人各分支运动子空间的交集[27]为

$$\boldsymbol{S}_m=\boldsymbol{S}_{m_1}\cap\boldsymbol{S}_{m_2}\cap\boldsymbol{S}_{m_3}\cap\boldsymbol{S}_{m_4}=\boldsymbol{e}_2\wedge\left[\mathrm{c}_\alpha\boldsymbol{e}_1-\mathrm{s}_\alpha\boldsymbol{e}_3+\left(z_{B_1}\mathrm{c}_\alpha+y_{B_1}\mathrm{s}_\alpha\right)\boldsymbol{e}_5\right]\wedge\left(\mathrm{s}_\alpha\boldsymbol{e}_4+\mathrm{c}_\alpha\boldsymbol{e}_6\right) \tag{3.39}$$

式(3.39)表明，2PRU-2UPR 并联机器人动平台的运动子空间也是一个 3 阶片积。2PRU-2UPR 并联机器人具有 2R1T 三自由度，分别为过点 A_4 且沿着 y 轴方向的转动（α）、过点 B_2 且沿着 u 轴方向的转动（β）和沿着 z 轴方向的移动（z_o），其转动自由度示意图如图 3.14 所示。因此，2PRU-2UPR 也是具有确定转轴的 2R1T 冗余驱动并联机器人。

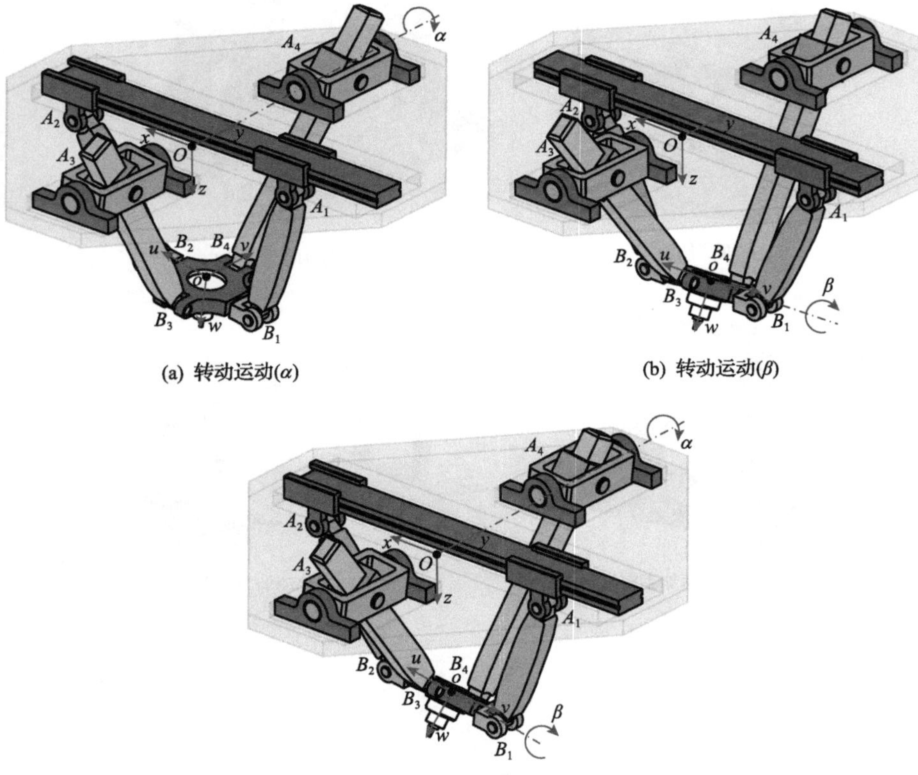

(a) 转动运动(α)　　(b) 转动运动(β)

(c) 转动运动(α和β)

图 3.14　2PRU-2UPR 并联机器人的转动自由度示意图

同样地，表 3.3 中的其余 2R1T 冗余驱动机器人均可采用 6 维几何代数 $\mathcal{G}_6$ 进行自由度分析验证。为节省篇幅，本节不再一一展开验证。

3.3　具有确定输出转轴的 2R1T 并联机器人应用

在上述提出的 2R1T 并联机器人中，电机全部或者部分固接于机架，该优点可大幅减少运动质量，提升机器人动态性能。基于上述 2R1T 并联机器人，可构造出多种不同的加工中心。例如，当一个二自由度 RR 串联头固接于 2PUR-RPU 并联机器人的动平台末端时，可构造一个用于曲面零件加工的五轴加工中心，如图 3.15(a)所示，其中的并联模块主要用于大范围的空间定位，串联模块则用于调整末端刀具的姿态，实现复杂曲面的加工操作。为提高加工效率，还可通过两台或者多台装备协同加工，如图 3.15(b)所示。为增加机器人加工的工作空间和灵活

(a) 曲面零件加工中心　　(b) 多机协同加工中心

(c) 立式机床加工中心　　(d) 龙门式移动加工中心

(e) 五轴混联加工中心

图 3.15　基于具有确定输出转轴的 2R1T 并联机器人的各种加工中心

性，可将 2R1T 并联机器人安装在垂直外框上形成立式机床加工中心，如图 3.15(c)所示；或者安装于可实现水平/竖直移动的龙门架上形成龙门式移动加工中心，如图 3.15(d)所示；或者结合水平/竖直线性导轨构成五轴混联加工中心，如图 3.15(e)所示，达到对大型复杂结构件高速、高精度加工的目的。基于 2R1T 并联机器人自身结构的优点，上述加工中心有望实现良好的加工性能。

3.4　六自由度并联机器人的自由度分析

以 6 维几何代数 $\mathcal{G}_6$ 为数学工具，3.2 节对具有确定输出转轴的 2R1T 非冗余驱动/冗余驱动并联机器人进行了构型综合与自由度分析工作。为体现几何代数的通用性，本节将运用 6 维几何代数 $\mathcal{G}_6$ 对 6-UPS[37]和 6-PSS[38]两个六自由度并联机器人进行自由度分析验证。

3.4.1　算例 1：6-UPS 并联机器人的自由度分析

图 3.16 为 6-UPS 并联机器人[37]的三维结构示意图，其动平台通过六条运动分支 A_iB_i (i=1, 2, 3, 4, 5, 6) 与机架相连，均为结构相同的 UPS 运动分支。通过驱动六个移动副 $(q_1, q_2, q_3, q_4, q_5, q_6)$ 可改变动平台末端点的位姿 $(\alpha, \beta, \gamma, x_o, y_o, z_o)$。在 6-UPS 并联机器人中建立定坐标系 $O\text{-}xyz$，其中 x 轴平行于 A_1A_2，y 轴沿着 $\angle A_4OA_5$ 的角平分线方向，z 轴垂直向上。动坐标系 $o\text{-}uvw$ 的原点为动平台中点，其中 u 轴平行于 B_1B_2，v 轴沿着 $\angle B_4oB_5$ 的角平分线方向，w 轴垂直于动平台向上。本节定义 6-UPS 并联机器人的尺寸参数为：$OA_i = R_b$、$oB_i = R_m$、$\theta_b =$

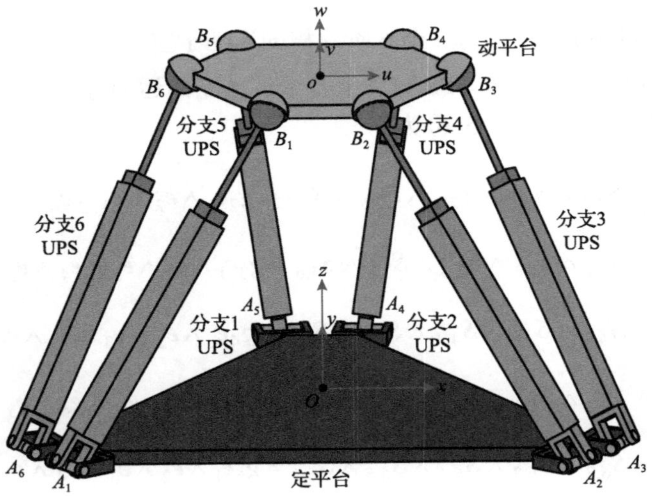

图 3.16　6-UPS 并联机器人的三维结构示意图

$\angle A_6OA_1=\angle A_2OA_3=\angle A_4OA_5=15^\circ$ 和 $\theta_m=\angle B_6oB_1=\angle B_2oB_3=\angle B_4oB_5=75^\circ$。在定坐标系下，点 A_i 和 B_i 的坐标分别为 $A_1=\left(-R_b\mathrm{s}_{60^\circ-\theta_b/2},\ -R_b\mathrm{c}_{60^\circ-\theta_b/2},\ 0\right)^\mathrm{T}$、$A_2=\left(R_b\mathrm{s}_{60^\circ-\theta_b/2},\ -R_b\mathrm{c}_{60^\circ-\theta_b/2},\ 0\right)^\mathrm{T}$、$A_3=\left(R_b\mathrm{s}_{60^\circ+\theta_b/2},\ -R_b\mathrm{c}_{60^\circ+\theta_b/2},\ 0\right)^\mathrm{T}$、$A_4=\left(R_b\mathrm{s}_{\theta_b/2},\ R_b\mathrm{c}_{\theta_b/2},\ 0\right)^\mathrm{T}$、$A_5=\left(-R_b\mathrm{s}_{\theta_b/2},\ R_b\mathrm{c}_{\theta_b/2},\ 0\right)^\mathrm{T}$、$A_6=\left(-R_b\mathrm{s}_{60^\circ+\theta_b/2},-R_b\mathrm{c}_{60^\circ+\theta_b/2},\ 0\right)^\mathrm{T}$ 和 $B_i=\left(x_{B_i},\ y_{B_i},\ z_{B_i}\right)^\mathrm{T}$。

根据图 3.16，可得到第一条 UPS 分支上各个运动副的运动螺旋为

$$\begin{cases}\boldsymbol{S}_{1,1}=\mathrm{c}_{60^\circ-\theta_b/2}\boldsymbol{e}_1-\mathrm{s}_{60^\circ-\theta_b/2}\boldsymbol{e}_2+R_b\boldsymbol{e}_6\\ \boldsymbol{S}_{1,2}=-\mathrm{s}_{60^\circ-\theta_b/2}q_{1z}\boldsymbol{e}_1-\mathrm{c}_{60^\circ-\theta_b/2}q_{1z}\boldsymbol{e}_2+\left(\mathrm{c}_{60^\circ-\theta_b/2}q_{1y}+\mathrm{s}_{60^\circ-\theta_b/2}q_{1x}\right)\boldsymbol{e}_3\\ \qquad-\left[\mathrm{c}_{60^\circ-\theta_b/2}R_b\left(\mathrm{c}_{60^\circ-\theta_b/2}q_{1y}+\mathrm{s}_{60^\circ-\theta_b/2}q_{1x}\right)\right]\boldsymbol{e}_4+\left[\mathrm{s}_{60^\circ-\theta_b/2}R_b\left(\mathrm{c}_{60^\circ-\theta_b/2}q_{1y}+\mathrm{s}_{60^\circ-\theta_b/2}q_{1x}\right)\right]\boldsymbol{e}_5\\ \boldsymbol{S}_{1,3}=q_{1x}\boldsymbol{e}_4+q_{1y}\boldsymbol{e}_5+q_{1z}\boldsymbol{e}_6\\ \boldsymbol{S}_{1,4}=\boldsymbol{e}_1+z_{B_1}\boldsymbol{e}_5-y_{B_1}\boldsymbol{e}_6\\ \boldsymbol{S}_{1,5}=\boldsymbol{e}_2-z_{B_1}\boldsymbol{e}_4+x_{B_1}\boldsymbol{e}_6\\ \boldsymbol{S}_{1,6}=\boldsymbol{e}_3+y_{B_1}\boldsymbol{e}_4-x_{B_1}\boldsymbol{e}_5\end{cases} \tag{3.40}$$

式中，q_{1x}、q_{1y} 和 q_{1z} 为分支 A_1B_1 在定坐标系下的单位投影。

根据式(3.40)，可推得 UPS 分支的运动子空间 $\boldsymbol{S}_{m_1}$ 为

$$\boldsymbol{S}_{m_1}=\boldsymbol{S}_{1,1}\wedge\boldsymbol{S}_{1,2}\wedge\boldsymbol{S}_{1,3}\wedge\boldsymbol{S}_{1,4}\wedge\boldsymbol{S}_{1,5}\wedge\boldsymbol{S}_{1,6}=g_1\boldsymbol{e}_1\wedge\boldsymbol{e}_2\wedge\boldsymbol{e}_3\wedge\boldsymbol{e}_4\wedge\boldsymbol{e}_5\wedge\boldsymbol{e}_6 \tag{3.41}$$

式中，g_1 为标量系数；$\boldsymbol{S}_{m_1}$ 为一个 6 阶片积的运动子空间。

同理，可得到其他五条 UPS 分支上各个运动副的运动螺旋，以及 6 阶片积分支运动子空间 $\boldsymbol{S}_{m_i}$ (i=2, 3, 4, 5, 6) 为

$$\boldsymbol{S}_{m_2}=\boldsymbol{S}_{2,1}\wedge\boldsymbol{S}_{2,2}\wedge\boldsymbol{S}_{2,3}\wedge\boldsymbol{S}_{2,4}\wedge\boldsymbol{S}_{2,5}\wedge\boldsymbol{S}_{2,6}=g_2\boldsymbol{e}_1\wedge\boldsymbol{e}_2\wedge\boldsymbol{e}_3\wedge\boldsymbol{e}_4\wedge\boldsymbol{e}_5\wedge\boldsymbol{e}_6 \tag{3.42}$$

$$\boldsymbol{S}_{m_3}=\boldsymbol{S}_{3,1}\wedge\boldsymbol{S}_{3,2}\wedge\boldsymbol{S}_{3,3}\wedge\boldsymbol{S}_{3,4}\wedge\boldsymbol{S}_{3,5}\wedge\boldsymbol{S}_{3,6}=g_3\boldsymbol{e}_1\wedge\boldsymbol{e}_2\wedge\boldsymbol{e}_3\wedge\boldsymbol{e}_4\wedge\boldsymbol{e}_5\wedge\boldsymbol{e}_6 \tag{3.43}$$

$$\boldsymbol{S}_{m_4}=\boldsymbol{S}_{4,1}\wedge\boldsymbol{S}_{4,2}\wedge\boldsymbol{S}_{4,3}\wedge\boldsymbol{S}_{4,4}\wedge\boldsymbol{S}_{4,5}\wedge\boldsymbol{S}_{4,6}=g_4\boldsymbol{e}_1\wedge\boldsymbol{e}_2\wedge\boldsymbol{e}_3\wedge\boldsymbol{e}_4\wedge\boldsymbol{e}_5\wedge\boldsymbol{e}_6 \tag{3.44}$$

$$\boldsymbol{S}_{m_5}=\boldsymbol{S}_{5,1}\wedge\boldsymbol{S}_{5,2}\wedge\boldsymbol{S}_{5,3}\wedge\boldsymbol{S}_{5,4}\wedge\boldsymbol{S}_{5,5}\wedge\boldsymbol{S}_{5,6}=g_5\boldsymbol{e}_1\wedge\boldsymbol{e}_2\wedge\boldsymbol{e}_3\wedge\boldsymbol{e}_4\wedge\boldsymbol{e}_5\wedge\boldsymbol{e}_6 \tag{3.45}$$

$$\boldsymbol{S}_{m_6}=\boldsymbol{S}_{6,1}\wedge\boldsymbol{S}_{6,2}\wedge\boldsymbol{S}_{6,3}\wedge\boldsymbol{S}_{6,4}\wedge\boldsymbol{S}_{6,5}\wedge\boldsymbol{S}_{6,6}=g_6\boldsymbol{e}_1\wedge\boldsymbol{e}_2\wedge\boldsymbol{e}_3\wedge\boldsymbol{e}_4\wedge\boldsymbol{e}_5\wedge\boldsymbol{e}_6 \tag{3.46}$$

式中，g_i (i=2, 3, 4, 5, 6) 均为标量系数；$\boldsymbol{S}_{m_i}$ 均为 6 阶片积的运动子空间。

结合上述结果，可得到 6-UPS 并联机器人各分支运动子空间的交集[27]为

$$\boldsymbol{S}_m = \boldsymbol{S}_{m_1} \cap \boldsymbol{S}_{m_2} \cap \boldsymbol{S}_{m_3} \cap \boldsymbol{S}_{m_4} \cap \boldsymbol{S}_{m_5} \cap \boldsymbol{S}_{m_6} = g_m \boldsymbol{e}_1 \wedge \boldsymbol{e}_2 \wedge \boldsymbol{e}_3 \wedge \boldsymbol{e}_4 \wedge \boldsymbol{e}_5 \wedge \boldsymbol{e}_6 \tag{3.47}$$

式中，g_m 为标量系数。

式(3.47)表明，6-UPS 并联机器人动平台的运动子空间是一个 6 阶片积，由向量 $\boldsymbol{e}_1$、$\boldsymbol{e}_2$、$\boldsymbol{e}_3$、$\boldsymbol{e}_4$、$\boldsymbol{e}_5$ 和 $\boldsymbol{e}_6$ 所张成。因此，6-UPS 并联机器人为 3R3T 六自由度并联机器人。

3.4.2　算例 2：6-PSS 并联机器人的自由度分析

图 3.17 为 6-PSS 并联机器人[38]的三维结构示意图，其动平台通过六条运动分支 A_iB_i (i=1, 2, 3, 4, 5, 6) 与机架相连，均为结构相同的 PSS 运动分支。通过驱动六个移动副($q_1, q_2, q_3, q_4, q_5, q_6$)可改变动平台末端点的位姿($\alpha, \beta, \gamma, x_o, y_o, z_o$)。在 6-PSS 并联机器人中建立定坐标系 O-xyz，其中 x 轴垂直于第五/六导轨，y 轴沿着 $\angle A_2OA_3$ 的角平分线方向，z 轴垂直向上。动坐标系 o-uvw 的原点为动平台中点，其中 u 轴平行于 B_2B_3，v 轴沿着 $\angle B_2oB_3$ 的角平分线方向，w 轴垂直于动平台向上。本节定义 6-PSS 并联机器人的尺寸参数为：$A_iB_i = l$、$PB_i = R_m$、$\theta_b = \angle A_6OA_1 = \angle A_2OA_3 = \angle A_4OA_5 = 120°$ 和 $\theta_m = \angle B_6oB_1 = \angle B_2oB_3 = \angle B_4oB_5 = 30°$。另外，每两个平行导轨间的距离设为 $2l_b$。在定坐标系下，设原点到各导轨的垂足点与点 A_i 间的 y 方向距离为 $y_{A_{ib}}$，则点 A_i 和 B_i 的坐标分别为 $A_1 = \left(l_b \mathrm{s}_{30°} + \sqrt{3}y_{A_{1b}}, -l_b\mathrm{c}_{30°} + y_{A_{1b}}, 0\right)^{\mathrm{T}}$、$A_2 = \left(-l_b\mathrm{s}_{30°} + \sqrt{3}y_{A_{2b}}, l_b\mathrm{c}_{30°} + y_{A_{2b}}, 0\right)^{\mathrm{T}}$、$A_3 = \left(l_b\mathrm{s}_{30°} - \sqrt{3}y_{A_{3b}}, l_b\mathrm{c}_{30°} + y_{A_{3b}}, 0\right)^{\mathrm{T}}$、$A_4 = \left(-l_b\mathrm{s}_{30°} - \sqrt{3}y_{A_{4b}}, -l_b\mathrm{c}_{30°} + y_{A_{4b}}, 0\right)^{\mathrm{T}}$、$A_5 = \left(-l_b, -y_{A_{5b}}, 0\right)^{\mathrm{T}}$、

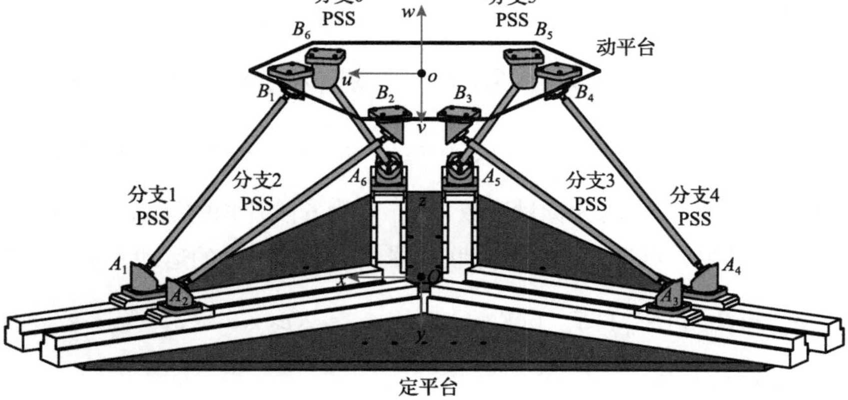

图 3.17　6-PSS 并联机器人的三维结构示意图

$A_6=\left(l_b,\ -y_{A_{6b}},\ 0\right)^{\mathrm{T}}$ 和 $B_i=\left(x_{B_i},\ y_{B_i},\ z_{B_i}\right)^{\mathrm{T}}$。

根据图 3.17，可得到第一条 PSS 分支上各个运动副的运动螺旋为

$$\begin{cases}\boldsymbol{S}_{1,1}=\sqrt{3}/2\,\boldsymbol{e}_4+1/2\,\boldsymbol{e}_5\\ \boldsymbol{S}_{1,2}=\boldsymbol{e}_1+\left(\sqrt{3}/2\,l_b-y_{A_{1b}}\right)\boldsymbol{e}_6\\ \boldsymbol{S}_{1,3}=\boldsymbol{e}_2+\left(1/2\,l_b+\sqrt{3}y_{A_{1b}}\right)\boldsymbol{e}_6\\ \boldsymbol{S}_{1,4}=\boldsymbol{e}_3+\left(y_{A_{1b}}-\sqrt{3}/2\,l_b\right)\boldsymbol{e}_4+\left(-\sqrt{3}y_{A_{1b}}-1/2\,l_b\right)\boldsymbol{e}_5\\ \boldsymbol{S}_{1,5}=\boldsymbol{e}_1+z_{B_1}\boldsymbol{e}_5-y_{B_1}\boldsymbol{e}_6\\ \boldsymbol{S}_{1,6}=\boldsymbol{e}_2-z_{B_1}\boldsymbol{e}_4+x_{B_1}\boldsymbol{e}_6\\ \boldsymbol{S}_{1,7}=\boldsymbol{e}_3+y_{B_1}\boldsymbol{e}_4-x_{B_1}\boldsymbol{e}_5\end{cases}\tag{3.48}$$

对于 PSS 分支，其末端输出运动与 PSU 相同。因此，根据式(3.48)，可推得 PSS 分支的运动子空间 $\boldsymbol{S}_{m_1}$ 为

$$\boldsymbol{S}_{m_1}=\boldsymbol{S}_{1,1}\wedge\boldsymbol{S}_{1,2}\wedge\boldsymbol{S}_{1,3}\wedge\boldsymbol{S}_{1,4}\wedge\boldsymbol{S}_{1,5}\wedge\boldsymbol{S}_{1,6}=g_1\boldsymbol{e}_1\wedge\boldsymbol{e}_2\wedge\boldsymbol{e}_3\wedge\boldsymbol{e}_4\wedge\boldsymbol{e}_5\wedge\boldsymbol{e}_6\tag{3.49}$$

式中，g_1 为标量系数；$\boldsymbol{S}_{m_1}$ 为一个 6 阶片积的运动子空间。

同理，可得到其他五条 PSS 分支上各个运动副的运动螺旋，以及 6 阶片积分支运动子空间 $\boldsymbol{S}_{m_i}$ (i=2, 3, 4, 5, 6)为

$$\boldsymbol{S}_{m_2}=\boldsymbol{S}_{2,1}\wedge\boldsymbol{S}_{2,2}\wedge\boldsymbol{S}_{2,3}\wedge\boldsymbol{S}_{2,4}\wedge\boldsymbol{S}_{2,5}\wedge\boldsymbol{S}_{2,6}=g_2\boldsymbol{e}_1\wedge\boldsymbol{e}_2\wedge\boldsymbol{e}_3\wedge\boldsymbol{e}_4\wedge\boldsymbol{e}_5\wedge\boldsymbol{e}_6\tag{3.50}$$

$$\boldsymbol{S}_{m_3}=\boldsymbol{S}_{3,1}\wedge\boldsymbol{S}_{3,2}\wedge\boldsymbol{S}_{3,3}\wedge\boldsymbol{S}_{3,4}\wedge\boldsymbol{S}_{3,5}\wedge\boldsymbol{S}_{3,6}=g_3\boldsymbol{e}_1\wedge\boldsymbol{e}_2\wedge\boldsymbol{e}_3\wedge\boldsymbol{e}_4\wedge\boldsymbol{e}_5\wedge\boldsymbol{e}_6\tag{3.51}$$

$$\boldsymbol{S}_{m_4}=\boldsymbol{S}_{4,1}\wedge\boldsymbol{S}_{4,2}\wedge\boldsymbol{S}_{4,3}\wedge\boldsymbol{S}_{4,4}\wedge\boldsymbol{S}_{4,5}\wedge\boldsymbol{S}_{4,6}=g_4\boldsymbol{e}_1\wedge\boldsymbol{e}_2\wedge\boldsymbol{e}_3\wedge\boldsymbol{e}_4\wedge\boldsymbol{e}_5\wedge\boldsymbol{e}_6\tag{3.52}$$

$$\boldsymbol{S}_{m_5}=\boldsymbol{S}_{5,1}\wedge\boldsymbol{S}_{5,2}\wedge\boldsymbol{S}_{5,3}\wedge\boldsymbol{S}_{5,4}\wedge\boldsymbol{S}_{5,5}\wedge\boldsymbol{S}_{5,6}=g_5\boldsymbol{e}_1\wedge\boldsymbol{e}_2\wedge\boldsymbol{e}_3\wedge\boldsymbol{e}_4\wedge\boldsymbol{e}_5\wedge\boldsymbol{e}_6\tag{3.53}$$

$$\boldsymbol{S}_{m_6}=\boldsymbol{S}_{6,1}\wedge\boldsymbol{S}_{6,2}\wedge\boldsymbol{S}_{6,3}\wedge\boldsymbol{S}_{6,4}\wedge\boldsymbol{S}_{6,5}\wedge\boldsymbol{S}_{6,6}=g_6\boldsymbol{e}_1\wedge\boldsymbol{e}_2\wedge\boldsymbol{e}_3\wedge\boldsymbol{e}_4\wedge\boldsymbol{e}_5\wedge\boldsymbol{e}_6\tag{3.54}$$

式中，g_i (i=2, 3, 4, 5, 6)均为标量系数；$\boldsymbol{S}_{m_i}$ 均为 6 阶片积的运动子空间。

结合上述结果，可得到 6-PSS 并联机器人末端动平台的运动子空间[27]为

$$\boldsymbol{S}_m=\boldsymbol{S}_{m_1}\cap\boldsymbol{S}_{m_2}\cap\boldsymbol{S}_{m_3}\cap\boldsymbol{S}_{m_4}\cap\boldsymbol{S}_{m_5}\cap\boldsymbol{S}_{m_6}=g_m\boldsymbol{e}_1\wedge\boldsymbol{e}_2\wedge\boldsymbol{e}_3\wedge\boldsymbol{e}_4\wedge\boldsymbol{e}_5\wedge\boldsymbol{e}_6\tag{3.55}$$

式中，g_m 为标量系数。

式(3.55)表明，6-PSS 并联机器人动平台的运动子空间是一个 6 阶片积，由向

量$\boldsymbol{e}_1$、$\boldsymbol{e}_2$、$\boldsymbol{e}_3$、$\boldsymbol{e}_4$、$\boldsymbol{e}_5$和$\boldsymbol{e}_6$所张成。因此，6-PSS 并联机器人为 3R3T 六自由度并联机器人。

3.5 本章小结

本章以 6 维几何代数$\mathcal{G}_6$为数学工具，构型综合出一系列具有确定输出转轴的 2R1T 非冗余驱动/冗余驱动并联机器人。根据运动求交的原理，反推出满足要求的串联分支运动子空间，并确定了分支转轴在空间中的几何约束条件，最后运用几何代数完成了具有确定输出转轴的 2R1T 非冗余驱动并联机器人构型综合。为减少并联机器人的奇异位形、提升刚度性能和负载能力，通过在具有确定输出转轴的 2R1T 非冗余驱动并联机器人中添加少自由度运动分支，完成了具有确定输出转轴的 2R1T 冗余驱动并联机器人构型综合。

另外，本章根据 6 维几何代数$\mathcal{G}_6$，对所提出的 2R1T 非冗余驱动并联机器人 Tex3、2PRU-UPR 和 2PRU-PSR，以及冗余驱动并联机器人 Tex4、Hex4 和 2PRU-2UPR 进行了自由度分析和验证。另外，本章还对两个六自由度并联机器人 6-UPS 和 6-PSS 进行了自由度分析，进一步体现了几何代数方法的通用性。本章的研究工作可为并联机器人的构型综合与自由度分析提供重要的理论指导。

参考文献

[1] 李秦川，柴馨雪，陈巧红. 两转一移三自由度并联机构研究进展[J]. 科学通报, 2017, 62(14): 1507-1519.

[2] Hervé J M. The Lie group of rigid body displacements, a fundamental tool for mechanism design[J]. Mechanism and Machine Theory, 1999, 34(5): 719-730.

[3] Li Q C, Huang Z, Hervé J M. Type synthesis of 3R2T 5-DoF parallel mechanisms using the Lie group of displacements[J]. IEEE Transactions on Robotics and Automation, 2004, 20(2): 173-180.

[4] Li Q C, Hervé J M. Parallel mechanisms with bifurcation of schoenflies motion[J]. IEEE Transactions on Robotics, 2009, 25(1): 158-164.

[5] Li Q C, Hervé J M. 1T2R parallel mechanisms without parasitic motion[J]. IEEE Transactions on Robotics, 2010, 26(3): 401-410.

[6] Li Q C, Hervé J M. Type synthesis of 3-DoF RPR-equivalent parallel mechanisms[J]. IEEE Transactions on Robotics, 2014, 30(6): 1333-1343.

[7] 高峰，杨加伦，葛巧德. 并联机器人型综合的 GF 集理论[M]. 北京：科学出版社, 2010.

[8] Gao F, Zhang Y, Li W M. Type synthesis of 3-DoF reducible translational mechanisms[J]. Robotica, 2005, 23(2): 239-245.

[9] Yang T L, Liu A X, Jin Q, et al. Position and orientation characteristic equation for topological design of robot mechanisms[J]. Journal of Mechanical Design, 2009, 131(2): 021001.

[10] 杨廷力. 机器人机构拓扑结构学[M]. 北京: 机械工业出版社, 2004.

[11] Jin Q, Yang T L. Theory for topology synthesis of parallel manipulators and its application to three-dimension-translation parallel manipulators[J]. Journal of Mechanical Design, 2004, 126(4): 625-639.

[12] Gogu G. Structural synthesis of fully-isotropic translational parallel robots via theory of linear transformations[J]. European Journal of Mechanics A/Solids, 2004, 23(6): 1021-1039.

[13] Fang Y F, Tsai L W. Structure synthesis of a class of 4-DoF and 5-DoF parallel manipulators with identical limb structures[J]. The International Journal of Robotics Research, 2002, 21(9): 799-810.

[14] Huang Z, Li Q C. General methodology for type synthesis of symmetrical lower-mobility parallel manipulators and several novel manipulators[J]. The International Journal of Robotics Research, 2002, 21(2): 131-145.

[15] Huang Z, Li Q C. Type synthesis of symmetrical lower-mobility parallel mechanisms using the constraint-synthesis method[J]. The International Journal of Robotics Research, 2003, 22(1): 59-79.

[16] 李秦川. 对称少自由度并联机器人型综合理论及新机型综合[D]. 秦皇岛: 燕山大学, 2003.

[17] Fang Y F, Tsai L W. Structure synthesis of a class of 3-DoF rotational parallel manipulators[J]. IEEE Transactions on Robotics and Automation, 2004, 20(1): 117-121.

[18] Kong X W, Gosselin C M. Type synthesis of three-degree-of-freedom spherical parallel manipulators[J]. The International Journal of Robotics Research, 2004, 23(3): 237-245.

[19] Xie F G, Liu X J, Wang C. Design of a novel 3-DoF parallel kinematic mechanism: Type synthesis and kinematic optimization[J]. Robotica, 2015, 33(3): 622-637.

[20] Xie F G, Liu X J, You Z, et al. Type synthesis of 2T1R-type parallel kinematic mechanisms and the application in manufacturing[J]. Robotics and Computer-Integrated Manufacturing, 2014, 30(1): 1-10.

[21] 李永泉, 张阳, 郭雨, 等. 两转一移冗余驱动并联机构构型综合新方法研究[J]. 机械工程学报, 2019, 55(23): 25-37.

[22] Li Y Q, Zhang Y, Zhang L J. A new method for type synthesis of 2R1T and 2T1R 3-DoF redundant actuated parallel mechanisms with closed loop units[J]. Chinese Journal of Mechanical Engineering, 2020, 33(1): 78.

[23] Chong Z H, Xie F G, Liu X J, et al. Design of the parallel mechanism for a hybrid mobile robot in wind turbine blades polishing[J]. Robotics and Computer Integrated Manufacturing, 2020, 61: 101857.

[24] Hestenes D. New Foundations for Classical Mechanics[M]. Dordrecht: Kluwer Academic Publishers, 1999.

[25] Li Q C, Chai X X, Xiang J N. Mobility analysis of limited-degrees-of-freedom parallel mechanisms in the framework of geometric algebra[J]. Journal of Mechanisms and Robotics, 2016, 8(4): 041005.

[26] Chai X X, Li Q C. Analytical mobility analysis of Bennett linkage using geometric algebra[J]. Advances in Applied Clifford Algebras, 2017, 27(3): 2083-2095.

[27] 柴馨雪. 几何代数框架下的并联机构自由度分析方法研究[D]. 杭州: 浙江理工大学, 2017.

[28] 李秦川, 柴馨雪, 姚辉晶. 并联机构自由度计算与奇异分析的几何代数方法[M]. 北京: 科学出版社, 2019.

[29] Tanev T K. Singularity Analysis of a 4-DoF Parallel Manipulator Using Geometric Algebra[M]. Dordrecht: Springer, 2006.

[30] Tanev T K. Geometric Algebra Approach to Singularity of Parallel Manipulators with Limited Mobility[M]. Dordrecht: Springer, 2008.

[31] Xu L M, Li Q C, Tong J H, et al. Tex3: A 2R1T parallel manipulator with minimum DoF of joints and fixed linear actuators[J]. International Journal of Precision Engineering and Manufacturing, 2018, 19(2): 227-238.

[32] Xu L M, Zhu X B, Ye W, et al. Kinematic analysis and dimensional synthesis of a new 2R1T parallel kinematic machine[C]. Proceedings of the ASME International Design Engineering Technical Conferences and Computers and Information in Engineering Conference, Quebec City, 2018: 1-9.

[33] Xu L M, Ye W, Li Q C. Design, analysis, and experiment of a new parallel manipulator with two rotational and one translational motion[J]. Mechanism and Machine Theory, 2022, 177: 105064.

[34] Xu L M, Chai X X, Li Q C, et al. Design and experimental investigation of a new 2R1T overconstrained parallel kinematic machine with actuation redundancy[J]. Journal of Mechanisms and Robotics, 2019, 11(3): 031016.

[35] Xu L M, Chen G L, Ye W, et al. Design, analysis and optimization of Hex4, a new 2R1T overconstrained parallel manipulator with actuation redundancy[J]. Robotica, 2019, 37(2): 358-377.

[36] Xu L M, Li Q C, Zhang N B, et al. Mobility, kinematic analysis, and dimensional optimization of new three-degrees-of-freedom parallel manipulator with actuation redundancy[J]. Journal of Mechanisms and Robotics, 2017, 9(4): 041008.

[37] Dasgupta B, Mruthyunjaya T S. A Newton-Euler formulation for the inverse dynamics of the Stewart platform manipulator[J]. Mechanism and Machine Theory, 1998, 33(8): 1135-1152.

[38] Xu W Y, Li Y M, Lu S, et al. Inverse dynamics analysis of a 6-PSS parallel manipulator[C].

International Conference on Intelligent Robotics and Applications, Guangzhou, 2014: 12-23.

[39] Li Q C, Xu L M, Chen Q H, et al. New family of RPR-equivalent parallel mechanisms: Design and application[J]. Chinese Journal of Mechanical Engineering, 2017, 30(2): 217-221.

[40] 张曙. 航空结构件加工的新一代数控机床: 解读Ecospeed领悟机床设计之道[J]. 金属加工: 冷加工, 2012, (3): 2-5.

[41] Liu X J, Wu C, Wang J S. A new approach for singularity analysis and closeness measurement to singularities of parallel manipulators[J]. Journal of Mechanisms and Robotics, 2012, 4(4): 041001.

[42] Gosselin C M, Angeles J. Singularity analysis of closed-loop kinematic chains[J]. IEEE Transactions on Robotics and Automation, 1990, 6(3): 281-290.

[43] Zlatanov D, Bonev I A, Gosselin C M. Constraint singularities of parallel mechanisms[C]. Proceedings of IEEE International Conference on Robotics and Automation, Washington, 2002: 496-502.

[44] Merlet J P. Redundant parallel manipulators[J]. Laboratory Robotics and Automation, 1996, 8(1): 17-24.

[45] Kim S. Operational quality analysis of parallel manipulators with actuation redundancy[C]. Proceedings of IEEE International Conference on Robotics and Automation, Albuquerque, 1997: 2651-2656.

[46] Saglia J A, Dai J S, Caldwell D G. Geometry and kinematic analysis of a redundantly actuated parallel mechanism that eliminates singularities and improves dexterity[J]. Journal of Mechanical Design, 2008, 130(12): 124501.

第 4 章　几何代数框架下机器人的运动学分析与尺度综合

运动学分析是串/并联机器人进行理论设计、模拟仿真和精确控制的基础，包括计算机器人的位置正逆解、确定工作空间范围、判定奇异位形等[1]。尺度综合是指确定机器人构型后，选择合适的性能评价指标，探究机器人性能变化与杆件参数(如杆件长度等)之间的关系，并对其进行优化设计[2,3]。该步骤为机器人实际制造前的必要环节，对实际工程应用具有重要的指导意义。

本章以共形几何代数 $\mathcal{G}_{4,1}$ [4-10]为数学工具，分别对一个串联机器人和多个并联机器人进行逆运动学建模，并采用基于运动雅可比矩阵的条件数指标[11-13]进行并联机器人的运动学性能评价与尺度综合。首先，运用共形几何代数 $\mathcal{G}_{4,1}$ 建立六自由度 FANUC 串联机器人的逆运动学模型。接着，基于共形几何代数 $\mathcal{G}_{4,1}$ 的并联机器人逆运动学建模方法分别对第 3 章所构型综合的具有确定输出转轴的 2R1T 非冗余驱动/冗余驱动并联机器人(Tex3[14]、2PRU-UPR[15]、2PRU-PSR[16]、Tex4[17]、Hex4[18]和 2PRU-2UPR[3])进行逆运动学建模，确定各机器人的运动学奇异位形，并采用条件数指标进行运动学性能评价与尺度综合。另外，为体现共形几何代数逆运动学建模方法的通用性，本章还以一个输出转轴不定的 2R1T 并联机器人 3-RPS[19]和两个六自由度并联机器人(6-UPS[20]和 6-PSS[21])为例，对其进行逆运动学建模，并基于条件数指标进行性能分析和尺度综合研究。

4.1　基于共形几何代数的串联机器人逆运动学建模方法

串联机器人的一般性运动示意图如图 4.1 所示，其基座和末端杆件通过 n 个驱动关节相连接。需要注意的是，本节所描述的串联机器人逆运动学建模方法只考虑转动关节相连接的串联结构，其中关节点 P_1 与基座相连接，其余关节则依次与上一条杆件的末端点相连接。基座的定坐标系为 $O\text{-}xyz$，末端杆件的坐标系设为 $P_t\text{-}uvw$。

基于共形几何代数[4,8]对串联机器人进行逆运动学建模的流程图如图 4.2 所示，具体阐述如下：

(1) 根据约束关系，利用共形几何代数构建所需要的球、圆、平面、直线等基本几何体；

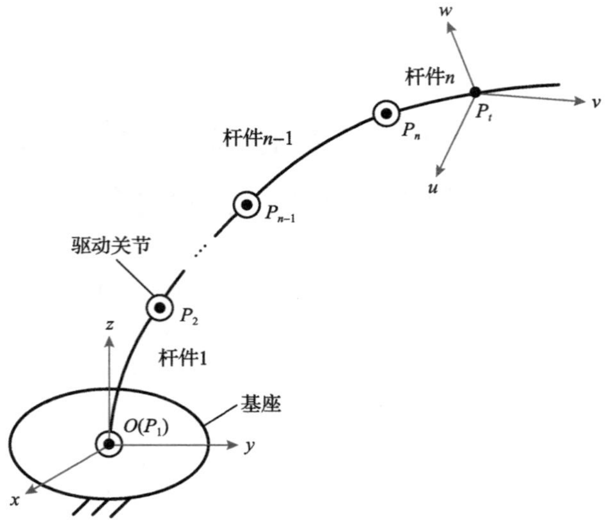

图 4.1　串联机器人的一般性运动示意图

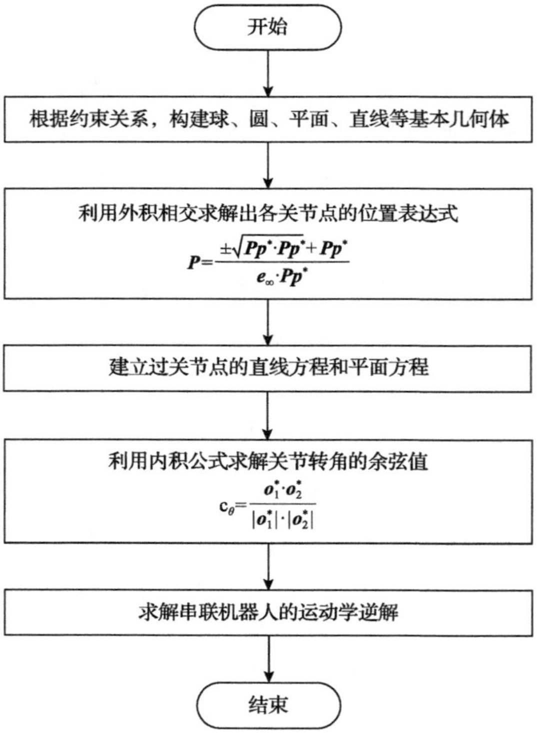

图 4.2　串联机器人的逆运动学建模流程图

(2)利用外积相交的方式，求解各个关节点的点对表达式。在此基础上，再利用式(2.57)的点对公式求解出各关节点的位置；

(3)建立过关节点的直线方程和平面方程；

(4)利用内积公式求解各个关节转角的余弦值；

(5)推导出串联机器人的运动学逆解。

4.2　六自由度串联机器人的运动学分析与尺度综合

本节对六自由度 FANUC 串联机器人进行逆运动学分析，主要是运用共形几何代数 $\mathcal{G}_{4,1}$ 确定机器人运动学逆解的表达式。

六自由度 FANUC 串联机器人的三维结构图如图 4.3 所示，其基座和 6 个运动杆件通过转动副连接。通过驱动 6 个转动电机，六自由度 FANUC 串联机器人的末端执行器可实现三个平动自由度和三个转动自由度。机器人中的后三个关节转动轴线相交于同一点，可实现独立姿态调整。空间六自由度 FANUC 串联机器人的逆运动学建模就是已知末端操作器的位置 P_t 以及姿态 $\boldsymbol{n}$、$\boldsymbol{\pi}_t$，求解各关节变量 θ_i (i=1, 2, 3, 4, 5, 6)。求该串联机器人运动学逆解的思路为：首先通过共形几何代数 $\mathcal{G}_{4,1}$ 框架内球、圆、平面和直线等几何实体外积求交；接着结合各杆件长度 L_i，得到各关节点 P_i 的位置；然后对过关节点的直线和平面进行内积运算；最后求解出关节角 θ_i。

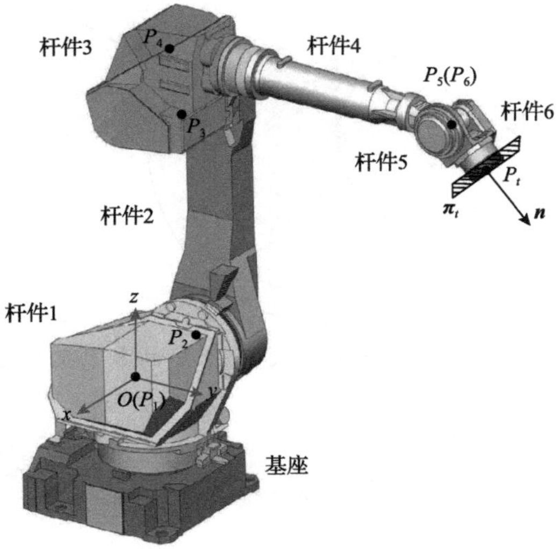

图 4.3　六自由度 FANUC 串联机器人的三维结构图

首先是对各个关节点进行求解。由于关节 R_6 绕杆件 5 转动，并且关节 R_5、R_6 和点 P_t 在同一条直线上，与末端执行器方向 $\boldsymbol{n}$ 一致，所以关节 R_6 的关节点 P_6 可

以表示为

$$P_6 = T_6 P_t \widetilde{T_6} \tag{4.1}$$

式中，$T_6 = 1 - L_6 n e_\infty / 2$；$\widetilde{T_6} = 1 + L_6 n e_\infty / 2$。

同理，关节 R_5 的关节点 P_5 可以表示为

$$P_5 = T_5 P_t \widetilde{T_5} \tag{4.2}$$

式中，$T_5 = 1 - L_5 n e_\infty / 2$；$\widetilde{T_5} = 1 + L_5 n e_\infty / 2$。

图 4.4 为六自由度 FANUC 串联机器人中关节点 P_2 和 P_3 的几何约束关系图，从图中可知，关节 R_1 位于原点，关节点 P_1 可以表示为

$$P_1 = e_0 \tag{4.3}$$

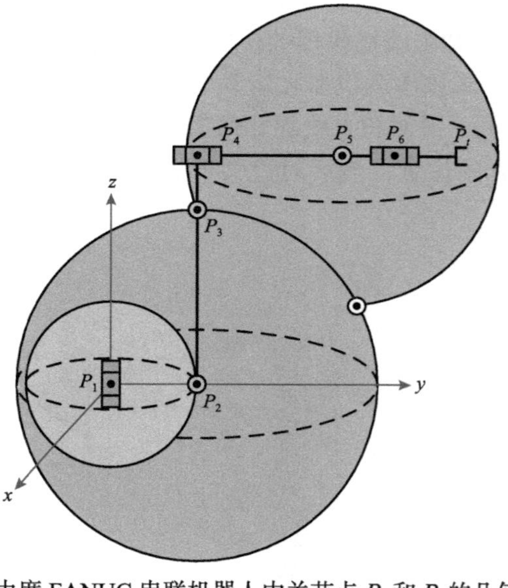

图 4.4　六自由度 FANUC 串联机器人中关节点 P_2 和 P_3 的几何约束关系图

设与 z 轴重合的直线 L_z^* 为

$$L_z^* = e_0 \wedge P_z \wedge e_\infty \tag{4.4}$$

式中，$P_z = e_3 + e_\infty / 2 + e_0$。

设 xy 平面 π_0 为

$$\pi_0 = e_3 \tag{4.5}$$

由图 4.4 可知，关节点 P_i (i=1, 2, 3, 4, 5) 在同一平面 π_1^* 内且过 z 轴，则

$$\boldsymbol{\pi}_1^* = \boldsymbol{P}_5 \wedge \boldsymbol{L}_z^* \tag{4.6}$$

以关节点 P_1 为球心、L_1 为半径的球面 $\boldsymbol{S}_{12}$ 的共形几何代数可以表示为

$$\boldsymbol{S}_{12} = \boldsymbol{e}_0 - \frac{L_1^2}{2}\boldsymbol{e}_\infty \tag{4.7}$$

球面 $\boldsymbol{S}_{12}$ 和两平面 $\boldsymbol{\pi}_0$ 、$\boldsymbol{\pi}_1$ 相交得到点对 $\boldsymbol{Pp}_2$ 为

$$\boldsymbol{Pp}_2 = \boldsymbol{\pi}_0 \wedge \boldsymbol{\pi}_1 \wedge \boldsymbol{S}_{12} \tag{4.8}$$

从点对中获得其中的点，选取一个作为关节点 P_2 的位置：

$$\boldsymbol{P}_2 = \frac{\pm\sqrt{\boldsymbol{Pp}_2^* \cdot \boldsymbol{Pp}_2^*} + \boldsymbol{Pp}_2^*}{\boldsymbol{e}_\infty \cdot \boldsymbol{Pp}_2^*} \tag{4.9}$$

由图 4.4 可知，以关节点 P_2 为球心、L_2 为半径的球面 $\boldsymbol{S}_{23}$ 可以表示为

$$\boldsymbol{S}_{23} = \boldsymbol{P}_2 - \frac{L_2^2}{2}\boldsymbol{e}_\infty \tag{4.10}$$

以关节点 P_5 为球心、d 为半径的球面 $\boldsymbol{S}_{53}$ 可以表示为

$$\boldsymbol{S}_{53} = \boldsymbol{P}_5 - \frac{d^2}{2}\boldsymbol{e}_\infty \tag{4.11}$$

式中，$d = \sqrt{L_3^2 + L_4^2}$ 。

球面 $\boldsymbol{S}_{23}$ 、$\boldsymbol{S}_{53}$ 和平面 $\boldsymbol{\pi}_1$ 相交得到点对 $\boldsymbol{Pp}_3$ 为

$$\boldsymbol{Pp}_3 = \boldsymbol{S}_{23} \wedge \boldsymbol{S}_{53} \wedge \boldsymbol{\pi}_1 \tag{4.12}$$

根据式(2.57)，可从点对中获得其中的点为

$$\boldsymbol{P}_3 = \frac{\pm\sqrt{\boldsymbol{Pp}_3^* \cdot \boldsymbol{Pp}_3^*} + \boldsymbol{Pp}_3^*}{\boldsymbol{e}_\infty \cdot \boldsymbol{Pp}_3^*} \tag{4.13}$$

选取一个作为关节点 P_3 的位置，关节点 P_3 的几何求解简图如图 4.4 所示。

同理易知，以关节点 P_3 为球心、L_3 为半径的球面 $\boldsymbol{S}_{34}$ 和以关节点 P_5 为球心、L_4 为半径的球面 $\boldsymbol{S}_{54}$ 可以分别表示为

$$\boldsymbol{S}_{34} = \boldsymbol{P}_3 - \frac{L_3^2}{2}\boldsymbol{e}_\infty \tag{4.14}$$

和

$$\boldsymbol{S}_{54} = \boldsymbol{P}_5 - \frac{L_4^2}{2}\boldsymbol{e}_\infty \tag{4.15}$$

球面 $\boldsymbol{S}_{34}$ 、 $\boldsymbol{S}_{54}$ 和平面 $\boldsymbol{\pi}_1$ 相交得到点对 $\boldsymbol{Pp}_4$ 为

$$\boldsymbol{Pp}_4 = \boldsymbol{S}_{34} \wedge \boldsymbol{S}_{54} \wedge \boldsymbol{\pi}_1 \tag{4.16}$$

根据式(2.57)，可从点对中获得其中的点为

$$\boldsymbol{P}_4 = \frac{\pm\sqrt{\boldsymbol{Pp}_4^* \cdot \boldsymbol{Pp}_4^*} + \boldsymbol{Pp}_4^*}{\boldsymbol{e}_\infty \cdot \boldsymbol{Pp}_4^*} \tag{4.17}$$

选取一个作为关节点 P_4 的位置，六自由度 FANUC 串联机器人中关节点 P_4 的几何约束关系图如图 4.5 所示。

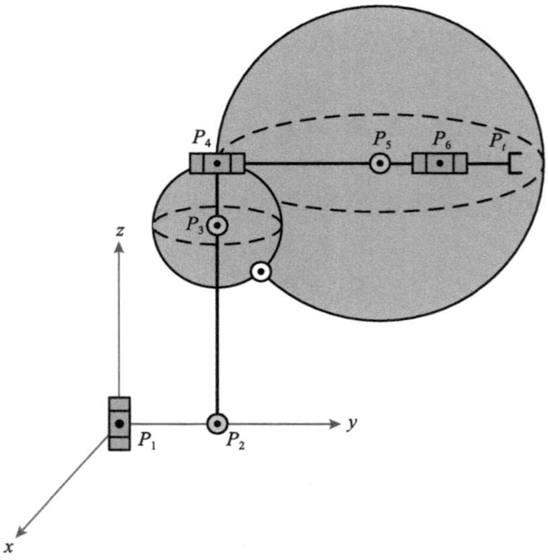

图 4.5　六自由度 FANUC 串联机器人中关节点 P_4 的几何约束关系图

在确定六个关节点 P_i $(i=1, 2, 3, 4, 5, 6)$ 的位置后，即可求解各个关节角。根据表 2.2，可获得过各关节点的直线 $\boldsymbol{l}_i$ 以及平面 $\boldsymbol{\pi}_2$ 、 $\boldsymbol{\pi}_3$ ，即

$$\begin{cases} \boldsymbol{l}_1 = \boldsymbol{P}_1 \wedge \boldsymbol{P}_2 \wedge \boldsymbol{e}_\infty \\ \boldsymbol{l}_2 = \boldsymbol{P}_2 \wedge \boldsymbol{P}_3 \wedge \boldsymbol{e}_\infty \\ \boldsymbol{l}_3 = \boldsymbol{P}_3 \wedge \boldsymbol{P}_4 \wedge \boldsymbol{e}_\infty \\ \boldsymbol{l}_4 = \boldsymbol{P}_4 \wedge \boldsymbol{P}_5 \wedge \boldsymbol{e}_\infty \\ \boldsymbol{l}_5 = \boldsymbol{P}_5 \wedge \boldsymbol{P}_t \wedge \boldsymbol{e}_\infty \end{cases} \tag{4.18}$$

和

$$\begin{cases}\boldsymbol{\pi}_2 = \boldsymbol{e}_1 \\ \boldsymbol{\pi}_3 = \boldsymbol{P}_4 \wedge \boldsymbol{P}_5 \wedge \boldsymbol{P}_t \wedge \boldsymbol{e}_\infty\end{cases} \tag{4.19}$$

由式(2.56)求得关节角的余弦值为

$$\begin{cases}\mathrm{c}_{\theta_1} = \dfrac{\boldsymbol{\pi}_1^* \cdot \boldsymbol{\pi}_2^*}{\left|\boldsymbol{\pi}_1^*\right| \cdot \left|\boldsymbol{\pi}_2^*\right|},\ \mathrm{c}_{\theta_2} = \dfrac{\boldsymbol{l}_1^* \cdot \boldsymbol{l}_2^*}{\left|\boldsymbol{l}_1^*\right| \cdot \left|\boldsymbol{l}_2^*\right|},\ \mathrm{c}_{\theta_3} = \dfrac{\boldsymbol{l}_2^* \cdot \boldsymbol{l}_3^*}{\left|\boldsymbol{l}_2^*\right| \cdot \left|\boldsymbol{l}_3^*\right|} \\ \mathrm{c}_{\theta_4} = \dfrac{\boldsymbol{\pi}_1^* \cdot \boldsymbol{\pi}_3^*}{\left|\boldsymbol{\pi}_1^*\right| \cdot \left|\boldsymbol{\pi}_3^*\right|},\ \mathrm{c}_{\theta_5} = \dfrac{\boldsymbol{l}_4^* \cdot \boldsymbol{l}_5^*}{\left|\boldsymbol{l}_4^*\right| \cdot \left|\boldsymbol{l}_5^*\right|},\ \mathrm{c}_{\theta_6} = \dfrac{\boldsymbol{\pi}_3^* \cdot \boldsymbol{\pi}_t^*}{\left|\boldsymbol{\pi}_3^*\right| \cdot \left|\boldsymbol{\pi}_t^*\right|}\end{cases} \tag{4.20}$$

根据式(4.20)，可反解出各个关节角。

4.3 基于共形几何代数的并联机器人逆运动学建模方法

并联机器人的一般性运动示意图如图 4.6 所示，其定平台和动平台通过 n 条串联运动分支 A_nB_n 相连，每条串联运动分支由可驱动的移动/转动关节和连接杆件/平台的被动关节组成，并且设每条运动分支中仅含一个驱动关节。定坐标系固定在定平台上，设为 $O\text{-}xyz$；动坐标系则始终固定在动平台上，设为 $o\text{-}uvw$。

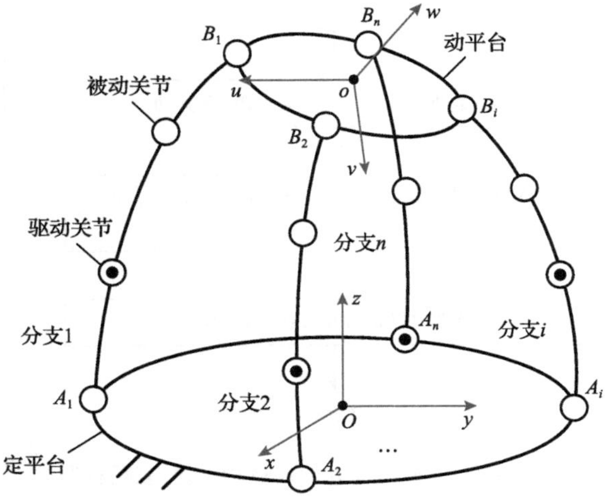

图 4.6 并联机器人的一般性运动示意图

基于共形几何代数 $\mathcal{G}_{4,1}$ [4-7,9,10]对并联机器人进行逆运动学建模的流程如图 4.7 所示，具体阐述如下：

(1) 根据动平台的位姿参数确定动平台刚体运动的运动算子。首先，由动平台中心点的位置坐标确定平移算子 $\boldsymbol{T}$。接着，由动平台的姿态角确定旋转算子 $\boldsymbol{R}$。在上述基础上，动平台的刚体运动算子可以表示为

$$\boldsymbol{M}=\boldsymbol{TR},\ \tilde{\boldsymbol{M}}=\tilde{\boldsymbol{R}}\tilde{\boldsymbol{T}} \tag{4.21}$$

(2) 根据共形几何代数 $\mathcal{G}_{4,1}$ 的刚体运动公式，给出动平台与支链连接点的共形几何代数表达式，为

$$\boldsymbol{B}_i=\boldsymbol{M}\,{}^{o}\boldsymbol{B}_i\tilde{\boldsymbol{M}}=\boldsymbol{TR}\,{}^{o}\boldsymbol{B}_i\tilde{\boldsymbol{R}}\tilde{\boldsymbol{T}},\quad i=1,2,\cdots,n \tag{4.22}$$

式中，${}^{o}\boldsymbol{B}_i$ 和 $\boldsymbol{B}_i$ 分别表示刚体变换前后连接点的位置。

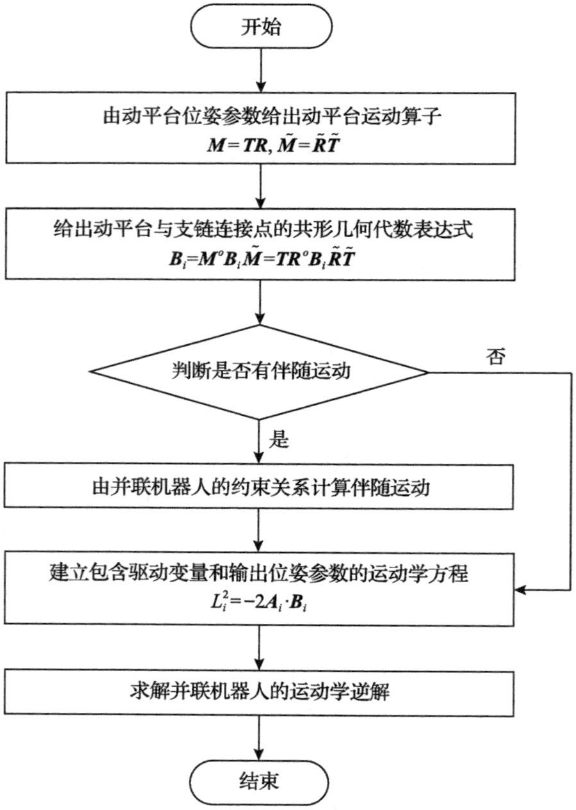

图 4.7　并联机器人的逆运动学建模流程图

(3) 判断机器人是否存在伴随运动，若存在，则由并联机器人的约束关系计算伴随运动；若不存在，则跳至步骤 (4) 。

(4) 根据并联机器人的结构关系，建立包含驱动变量和输出位姿参数的运动学方程 $L_i^2=-2\boldsymbol{A}_i\cdot\boldsymbol{B}_i$ 。

(5)求解运动学逆解,得到并联机器人输出位姿参数和各驱动变量间的映射关系。

4.4　具有确定输出转轴的 2R1T 非冗余驱动并联机器人运动学分析与尺度综合

基于共形几何代数 $\mathcal{G}_{4,1}$，本节对第 3 章构型综合的具有确定输出转轴的三个 2R1T 非冗余驱动并联机器人(Tex3[14]、2PRU-UPR[15]和 2PRU-PSR[16])进行逆运动学建模。在此基础上，确定各机器人在空间中的运动奇异位形，并采用基于运动雅可比矩阵的条件数作为运动学性能的评价指标，对上述机器人进行性能评价与尺度综合。

4.4.1　算例 1：Tex3 并联机器人的运动学分析与尺度综合

本节对 Tex3 并联机器人[14]进行运动学分析与尺度综合,主要包括运用共形几何代数 $\mathcal{G}_{4,1}$ 确定 Tex3 并联机器人的运动学逆解表达式、Tex3 并联机器人的速度分析、Tex3 并联机器人的运动学性能分析、Tex3 并联机器人的运动学奇异位形分析及 Tex3 并联机器人的尺度综合分析。

1. Tex3 并联机器人的运动学逆解

由第 3 章中的分析可知,Tex3 并联机器人具有 2R1T 三自由度,分别为过点 A_1 且沿着 x 轴方向的转动(α)、过点 B_3 且沿着 v 轴方向的转动(β)和沿着 z 轴方向的移动(z_o)。Tex3 并联机器人的运动学逆解是指在已知末端输出位姿(α, β, z_o)的情况下，确定 Tex3 并联机器人的三个驱动参数(q_1, q_2, q_3)。图 4.8 展示了 Tex3 并联机器人三维图。

由 Tex3 并联机器人的结构特征，动平台原点 o 始终限制在 $x=0$ 平面内，其在定坐标系 $O\text{-}xyz$ 下可表示为 $(0,\ z_o\tan_\alpha,\ z_o)^{\mathrm{T}}$，其中 tan 表示正切函数。动坐标系的姿态角为 $(\alpha,\ \beta,\ 0)^{\mathrm{T}}$，因此 Tex3 并联机器人的动平台刚体运动算子可表示为

$$\boldsymbol{M} = \boldsymbol{T}\boldsymbol{R}_\beta \boldsymbol{R}_\alpha \tag{4.23}$$

$$\tilde{\boldsymbol{M}} = \tilde{\boldsymbol{R}}_\alpha \tilde{\boldsymbol{R}}_\beta \tilde{\boldsymbol{T}} \tag{4.24}$$

式中，$\boldsymbol{T} = 1 - \left[(z_o \tan_\alpha)\boldsymbol{e}_2 + z_o \boldsymbol{e}_3 \right] \boldsymbol{e}_\infty / 2$；$\boldsymbol{R}_\alpha = \mathrm{c}_{\alpha/2} - \mathrm{s}_{\alpha/2}\boldsymbol{e}_{23}$；$\boldsymbol{R}_\beta = \mathrm{c}_{\beta/2} + \mathrm{s}_{\beta/2}\boldsymbol{e}_{13}$。

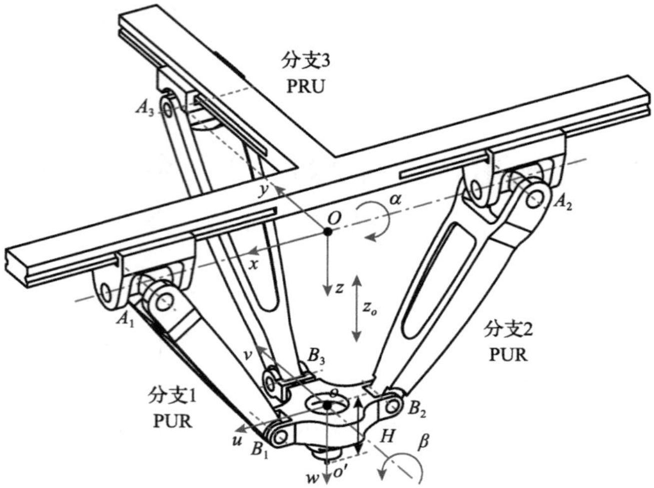

图 4.8　Tex3 并联机器人三维图

基于共形几何代数 $\mathcal{G}_{4,1}$，定平台连接关节点 A_i 和动平台连接关节点 B_i 在 O-xyz 和 o-uvw 中的位置可分别表示为

$$\begin{cases} \boldsymbol{A}_1 = q_1\boldsymbol{e}_1 + \dfrac{1}{2}q_1^2\boldsymbol{e}_\infty + \boldsymbol{e}_0 \\ \boldsymbol{A}_2 = -q_2\boldsymbol{e}_1 + \dfrac{1}{2}q_2^2\boldsymbol{e}_\infty + \boldsymbol{e}_0 \\ \boldsymbol{A}_3 = q_3\boldsymbol{e}_2 + \dfrac{1}{2}q_3^2\boldsymbol{e}_\infty + \boldsymbol{e}_0 \end{cases} \tag{4.25}$$

和

$$\begin{cases} {}^o\boldsymbol{B}_1 = l_1\boldsymbol{e}_1 + \dfrac{1}{2}l_1^2\boldsymbol{e}_\infty + \boldsymbol{e}_0 \\ {}^o\boldsymbol{B}_2 = -l_1\boldsymbol{e}_1 + \dfrac{1}{2}l_1^2\boldsymbol{e}_\infty + \boldsymbol{e}_0 \\ {}^o\boldsymbol{B}_3 = l_2\boldsymbol{e}_2 + \dfrac{1}{2}l_2^2\boldsymbol{e}_\infty + \boldsymbol{e}_0 \end{cases} \tag{4.26}$$

由式(2.61)的共形几何代数刚体运动公式，可得到动平台连接关节点 B_i 在 O-xyz 的位置表达式为

$$\boldsymbol{B}_i = \boldsymbol{M}\,{}^o\boldsymbol{B}_i\tilde{\boldsymbol{M}}, \quad i = 1, 2, 3 \tag{4.27}$$

根据 Tex3 并联机器人的结构关系，通过共形几何代数建立包含驱动变量和输出位姿参数的运动学方程，为

$$\begin{cases} L_1^2 = -2\boldsymbol{A}_1 \cdot \boldsymbol{B}_1 = l_3^2 \\ L_2^2 = -2\boldsymbol{A}_2 \cdot \boldsymbol{B}_2 = l_3^2 \\ L_3^2 = -2\boldsymbol{A}_3 \cdot \boldsymbol{B}_3 = l_4^2 \end{cases} \tag{4.28}$$

代入各关节点的位置坐标，可求解出 Tex3 并联机器人的运动学逆解表达式为

$$\begin{cases} q_1 = c_1 + l_1 \mathrm{c}_\beta \\ q_2 = c_2 + l_1 \mathrm{c}_\beta \\ q_3 = c_3 + z_o \tan_\alpha + l_2\, \mathrm{c}_\alpha \end{cases} \tag{4.29}$$

式中，$c_1 = \sqrt{l_3^2 - \left(z_o/\mathrm{c}_\alpha - l_1 \mathrm{s}_\beta\right)^2}$；$c_2 = \sqrt{l_3^2 - \left(z_o/\mathrm{c}_\alpha + l_1 \mathrm{s}_\beta\right)^2}$；$c_3 = \sqrt{l_4^2 - \left(z_o - l_2 \mathrm{s}_\alpha\right)^2}$。

Tex3 并联机器人的末端动平台可实现 2R1T 三自由度运动输出，因此通过在其动平台上安装一个两自由度的 RR 串联头，可构造成一个具有五个输出自由度的混联机器人，用于加工曲面零件，如图 4.9(a)所示。在上述基础上，若沿着 Tex3 并联机器人中定坐标系的 x 轴方向添加一个移动工作平台，并将待加工零件固定在该移动工作平台上，则该五自由度混联机器人装备可实现零件的五面高精度加工作业。

然而，在对大型工件进行加工时，如风力涡轮机叶片或航空航天薄壁结构件，上述五自由度混联机器人必须安装在一个可实现单方向移动的龙门架上。但需要指出的是，这种情况下龙门架所提供的平移运动与五自由度混联机器人装备自身的一个平动自由度相同。这种运动冗余的情况不仅会降低整体装备的刚度和精度，还会增加整个加工系统的成本和复杂性。

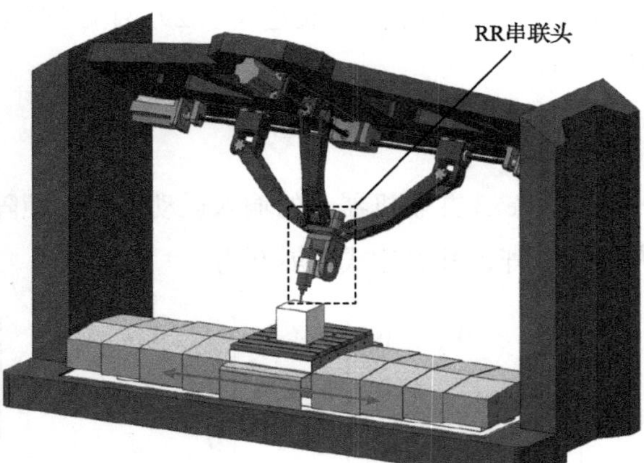

(a) 曲面零件加工

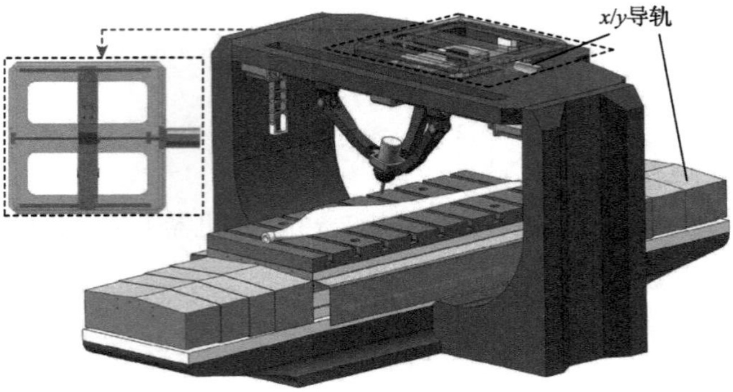

(b) 大型零件加工

图 4.9　Tex3 并联机器人的应用场景

为解决上述应用中的自由度冗余问题，可在 Tex3 并联机器人的 PRU 分支上安装一个可实现 x 轴方向移动的直线导轨，进而构造成 2PUR-PRRU 并联机器人，如图 4.9(b)所示。值得注意的是，该 2PUR-PRRU 并联机器人可实现 4 个输出自由度，即两个转动自由度和两个平动自由度。通过结合可实现 y 轴方向的移动工作平台，所构造的混联加工装备可实现五自由度输出运动，适用于长型零件的高效加工，并且装备本身具有无冗余自由度的优点，降低了系统的复杂性。

2. Tex3 并联机器人的速度分析

运动雅可比矩阵可反映 Tex3 并联机器人末端动平台速度 $\dot{\boldsymbol{X}}=\left(\dot{\alpha}, \dot{\beta}, \dot{z}_o\right)^{\mathrm{T}}$ 和驱动关节速度 $\dot{\boldsymbol{q}}=\left(\dot{q}_1, \dot{q}_2, \dot{q}_3\right)^{\mathrm{T}}$ 之间的映射关系，其中 $\dot{\alpha}$ 、$\dot{\beta}$ 和 $\dot{z}_o$ 分别表示 Tex3 并联机器人末端动平台的输出速率，$\dot{q}_1$、$\dot{q}_2$ 和 $\dot{q}_3$ 分别表示各驱动关节的速率。通过直接对 Tex3 并联机器人的运动学逆解表达式(4.29)两端进行求导，可整理得到该并联机器人的速度方程为

$$\boldsymbol{J}_q \dot{\boldsymbol{q}}=\boldsymbol{J}_x \dot{\boldsymbol{X}} \tag{4.30}$$

式中，$\boldsymbol{J}_q$ 和 $\boldsymbol{J}_x$ 分别表示 Tex3 并联机器人的输入运动雅可比矩阵和输出运动雅可比矩阵，两者均为 3×3 矩阵，其表达式可展开为

$$\boldsymbol{J}_q=\begin{bmatrix} J_{q_{11}} & 0 & 0 \\ 0 & J_{q_{22}} & 0 \\ 0 & 0 & J_{q_{33}} \end{bmatrix}, \quad \boldsymbol{J}_x=\begin{bmatrix} J_{x_{11}} & J_{x_{12}} & J_{x_{13}} \\ J_{x_{21}} & J_{x_{22}} & J_{x_{23}} \\ J_{x_{31}} & J_{x_{32}} & J_{x_{33}} \end{bmatrix} \tag{4.31}$$

式中，$J_{q_{11}}=c_1$；$J_{q_{22}}=c_2$；$J_{q_{33}}=c_3$；$J_{x_{11}}=\left(l_1 z_o \mathrm{s}_\beta / \mathrm{c}_\alpha-z_o^2 / \mathrm{c}_\alpha^2\right) \tan_\alpha$；$J_{x_{12}}=\left(z_o / \mathrm{c}_\alpha-\right.$

$l_1\mathrm{s}_\beta)l_1\mathrm{c}_\beta - c_1 l_1\mathrm{s}_\beta$；$J_{x_{13}} = \left(l_1\mathrm{s}_\beta - z_o/\mathrm{c}_\alpha\right)/\mathrm{c}_\alpha$；$J_{x_{21}} = -\left(l_1 z_o \mathrm{s}_\beta/\mathrm{c}_\alpha + z_o^2/\mathrm{c}_\alpha^2\right)\tan_\alpha$；$J_{x_{22}} = -\left(z_o/\mathrm{c}_\alpha + l_1\mathrm{s}_\beta\right)l_1\mathrm{c}_\beta - c_2 l_1\mathrm{s}_\beta$；$J_{x_{23}} = -\left(l_1\mathrm{s}_\beta + z_o/\mathrm{c}_\alpha\right)/\mathrm{c}_\alpha$；$J_{x_{31}} = (z_o - l_2\mathrm{s}_\alpha)l_2\mathrm{c}_\alpha + c_3 \cdot \left(z_o/\mathrm{c}_\alpha^2 - l_2\mathrm{s}_\alpha\right)$；$J_{x_{32}} = 0$；$J_{x_{33}} = l_2\mathrm{s}_\alpha - z_o + c_3\tan_\alpha$。

通过在式(4.30)两端同左乘 $\boldsymbol{J}_q^{-1}$，可得到 Tex3 并联机器人输入速度和输出速度的映射表达式为

$$\dot{\boldsymbol{q}} = \boldsymbol{J}_q^{-1}\boldsymbol{J}_x\dot{\boldsymbol{X}} = \boldsymbol{J}\dot{\boldsymbol{X}} \tag{4.32}$$

式中，$\boldsymbol{J}$ 为 Tex3 并联机器人的运动雅可比矩阵。

3. Tex3 并联机器人的运动学性能分析

运动雅可比矩阵反映了驱动关节速率与输出速率之间的映射关系，基于该矩阵的条件数指标可以用来衡量一个并联机器人在不同位形下的运动性能。然而，当某一并联机器人具有混合输出自由度（即自由度中既含有平动自由度也含有转动自由度）时，运动雅可比矩阵内各个元素的单位并不统一。此时，若直接求运动雅可比矩阵的条件数，则所得结果不能正确反映机器人运动的物理意义[22]，将导致错误结果。

Tex3 并联机器人具有混合自由度，其动平台具有两个转动输出自由度和一个平动输出自由度，因此造成式(4.32)中的运动雅可比矩阵 $\boldsymbol{J}$ 存在元素量纲不统一的情况。若直接从矩阵的代数特征计算 Tex3 并联机器人的性能评价指标，则会得到错误结果。因此，在计算前需先对运动雅可比矩阵 $\boldsymbol{J}$ 进行量纲归一化处理，进而得到元素量纲一致的运动雅可比矩阵 $\boldsymbol{J}_h$。针对元素量纲不统一所带来的问题，各国学者提出了很多方法来实现运动雅可比矩阵的齐次化[12,13,23-26]。Angeles 等[12,13]利用特征长度的概念对机构雅可比矩阵进行单位归一化处理后再进行计算。Kim 等[23]则建立了动平台上各点线速度和驱动速度间元素量纲一致的运动雅可比矩阵。Pond 等[24]也构造了一种新的齐次化运动雅可比矩阵。

本节采用特征长度法进行初始运动雅可比矩阵的齐次化处理，齐次化后的运动雅可比矩阵 $\boldsymbol{J}_h$ 可以表示为

$$\boldsymbol{J}_h = \boldsymbol{J}\,\mathrm{diag}\left(\frac{1}{L},\ \frac{1}{L},\ 1\right) = \begin{bmatrix} \dfrac{\boldsymbol{J}_r}{L} & \boldsymbol{J}_t \end{bmatrix} \tag{4.33}$$

式中，$\boldsymbol{J}_r$ 和 $\boldsymbol{J}_t$ 分别表示 3×2 和 3×1 的分块矩阵，矩阵 $\boldsymbol{J}_r$ 可理解为线速度 $(\dot{q}_1,\ \dot{q}_2,\ \dot{q}_3)$ 到角速度 $(\dot{\alpha},\ \dot{\beta})$ 的映射关系，矩阵 $\boldsymbol{J}_t$ 可理解为线速度 $(\dot{q}_1,\ \dot{q}_2,\ \dot{q}_3)$ 到线

速度 $\dot{z}_o$ 的映射关系。

经归一化处理后，齐次化运动雅可比矩阵 $\boldsymbol{J}_h$ 能够达到理论意义上的各向同性点，其达到的条件为

$$\boldsymbol{J}_h^{\mathrm{T}}\boldsymbol{J}_h=\begin{bmatrix}\dfrac{1}{L^2}\boldsymbol{J}_r^{\mathrm{T}}\boldsymbol{J}_r & \dfrac{1}{L}\boldsymbol{J}_r^{\mathrm{T}}\boldsymbol{J}_t \\ \dfrac{1}{L}\boldsymbol{J}_t\boldsymbol{J}_r^{\mathrm{T}} & \boldsymbol{J}_t^{\mathrm{T}}\boldsymbol{J}_t\end{bmatrix}=\begin{bmatrix}\alpha^2\boldsymbol{I}_2 & \boldsymbol{0} \\ \boldsymbol{0}^{\mathrm{T}} & \alpha^2\end{bmatrix} \tag{4.34}$$

式中，$\boldsymbol{I}_2$ 是一个 2×2 单位矩阵；$\boldsymbol{0}$ 是二维零向量。

根据式(4.34)的约束，可确定对应机器人的特征长度 L。需要注意的是，对于一些结构特殊的机器人，式(4.34)并非始终成立。针对该情况，本章将动平台的半径 r 视为特征长度 L 进行计算。

运动雅可比矩阵的条件数可用来衡量一个并联机器人处于某个特定位姿下的运动学性能。在已知 Tex3 并联机器人齐次化运动雅可比矩阵 $\boldsymbol{J}_h$ 的前提下，条件数的表达式[2,12,13]可以写为

$$c=\left\|\boldsymbol{J}_h\right\|_2\cdot\left\|\boldsymbol{J}_h^{-1}\right\|_2 \tag{4.35}$$

式中，$\|\cdot\|_2$ 表示矩阵的二范数。

基于运动雅可比矩阵的代数特征，条件数可用于阐述相对输入误差和相对输出误差之间的放大倍数[22]，其值为 1～+∞，条件数的值越靠近 1，表示机器人在该位形下的运动性能越好。为便于比较，本章将条件数的倒数 C($C\in[0, 1]$)作为局部条件数指标(local conditioning index，LCI)来描述机器人在各个位形下的运动学性能，即

$$C=1/c \tag{4.36}$$

在本节中，Tex3 并联机器人的杆件尺寸参数和输出位姿运动范围定义如下：$l_1=l_2=130\text{mm}$、$l_3=l_4=340\text{mm}$、$z_o=260\text{mm}$、$\alpha\in[-20°, 20°]$和$\beta\in[-20°, 20°]$。基于上述结构参数，可得到 Tex3 并联机器人在工作空间中的 LCI 分布图谱，如图 4.10 所示。注：本章仿真图中右侧颜色柱上的数值表示各个位形下的 LCI 值。图 4.10(a)展示了在末端刀具长度 $H=40\text{mm}$ 的情况下，Tex3 并联机器人在三维空间内的 LCI 分布图谱，其关于 $x=0\text{mm}$ 平面完全对称。图 4.10(b)为 Tex3 并联机器人在姿态空间内的 LCI 分布图谱，其关于 $\beta=0°$ 完全对称。从图中可以发现，Tex3 并联机器人在 $\alpha>0°$ 的区域内运动学性能较好，随着 α 的减小运动学性能下降。

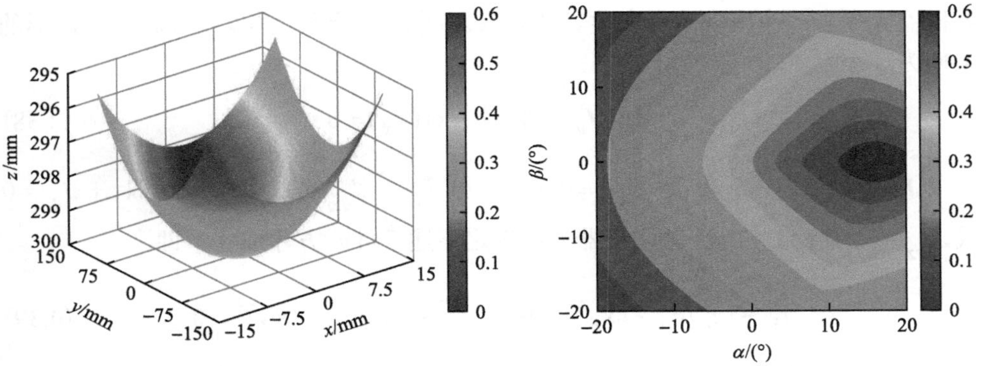

(a) 三维空间中的性能分布　　(b) 姿态空间中的性能分布

图 4.10　Tex3 并联机器人的条件数性能分析

尽管局部条件数指标可以描述机器人在某个位形下的运动学性能，但它很难评价机器人在整个可达工作空间内的全域分布情况。因此，全域运动学性能的研究十分必要，其还可用于机器人尺度综合等研究。本章采用 Gosselin 等[27]提出的全域条件数指标(global conditioning index，GCI)来评价 Tex3 并联机器人的全域运动学性能，该指标可以表示为

$$\eta = \frac{\int_W C\mathrm{d}W}{W} \tag{4.37}$$

式中，W 表示机器人的可达工作空间。

通过式(4.37)可直观地将全域条件数指标理解为整个可达工作空间内的性能平均值。η 值的范围为 0～1，其越靠近 1，表示机器人在可达工作空间内的整体性能越优。根据式(4.33)～式(4.37)，可得到 Tex3 并联机器人的全域条件数指标值为 0.335，整体性能并不理想，需进行尺度综合。

4. Tex3 并联机器人的运动学奇异位形分析

奇异性分析是机器人运动学分析的重要组成部分。奇异位形不仅降低了机器人的运动性能，影响机器人的可控性和刚度，而且割裂了工作空间。因此，奇异位形是并联机器人运动路径规划中需要极力规避的。本节主要分析 Tex3 并联机器人的运动学奇异位形(逆解奇异位形、正解奇异位形和混合奇异位形)[28]，通过对两个运动雅可比矩阵 $\boldsymbol{J}_q$ 和 $\boldsymbol{J}_x$ 的行列式进行讨论，得到 Tex3 并联机器人处于不同运动学奇异位形时的约束条件，进而确定该机器人所有的运动学奇异位形。

1)逆解奇异位形

当并联机器人处于逆解奇异位形时，末端动平台的输出自由度会突然减少，

即机器人失去一个或多个自由度。对于 Tex3 并联机器人，其发生逆解奇异位形的条件为

$$\det\left(\boldsymbol{J}_q\right)=0 \text{ 且 } \det\left(\boldsymbol{J}_x\right)\neq 0 \tag{4.38}$$

$\boldsymbol{J}_q$ 是对角矩阵，若 $\det\left(\boldsymbol{J}_q\right)=0$ 成立，则 $J_{q_{11}}$ 、$J_{q_{22}}$ 或 $J_{q_{33}}$ 需为 0。对于 $J_{q_{11}}=0$ 或 $J_{q_{22}}=0$ 的情况，Tex3 并联机器人在满足下述条件时方才成立，即

$$l_3^2-\left(z_o/\mathrm{c}_\alpha-l_1\mathrm{s}_\beta\right)^2=0 \text{ 或 } l_3^2-\left(z_o/\mathrm{c}_\alpha+l_1\mathrm{s}_\beta\right)^2=0 \tag{4.39}$$

上述情况当且仅当杆件 A_1B_1 或 A_2B_2 垂直于导轨时才会发生，即

$$l_3=\left|z_o/\mathrm{c}_\alpha-l_1\mathrm{s}_\beta\right| \text{ 或 } l_3=\left|z_o/\mathrm{c}_\alpha+l_1\mathrm{s}_\beta\right| \tag{4.40}$$

图 4.11(a)和图 4.11(b)为 Tex3 并联机器人的两种逆解奇异位形情况。在图 4.11(a)中，杆件 A_1B_1 垂直于导轨方向，Tex3 并联机器人中动平台上的点 B_1 失

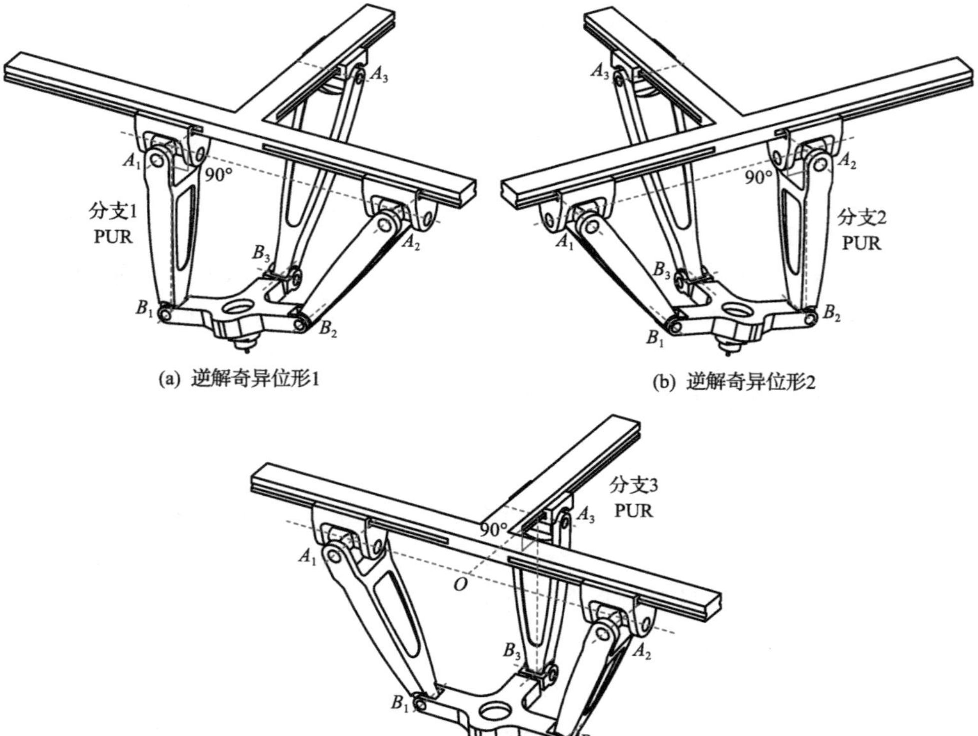

(a) 逆解奇异位形1　(b) 逆解奇异位形2

(c) 逆解奇异位形3

图 4.11　Tex3 并联机器人的三种逆解奇异位形情况

去沿着 A_1B_1 方向的平动自由度。在图 4.11(b)中，杆件 A_2B_2 垂直于导轨方向，Tex3 并联机器人中动平台上的点 B_2 失去沿着 A_2B_2 方向的平动自由度。

对于 $J_{q_{33}}=0$ 的情况，Tex3 并联机器人在满足下述条件时方才成立，即

$$l_4{}^2=\left(z_o-l_2\mathrm{s}_\alpha\right)^2 \tag{4.41}$$

鉴于在实际情况中，$z_o-l_2\mathrm{s}_\alpha$ 始终大于零，故式(4.41)可改写为

$$l_4+l_2\mathrm{s}_\alpha-z_o=0 \tag{4.42}$$

此时，运用三角函数公式，令 $\mathrm{s}_\alpha=2t\big/\left(1+t^2\right)$ 和 $\mathrm{c}_\alpha=1-t^2\big/\left(1+t^2\right)$ (其中 $t=\tan_{\alpha/2}$)，并代入式(4.42)，可得

$$\left(z_o-l_4\right)t^2-2l_2t+z_o-l_4=0 \tag{4.43}$$

综上，可得到转角 α 的解析表达式为

$$\alpha=2\arctan t \tag{4.44}$$

式中，$t=\left[l_2+\sqrt{l_2{}^2-\left(z_o-l_4\right)^2}\right]\Big/\left(z_o-l_4\right)$。

需要指出的是，当 Tex3 并联机器人尺寸满足 $l_2{}^2+z_o^2/\mathrm{c}_\alpha^2>l_4^2$ 时，上述情况方才成立。此时，杆件 A_3B_3 垂直于导轨方向，如图 4.11(c)所示，Tex3 并联机器人中动平台上的点 B_3 失去沿着 A_3B_3 方向的平动自由度。

2) 正解奇异位形

不同于逆解奇异位形，当并联机器人处于正解奇异位形时，末端动平台的输出自由度会突然增加，即机器人增加一个自由度或者多个自由度。对于 Tex3 并联机器人，其发生正解奇异位形的条件为

$$\det\left(\boldsymbol{J}_q\right)\neq 0 \text{ 且 } \det\left(\boldsymbol{J}_x\right)=0 \tag{4.45}$$

结合式(4.31)和式(4.45)，$\det\left(\boldsymbol{J}_x\right)=0$ 成立需满足以下条件：

$$\begin{cases}J_{x_{11}}=0\\J_{x_{21}}=0\\J_{x_{31}}=0\end{cases}\text{或}\begin{cases}J_{x_{12}}=0\\J_{x_{22}}=0\\J_{x_{32}}=0\end{cases}\text{或}\begin{cases}J_{x_{13}}=0\\J_{x_{23}}=0\\J_{x_{33}}=0\end{cases} \tag{4.46}$$

通过计算上述条件，可得

$$\alpha=90^\circ-\arctan\left(l_2\mathrm{c}_\alpha/z_o\right) \text{ 或 } \alpha=-90^\circ-\arctan\left(l_2\mathrm{c}_\alpha/z_o\right) \tag{4.47}$$

图 4.12 为 Tex3 并联机器人的两种正解奇异位形情况。在图 4.12(a)中，杆件 A_3B_3 平行于定平台，$\alpha=-90°-\arctan\left(l_2c_\alpha/z_o\right)$。此时，即使锁住三个驱动关节，Tex3 并联机器人的末端动平台仍能绕通过 B_3 点且平行于 x 轴方向的转轴发生微小转动。在图 4.12(b)中，杆件 A_3B_3 同样平行于定平台，$\alpha=90°-\arctan\left(l_2c_\alpha/z_o\right)$。此时，即使锁住三个驱动关节，Tex3 并联机器人的末端动平台也仍能绕通过 B_3 点且平行于 x 轴方向的转轴发生微小转动。

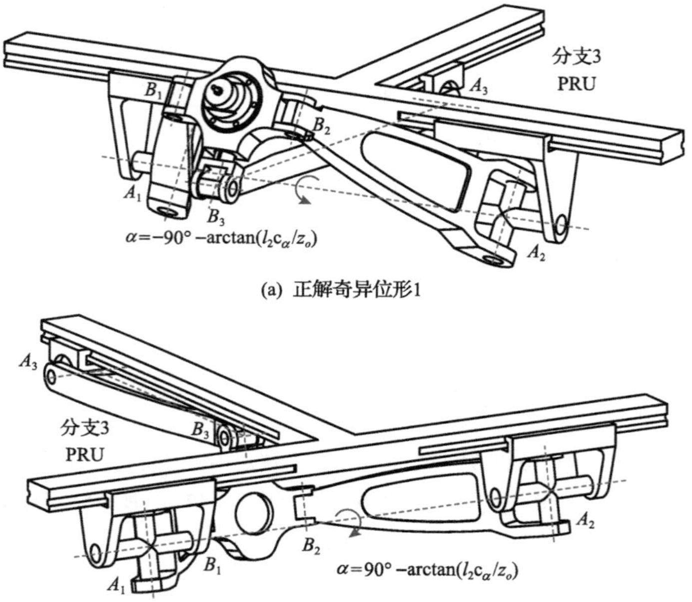

(a) 正解奇异位形1

(b) 正解奇异位形2

图 4.12　Tex3 并联机器人的两种正解奇异位形情况

3)混合奇异位形

当逆解奇异位形和正解奇异位形同时发生时，称并联机器人处于混合奇异位形。对于 Tex3 并联机器人，其发生混合奇异位形的条件为

$$\det\left(\boldsymbol{J}_q\right)=0 \text{ 且 } \det\left(\boldsymbol{J}_x\right)=0 \tag{4.48}$$

根据分析，当杆件 A_1B_1 或 A_2B_2 垂直于导轨方向，且杆件 A_3B_3 平行于定平台时，Tex3 并联机器人发生混合奇异位形，其分布情况如图 4.13 所示，图中列出了四种混合奇异位形情况。

综上为 Tex3 并联机器人运动学奇异位形的分析，通过选取合适的尺寸参数和工作空间范围，可在运动中避免上述奇异位形。

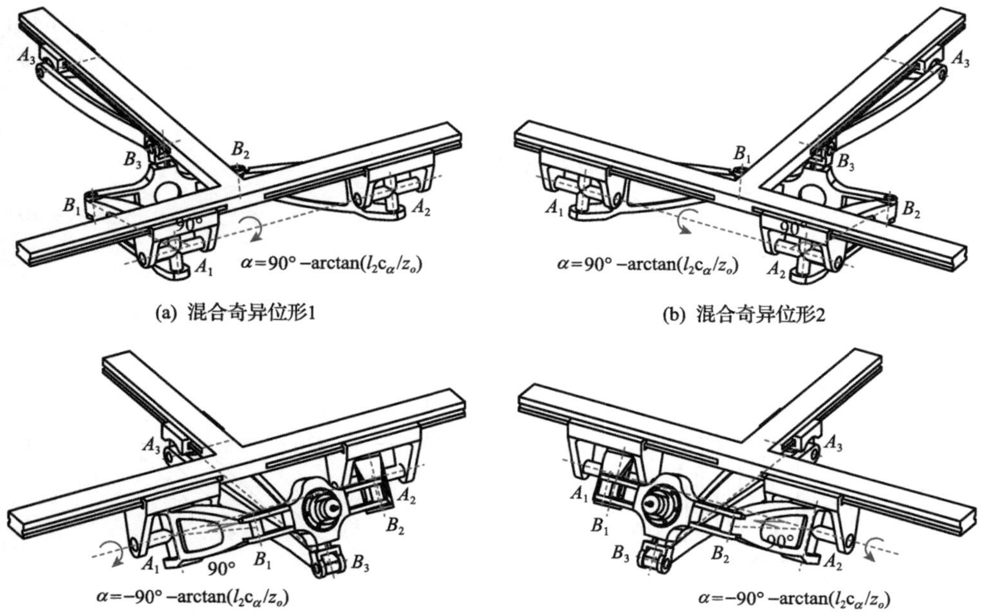

(a) 混合奇异位形1　(b) 混合奇异位形2

(c) 混合奇异位形3　(d) 混合奇异位形4

图 4.13　Tex3 并联机器人的四种混合奇异位形情况

5. Tex3 并联机器人的尺度综合分析

对于Tex3并联机器人，可以发现其全域条件数指标η与机器人的尺寸参数l_1、l_2、l_3、l_4相关，故本节考虑该性能指标来对机器人进行杆件优化。为使优化过程中 Tex3 并联机器人的转动范围保持一致，对α和β进行如下限定：$\alpha\in[-20°, 20°]$和$\beta\in[-20°, 20°]$。本节采用 Liu 等[29]提出的空间模型法对 Tex3 并联机器人进行优化设计。相比于目标函数等传统方法[30,31]，空间模型法避免了参数无穷大的影响，同时减少了设计参数的数目，大幅降低了优化设计的难度。令 Tex3 并联机器人的尺度参数满足如下条件：$l_1=l_2$，$z_o=\sqrt{2}l_3/2$，且将l_1、l_3和l_4定义为设计参数。考虑实际应用情况，Tex3 并联机器人的参数可归一化为

$$\begin{cases}D=(l_1+l_3+l_4)/3\\ r_1=l_1/D,\quad r_2=l_3/D,\quad r_3=l_4/D\\ r_1\leqslant r_3,\quad r_2\leqslant r_3\\ 0<r_1,r_2,r_3<3\end{cases}\tag{4.49}$$

式中，D表示标准化因子，可根据实际情况选取；$r_i\,(i=1, 2, 3)$表示标准化的无量纲参数。

图 4.14 为 Tex3 并联机器人的参数设计空间，包含了所有满足约束条件的组合情况。从三维参数设计空间(图 4.14(a))到二维参数设计空间(图 4.14(b))的映射关系为

$$\begin{cases} r_1 = 3/2 + \sqrt{3}t/2 - s/2 \\ r_2 = 3/2 - \sqrt{3}t/2 - s/2 \\ r_3 = s \end{cases} \text{或} \quad \begin{cases} s = r_3 \\ t = (r_1 - r_2)/\sqrt{3} \end{cases} \tag{4.50}$$

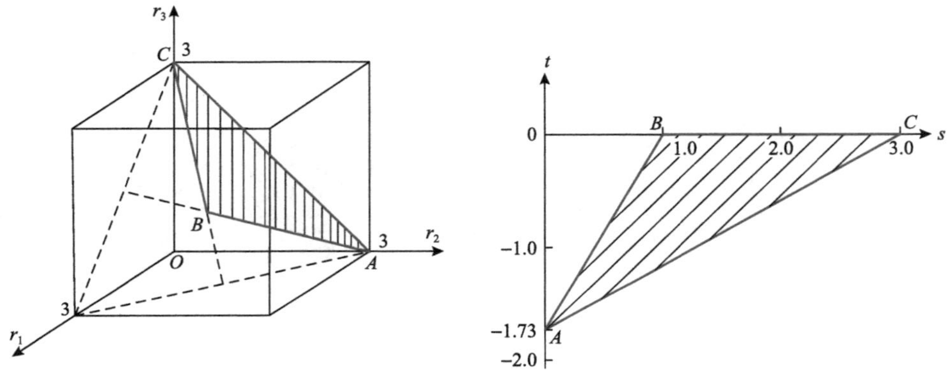

(a) 三维参数设计空间　　(b) 二维参数设计空间

图 4.14　Tex3 并联机器人的参数设计空间

对于 Tex3 并联机器人，其尺度综合可分为如下四步。

(1)确定优化设计区域。在二维参数设计空间中，Tex3 并联机器人的优化分布情况如图 4.15 所示。为确定机器人的性能分布情况，可定义三个优化设计区域，其中优化设计区域Ⅰ中$\eta \in [0.05, 0.3)$，整体性能较差；优化设计区域Ⅱ中$\eta \in [0.3, 0.4)$，整体性能中等；优化设计区域Ⅲ中$\eta \geqslant 0.4$，整体性能较好。

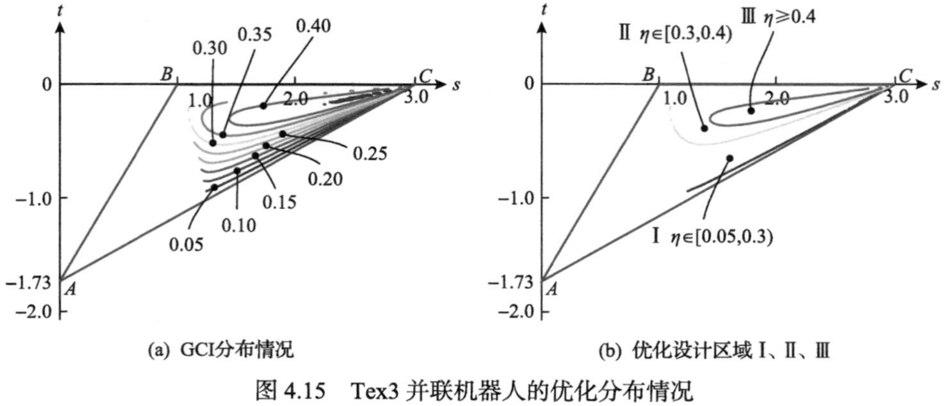

(a) GCI分布情况　　(b) 优化设计区域Ⅰ、Ⅱ、Ⅲ

图 4.15　Tex3 并联机器人的优化分布情况

(2)选取优化参数组。从每个优化设计区域中选取 3 组数据，共生成 9 组数据，Tex3 并联机器人优化设计区域中的 GCI 结果如表 4.1 所示。考虑到实际加工中存在制造误差等情况，参数选取时应尽量远离优化设计区域边界。根据式(4.50)，可得到二维平面内每组参数(s, t)所对应的无量纲参数(r_1, r_2, r_3)。

表 4.1　Tex3 并联机器人优化设计区域中的 GCI 结果

优化设计区域	组	s	t	l_1 /mm	l_3 /mm	l_4 /mm	η
Ⅰ	1	1.44	–0.80	35	589	576	0.086
	2	1.54	–0.65	67	517	616	0.178
	3	1.66	–0.55	77	459	664	0.229
Ⅱ	4	1.36	–0.47	165	491	544	0.333
	5	1.27	–0.37	218	474	508	0.360
	6	1.52	–0.39	161	431	608	0.382
Ⅲ	7	1.64	–0.31	165	379	656	0.419
	8	1.88	–0.23	144	304	752	0.438
	9	2.32	–0.15	84	188	928	0.452

(3)确定标准化因子 D 和尺寸参数 l_1、l_3、l_4。根据 Tex3 并联机器人所处的实际工况，本节中令 $D=400\text{mm}$。以表 4.1 中的第 1 组数据为例，s=1.44，$t=-0.80$，根据式(4.49)和标准化因子 D 可得：$l_1=35\text{mm}$、$l_3=589\text{mm}$ 和 $l_4=576\text{mm}$。

(4)检查所选参数是否满足实际使用情况。若满足，则优化步骤结束；反之，则返回步骤(2)重新选取优化参数组。

表 4.1 中的第 3、6、9 组数据对应的条件数性能分布情况如图 4.16 所示。显而易见，第 9 组数据(优化设计区域Ⅲ) η 值为 0.452，优于其他两组数据。相比原先的 0.335，优化后 Tex3 并联机器人的全域条件数性能得到提升，因此优化设计区域Ⅲ可选为最优设计区域。上述运动学性能评价和尺度综合研究，对于 Tex3 并联机器人的实际制造及应用具有重要的理论指导意义。基于优化后的尺寸参数，制造出 Tex3 并联机器人实物原理样机，如图 4.17 所示。

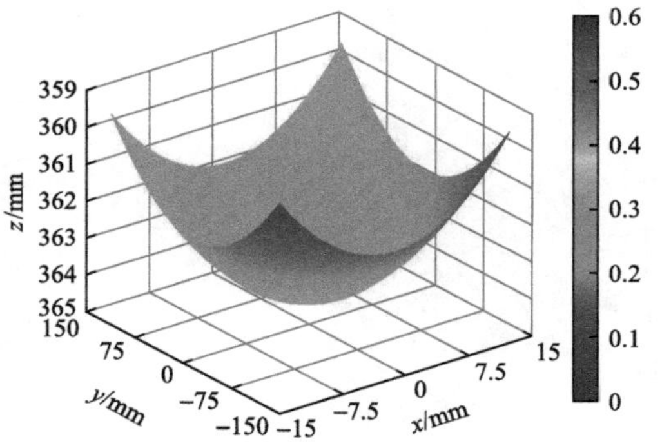

(a) 优化设计区域Ⅰ三维空间中的性能分布

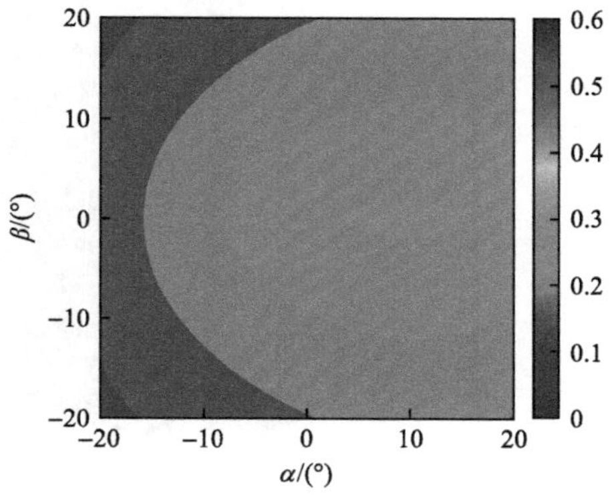

(b) 优化设计区域Ⅰ姿态空间中的性能分布

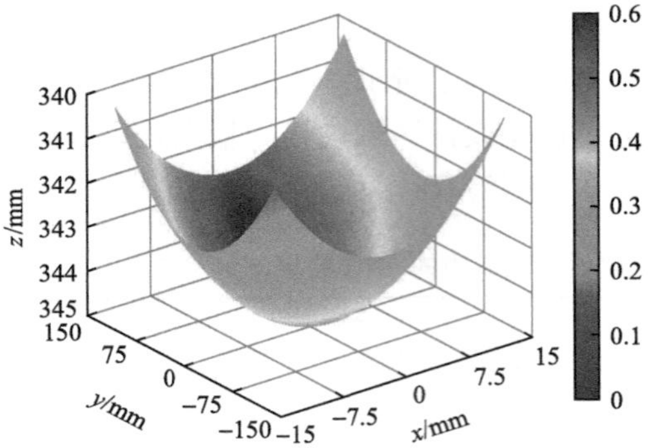

(c) 优化设计区域Ⅱ三维空间中的性能分布

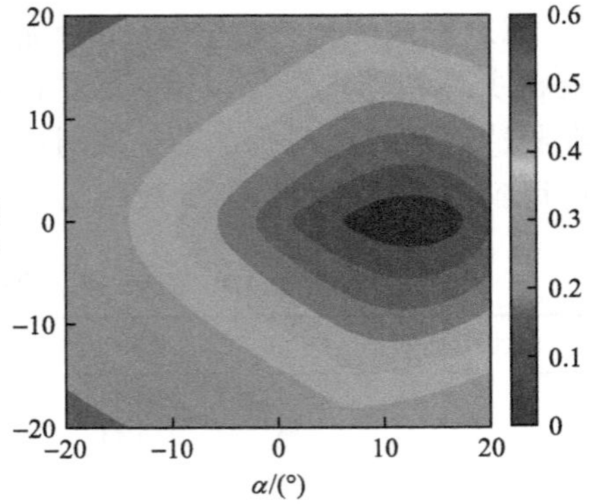

(d) 优化设计区域Ⅱ姿态空间中的性能分布

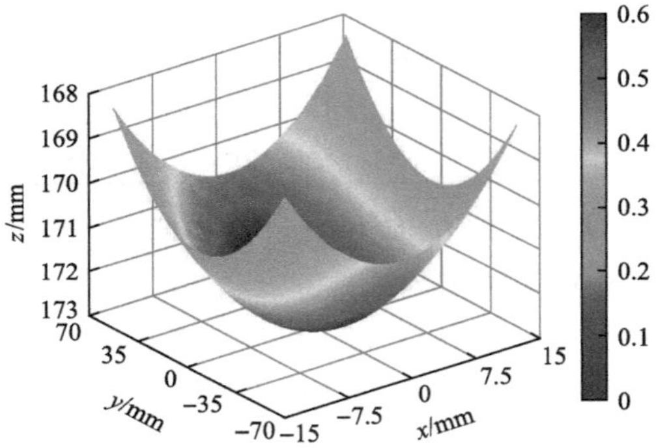

(e) 优化设计区域Ⅲ三维空间中的性能分布

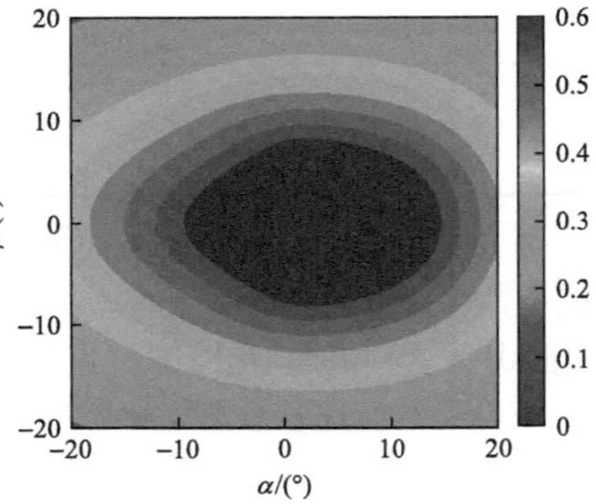

(f) 优化设计区域Ⅲ姿态空间中的性能分布

图 4.16　三个优化设计区域中不同参数组情况下的 Tex3 并联机器人条件数性能分布

图 4.17　Tex3 并联机器人实物原理样机

4.4.2　算例 2：2PRU-UPR 并联机器人的运动学分析与尺度综合

本节对 2PRU-UPR 并联机器人[15]进行运动学分析与尺度综合，主要包括运用共形几何代数 $\mathcal{G}_{4,1}$ 确定机器人的运动学逆解表达式、确定机器人的运动学奇异位形、评价机器人的运动学性能并进行尺度优化设计。

1. 2PRU-UPR 并联机器人的运动学逆解

由第 3 章中的分析可知，2PRU-UPR 并联机器人具有 2R1T 三自由度，分别为过点 A_3 且沿着 x 轴方向的转动(α)、过点 B_1 且沿着 v 轴方向的转动(β)和沿着 z 轴方向的移动(z_o)。2PRU-UPR 并联机器人的运动学逆解是指在已知末端输出位姿(α, β, z_o)的情况下，确定 2PRU-UPR 并联机器人的三个驱动参数(q_1, q_2, q_3)。图 4.18 展示了 2PRU-UPR 并联机器人三维图。

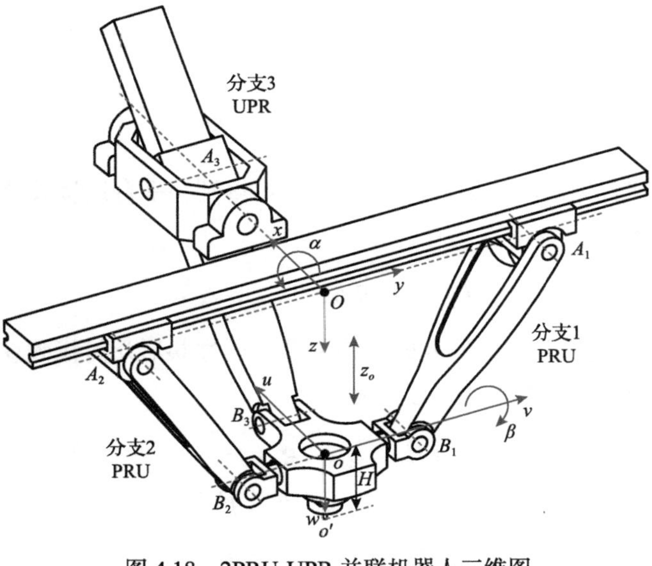

图 4.18　2PRU-UPR 并联机器人三维图

由于 2PRU-UPR 并联机器人的结构特征，动平台原点 o 在 O-xyz 下的位置始终限制在 $x=0$ 平面内，可表示为 $(0,\ z_o\tan_\alpha,\ z_o)^{\mathrm{T}}$。动坐标系姿态角为 $(\alpha,\ \beta,\ 0)^{\mathrm{T}}$，因此 2PRU-UPR 并联机器人的动平台刚体运动算子可表示为

$$\boldsymbol{M}=\boldsymbol{T}\boldsymbol{R}_\beta\boldsymbol{R}_\alpha \tag{4.51}$$

$$\tilde{\boldsymbol{M}}=\tilde{\boldsymbol{R}}_\alpha\tilde{\boldsymbol{R}}_\beta\tilde{\boldsymbol{T}} \tag{4.52}$$

式中，$\boldsymbol{T}=1-\left[(z_o\tan_\alpha)\boldsymbol{e}_2+z_o\boldsymbol{e}_3\right]\boldsymbol{e}_\infty/2$；$\boldsymbol{R}_\alpha=\mathrm{c}_{\alpha/2}-\mathrm{s}_{\alpha/2}\boldsymbol{e}_{23}$；$\boldsymbol{R}_\beta=\mathrm{c}_{\beta/2}+\mathrm{s}_{\beta/2}\boldsymbol{e}_{13}$。

基于共形几何代数$\mathcal{G}_{4,1}$，定平台连接关节点A_i和动平台连接关节点B_i在O-xyz和o-uvw中的位置可分别表示为

$$\begin{cases}\boldsymbol{A}_1=q_1\boldsymbol{e}_2+\dfrac{1}{2}q_1^2\boldsymbol{e}_\infty+\boldsymbol{e}_0\\ \boldsymbol{A}_2=-q_2\boldsymbol{e}_2+\dfrac{1}{2}q_2^2\boldsymbol{e}_\infty+\boldsymbol{e}_0\\ \boldsymbol{A}_3=l_3\boldsymbol{e}_1+\dfrac{1}{2}l_3^2\boldsymbol{e}_\infty+\boldsymbol{e}_0\end{cases}\tag{4.53}$$

和

$$\begin{cases}{}^o\boldsymbol{B}_1=l_1\boldsymbol{e}_2+\dfrac{1}{2}l_1^2\boldsymbol{e}_\infty+\boldsymbol{e}_0\\ {}^o\boldsymbol{B}_2=-l_1\boldsymbol{e}_2+\dfrac{1}{2}l_1^2\boldsymbol{e}_\infty+\boldsymbol{e}_0\\ {}^o\boldsymbol{B}_3=l_2\boldsymbol{e}_1+\dfrac{1}{2}l_2^2\boldsymbol{e}_\infty+\boldsymbol{e}_0\end{cases}\tag{4.54}$$

由共形几何代数的刚体运动公式(2.61)，可得到动平台连接关节点B_i在O-xyz的位置表达式为

$$\boldsymbol{B}_i=\boldsymbol{M}\,{}^o\boldsymbol{B}_i\tilde{\boldsymbol{M}},\quad i=1,2,3\tag{4.55}$$

根据 2PRU-UPR 并联机器人的结构关系，通过共形几何代数$\mathcal{G}_{4,1}$可建立包含驱动变量和输出位姿参数的运动学方程，为

$$\begin{cases}L_1^2=-2\boldsymbol{A}_1\cdot\boldsymbol{B}_1=l^2\\ L_2^2=-2\boldsymbol{A}_2\cdot\boldsymbol{B}_2=l^2\\ L_3^2=-2\boldsymbol{A}_3\cdot\boldsymbol{B}_3=q_3^2\end{cases}\tag{4.56}$$

代入各关节点的位置坐标，可求解出 2PRU-UPR 并联机器人的运动学逆解表达式为

$$\begin{cases}q_1=l_1\mathrm{c}_\alpha+z_o\tan_\alpha+a_1\\ q_2=l_1\mathrm{c}_\alpha-z_o\tan_\alpha+a_2\\ q_3=\sqrt{a_3^2+a_4^2}\end{cases}\tag{4.57}$$

式中，$a_1=\sqrt{l^2-(z_o-l_1\mathrm{s}_\alpha)^2}$；$a_2=\sqrt{l^2-(z_o+l_1\mathrm{s}_\alpha)^2}$；$a_3=l_2\mathrm{c}_\beta-l_3$；$a_4=z_o/\mathrm{c}_\alpha-$

$l_2 s_\beta$。

2. 2PRU-UPR 并联机器人的速度分析

类似于 Tex3 并联机器人，运动雅可比矩阵也可反映 2PRU-UPR 并联机器人末端动平台速度 $\dot{\boldsymbol{X}} = \left(\dot{\alpha},\ \dot{\beta},\ \dot{z}_o\right)^{\mathrm{T}}$ 和驱动器速度 $\dot{\boldsymbol{q}} = \left(\dot{q}_1,\ \dot{q}_2,\ \dot{q}_3\right)^{\mathrm{T}}$ 之间的映射关系。通过直接对 2PRU-UPR 并联机器人的运动学逆解表达式(4.57)两端求导，可整理得到该机器人的速度方程为

$$\boldsymbol{J}_q \dot{\boldsymbol{q}} = \boldsymbol{J}_x \dot{\boldsymbol{X}} \tag{4.58}$$

式中，$\boldsymbol{J}_q$ 和 $\boldsymbol{J}_x$ 均为 3×3 的运动雅可比矩阵，其表达式可展开为

$$\boldsymbol{J}_q = \begin{bmatrix} J_{q_{11}} & 0 & 0 \\ 0 & J_{q_{22}} & 0 \\ 0 & 0 & J_{q_{33}} \end{bmatrix},\quad \boldsymbol{J}_x = \begin{bmatrix} J_{x_{11}} & J_{x_{12}} & J_{x_{13}} \\ J_{x_{21}} & J_{x_{22}} & J_{x_{23}} \\ J_{x_{31}} & J_{x_{32}} & J_{x_{33}} \end{bmatrix} \tag{4.59}$$

式中，$J_{q_{11}} = a_1$；$J_{q_{22}} = a_2$；$J_{q_{33}} = q_3$；$J_{x_{11}} = \left(z_o / \mathrm{c}_\alpha^2 - l_1 \mathrm{s}_\alpha\right) a_1 - l_1^2 \mathrm{s}_\alpha \mathrm{c}_\alpha + l_1 z_o \mathrm{c}_\alpha$；$J_{x_{12}} = 0$；$J_{x_{13}} = a_1 \tan_\alpha + l_1 \mathrm{s}_\alpha - z_o$；$J_{x_{21}} = \left(-z_o / \mathrm{c}_\alpha^2 - l_1 \mathrm{s}_\alpha\right) a_2 - l_1^2 \mathrm{s}_\alpha \mathrm{c}_\alpha - l_1 z_o \mathrm{c}_\alpha$；$J_{x_{22}} = 0$；$J_{x_{23}} = -a_2 \tan_\alpha - l_1 \mathrm{s}_\alpha - z_o$；$J_{x_{31}} = \left(z_o / \mathrm{c}_\alpha - l_2 \mathrm{s}_\beta\right) z_o \mathrm{s}_\alpha / \mathrm{c}_\alpha^2$；$J_{x_{32}} = l_2 l_3 \mathrm{s}_\beta - l_2 z_o \mathrm{c}_\beta / \mathrm{c}_\alpha$；$J_{x_{33}} = z_o / \mathrm{c}_\alpha^2 - l_2 \mathrm{s}_\beta / \mathrm{c}_\alpha$。

因此，通过在式(4.58)两端同左乘 $\boldsymbol{J}_q^{-1}$，2PRU-UPR 并联机器人的输入输出速度等式可简化为

$$\dot{\boldsymbol{q}} = \boldsymbol{J}_q^{-1} \boldsymbol{J}_x \dot{\boldsymbol{X}} = \boldsymbol{J} \dot{\boldsymbol{X}} \tag{4.60}$$

式中，$\boldsymbol{J}$ 为 2PRU-UPR 并联机器人的运动雅可比矩阵。根据式(4.33)，即可得到齐次化运动雅可比矩阵 $\boldsymbol{J}_h$。

3. 2PRU-UPR 并联机器人的运动学性能分析

本节同样采用基于齐次化运动雅可比矩阵 $\boldsymbol{J}_h$ 的条件数倒数 C 作为性能指标，对 2PRU-UPR 并联机器人进行运动学性能分析。2PRU-UPR 并联机器人的杆件尺寸参数和输出位姿运动范围定义如下：$l_1 = l_2 = 150\mathrm{mm}$、$l_3 = 500\mathrm{mm}$、$l = 700\mathrm{mm}$、$z_o = 260\mathrm{mm}$、$\alpha \in [-40°,\ 40°]$ 和 $\beta \in [-40°,\ 40°]$。基于上述尺寸参数，即可得到 2PRU-UPR 并联机器人在工作空间中的 LCI 分布图谱，如图 4.19 所示。图 4.19(a)展示了在末端刀具长度 $H = 50\mathrm{mm}$ 的情况下，2PRU-UPR 并联机器人在三维空间中的 LCI 分布图谱，其关于 $y = 0\mathrm{mm}$ 平面完全对称。图 4.19(b)为 2PRU-UPR 并

联机器人在姿态空间中的 LCI 分布图谱，其关于 $\alpha = 0°$ 完全对称。从图中可以发现，2PRU-UPR 并联机器人在 $\beta < 0°$ 区域内运动学性能较好，随着 β 的变大运动学性能下降。同样地，根据式(4.33)～式(4.37)，可得到 2PRU-UPR 并联机器人的全域条件数指标 η 的值仅为 0.087，整体性能并不理想，需要进行尺度综合。

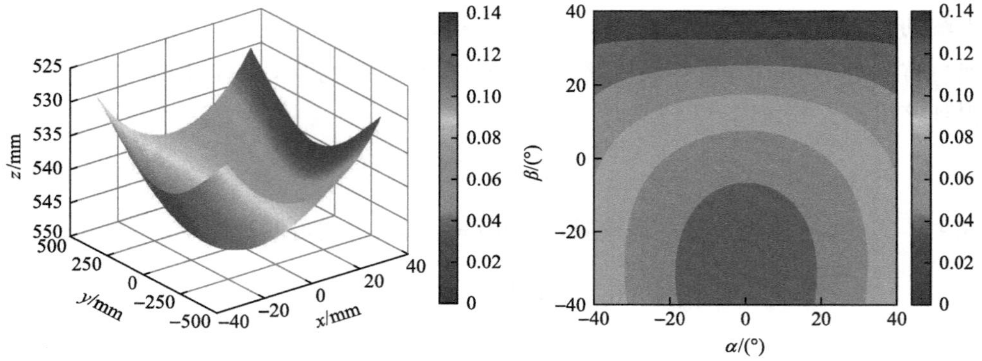

(a) 三维空间中的性能分布　　　　(b) 姿态空间中的性能分布

图 4.19　2PRU-UPR 并联机器人的条件数性能分析

4. 2PRU-UPR 并联机器人的运动学奇异位形分析

本节主要通过对两个运动雅可比矩阵 $\boldsymbol{J}_q$ 和 $\boldsymbol{J}_x$ 的行列式进行讨论，确定 2PRU-UPR 并联机器人的运动学奇异位形，包括逆解奇异位形、正解奇异位形和混合奇异位形。

1) 逆解奇异位形

对于 2PRU-UPR 并联机器人，其发生逆解奇异位形的条件为

$$\det\left(\boldsymbol{J}_q\right) = 0 \text{ 且 } \det\left(\boldsymbol{J}_x\right) \neq 0 \tag{4.61}$$

式中，$\boldsymbol{J}_q$ 是对角矩阵，若 $\det\left(\boldsymbol{J}_q\right) = 0$ 成立，则 $J_{q_{11}}$、$J_{q_{22}}$ 或 $J_{q_{33}}$ 需为 0。对应的机器人位形存在以下任意一种情况时，可满足上述条件：

(1) $J_{q_{11}} = 0$，即 $l_1 = \left|z_o - l_1 \mathrm{s}_\alpha\right|$。此奇异位形表达式对应的机器人位形即为分支 1 中杆 A_1B_1 垂直于定平台，如图 4.20(a) 所示。

(2) $J_{q_{22}} = 0$，即 $l_2 = \left|z_o + l_1 \mathrm{s}_\alpha\right|$。此奇异位形表达式对应的机器人位形即为分支 2 中杆 A_2B_2 垂直于定平台，如图 4.20(b) 所示。

(3) $J_{q_{33}} = 0$，即 $\sqrt{a_3^2 + a_4^2} = 0$。当且仅当机器人参数同时满足 $l_2 \mathrm{c}_\beta = l_3$ 和 $l_2 \mathrm{s}_\beta = z_o / \mathrm{c}_\alpha$ 时，等式成立。两个条件表达式对应的机器人位形为 UPR 分支的虎克铰与转动副重合。但是，由于机器人的实际运动和干涉限制，对应的机器人位形不

存在。

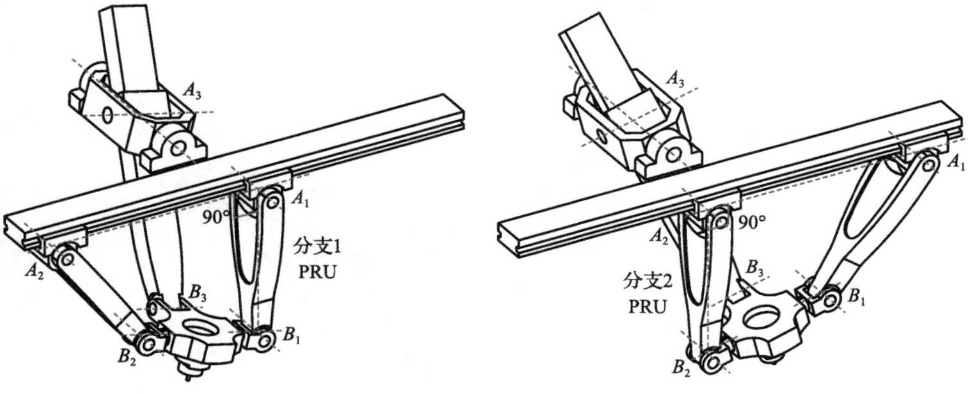

(a) 逆解奇异位形1　　(b) 逆解奇异位形2

图 4.20　2PRU-UPR 并联机器人的两种逆解奇异位形

综上，2PRU-UPR 并联机器人共存在两种逆解奇异位形，机器人在该情况下失去了一个沿 z 轴方向的平动自由度。

2) 正解奇异位形

对于 2PRU-UPR 并联机器人，其发生正解奇异位形的条件为

$$\det\left(\boldsymbol{J}_q\right) \neq 0 \text{ 且 } \det\left(\boldsymbol{J}_x\right) = 0 \tag{4.62}$$

对于上述条件，可进一步化简得

$$\left(J_{x_{13}} J_{x_{21}} - J_{x_{11}} J_{x_{23}}\right) J_{x_{32}} = 0 \tag{4.63}$$

当对应的机器人位形存在以下任意一种情况时，可满足上述条件：

(1) $J_{x_{32}} = 0$，即 $l_3 \tan_\beta = z_o / c_\alpha$。此奇异位形表达式对应的机器人位形即为分支 3 中移动副方向矢量 A_3B_3 与动平台位置矢量 oB_3 共线，如图 4.21 所示。此时，即使锁住三个驱动关节，2PRU-UPR 并联机器人的末端动平台仍能绕通过 B_3 点且平行于 B_1B_2 方向的转轴发生微小转动。

(2) $J_{x_{13}} J_{x_{21}} - J_{x_{11}} J_{x_{23}} = 0$。由于该表达式较为复杂，通过对位姿参数 z_o、α 和 β 进行迭代计算得到 $J_{x_{13}} J_{x_{21}} - J_{x_{11}} J_{x_{23}}$ 的值，以查看工作空间内是否存在符合条件的正解奇异位形。计算结果显示，工作空间内不存在 z_o、α 和 β 使得 $J_{x_{13}} J_{x_{21}} - J_{x_{11}} J_{x_{23}} \leqslant 10^{-4}$，故此奇异位形表达式无解，对应的机器人奇异位形不存在。

综上，2PRU-UPR 并联机器人共存在一种正解奇异位形。

3) 混合奇异位形

对于 2PRU-UPR 并联机器人，其发生混合奇异位形的条件为

$$\det\left(\boldsymbol{J}_q\right)=0 \quad \text{且} \quad \det\left(\boldsymbol{J}_x\right)=0 \tag{4.64}$$

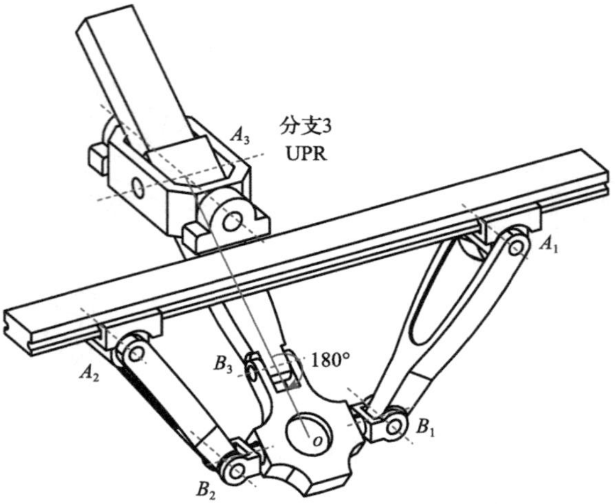

图 4.21　2PRU-UPR 并联机器人的正解奇异位形

根据对该机器人逆解奇异位形和正解奇异位形的分析，可化简为

$$\begin{cases} l=\left|z_o-l_1 \mathrm{s}_\alpha\right| \\ l_3 \tan_\beta=z_o / \mathrm{c}_\alpha \end{cases} \quad \text{或} \quad \begin{cases} l=\left|z_o+l_1 \mathrm{s}_\alpha\right| \\ l_3 \tan_\beta=z_o / \mathrm{c}_\alpha \end{cases} \tag{4.65}$$

此奇异位形表达式对应的机器人位形即为分支 3 中移动副方向矢量 A_3B_3 与动平台位置矢量 oB_3 共线，同时满足分支 1 杆 A_1B_1 或者分支 2 杆 A_2B_2 垂直于定平台，如图 4.22(a)和图 4.22(b)所示。

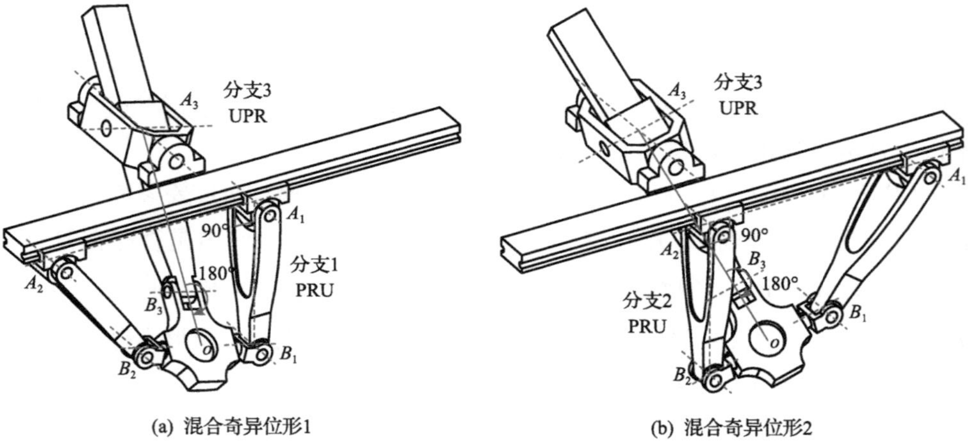

图 4.22　2PRU-UPR 并联机器人的两种混合奇异位形

5. 2PRU-UPR 并联机器人的尺度综合分析

对于 2PRU-UPR 并联机器人，本节也采用全域条件数指标 η 进行尺度综合，对其中的杆件尺寸参数 (l_1, l_2, l_3, l) 进行优化设计。为保证在优化过程中 2PRU-UPR 并联机器人的转动范围保持一致，对 α 和 β 进行如下限定：$\alpha \in [-40°, 40°]$ 和 $\beta \in [-40°, 40°]$。在本节中，令 2PRU-UPR 并联机器人的尺度参数满足如下条件：$l_1 = l_2$，$z_o = 2l_1$，且将 l_1、l_3 和 l 定义为设计参数。考虑实际应用情况，2PRU-UPR 并联机器人参数可归一化为

$$\begin{cases} D = (l_1 + l_3 + l)/3 \\ r_1 = l_1/D, \quad r_2 = l_3/D, \quad r_3 = l/D \\ r_1 \leqslant r_2, \quad 3r_1 \leqslant r_3 \\ 0 < r_1, r_2, r_3 < 3 \end{cases} \tag{4.66}$$

式中，D 表示标准化因子；$r_i\ (i=1, 2, 3)$ 表示标准化的无量纲参数。

图 4.23 为 2PRU-UPR 并联机器人的参数设计空间，包含了所有满足约束条件的组合情况。从三维参数设计空间（图 4.23(a)）到二维参数设计空间（图 4.23(b)）的映射关系为

$$\begin{cases} r_1 = s \\ r_2 = \sqrt{3}t/2 - s/2 \\ r_3 = 3 - \sqrt{3}t/2 - s/2 \end{cases} \quad 或 \quad \begin{cases} s = r_1 \\ t = (3 - r_3 + r_2)/\sqrt{3} \end{cases} \tag{4.67}$$

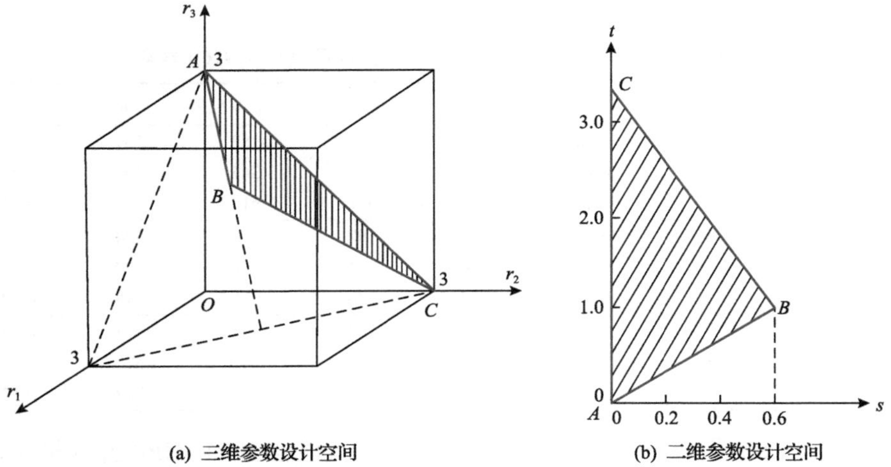

(a) 三维参数设计空间　　(b) 二维参数设计空间

图 4.23　2PRU-UPR 并联机器人的参数设计空间

2PRU-UPR 并联机器人的尺度优化步骤如下。

(1)确定优化设计区域。2PRU-UPR 并联机器人的η值分布情况如图 4.24 所示，为确定机器人的性能分布情况，定义三个优化设计区域。其中，优化设计区域Ⅰ中$\eta \in [0.02, 0.06)$，整体性能较差；优化设计区域Ⅱ中$\eta \in [0.06, 0.10)$，整体性能中等；优化设计区域Ⅲ中$\eta \geqslant 0.10$，整体性能较好。

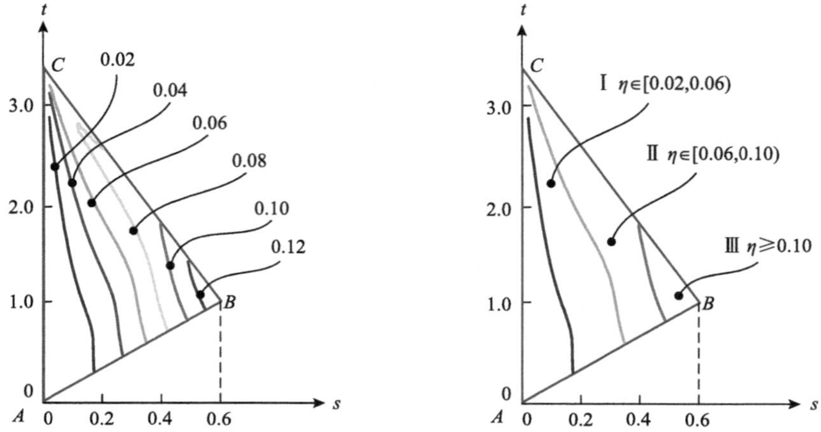

(a) GCI分布情况　　(b) 优化设计区域Ⅰ、Ⅱ、Ⅲ

图 4.24　2PRU-UPR 并联机器人的优化分布情况

(2)选取优化参数组。从每个优化设计区域中选取 3 组数据，共生成 9 组数据，如表 4.2 所示。考虑到实际加工中存在制造误差等情况，参数选取时应尽量远离优化设计区域边界。根据式(4.67)，可得到二维平面内每组参数(s, t)所对应的无量纲参数(r_1, r_2, r_3)。

表 4.2　2PRU-UPR 并联机器人优化设计区域中的 GCI 结果

优化设计区域	组	s	t	l_1 /mm	l_3 /mm	l/mm	η
Ⅰ	1	0.16	1.18	48	283	569	0.027
	2	0.18	1.44	54	347	499	0.039
	3	0.20	1.72	60	417	423	0.053
Ⅱ	4	0.34	1.06	102	224	574	0.067
	5	0.38	1.36	114	296	490	0.085
	6	0.40	1.52	120	335	445	0.096
Ⅲ	7	0.48	1.02	144	193	563	0.105
	8	0.50	1.22	150	242	508	0.118
	9	0.54	1.18	162	226	512	0.127

(3)确定标准化因子D和尺寸参数l_1、l_3、l。根据 2PRU-UPR 并联机器人所处的实际工况，此处令$D = 300\text{mm}$。以表 4.2 中的第 1 组数据为例，s=0.16，t=1.18，根据式(4.49)和标准化因子D可得：$l_1 = 48\text{mm}$、$l_3 = 283\text{mm}$和$l = 569\text{mm}$。

(4) 检查所选参数是否满足实际使用情况。若满足，则优化步骤结束；反之，则返回步骤(2)重新选取优化参数组。

表 4.2 中的第 3、6、9 组数据对应的条件数性能分布情况如图 4.25 所示。显而易见，第 9 组数据(优化设计区域Ⅲ) η 值为 0.127，优于其他两组数据。相比原

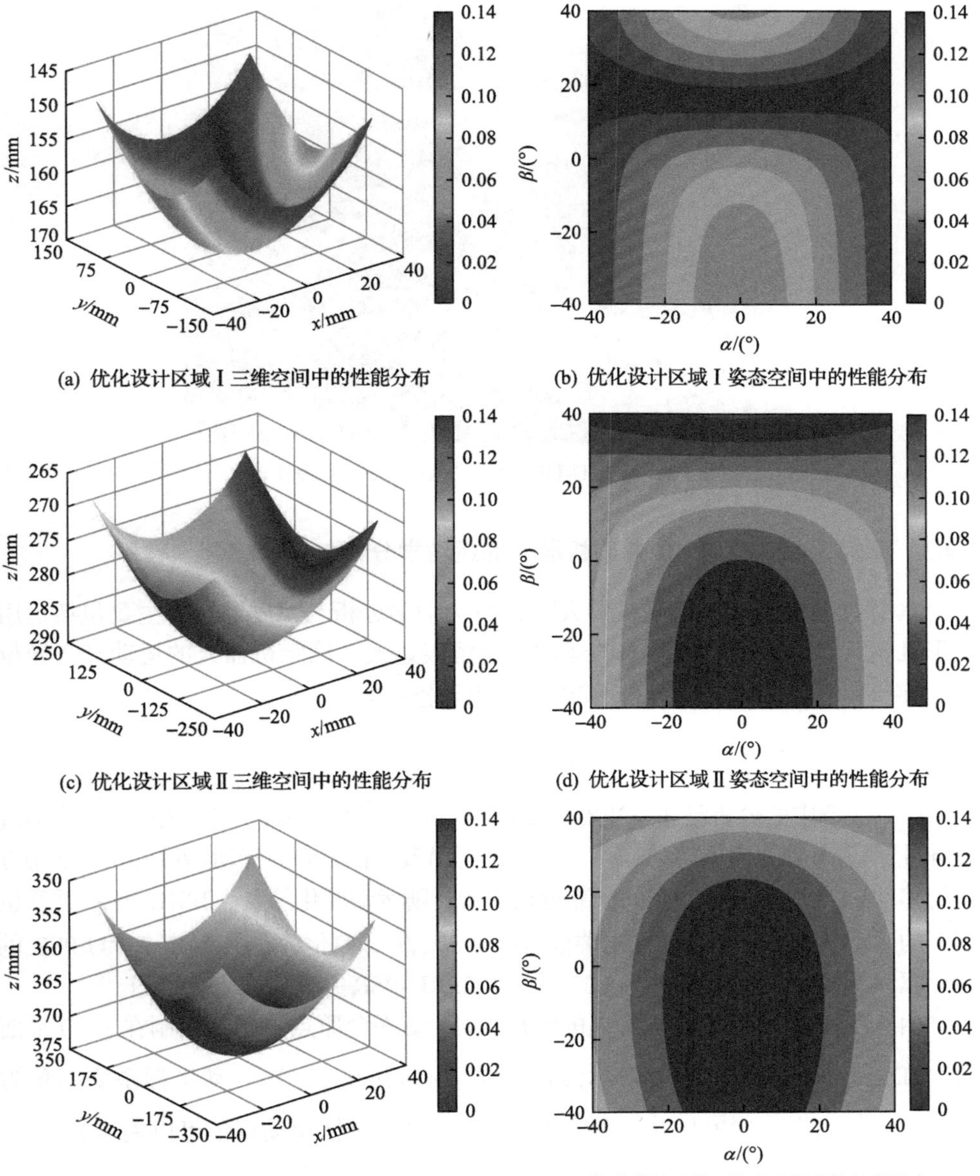

(a) 优化设计区域Ⅰ三维空间中的性能分布　(b) 优化设计区域Ⅰ姿态空间中的性能分布

(c) 优化设计区域Ⅱ三维空间中的性能分布　(d) 优化设计区域Ⅱ姿态空间中的性能分布

(e) 优化设计区域Ⅲ三维空间中的性能分布　(f) 优化设计区域Ⅲ姿态空间中的性能分布

图 4.25　三个优化设计区域中不同参数组情况下 2PRU-UPR 并联机器人条件数性能分布

先的 0.087，优化后 2PRU-UPR 并联机器人的条件数性能得到提升，因此优化设计区域Ⅲ可选为最优设计区域。上述运动学性能评价和尺度优化，对于 2PRU-UPR 并联机器人的实际制造及应用具有重要的理论指导意义。基于优化后的尺寸参数，制造出 2PRU-UPR 并联机器人的实物原理样机，如图 4.26 所示。

图 4.26 2PRU-UPR 并联机器人实物原理样机

4.4.3 算例 3：2PRU-PSR 并联机器人的运动学分析与尺度综合

本节对 2PRU-PSR 并联机器人[16]进行运动学分析与尺度综合，主要包括运用共形几何代数 $\mathcal{G}_{4,1}$ 确定机器人的运动学逆解表达式、确定机器人的运动学奇异位形、评价机器人的运动学性能并进行尺度优化设计。

1. 2PRU-PSR 并联机器人的运动学逆解

由第 3 章中的分析已知，2PRU-PSR 并联机器人具有 2R1T 三自由度，分别为过点 A_3 且沿着 x 轴方向的转动(α)、过点 o' 且沿着 y 轴方向的转动(β)和沿着 z 轴方向的移动(z_o)，其中 o' 为空间中靠近动平台且随运动变化的点。2PRU-PSR 并联机器人的运动学逆解是指在已知末端输出位姿(α, β, z_o)的情况下，确定 2PRU-PSR 的三个驱动参数(q_1, q_2, q_3)。图 4.27 展示了 2PRU-PSR 并联机器人三维图。

由于 2PRU-PSR 并联机器人的结构特征，动平台原点 o 始终限制在 $x=0$ 平面内，在定坐标系 O-xyz 中可表示为 $\left(0,\ -(z_o-q_3)\tan_{\alpha},\ z_o\right)^{\mathrm{T}}$。动坐标系姿态角为 $(\alpha,\ \beta,\ 0)^{\mathrm{T}}$，因此 2PRU-PSR 并联机器人的动平台刚体运动算子可以表示为

$$\boldsymbol{M}=\boldsymbol{T}\boldsymbol{R}_{\beta}\boldsymbol{R}_{\alpha} \tag{4.68}$$

$$\tilde{\boldsymbol{M}}=\tilde{\boldsymbol{R}}_\alpha\tilde{\boldsymbol{R}}_\beta\tilde{\boldsymbol{T}} \tag{4.69}$$

式中，$\boldsymbol{T}=1-\left[-(z_o-q_3)\tan_\alpha\boldsymbol{e}_2+z_o\boldsymbol{e}_3\right]\boldsymbol{e}_\infty/2$；$\boldsymbol{R}_\alpha=\mathrm{c}_{\alpha/2}-\mathrm{s}_{\alpha/2}\boldsymbol{e}_{23}$；$\boldsymbol{R}_\beta=\mathrm{c}_{\beta/2}+\mathrm{s}_{\beta/2}\boldsymbol{e}_{13}$。

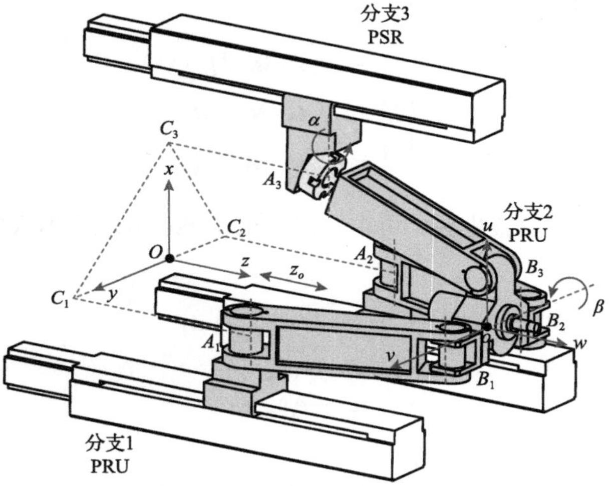

图 4.27　2PRU-PSR 并联机器人三维图

基于共形几何代数，定平台连接关节点 A_i 和动平台连接关节点 B_i 在 $O\text{-}xyz$ 和 $o\text{-}uvw$ 中的位置可分别表示为

$$\begin{cases}\boldsymbol{A}_1=R\boldsymbol{e}_2+q_1\boldsymbol{e}_3+\dfrac{1}{2}\left(R^2+q_1^2\right)\boldsymbol{e}_\infty+\boldsymbol{e}_0\\ \boldsymbol{A}_2=-R\boldsymbol{e}_2+q_2\boldsymbol{e}_3+\dfrac{1}{2}\left(R^2+q_2^2\right)\boldsymbol{e}_\infty+\boldsymbol{e}_0\\ \boldsymbol{A}_3=R\boldsymbol{e}_1+q_3\boldsymbol{e}_3+\dfrac{1}{2}\left(R^2+q_3^2\right)\boldsymbol{e}_\infty+\boldsymbol{e}_0\end{cases} \tag{4.70}$$

和

$$\begin{cases}{}^o\boldsymbol{B}_1=e_1\boldsymbol{e}_2+\dfrac{1}{2}e_1^2\boldsymbol{e}_\infty+\boldsymbol{e}_0\\ {}^o\boldsymbol{B}_2=-e_1\boldsymbol{e}_2+\dfrac{1}{2}e_1^2\boldsymbol{e}_\infty+\boldsymbol{e}_0\\ {}^o\boldsymbol{B}_3=e_2\boldsymbol{e}_1+\dfrac{1}{2}e_2^2\boldsymbol{e}_\infty+\boldsymbol{e}_0\end{cases} \tag{4.71}$$

由式(2.61)的共形几何代数刚体运动公式，可得到动平台连接关节点 B_i 在

$O\text{-}xyz$ 的位置表达式为

$$\boldsymbol{B}_i = \boldsymbol{M}{}^{o}\boldsymbol{B}_i\tilde{\boldsymbol{M}}, \quad i=1,2,3 \tag{4.72}$$

根据 2PRU-PSR 并联机器人的结构关系，通过共形几何代数建立包含驱动变量和输出位姿参数的运动学方程，即

$$\begin{cases} L_1^2 = -2\boldsymbol{A}_1 \cdot \boldsymbol{B}_1 = l_1^2 \\ L_2^2 = -2\boldsymbol{A}_2 \cdot \boldsymbol{B}_2 = l_1^2 \\ L_3^2 = -2\boldsymbol{A}_3 \cdot \boldsymbol{B}_3 = l_2^2 \end{cases} \tag{4.73}$$

代入各关节点的位置坐标，可求解出 2PRU-PSR 并联机器人的运动学逆解表达式为

$$\begin{cases} q_3 = z_o - e_2 \mathrm{c}_\alpha \mathrm{s}_\beta + a_3 \\ q_1 = z_o + e_1 \mathrm{s}_\alpha + a_1 \\ q_2 = z_o - e_1 \mathrm{s}_\alpha + a_2 \end{cases} \tag{4.74}$$

式中，$a_3 = -\mathrm{c}_\alpha\sqrt{l_2^2 - \left(R - e_2\mathrm{c}_\beta\right)^2}$；$a_1 = -\sqrt{l_1^2 - a_{12}^2}$，$a_{12} = R - e_1\mathrm{c}_\alpha - \tan_\alpha(q_3 - z_o)$；$a_2 = -\sqrt{l_1^2 - a_{22}^2}$，$a_{22} = R - e_1\mathrm{c}_\alpha + \tan_\alpha\left(q_3 - z_o\right)$。

2. 2PRU-PSR 并联机器人的速度分析

类似于 Tex3 并联机器人，运动雅可比矩阵也可反映 2PRU-PSR 并联机器人末端动平台速度 $\dot{\boldsymbol{X}} = \left(\dot{\alpha},\ \dot{\beta},\ \dot{z}_o\right)^{\mathrm{T}}$ 和驱动关节速度 $\dot{\boldsymbol{q}} = \left(\dot{q}_1,\ \dot{q}_2,\ \dot{q}_3\right)^{\mathrm{T}}$ 之间的映射关系。通过直接对 2PRU-PSR 并联机器人的运动学逆解表达式(4.74)两端求导，可整理得到该机器人的速度方程为

$$\boldsymbol{J}_q\dot{\boldsymbol{q}} = \boldsymbol{J}_x\dot{\boldsymbol{X}} \tag{4.75}$$

式中，$\boldsymbol{J}_q$ 和 $\boldsymbol{J}_x$ 均为 3×3 的运动雅可比矩阵，其表达式可展开为

$$\boldsymbol{J}_q = \begin{bmatrix} J_{q_{11}} & 0 & 0 \\ 0 & J_{q_{22}} & 0 \\ 0 & 0 & J_{q_{33}} \end{bmatrix}, \quad \boldsymbol{J}_x = \begin{bmatrix} J_{x_{11}} & J_{x_{12}} & J_{x_{13}} \\ J_{x_{21}} & J_{x_{22}} & J_{x_{23}} \\ J_{x_{31}} & J_{x_{32}} & J_{x_{33}} \end{bmatrix} \tag{4.76}$$

式中，$J_{q_{11}} = a_1$；$J_{q_{22}} = a_2$；$J_{q_{33}} = a_3$；$J_{x_{31}} = a_3 e_2 \mathrm{s}_\alpha \mathrm{s}_\beta - \mathrm{s}_\alpha a_3$；$J_{x_{32}} = -a_3 e_2 \mathrm{c}_\alpha \mathrm{c}_\beta - \left(R - e_2\mathrm{c}_\beta\right)e_2\mathrm{c}_\alpha^2\mathrm{s}_\beta$；$J_{x_{33}} = a_3$；$J_{x_{11}} = a_1 e_1 \mathrm{c}_\alpha - a_{12} e_1 \mathrm{s}_\alpha + a_{12}\left(q_3 - z_o\right)/\mathrm{c}_\alpha^2 + a_{12}\tan_\alpha J_{x_{31}}/a_3$；

$J_{x_{12}} = a_{12}\tan_\alpha J_{x_{32}}/a_3$；$J_{x_{13}} = a_1 - a_{12}\tan_\alpha + a_{12}\tan_\alpha J_{x_{33}}/a_3$；$J_{x_{21}} = -a_2 e_1 \mathrm{c}_\alpha - a_{22} e_1 \mathrm{s}_\alpha - a_{22}(q_3 - z_o)/\mathrm{c}_\alpha^2 - a_{22}\tan_\alpha J_{x_{31}}/a_3$；$J_{x_{22}} = -a_{22}\tan_\alpha J_{x_{32}}/a_3$；$J_{x_{23}} = a_2 + a_{22}\tan_\alpha - a_{22}\tan_\alpha J_{x_{33}}/a_3$。

因此，通过在式(4.75)两端同左乘 $\boldsymbol{J}_q^{-1}$，可得到 2PRU-PSR 并联机器人的输入输出速度等式关系为

$$\dot{\boldsymbol{q}} = \boldsymbol{J}_q^{-1}\boldsymbol{J}_x\dot{\boldsymbol{X}} = \boldsymbol{J}\dot{\boldsymbol{X}} \tag{4.77}$$

式中，$\boldsymbol{J}$ 为 2PRU-PSR 并联机器人的运动雅可比矩阵。根据式(4.33)，即可得到齐次化运动雅可比矩阵 $\boldsymbol{J}_h$。

3. 2PRU-PSR 并联机器人的运动学性能分析

本节同样采用基于齐次化运动雅可比矩阵 $\boldsymbol{J}_h$ 的条件数倒数 C 作为性能指标，对 2PRU-PSR 并联机器人进行运动学性能分析。2PRU-PSR 并联机器人的杆件尺寸参数和输出位姿运动范围定义如下：$e_1 = e_2 = 50\text{mm}$、$l_1 = l_2 = 400\text{mm}$、$R = 250\text{mm}$、$z_o = 550\text{mm}$、$\alpha\in[-30°, 30°]$和$\beta\in[-30°, 30°]$。基于上述结构参数，可得到2PRU-PSR并联机器人在工作空间中的LCI分布图谱，如图4.28所示。图4.28(a)展示了在末端刀具长度 $H = 50\text{mm}$ 的情况下，2PRU-PSR 并联机器人在三维空间内的 LCI 分布图谱，其关于 $y = 0\text{mm}$ 平面完全对称。图 4.28(b)为 2PRU-PSR 并联机器人在姿态空间中的 LCI 分布图谱，其关于 $\alpha = 0°$ 完全对称。从图中可以发现，2PRU-PSR 并联机器人在 $\beta < 0°$ 的区域内运动学性能较好，随着 β 的变大而下降。同样地，根据式(4.33)～式(4.37)，可得到 2PRU-PSR 并联机器人的全域条件数指标值仅为 0.079，整体性能并不理想，需进行尺度综合。

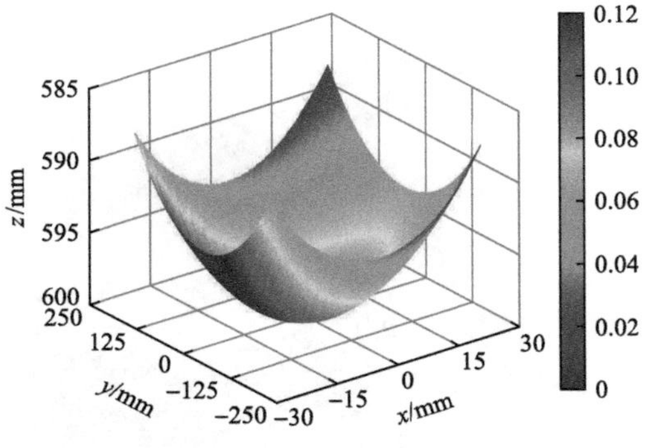

(a) 三维空间中的性能分布

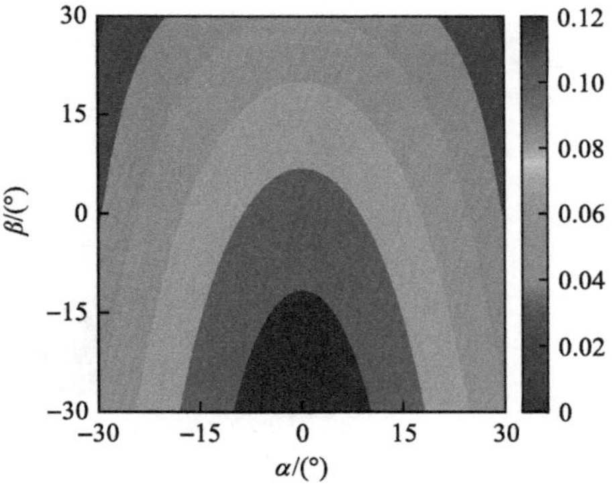

(b) 姿态空间中的性能分布

图 4.28　2PRU-PSR 并联机器人的条件数性能分析

4. 2PRU-PSR 并联机器人的运动学奇异位形分析

本节主要通过对两个运动雅可比矩阵 $\boldsymbol{J}_q$ 和 $\boldsymbol{J}_x$ 的行列式进行讨论，确定 2PRU-PSR 并联机器人的运动学奇异位形，包括逆解奇异位形、正解奇异位形和混合奇异位形。

1) 逆解奇异位形

对于 2PRU-PSR 并联机器人，其发生逆解奇异位形的条件为

$$\det\left(\boldsymbol{J}_q\right)=0 \text{ 且 } \det\left(\boldsymbol{J}_x\right)\neq 0 \tag{4.78}$$

由于 $\boldsymbol{J}_q$ 是对角矩阵，若 $\det\left(\boldsymbol{J}_q\right)=0$ 成立，则 $J_{q_{11}}$、$J_{q_{22}}$ 或 $J_{q_{33}}$ 需为 0。上述情况需要满足以下条件方才成立，即

$$a_1=0 \text{ 或 } a_2=0 \text{ 或 } a_3=0 \tag{4.79}$$

上述情况当且仅当杆件 A_1B_1、A_2B_2 或 A_3B_3 垂直于导轨时才会发生，即

$$l_1=\left|R-e_1\mathrm{c}_\alpha-\tan_\alpha\left(q_3-z_o\right)\right| \text{ 或 } l_1=\left|R-e_1\mathrm{c}_\alpha+\tan_\alpha\left(q_3-z_o\right)\right| \text{ 或 } l_2=\left|R-e_2\mathrm{c}_\beta\right| \tag{4.80}$$

图 4.29 为 2PRU-PSR 并联机器人的三种逆解奇异位形。在图 4.29(a)中，杆件 A_1B_1 垂直于导轨方向，2PRU-PSR 并联机器人中动平台上的点 B_1 失去沿着 A_1B_1 方向的平动自由度。在图 4.29(b)中，杆件 A_2B_2 垂直于导轨方向，2PRU-PSR 并联机器人中动平台上的点 B_2 失去沿着 A_2B_2 方向的平动自由度。在图 4.29(c)中，杆件 A_3B_3 垂直于导轨方向，2PRU-PSR 并联机器人中动平台上的点 B_3 失去沿着 A_3B_3 方向的平动自由度。

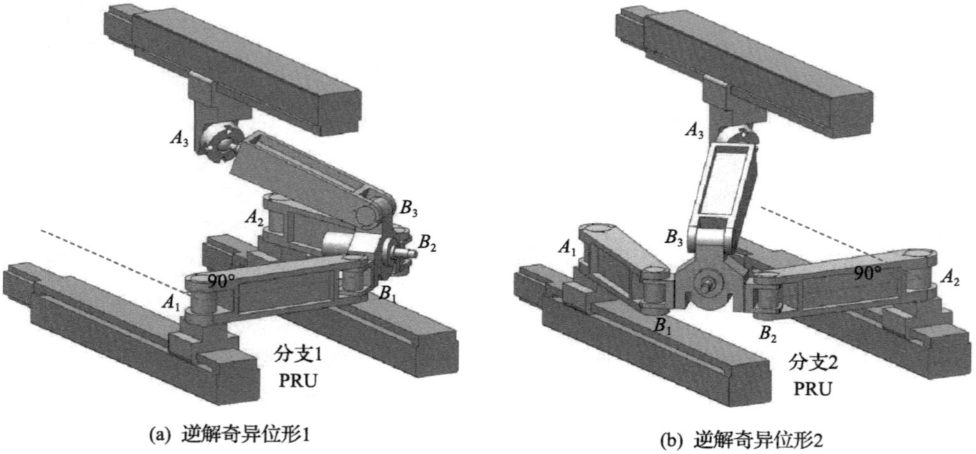

(a) 逆解奇异位形1　　(b) 逆解奇异位形2

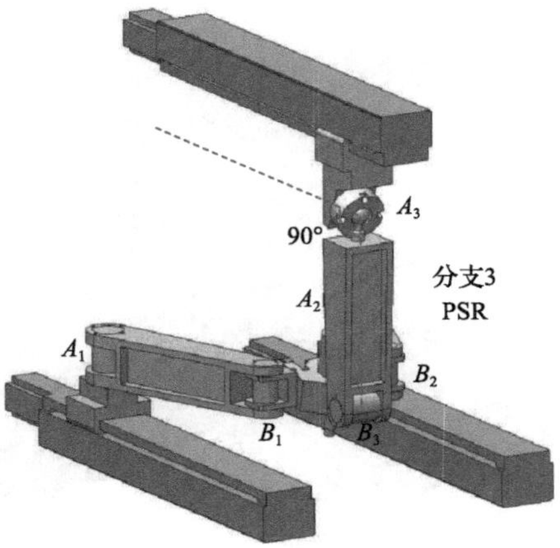

(c) 逆解奇异位形3

图 4.29 2PRU-PSR 并联机器人的三种逆解奇异位形

2) 正解奇异位形

对于 2PRU-PSR 并联机器人，其发生正解奇异位形的条件为

$$\det\left(\boldsymbol{J}_q\right) \neq 0 \text{ 且 } \det\left(\boldsymbol{J}_x\right) = 0 \tag{4.81}$$

结合式(4.76)和式(4.81)，$\det\left(\boldsymbol{J}_x\right)=0$ 成立需满足以下条件：

$$\begin{cases} J_{x_{11}} = 0 \\ J_{x_{21}} = 0 \\ J_{x_{31}} = 0 \end{cases} \text{或} \begin{cases} J_{x_{12}} = 0 \\ J_{x_{22}} = 0 \\ J_{x_{32}} = 0 \end{cases} \text{或} \begin{cases} J_{x_{13}} = 0 \\ J_{x_{23}} = 0 \\ J_{x_{33}} = 0 \end{cases} \tag{4.82}$$

通过计算上述条件可知，当且仅当杆件 A_3B_3 和动平台在同一平面时，2PRU-PSR 并联机器人才会发生正解奇异位形，如图 4.30 所示。此时，即使锁住三个驱动关节，2PRU-PSR 并联机器人的末端动平台仍能绕通过 B_3 点且平行于 B_1B_2 方向的转轴发生微小转动。

3) 混合奇异位形

对于 2PRU-PSR 并联机器人，其发生混合奇异位形的条件为

$$\det\left(\boldsymbol{J}_q\right) = 0 \text{ 且 } \det\left(\boldsymbol{J}_x\right) = 0 \tag{4.83}$$

根据分析，当杆件 A_1B_1 或 A_2B_2 垂直于导轨方向，且杆件 A_3B_3 和动平台在同一平面时，2PRU-PSR 并联机器人才发生混合奇异位形，其分布情况如图 4.31 所示，图中列出了两种混合奇异位形。

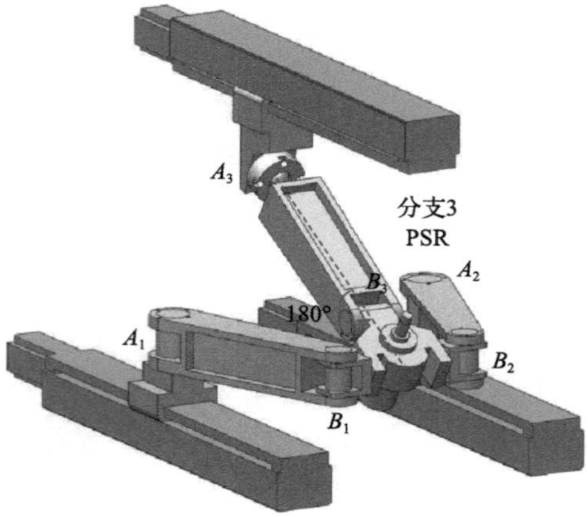

图 4.30　2PRU-PSR 并联机器人的正解奇异位形

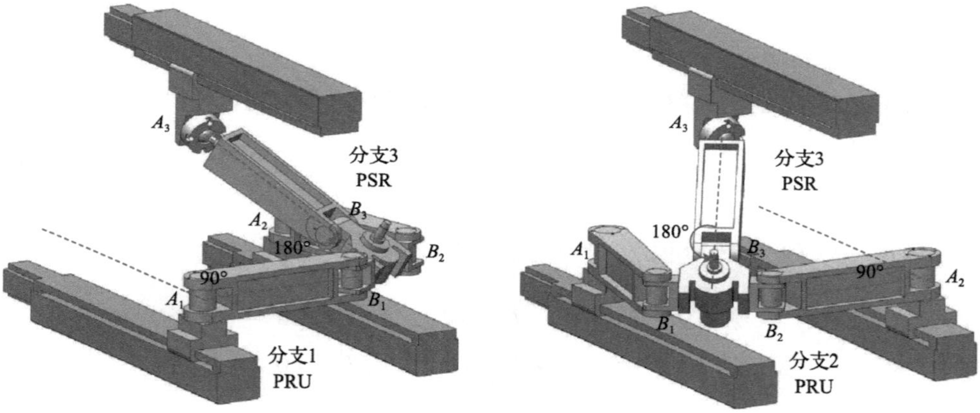

(a) 混合奇异位形1　　(b) 混合奇异位形2

图 4.31　2PRU-PSR 并联机器人的两种混合奇异位形

5. 2PRU-PSR 并联机器人的尺度综合分析

基于全域条件数指标 η，本节对 2PRU-PSR 并联机器人的杆件参数（e_1, e_2, l_1, l_2, R）进行尺度优化。在优化前，对该机器人的尺度参数和转动范围进行如下限定：$e_1 = e_2$、$l_1 = l_2$、$z_o = 2R$、$\alpha \in [-30°, 30°]$和$\beta \in [-30°, 30°]$，且将 e_1、l_1 和 R 定义为设计参数。考虑实际应用情况，2PRU-PSR 并联机器人参数可归一化为

$$\begin{cases} D = (e_1 + l_1 + R)/3 \\ r_1 = e_1/D, \quad r_2 = l_1/D, \quad r_3 = R/D \\ r_1 \leqslant r_2, \quad r_1 \leqslant r_3 \\ 0 < r_1, r_2, r_3 < 3 \end{cases} \tag{4.84}$$

式中，D 表示标准化因子；r_i (i=1, 2, 3) 表示标准化的无量纲参数。

图 4.32 为 2PRU-PSR 并联机器人的参数设计空间，包含了所有满足约束条件的组合情况，从三维参数设计空间(图 4.32(a))到二维参数设计空间(图 4.32(b))的映射关系为

$$\begin{cases} r_1 = 3/2 + \sqrt{3}t/2 - s/2 \\ r_2 = 3/2 - \sqrt{3}t/2 - s/2 \\ r_3 = s \end{cases} \text{或} \begin{cases} s = r_3 \\ t = (r_1 - r_2)/\sqrt{3} \end{cases} \tag{4.85}$$

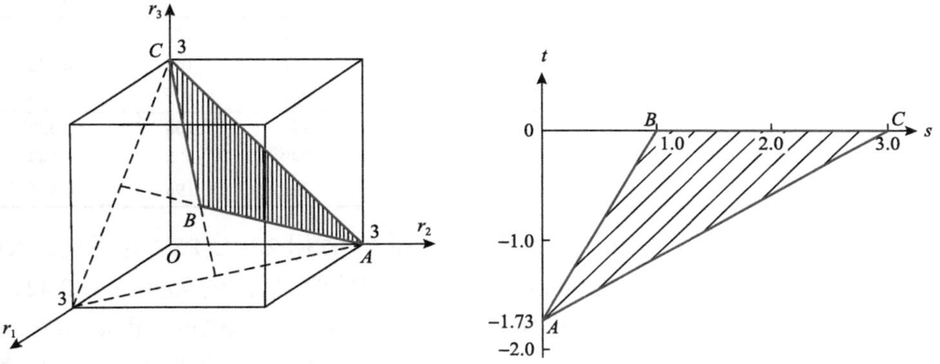

(a) 三维参数设计空间　　(b) 二维参数设计空间

图 4.32　2PRU-PSR 并联机器人的参数设计空间

2PRU-PSR 并联机器人的尺度优化步骤如下。

(1) 确定优化设计区域。2PRU-PSR 并联机器人的优化分布区间如图 4.33 所示，为确定机器人的性能分布情况，定义三个优化设计区域。其中，优化设计区域Ⅰ中$\eta \in [0.05, 0.15)$，整体性能较差；优化设计区域Ⅱ中$\eta \in [0.15, 0.3)$，整体性能中等；优化设计区域Ⅲ中$\eta \geqslant 0.3$，整体性能较好。

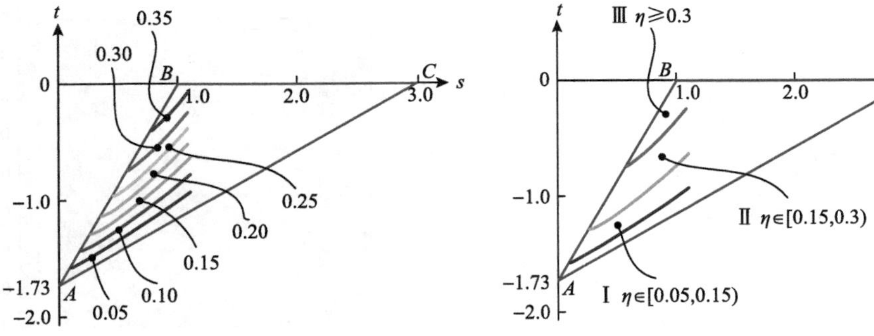

(a) GCI分布情况　　(b) 优化设计区域Ⅰ、Ⅱ、Ⅲ

图 4.33　2PRU-PSR 并联机器人的优化分布区间

(2)选取优化参数组。从每个优化设计区域中选取 3 组数据，共生成 9 组数据，如表 4.3 所示。考虑到实际加工过程中存在制造误差等情况，参数选取时应尽量远离优化设计区域边界。根据式(4.85)，可得到二维平面内每组参数(s,t)所对应的无量纲参数(r_1,r_2,r_3)。

表 4.3　2PRU-PSR 并联机器人优化设计区域中的 GCI 结果

优化设计区域	组	s	t	e_1 /mm	l_1 /mm	R/mm	η
Ⅰ	1	0.42	−1.35	24	492	84	0.075
	2	0.50	−1.25	33	467	100	0.100
	3	0.62	−1.09	49	427	124	0.137
Ⅱ	4	0.66	−0.97	66	402	132	0.180
	5	0.74	−0.81	86	366	148	0.222
	6	0.88	−0.55	117	307	176	0.273
Ⅲ	7	0.84	−0.43	142	290	168	0.329
	8	0.94	−0.25	163	249	188	0.349
	9	0.98	−0.13	179	225	196	0.366

(3)确定标准化因子 D 和尺寸参数e_1、l_1和 R。根据 2PRU-PSR 并联机器人所处的实际工况，本节中令 $D=200\text{mm}$。以表 4.3 中的第 1 组数据为例，s=0.42，t=−1.35，根据式(4.85)和标准化因子 D 可得：$e_1=24\text{mm}$、$l_1=492\text{mm}$ 和 $R=84\text{mm}$。

(4)检查所选参数是否满足实际使用情况。若满足，则优化步骤结束；反之，则返回步骤(2)重新选取优化参数组。

表 4.3 中的第 3、6、9 组数据对应的条件数性能分布情况如图 4.34 所示。显而易见，第 9 组数据(优化设计区域Ⅲ)η 值为 0.366，优于其他两组数据。相比原先的 0.079，优化后 2PRU-PSR 并联机器人的条件数性能得到较大提升，因此优化设计区域Ⅲ可选为最优设计区域。上述运动学性能评价和尺度优化，对于 2PRU-PSR 并联机器人的实际制造及应用具有重要的理论指导意义。基于优化后的尺寸参数，可制造出 2PRU-PSR 并联机器人的实物样机。

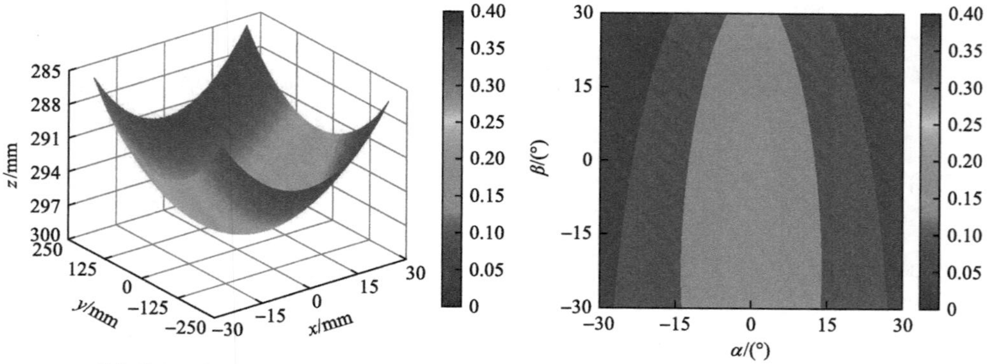

(a) 优化设计区域Ⅰ三维空间中的性能分布　　(b) 优化设计区域Ⅰ姿态空间中的性能分布

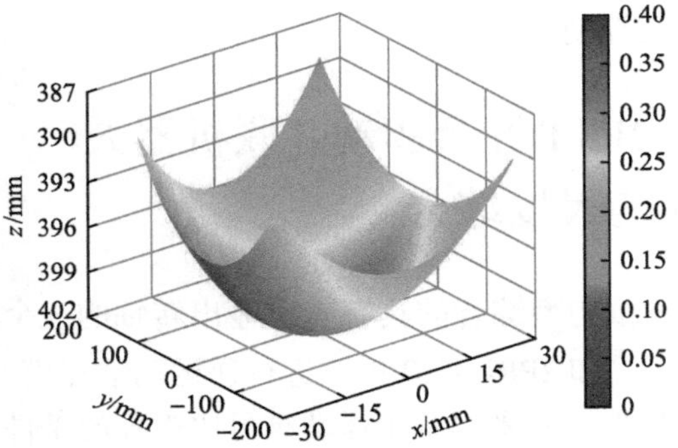

(c) 优化设计区域Ⅱ三维空间中的性能分布

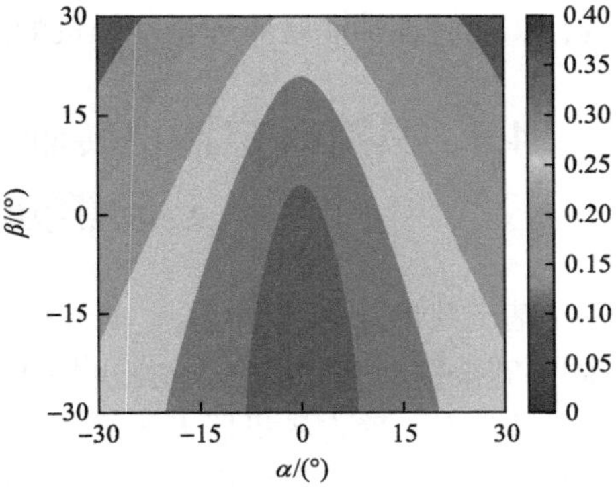

(d) 优化设计区域Ⅱ姿态空间中的性能分布

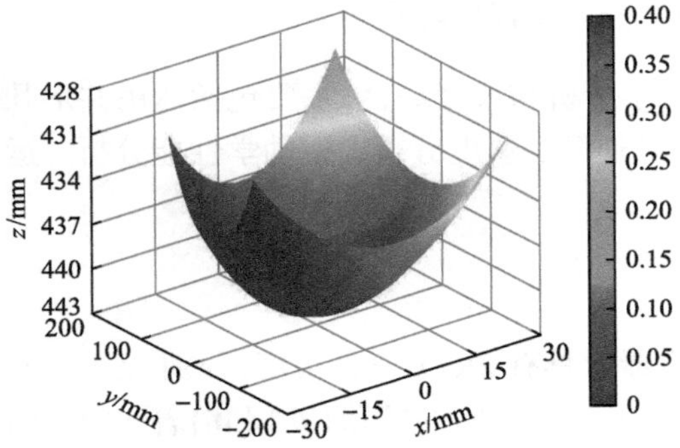

(e) 优化设计区域Ⅲ三维空间中的性能分布

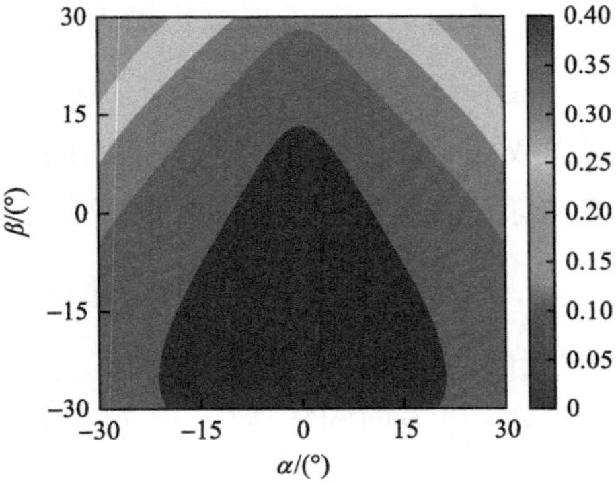

(f) 优化设计区域Ⅲ姿态空间中的性能分布

图 4.34　三个优化设计区域中不同参数组情况下的 2PRU-PSR 并联机器人条件数性能分布

通过结合两个串联线性导轨，可构造出基于 2PRU-PSR 并联机器人的五轴混联原理验证样机，其三维模型和实际样机如图 4.35 所示。在控制方面，该样机采用 Linux CNC 3.4 控制系统，接受 G 代码输入并通过上位机发送信号给伺服驱动

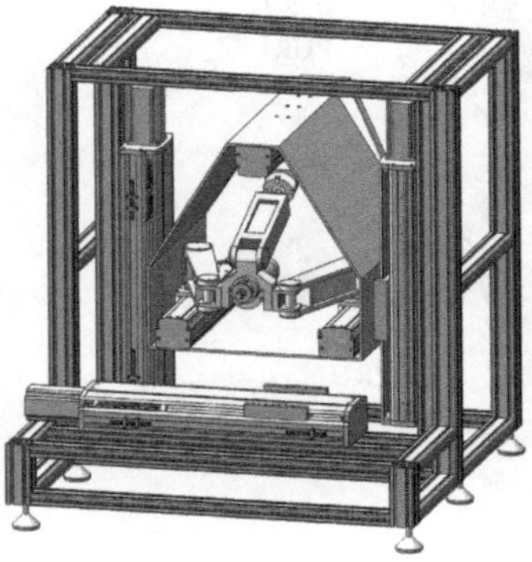

(a) 三维模型

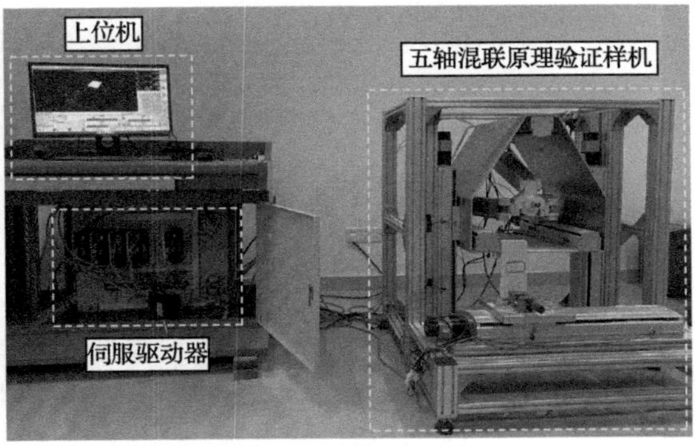

(b) 实际样机

图 4.35　基于 2PRU-PSR 并联机器人的五轴混联原理验证样机三维模型和实际样机

器，实现对五轴混联原理验证样机的运动控制。

4.5 具有确定输出转轴的 2R1T 冗余驱动并联机器人运动学分析与尺度综合

基于共形几何代数 $\mathcal{G}_{4,1}$，本节对第 3 章构型综合的具有确定输出转轴的三个 2R1T 冗余驱动并联机器人(Tex4[17]、Hex4[18]和 2PRU-2UPR[3])进行逆运动学建模。在此基础上，确定各机器人的运动奇异位形，并采用基于运动雅可比矩阵的条件数作为运动学性能评价指标，对上述机器人进行性能评价与尺度综合。

4.5.1 算例 1：Tex4 并联机器人的运动学分析与尺度综合

本节对 Tex4 并联机器人[17]进行运动学分析与尺度综合，主要包括运用共形几何代数 $\mathcal{G}_{4,1}$ 确定 Tex4 并联机器人的运动学逆解、速度分析、运动学性能分析、运动学奇异位形分析并进行尺度综合分析。

1. *Tex4 并联机器人的运动学逆解*

由第 3 章中的分析可知，Tex4 并联机器人具有 2R1T 三自由度，分别为过点 A_1 且沿着 x 轴方向的转动(α)、过点 B_3 且沿着 v 轴方向的转动(β)和沿着 z 轴方向的移动(z_o)。为增大动平台的转角范围，将其中两条 PUR 分支改为交叉型，点 B_1 和 B_2 与 uov 平面之间的距离设为 e。Tex4 并联机器人的运动学逆解是指在已知末端输出位姿(α, β, z_o)情况下，确定 Tex4 并联机器人的四个驱动参数(q_1, q_2, q_3, q_4)。图 4.36 展示了 Tex4 并联机器人的几何关系。

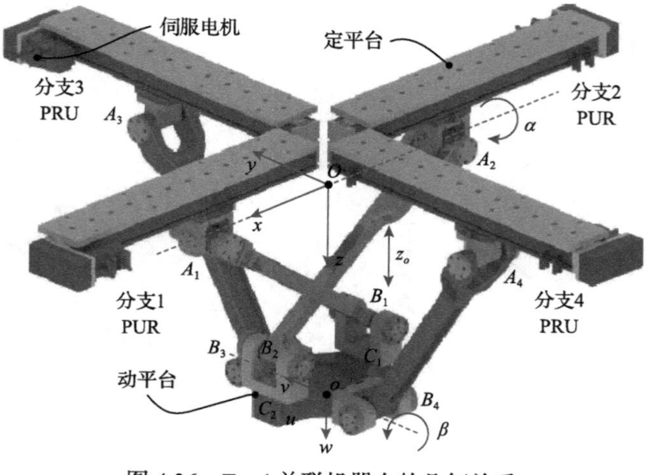

图 4.36　Tex4 并联机器人的几何关系

由于 Tex4 并联机器人的结构特征，动平台原点 o 在 $O\text{-}xyz$ 下的位置始终限制在 $x=0$ 平面内，可表示为 $(0,\ z_o\tan_\alpha,\ z_o)^{\mathrm{T}}$。由于动坐标系姿态角为 $(\alpha,\ \beta,\ 0)^{\mathrm{T}}$，所以 Tex4 并联机器人的动平台刚体运动算子可以表示为

$$\boldsymbol{M}=\boldsymbol{T}\boldsymbol{R}_\beta\boldsymbol{R}_\alpha \tag{4.86}$$

$$\tilde{\boldsymbol{M}}=\tilde{\boldsymbol{R}}_\alpha\tilde{\boldsymbol{R}}_\beta\tilde{\boldsymbol{T}} \tag{4.87}$$

式中，$\boldsymbol{T}=1-\left[(z_o\tan_\alpha)\boldsymbol{e}_2+z_o\boldsymbol{e}_3\right]\boldsymbol{e}_\infty/2$；$\boldsymbol{R}_\alpha=\mathrm{c}_{\alpha/2}-\mathrm{s}_{\alpha/2}\boldsymbol{e}_{23}$；$\boldsymbol{R}_\beta=\mathrm{c}_{\beta/2}+\mathrm{s}_{\beta/2}\boldsymbol{e}_{13}$。

基于共形几何代数 $\mathcal{G}_{4,1}$，定平台连接关节点 A_i 和动平台连接关节点 B_i 在 $O\text{-}xyz$ 和 $o\text{-}uvw$ 中的位置可以分别表示为

$$\begin{cases}\boldsymbol{A}_1=q_1\boldsymbol{e}_1+\dfrac{1}{2}q_1^2\boldsymbol{e}_\infty+\boldsymbol{e}_0\\ \boldsymbol{A}_2=-q_2\boldsymbol{e}_1+\dfrac{1}{2}q_2^2\boldsymbol{e}_\infty+\boldsymbol{e}_0\\ \boldsymbol{A}_3=q_3\boldsymbol{e}_2+\dfrac{1}{2}q_3^2\boldsymbol{e}_\infty+\boldsymbol{e}_0\\ \boldsymbol{A}_4=-q_4\boldsymbol{e}_2+\dfrac{1}{2}q_4^2\boldsymbol{e}_\infty+\boldsymbol{e}_0\end{cases} \tag{4.88}$$

和

$$\begin{cases}{}^o\boldsymbol{B}_1=-l_1\boldsymbol{e}_1-e\boldsymbol{e}_3+\dfrac{1}{2}\left(l_1^2+e^2\right)\boldsymbol{e}_\infty+\boldsymbol{e}_0\\ {}^o\boldsymbol{B}_2=l_1\boldsymbol{e}_1-e\boldsymbol{e}_3+\dfrac{1}{2}\left(l_1^2+e^2\right)\boldsymbol{e}_\infty+\boldsymbol{e}_0\\ {}^o\boldsymbol{B}_3=l_2\boldsymbol{e}_2+\dfrac{1}{2}l_2^2\boldsymbol{e}_\infty+\boldsymbol{e}_0\\ {}^o\boldsymbol{B}_4=-l_2\boldsymbol{e}_2+\dfrac{1}{2}l_2^2\boldsymbol{e}_\infty+\boldsymbol{e}_0\end{cases} \tag{4.89}$$

由式 (2.61) 的共形几何代数刚体运动公式可得到动平台连接关节点 B_i 在 $O\text{-}xyz$ 中的位置表达式为

$$\boldsymbol{B}_i=\boldsymbol{M}\,{}^o\boldsymbol{B}_i\tilde{\boldsymbol{M}},\quad i=1,2,3,4 \tag{4.90}$$

根据 Tex4 并联机器人的结构关系，通过共形几何代数 $\mathcal{G}_{4,1}$ 建立包含驱动变量和输出位姿参数的运动学方程，为

$$
\begin{cases}
L_1^2 = -2\boldsymbol{A}_1 \cdot \boldsymbol{B}_1 = l_3^2 \\
L_2^2 = -2\boldsymbol{A}_2 \cdot \boldsymbol{B}_2 = l_3^2 \\
L_3^2 = -2\boldsymbol{A}_3 \cdot \boldsymbol{B}_3 = l_4^2 \\
L_4^2 = -2\boldsymbol{A}_4 \cdot \boldsymbol{B}_4 = l_4^2
\end{cases}
\tag{4.91}
$$

代入各关节点的位置坐标，可推得 Tex4 并联机器人的运动学逆解表达式为

$$
\begin{cases}
q_1 = e_1 - l_1 \mathrm{c}_\beta + e \mathrm{s}_\beta \\
q_2 = e_2 - l_1 \mathrm{c}_\beta - e \mathrm{s}_\beta \\
q_3 = e_3 + l_2 \mathrm{c}_\alpha + z_o \tan_\alpha \\
q_4 = e_4 + l_2 \mathrm{c}_\alpha - z_o \tan_\alpha
\end{cases}
\tag{4.92}
$$

式中，$e_1 = \sqrt{l_3^2 - e_{12}^2}$ ，$e_{12} = z_o / \mathrm{c}_\alpha - e\mathrm{c}_\beta - l_1 \mathrm{s}_\beta$；$e_2 = \sqrt{l_3^2 - e_{22}^2}$ ，$e_{22} = z_o / \mathrm{c}_\alpha - e\mathrm{c}_\beta + l_1 \mathrm{s}_\beta$；$e_3 = \sqrt{l_4^2 - (z_o - l_2 \mathrm{s}_\alpha)^2}$ ；$e_4 = \sqrt{l_4^2 - (z_o + l_2 \mathrm{s}_\alpha)^2}$ 。

2. Tex4 并联机器人的速度分析

类似于前面非冗余驱动并联机器人的速度分析，运动雅可比矩阵也可以反映冗余驱动并联机器人 Tex4 末端动平台速度 $\dot{\boldsymbol{X}} = (\dot{\alpha}, \dot{\beta}, \dot{z}_o)^{\mathrm{T}}$ 和驱动关节速度 $\dot{\boldsymbol{q}} = (\dot{q}_1, \dot{q}_2, \dot{q}_3, \dot{q}_4)^{\mathrm{T}}$ 之间的映射关系。其中，$\dot{\alpha}$ 、$\dot{\beta}$ 和 $\dot{z}_o$ 分别表示为 Tex4 并联机器人末端动平台的输出速率，$\dot{q}_1$、$\dot{q}_2$、$\dot{q}_3$ 和 $\dot{q}_4$ 分别表示为各驱动关节的速率。通过直接对 Tex4 并联机器人的运动学逆解表达式(4.92)两端求导，可整理得到该机器人的速度方程为

$$
\boldsymbol{J}_q \dot{\boldsymbol{q}} = \boldsymbol{J}_x \dot{\boldsymbol{X}}
\tag{4.93}
$$

式中，$\boldsymbol{J}_q$ 和 $\boldsymbol{J}_x$ 分别为 4×4 和 4×3 的运动雅可比矩阵，其表达式可展开为

$$
\boldsymbol{J}_q = \begin{bmatrix}
J_{q_{11}} & 0 & 0 & 0 \\
0 & J_{q_{22}} & 0 & 0 \\
0 & 0 & J_{q_{33}} & 0 \\
0 & 0 & 0 & J_{q_{44}}
\end{bmatrix}, \quad
\boldsymbol{J}_x = \begin{bmatrix}
J_{x_{11}} & J_{x_{12}} & J_{x_{13}} \\
J_{x_{21}} & J_{x_{22}} & J_{x_{23}} \\
J_{x_{31}} & J_{x_{32}} & J_{x_{33}} \\
J_{x_{41}} & J_{x_{42}} & J_{x_{43}}
\end{bmatrix}
\tag{4.94}
$$

式中，$J_{q_{11}} = e_1$；$J_{q_{22}} = e_2$；$J_{q_{33}} = e_3$；$J_{q_{44}} = e_4$；$J_{x_{11}} = -e_{12} z_o \tan_\alpha / \mathrm{c}_\alpha$；$J_{x_{12}} = e_1 l_1 \mathrm{s}_\beta + e_1 e \mathrm{c}_\beta - e_{12} e \mathrm{s}_\beta + e_{12} l_1 \mathrm{c}_\beta$；$J_{x_{13}} = -e_{12} / \mathrm{c}_\alpha$；$J_{x_{21}} = -e_{22} z_o \tan_\alpha / \mathrm{c}_\alpha$；$J_{x_{22}} = e_2 l_1 \mathrm{s}_\beta - e_2 e \mathrm{c}_\beta - e_{22} e \mathrm{s}_\beta - e_{22} l_1 \mathrm{c}_\beta$；$J_{x_{23}} = -e_{22} / \mathrm{c}_\alpha$；$J_{x_{31}} = -e_3 l_2 \mathrm{s}_\alpha + e_3 z_o / \mathrm{c}_\alpha^2 + (z_o - l_2 \mathrm{s}_\alpha) l_2 \mathrm{c}_\alpha$；$J_{x_{32}} =$

0； $J_{x_{33}}=e_3\tan_\alpha-z_o+l_2\mathrm{s}_\alpha$； $J_{x_{41}}=-e_4l_2\mathrm{s}_\alpha-e_4z_o/\mathrm{c}_\alpha^2-(z_o+l_2\mathrm{s}_\alpha)l_2\mathrm{c}_\alpha$； $J_{x_{42}}=0$； $J_{x_{43}}=-e_4\tan_\alpha-z_o-l_2\mathrm{s}_\alpha$。

通过在式(4.93)两端同左乘 $\boldsymbol{J}_q^{-1}$，即可得到 Tex4 并联机器人的输入输出速度等式关系为

$$\dot{\boldsymbol{q}}=\boldsymbol{J}_q^{-1}\boldsymbol{J}_x\dot{\boldsymbol{X}}=\boldsymbol{J}\dot{\boldsymbol{X}} \tag{4.95}$$

式中，$\boldsymbol{J}$ 为 Tex4 并联机器人的运动雅可比矩阵。根据式(4.33)，即可得到齐次化运动雅可比矩阵 $\boldsymbol{J}_h$。

3. Tex4 并联机器人的运动学性能分析

类似于前面的非冗余驱动并联机器人，本节同样采用基于齐次化运动雅可比矩阵 $\boldsymbol{J}_h$ 的条件数倒数 C 作为性能指标，对冗余驱动并联机器人 Tex4 进行运动学性能分析。在本节中，Tex4 并联机器人的杆件尺寸参数和输出位姿运动范围定义如下：$l_1=l_2=120\mathrm{mm}$、$l_3=475\mathrm{mm}$、$l_4=375\mathrm{mm}$、$e=80\mathrm{mm}$、$z_o=250\mathrm{mm}$、$\alpha\in[-30°, 30°]$和$\beta\in[-30°, 30°]$。基于上述结构参数，可得到 Tex4 并联机器人在工作空间中的 LCI 分布图谱，如图 4.37 所示。图 4.37(a)展示了在末端刀具长度 $H=50\mathrm{mm}$ 情况下，Tex4 并联机器人在三维空间中的 LCI 分布图谱，其关于 $x=0\mathrm{mm}$ 和 $y=0\mathrm{mm}$ 平面完全对称。图 4.37(b)为 Tex4 并联机器人在姿态空间中的 LCI 分布图谱，其关于 $\alpha=0°$ 和 $\beta=0°$ 完全对称。从图中可以发现，Tex4 并联机器人在中心区域内运动学性能较好，随着 α 的变大其运动学性能下降。同样地，根据式(4.33)～式(4.37)，可得到 Tex4 并联机器人的全域条件数指标值仅为 0.274，整体性能并不理想，需进行尺度综合。

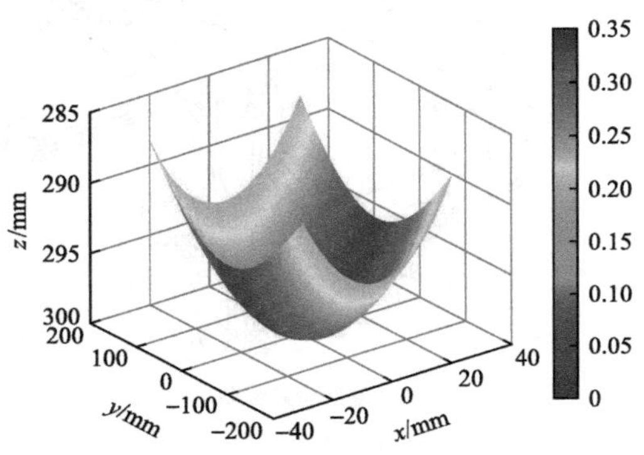

(a) 三维空间中的性能分布

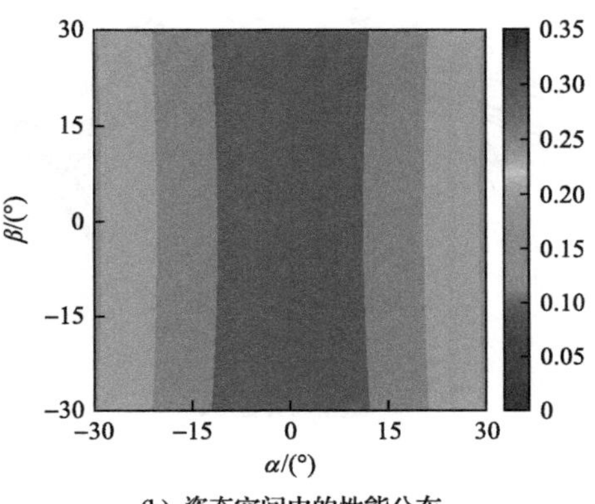

(b) 姿态空间中的性能分布

图 4.37　Tex4 并联机器人的条件数性能分析

4. Tex4 并联机器人的运动学奇异位形分析

本节主要对两个运动雅可比矩阵 $\boldsymbol{J}_q$ 和 $\boldsymbol{J}_x$ 的行列式进行讨论，从而确定冗余驱动并联机器人 Tex4 的运动学奇异位形，包括逆解奇异位形、正解奇异位形和混合奇异位形。

1) 逆解奇异位形

对于 Tex4 并联机器人，其发生逆解奇异位形的条件为

$$\det\left(\boldsymbol{J}_q\right)=0 \text{ 且 } \det\left(\boldsymbol{J}_x^{\mathrm{T}}\boldsymbol{J}_x\right)\neq 0 \tag{4.96}$$

由于 $\boldsymbol{J}_q$ 是对角矩阵，若 $\det\left(\boldsymbol{J}_q\right)=0$ 成立，则 $J_{q_{11}}$ 、 $J_{q_{22}}$ 、 $J_{q_{33}}$ 或 $J_{q_{44}}$ 需为 0。上述情况在满足以下条件时方才成立：

$$e_1=0 \text{ 或 } e_2=0 \text{ 或 } e_3=0 \text{ 或 } e_4=0 \tag{4.97}$$

由于几何约束，$J_{q_{11}}$ 和 $J_{q_{22}}$ 不可能为 0。对于 $J_{q_{33}}$ 或 $J_{q_{44}}$ 为 0 的情况，当且仅当机器人的杆件 A_3B_3 或 A_4B_4 垂直于导轨时才会发生，即

$$l_4=z_o-l_2\mathrm{s}_\alpha \text{ 或 } l_4=z_o+l_2\mathrm{s}_\alpha \tag{4.98}$$

图 4.38 为 Tex4 并联机器人的两种逆解奇异位形。在图 4.38(a)中，杆件 A_3B_3 垂直于导轨方向，Tex4 并联机器人中动平台上的点 B_3 失去沿着 A_3B_3 方向的平动自由度。在图 4.38(b)中，杆件 A_4B_4 垂直于导轨方向，Tex4 并联机器人中动平台上的点 B_4 失去沿着 A_4B_4 方向的平动自由度。

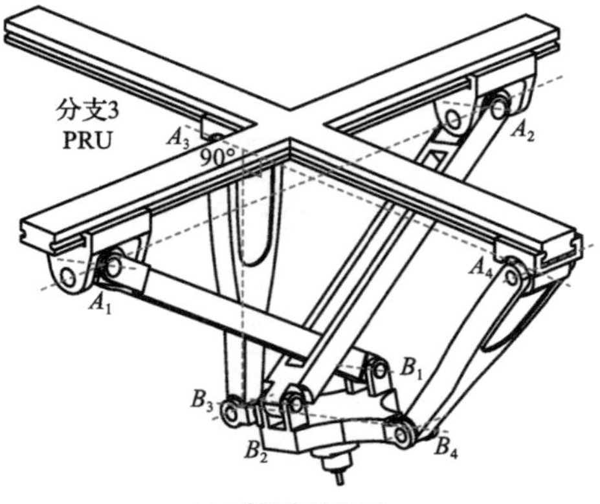

(a) 逆解奇异位形1

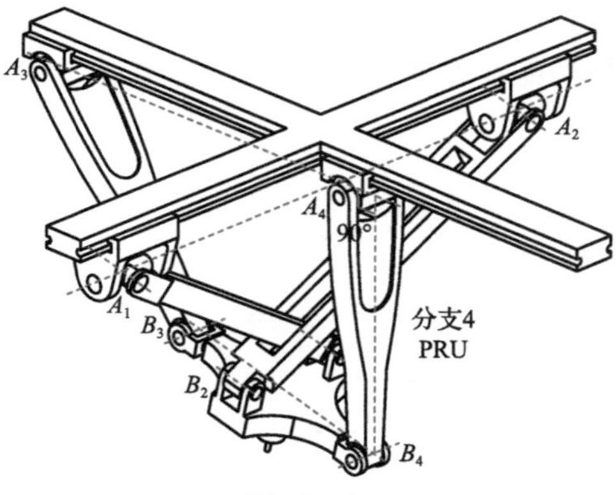

(b) 逆解奇异位形2

图 4.38　Tex4 并联机器人的两种逆解奇异位形

2) 正解奇异位形

对于 Tex4 并联机器人，其发生正解奇异位形的条件为

$$\det\left(\boldsymbol{J}_q\right) \neq 0 \text{ 且 } \det\left(\boldsymbol{J}_x^{\mathrm{T}} \boldsymbol{J}_x\right) = 0 \tag{4.99}$$

由于表达式比较复杂，此处通过对位姿参数 z_o、α 和 β 的迭代计算得到 $\det\left(\boldsymbol{J}_x^{\mathrm{T}} \boldsymbol{J}_x\right)$ 的值，以查看工作空间内是否有符合条件的正解奇异位形。结果显示，工作空间内不存在 z_o、α 和 β 使得 $\det\left(\boldsymbol{J}_x^{\mathrm{T}} \boldsymbol{J}_x\right) \leqslant 10^{-4}$，故此奇异位形表达式无解，对应的机器人奇异位形不存在。

综上，Tex4 并联机器人在工作空间内无正解奇异位形。因此，Tex4 并联机器人也不存在混合奇异位形。

5. Tex4 并联机器人的尺度综合分析

基于全域条件数指标 η，本节对 Tex4 并联机器人的杆件参数(e, l_1, l_2, l_3, l_4)进行尺度优化。在优化前，对该机器人的尺度参数和转动范围进行如下限定：$e = 2l_2/3$、$z_o = \sqrt{2}/(2l_3)$、$\alpha \in [-30°, 30°]$和$\beta \in [-30°, 30°]$，且将 l_1、l_2 和 l_3 定义为设计参数。考虑实际应用情况，Tex4 并联机器人参数可归一化为

$$\begin{cases} l_4 = (l_1 \cdot l_3)/l_2 \\ D = (l_1 + l_2 + l_3)/3 \\ r_1 = l_1/D, \quad r_2 = l_2/D, \quad r_3 = l_3/D, \quad r_4 = l_4/D \\ r_1, r_2 \leqslant r_3, r_4 \\ 0 < r_1, r_2, r_3, r_4 < 3 \end{cases} \tag{4.100}$$

式中，D 表示标准化因子；r_i (i=1, 2, 3, 4)表示标准化的无量纲参数。

图 4.39 为 Tex4 并联机器人的参数设计空间，包含了所有满足约束条件的组合情况。从三维参数设计空间(图 4.39(a))到二维参数设计空间(图 4.39(b))的映射关系为

$$\begin{cases} r_1 = s \\ r_2 = 3 - \sqrt{3}t/2 - s/2 \\ r_3 = \sqrt{3}t/2 - s/2 \end{cases} \text{ 或 } \begin{cases} s = r_1 \\ t = (3 + r_3 - r_2)/\sqrt{3} \end{cases} \tag{4.101}$$

Tex4 并联机器人的尺度优化步骤如下。

(1)确定优化设计区域。Tex4 并联机器人的优化分布区间如图 4.40 所示，为确定机器人的性能分布情况，定义三个优化设计区域。其中，优化设计区域Ⅰ中 $\eta \in [0.05, 0.15)$，整体性能较差；优化设计区域Ⅱ中 $\eta \in [0.05, 0.3)$，整体性能中等；优化设计区域Ⅲ中的 $\eta \geqslant 0.3$，整体性能较好。

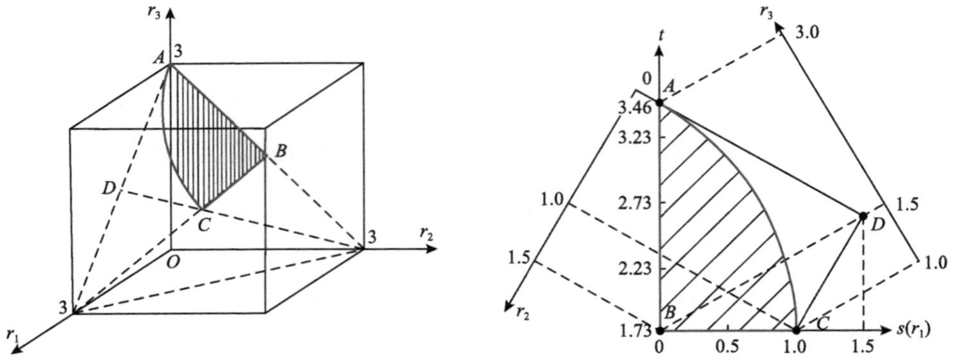

(a) 三维参数设计空间　　　　(b) 二维参数设计空间

图 4.39　Tex4 并联机器人的参数设计空间

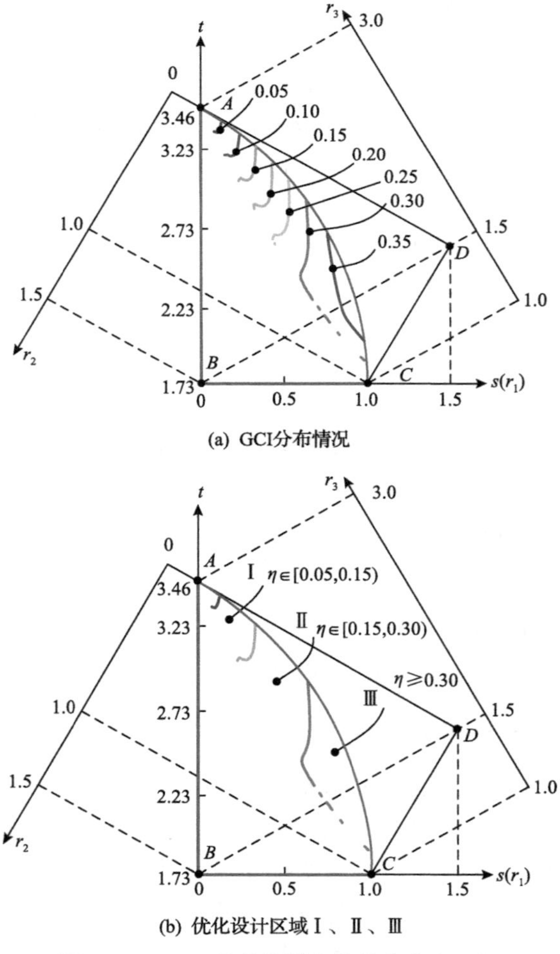

(a) GCI分布情况

(b) 优化设计区域 I 、II 、III

图 4.40　Tex4 并联机器人的优化分布区间

(2) 选取优化参数组。从每个优化设计区域中选取 3 组数据，共生成 9 组数据，如表 4.4 所示。考虑到实际加工中存在制造误差等情况，参数选取时应尽量远离优化设计区域边界。根据式(4.101)，可得到二维平面内每组参数(s,t)所对应的无量纲参数(r_1,r_2,r_3)。

表 4.4 Tex4 并联机器人优化设计区域中的 GCI 结果

优化设计区域	组	s	t	l_1 /mm	l_2 /mm	l_3 /mm	η
Ⅰ	1	0.16	3.27	32	18	550	0.073
	2	0.22	3.19	44	25	531	0.102
	3	0.28	3.09	56	37	507	0.134
Ⅱ	4	0.36	2.95	72	53	475	0.177
	5	0.46	2.83	92	64	444	0.223
	6	0.60	2.59	120	91	389	0.286
Ⅲ	7	0.70	2.45	140	106	354	0.320
	8	0.80	2.25	160	130	310	0.340
	9	0.88	2.23	176	126	298	0.365

(3) 确定标准化因子 D 和尺寸参数 l_1、l_2、l_3。根据 Tex4 并联机器人所处的实际工况，这里令 $D = 200\text{mm}$。以表 4.4 中的第 1 组数据为例，s=0.16，t=3.27，根据式(4.101)和标准化因子 D 可得：$l_1 = 32\text{mm}$、$l_2 = 18\text{mm}$ 和 $l_3 = 550\text{mm}$。

(4) 检查所选参数是否满足实际使用情况。若满足，则优化步骤结束；反之，则返回步骤(2)重新选取优化参数组。

表 4.4 中的第 3、6、9 组数据对应的条件数性能分布情况如图 4.41 所示。显而易见，第 9 组数据(优化设计区域Ⅲ) η 值为 0.365，优于其他两组数据。相比原先的 0.274，优化后 Tex4 并联机器人的条件数性能得到提升，因此优化设计区域Ⅲ可选为最优设计区域。上述运动学性能分析和尺度综合，对于 Tex4 并联机器人的实际制造及应用具有重要的理论指导意义。基于优化后的尺寸参数，制造出 Tex4 并联机器人的实物原理样机，如图 4.42 所示。

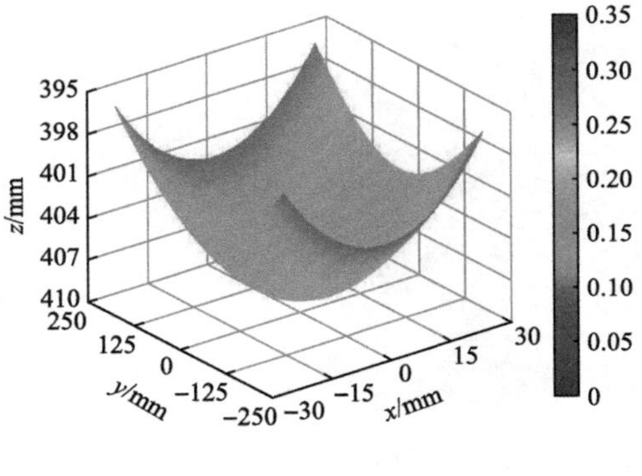

(a) 优化设计区域Ⅰ三维空间中的性能分布

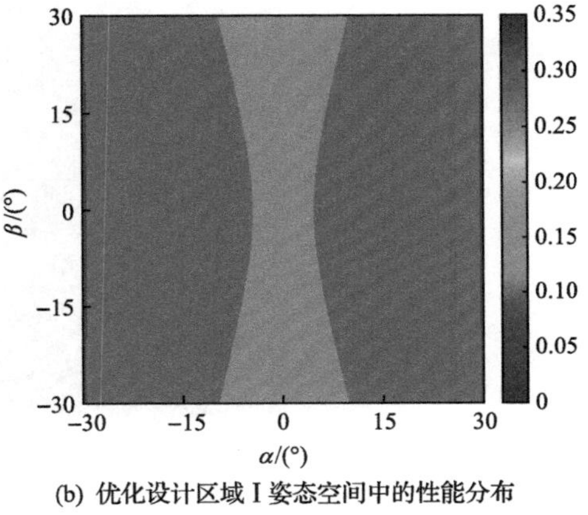

(b) 优化设计区域Ⅰ姿态空间中的性能分布

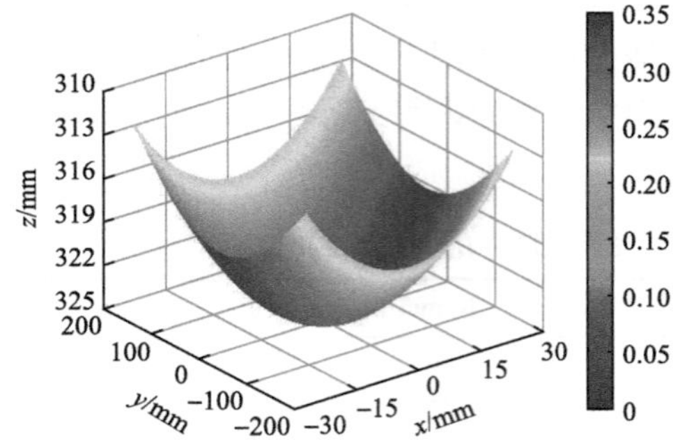

(c) 优化设计区域Ⅱ三维空间中的性能分布

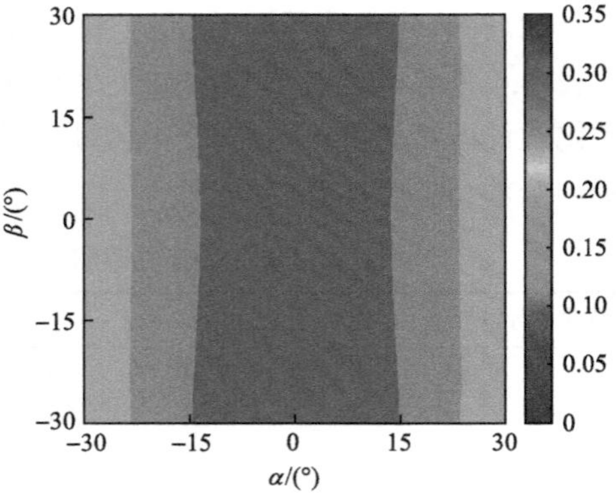

(d) 优化设计区域Ⅱ姿态空间中的性能分布

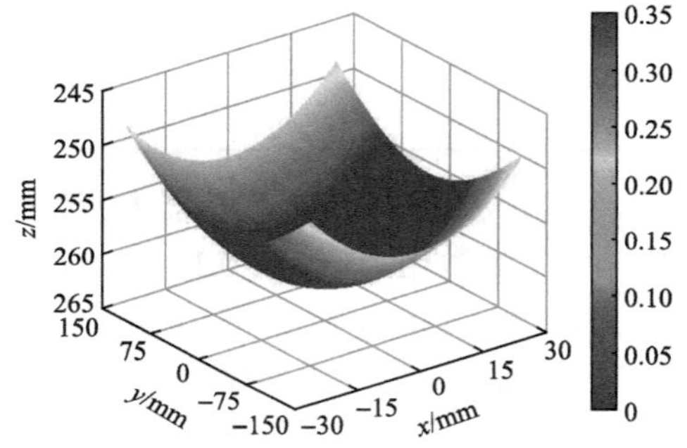

(e) 优化设计区域Ⅲ三维空间中的性能分布

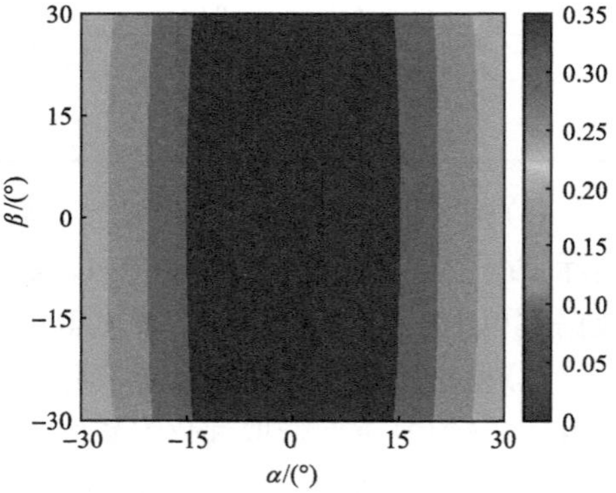

(f) 优化设计区域Ⅲ姿态空间中的性能分布

图 4.41　三个优化设计区域中不同参数组情况下的 Tex4 并联机器人条件数性能分布

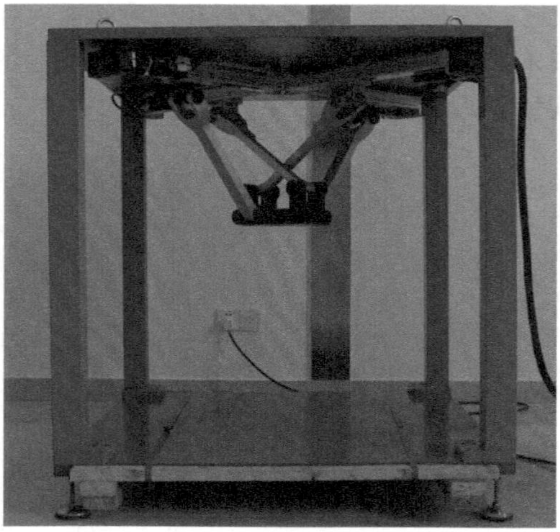

图 4.42　Tex4 并联机器人实物原理样机

4.5.2　算例 2：Hex4 并联机器人的运动学分析与尺度综合

本节对 Hex4 并联机器人[18]进行运动学分析与尺度综合，主要包括运用共形几何代数$\mathcal{G}_{4,1}$确定 Hex4 并联机器人的运动学逆解、速度分析、运动学性能分析、运动学奇异位形分析并进行尺度综合分析。

1. Hex4 并联机器人的运动学逆解

由第 3 章中的分析可知，Hex4 并联机器人具有 2R1T 三自由度，分别为过点 A_1 且沿着 x 轴方向的转动（α）、过点 B_3 且沿着 v 轴方向的转动（β）和沿着 z 轴方向的移动（z_o）。Hex4 并联机器人的运动学逆解是指在已知末端输出位姿（α, β, z_o）情况下，确定 Hex4 并联机器人的四个驱动参数（q_1, q_2, q_3, q_4）。图 4.43 展示了 Hex4 并联机器人的几何关系。

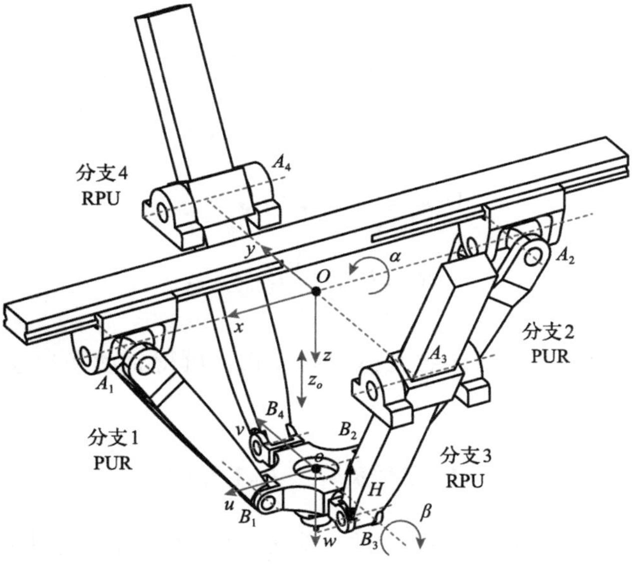

图 4.43　Hex4 并联机器人的几何关系

由于 Hex4 并联机器人的结构特征，动平台原点 o 在 $O\text{-}xyz$ 下的位置始终限制在 $x=0$ 平面内，可表示为 $(0, z_o\tan_\alpha, z_o)^{\mathrm{T}}$ 。由于动坐标系姿态角为 $(\alpha, \beta, 0)^{\mathrm{T}}$ ，所以 Hex4 并联机器人的动平台刚体运动算子可以表示为

$$\boldsymbol{M} = \boldsymbol{T}\boldsymbol{R}_\beta \boldsymbol{R}_\alpha \tag{4.102}$$

$$\tilde{\boldsymbol{M}} = \tilde{\boldsymbol{R}}_\alpha \tilde{\boldsymbol{R}}_\beta \tilde{\boldsymbol{T}} \tag{4.103}$$

式中，$\boldsymbol{T}=1-\left[\left(z_o \tan_\alpha\right)\boldsymbol{e}_2+z_o\boldsymbol{e}_3\right]\boldsymbol{e}_\infty/2$；$\boldsymbol{R}_\alpha=\mathrm{c}_{\alpha/2}-\mathrm{s}_{\alpha/2}\boldsymbol{e}_{23}$；$\boldsymbol{R}_\beta=\mathrm{c}_{\beta/2}+\mathrm{s}_{\beta/2}\boldsymbol{e}_{13}$。

基于共形几何代数 $\mathcal{G}_{4,1}$，定平台连接关节点 A_i 和动平台连接关节点 B_i 在 $O\text{-}xyz$ 和 $o\text{-}uvw$ 中的位置可以分别表示为

$$\begin{cases}\boldsymbol{A}_1=q_1\boldsymbol{e}_1+\dfrac{1}{2}q_1^2\boldsymbol{e}_\infty+\boldsymbol{e}_0\\ \boldsymbol{A}_2=-q_2\boldsymbol{e}_1+\dfrac{1}{2}q_2^2\boldsymbol{e}_\infty+\boldsymbol{e}_0\\ \boldsymbol{A}_3=-l_3\boldsymbol{e}_2+\dfrac{1}{2}l_3^2\boldsymbol{e}_\infty+\boldsymbol{e}_0\\ \boldsymbol{A}_4=l_3\boldsymbol{e}_2+\dfrac{1}{2}l_3^2\boldsymbol{e}_\infty+\boldsymbol{e}_0\end{cases}\tag{4.104}$$

和

$$\begin{cases}{}^o\boldsymbol{B}_1=l_1\boldsymbol{e}_1+\dfrac{1}{2}l_1^2\boldsymbol{e}_\infty+\boldsymbol{e}_0\\ {}^o\boldsymbol{B}_2=-l_1\boldsymbol{e}_1+\dfrac{1}{2}l_1^2\boldsymbol{e}_\infty+\boldsymbol{e}_0\\ {}^o\boldsymbol{B}_3=-l_2\boldsymbol{e}_2+\dfrac{1}{2}l_2^2\boldsymbol{e}_\infty+\boldsymbol{e}_0\\ {}^o\boldsymbol{B}_4=l_2\boldsymbol{e}_2+\dfrac{1}{2}l_2^2\boldsymbol{e}_\infty+\boldsymbol{e}_0\end{cases}\tag{4.105}$$

由式(2.61)的共形几何代数刚体运动公式，可得到动平台连接关节点 B_i 在 $O\text{-}xyz$ 的位置表达式为

$$\boldsymbol{B}_i=\boldsymbol{M}\,{}^o\boldsymbol{B}_i\tilde{\boldsymbol{M}},\quad i=1,2,3,4\tag{4.106}$$

根据 Hex4 并联机器人的结构关系，通过共形几何代数 $\mathcal{G}_{4,1}$ 建立包含驱动变量和输出位姿参数的运动学方程，为

$$\begin{cases}L_1^2=-2\boldsymbol{A}_1\cdot\boldsymbol{B}_1=l_3^2\\ L_2^2=-2\boldsymbol{A}_2\cdot\boldsymbol{B}_2=l_3^2\\ L_3^2=-2\boldsymbol{A}_3\cdot\boldsymbol{B}_3=q_3^2\\ L_4^2=-2\boldsymbol{A}_4\cdot\boldsymbol{B}_4=q_4^2\end{cases}\tag{4.107}$$

代入各关节点的位置坐标，可推得 Hex4 并联机器人的运动学逆解表达式为

$$
\begin{cases}
q_1 = l_1 c_\beta + e_1 \\
q_2 = l_1 c_\beta + e_2 \\
q_3 = \sqrt{e_3^2 + f_3^2} \\
q_4 = \sqrt{e_4^2 + f_4^2}
\end{cases}
\tag{4.108}
$$

式中，$e_1 = \sqrt{l^2 - \left(z_o / c_\alpha - l_1 s_\beta\right)^2}$；$e_2 = \sqrt{l^2 - \left(z_o / c_\alpha + l_1 s_\beta\right)^2}$；$e_3 = l_3 - l_2 c_\alpha + z_o \tan_\alpha$；$e_4 = l_3 - l_2 c_\alpha - z_o \tan_\alpha$；$f_3 = z_o + l_2 s_\alpha$；$f_4 = z_o - l_2 s_\alpha$。

Hex4 并联机器人的末端动平台可实现 2R1T 三自由度运动输出，因此通过结合可实现 x 和 y 轴方向移动的工作平台，可构造生成一个具有五个输出自由度的混联机器人，用于加工曲面零件，如图 4.44(a)所示。另外，通过在其动平台上安装一个两自由度的 RR 串联头，并结合一个可实现 x 轴方向移动的工作平台，所构造的混联加工装备还可适用于长型零件的高效加工，如图 4.44(b)所示。

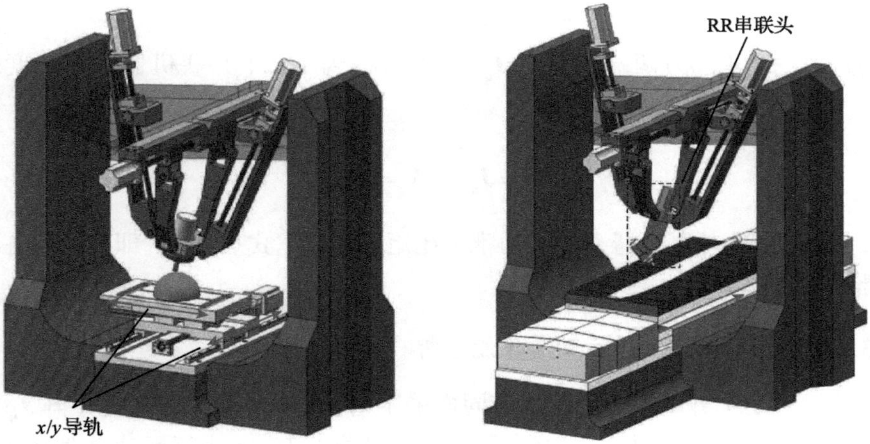

(a) 曲面零件加工　　(b) 长型零件加工

图 4.44　Hex4 并联机器人的应用场景

2. Hex4 并联机器人的速度分析

类似于 Tex4 并联机器人的速度分析，运动雅可比矩阵也可反映 Hex4 冗余驱动并联机器人末端动平台速度 $\dot{\boldsymbol{X}} = \left(\dot{\alpha}, \dot{\beta}, \dot{z}_o\right)^{\mathrm{T}}$ 和驱动关节速度 $\dot{\boldsymbol{q}} = \left(\dot{q}_1, \dot{q}_2, \dot{q}_3, \dot{q}_4\right)^{\mathrm{T}}$ 之间的映射关系。其中，$\dot{\alpha}$、$\dot{\beta}$ 和 $\dot{z}_o$ 分别表示 Hex4 并联机器人末端动平台的输出速率，$\dot{q}_1$、$\dot{q}_2$、$\dot{q}_3$ 和 $\dot{q}_4$ 分别表示各驱动关节的速率。通过直接对 Hex4 并联机器人的运动学逆解表达式(4.108)两端求导，可整理得到该机器人的速度方程为

$$\boldsymbol{J}_q\dot{\boldsymbol{q}}=\boldsymbol{J}_x\dot{\boldsymbol{X}} \tag{4.109}$$

式中，$\boldsymbol{J}_q$ 和 $\boldsymbol{J}_x$ 分别为 4×4 和 4×3 的运动雅可比矩阵，其表达式可展开为

$$\boldsymbol{J}_q=\begin{bmatrix} J_{q_{11}} & 0 & 0 & 0 \\ 0 & J_{q_{22}} & 0 & 0 \\ 0 & 0 & J_{q_{33}} & 0 \\ 0 & 0 & 0 & J_{q_{44}} \end{bmatrix},\quad \boldsymbol{J}_x=\begin{bmatrix} J_{x_{11}} & J_{x_{12}} & J_{x_{13}} \\ J_{x_{21}} & J_{x_{22}} & J_{x_{23}} \\ J_{x_{31}} & J_{x_{32}} & J_{x_{33}} \\ J_{x_{41}} & J_{x_{42}} & J_{x_{43}} \end{bmatrix} \tag{4.110}$$

式中，$J_{q_{11}}=e_1$；$J_{q_{22}}=e_2$；$J_{q_{33}}=q_3$；$J_{q_{44}}=q_4$；$J_{x_{11}}=-(z_o/\mathrm{c}_\alpha-l_1\mathrm{s}_\alpha)z_o\tan_\alpha/\mathrm{c}_\alpha$；$J_{x_{12}}=(z_o/\mathrm{c}_\alpha-l_1\mathrm{s}_\alpha)l_1\mathrm{c}_\alpha-e_1l_1\mathrm{s}_\alpha$；$J_{x_{13}}=-(z_o/\mathrm{c}_\alpha-l_1\mathrm{s}_\alpha)/\mathrm{c}_\alpha$；$J_{x_{21}}=-(z_o/\mathrm{c}_\alpha+l_1\mathrm{s}_\alpha)\cdot z_o\tan_\alpha/\mathrm{c}_\alpha$；$J_{x_{22}}=-(z_o/\mathrm{c}_\alpha+l_1\mathrm{s}_\alpha)l_1\mathrm{c}_\alpha-e_2l_1\mathrm{s}_\alpha$；$J_{x_{23}}=-(z_o/\mathrm{c}_\alpha+l_1\mathrm{s}_\alpha)/\mathrm{c}_\alpha$；$J_{x_{31}}=\left(z_o/\mathrm{c}_\alpha^2+l_2\mathrm{s}_\alpha\right)e_3+f_3l_2\mathrm{c}_\alpha$；$J_{x_{32}}=0$；$J_{x_{33}}=e_3\tan_\alpha+f_3$；$J_{x_{41}}=\left(-z_o/\mathrm{c}_\alpha^2+l_2\mathrm{s}_\alpha\right)e_4-f_4l_2\mathrm{c}_\alpha$；$J_{x_{42}}=0$；$J_{x_{43}}=-e_4\tan_\alpha+f_4$。

通过在式(4.109)两端同左乘 $\boldsymbol{J}_q^{-1}$，即可得到 Hex4 并联机器人的速度表达式为

$$\dot{\boldsymbol{q}}=\boldsymbol{J}_q^{-1}\boldsymbol{J}_x\dot{\boldsymbol{X}}=\boldsymbol{J}\dot{\boldsymbol{X}} \tag{4.111}$$

式中，$\boldsymbol{J}$ 为 Hex4 并联机器人的运动雅可比矩阵。根据式(4.33)，即可得到齐次化运动雅可比矩阵 $\boldsymbol{J}_h$。

3. Hex4 并联机器人的运动学性能分析

类似于 Tex4 并联机器人，本节同样采用基于齐次化运动雅可比矩阵 $\boldsymbol{J}_h$ 的条件数倒数 C 作为性能指标，对冗余驱动并联机器人 Hex4 进行运动学性能分析。在本节中，Hex4 并联机器人的杆件尺寸参数和输出位姿运动范围定义如下：$l_1=l_2=200\text{mm}$、$l_3=400\text{mm}$、$l=912\text{mm}$、$z_o=600\text{mm}$、$\alpha\in[-40°, 40°]$和$\beta\in[-40°, 40°]$。基于上述结构参数，可得到 Hex4 并联机器人在工作空间中的 LCI 分布图谱，如图 4.45 所示。图 4.45(a)展示了在末端刀具长度 $H=50\text{mm}$ 的情况下，Hex4 并联机器人在三维空间中的 LCI 分布图谱，其关于 $x=0\text{mm}$ 和 $y=0\text{mm}$ 平面完全对称。图 4.45(b)为 Hex4 并联机器人在姿态空间中的 LCI 分布图谱，其关于 $\alpha=0°$ 和 $\beta=0°$ 完全对称。从图中可以发现，Hex4 并联机器人在中心区域内运动学性能较好，随着 α 绝对值的变大而下降。同样地，根据式(4.33)～式(4.37)，可得到 Hex4 并联机器人的全域条件数指标值仅为 0.284，整体性能并不理想，需进行尺度综合。

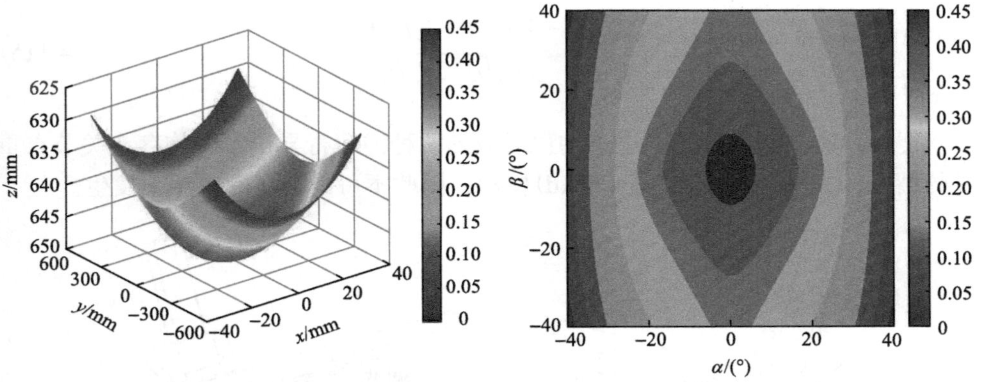

(a) 三维空间中的性能分布　　(b) 姿态空间中的性能分布

图 4.45　Hex4 并联机器人的条件数性能分析

4. Hex4 并联机器人的运动学奇异位形分析

本节主要通过对两个运动雅可比矩阵 $\boldsymbol{J}_q$ 和 $\boldsymbol{J}_x$ 的行列式进行讨论，确定冗余驱动并联机器人 Hex4 的运动学奇异位形，包括逆解奇异位形、正解奇异位形和混合奇异位形。

1) 逆解奇异位形

对于 Hex4 并联机器人，其发生逆解奇异位形的条件为

$$\det\left(\boldsymbol{J}_q\right)=0 \text{ 且 } \det\left(\boldsymbol{J}_x^{\mathrm{T}}\boldsymbol{J}_x\right)\neq 0 \tag{4.112}$$

由于 $\boldsymbol{J}_q$ 是对角矩阵，若 $\det\left(\boldsymbol{J}_q\right)=0$ 成立，则 $J_{q_{11}}$、$J_{q_{22}}$、$J_{q_{33}}$ 或 $J_{q_{44}}$ 需为 0，在满足下述条件时方才成立：

$$e_1=0 \text{ 或 } e_2=0 \text{ 或 } q_3=0 \text{ 或 } q_4=0 \tag{4.113}$$

对于 $e_1=0$ 或 $e_2=0$ 的情况，当且仅当杆件 A_1B_1 或 A_2B_2 垂直于导轨时才会发生，即

$$l=z_o/\mathrm{c}_\alpha-l_1\mathrm{s}_\beta \text{ 或 } l=z_o/\mathrm{c}_\alpha+l_1\mathrm{s}_\beta \tag{4.114}$$

图 4.46(a) 和图 4.46(b) 为 Hex4 并联机器人的上述两种逆解奇异位形情况。在图 4.46(a) 中，杆件 A_1B_1 垂直于导轨方向，Hex4 并联机器人中动平台上的点 B_1 失去沿着 A_1B_1 方向的平动自由度；在图 4.46(b) 中，杆件 A_2B_2 垂直于导轨方向，Hex4 并联机器人中动平台上的点 B_2 失去沿着 A_2B_2 方向的平动自由度。

对于 $q_3=0$ 或 $q_4=0$ 的情况，当满足下述约束时实现，即

$$\begin{cases}\alpha = \mp\arccos\left(l_2/l_3\right) \\ z_o = l_2\sqrt{l_3^2 - l_2^2}\Big/l_3\end{cases} \tag{4.115}$$

但是，需要指出的是，上述约束对应的两种逆解奇异位形中均存在关节点重叠的情况，如图 4.46(c)和图 4.46(d)所示，因此不可能在实际应用中发生。

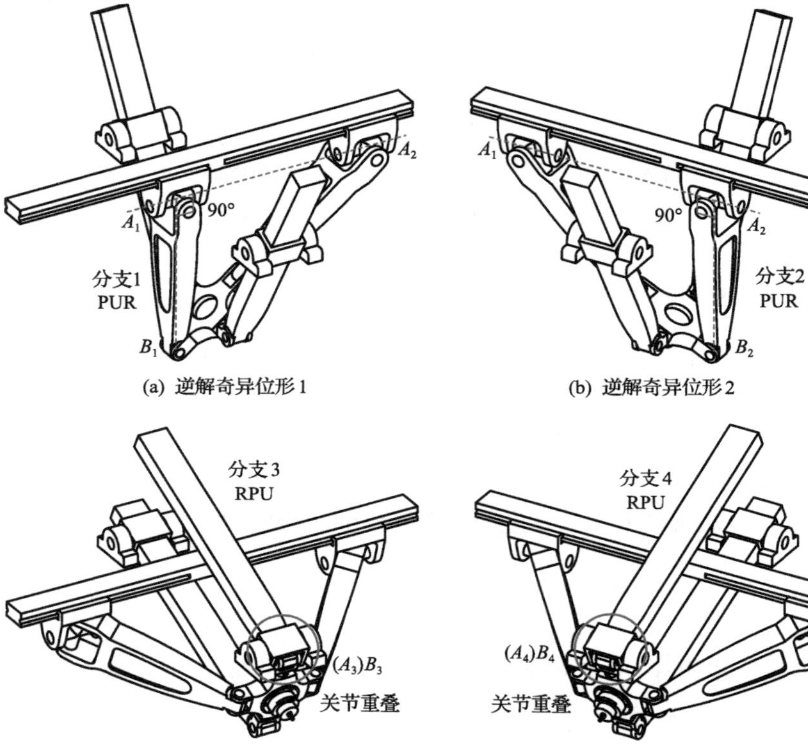

(a) 逆解奇异位形 1　　(b) 逆解奇异位形 2

(c) 逆解奇异位形 3　　(d) 逆解奇异位形 4

图 4.46　Hex4 并联机器人的四种逆解奇异位形

2) 正解奇异位形

对于 Hex4 并联机器人，其发生正解奇异位形的条件为

$$\det\left(\boldsymbol{J}_q\right) \neq 0 \text{ 且 } \det\left(\boldsymbol{J}_x^{\mathrm{T}}\boldsymbol{J}_x\right) = 0 \tag{4.116}$$

由于表达式比较复杂，此处通过对姿态参数 z_o、α 和 β 的迭代计算得到 $\det\left(\boldsymbol{J}_x^{\mathrm{T}}\boldsymbol{J}_x\right)$ 的值，以查看工作空间内是否有符合条件的正解奇异位形。计算结果显示，工作空间内不存在 z_o、α 和 β 使得 $\det\left(\boldsymbol{J}_x^{\mathrm{T}}\boldsymbol{J}_x\right) \leqslant 10^{-4}$，故此奇异位形表达式无解，对应的机器人奇异位形不存在。

综上，Hex4 并联机器人无正解奇异位形。因此，Hex4 并联机器人也不存在混合奇异位形。

5. Hex4 并联机器人的尺度综合分析

基于全域条件数指标η，本节对 Hex4 并联机器人的杆件参数(l, l_1, l_2, l_3)进行尺度优化。在优化前，对该机器人的尺度参数和转动范围进行如下限定：$z_o = 1.5l_3$、$l = z_o / \mathrm{c}_{\beta_{\max}} + l_1 \mathrm{s}_{\beta_{\max}}$、$\alpha \in [-40°, 40°]$和$\beta \in [-40°, 40°]$，且将$l_1$、$l_2$和$l_3$定义为设计参数。考虑实际应用情况，Hex4 并联机器人的参数可归一化为

$$\begin{cases} D = (l_1 + l_2 + l_3)/3 \\ r_1 = l_1/D, \quad r_2 = l_2/D, \quad r_3 = l_3/D \\ r_1, r_2 \leqslant r_3 \\ 0 < r_1, r_2, r_3 < 3 \end{cases} \tag{4.117}$$

式中，D 表示标准化因子；$r_i\ (i=1, 2, 3)$表示标准化无量纲参数。

图 4.47 为 Hex4 并联机器人的参数设计空间，包含了所有满足约束条件的组合情况。从三维参数设计空间(图 4.47(a))到二维参数设计空间(图 4.47(b))的映射关系为

$$\begin{cases} r_1 = 3/2 + \sqrt{3}t/2 - s/2 \\ r_2 = 3/2 - \sqrt{3}t/2 - s/2 \\ r_3 = s \end{cases} \text{或} \quad \begin{cases} s = r_3 \\ t = (r_1 - r_2)/\sqrt{3} \end{cases} \tag{4.118}$$

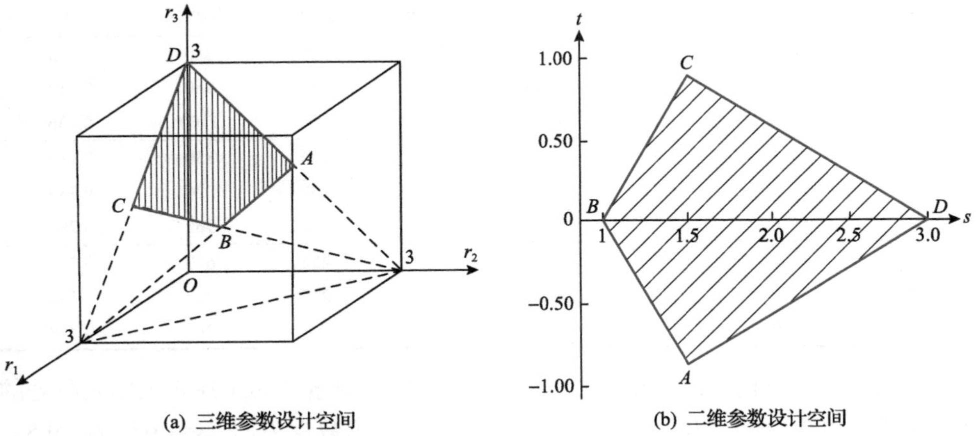

(a) 三维参数设计空间　(b) 二维参数设计空间

图 4.47　Hex4 并联机器人的参数设计空间

Hex4 并联机器人的尺度优化步骤如下。

(1)确定优化设计区域。Hex4 并联机器人的优化分布区间如图 4.48 所示，为确定机器人的性能分布情况，定义三个优化设计区域。其中，优化设计区域Ⅰ中 $\eta\in[0.05, 0.15)$，整体性能较差；优化设计区域Ⅱ中 $\eta\in[0.05, 0.3)$，整体性能中等；优化设计区域Ⅲ中的 $\eta \geqslant 0.3$，整体性能较好。

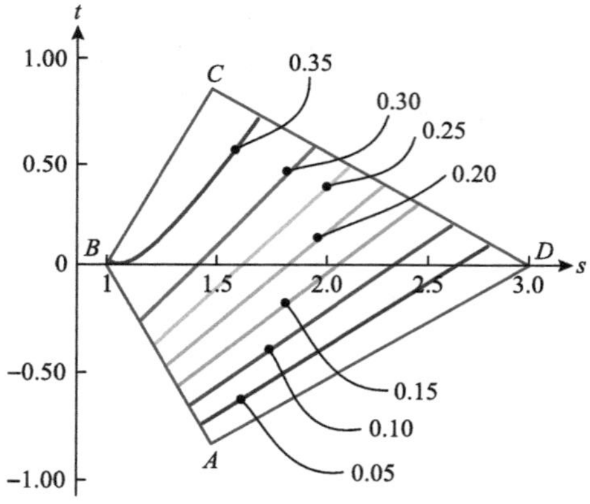

(a) GCI分布情况

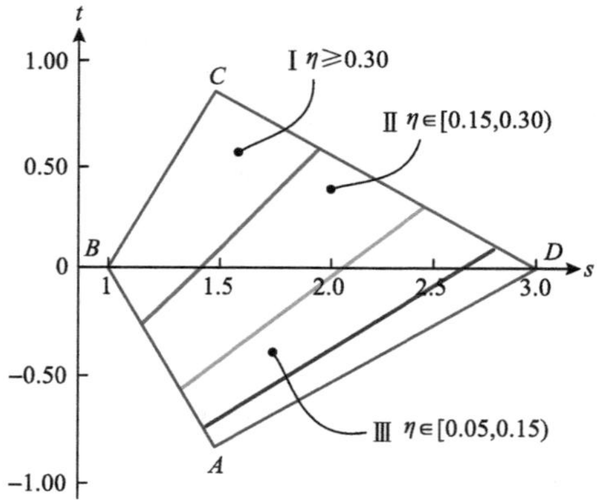

(b) 优化设计区域Ⅰ、Ⅱ、Ⅲ

图 4.48　Hex4 并联机器人的优化分布区间

(2)选取优化参数组。从每个优化设计区域中选取 3 组数据，共生成 9 组数据，如表 4.5 所示。考虑到实际加工中存在制造误差等情况，参数选取时应尽量远离区域边界。根据式(4.118)，可得到二维平面内每组参数 (s, t) 所对应的无量纲参数 (r_1, r_2, r_3)。

表 4.5　Hex4 并联机器人优化设计区域中的 GCI 结果

优化设计区域	组	s	t	l_1 /mm	l_2 /mm	l_3 /mm	η
Ⅰ	1	1.68	−0.53	101	560	840	0.083
	2	1.92	−0.27	153	387	960	0.112
	3	2.32	0.12	222	118	1160	0.136
Ⅱ	4	1.66	−0.21	244	426	830	0.189
	5	1.84	0.14	351	230	920	0.239
	6	1.92	0.42	452	89	960	0.283
Ⅲ	7	1.28	−0.05	409	452	640	0.322
	8	1.52	0.37	531	210	760	0.344
	9	1.56	0.71	668	53	780	0.359

(3)确定标准化因子 D 和尺寸参数 l_1、l_2 和 l_3。根据 Hex4 并联机器人所处的实际工况，这里令 $D=500\text{mm}$。以表 4.5 中的第 1 组数据为例，s=1.68，t= −0.53，根据式(4.118)和标准化因子 D 可得：$l_1=101\text{mm}$、$l_2=560\text{mm}$ 和 $l_3=840\text{mm}$。

(4)检查所选参数是否满足实际使用情况。若满足，则优化步骤结束；反之，则返回步骤(2)重新选取优化参数组。

表 4.5 中的第 3、6、9 组数据对应的条件数性能分布情况如图 4.49 所示。显而易见，第 9 组数据(优化设计区域Ⅲ) η 值为 0.359，优于其他两组数据。相比原

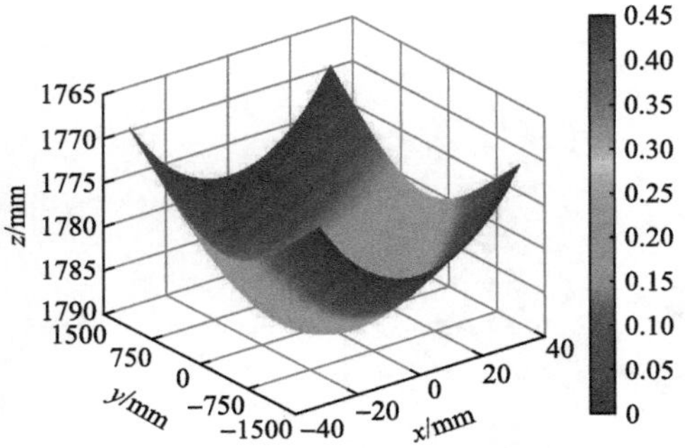

(a) 优化设计区域Ⅰ三维空间中的性能分布

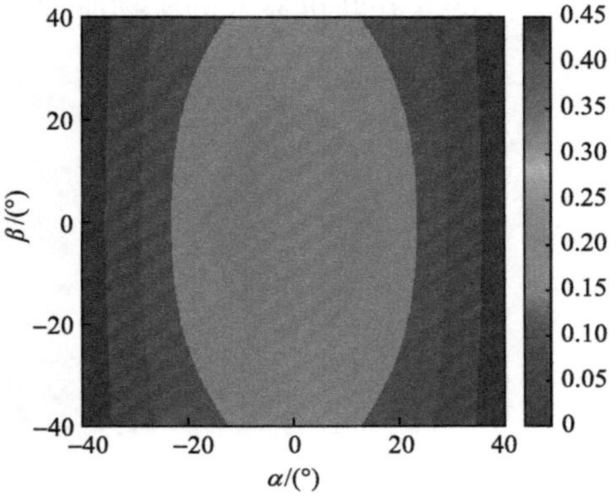

(b) 优化设计区域Ⅰ姿态空间中的性能分布

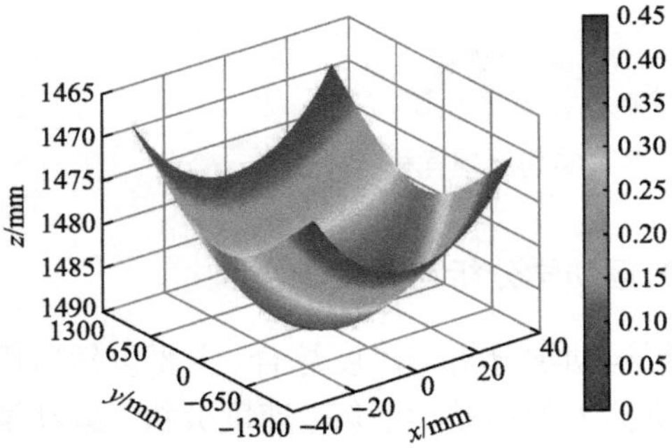

(c) 优化设计区域Ⅱ三维空间中的性能分布

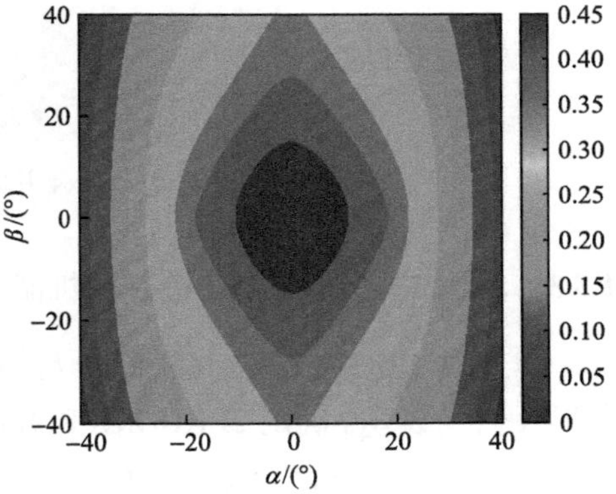

(d) 优化设计区域Ⅱ姿态空间中的性能分布

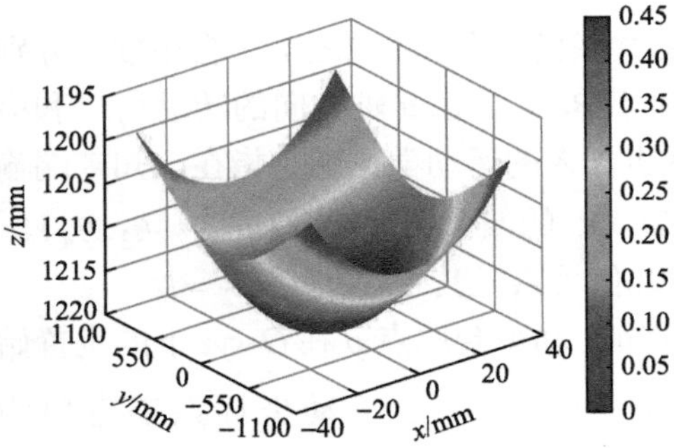

(e) 优化设计区域Ⅲ三维空间中的性能分布

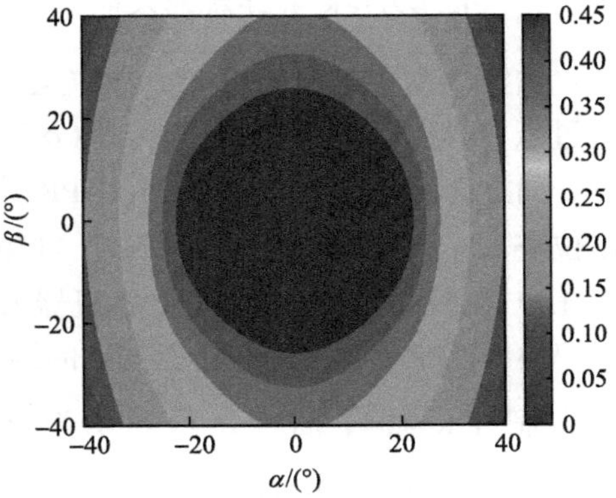

(f) 优化设计区域Ⅲ姿态空间中的性能分布

图 4.49　三个区域中不同参数组情况下的 Hex4 并联机器人条件数性能分布

先的 0.284，优化后 Hex4 并联机器人的条件数性能得到一定的提升，因此优化设计区域Ⅲ可选为最优设计区域。上述运动学性能评价和尺度优化，对于 Hex4 并联机器人的实际制造及应用具有重要的理论指导意义。基于优化后的尺寸参数，制造出 Hex4 并联机器人的实物原理样机，如图 4.50 所示。

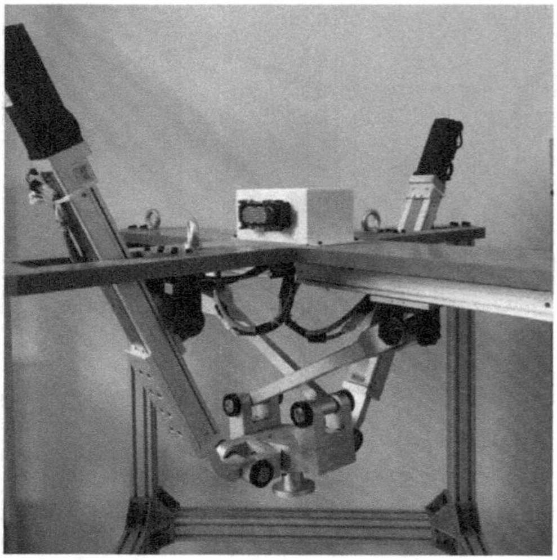

图 4.50　Hex4 并联机器人实物原理样机

4.5.3　算例 3：2PRU-2UPR 并联机器人的运动学分析与尺度综合

本节对 2PRU-2UPR 并联机器人[3]进行运动学分析与尺度综合，主要包括运用共形几何代数 $\mathcal{G}_{4,1}$ 确定 2PRU-2UPR 并联机器人的运动学逆解、速度分析、运动学性能分析、运动学奇异位形分析并进行尺度综合分析。

1. 2PRU-2UPR 并联机器人的运动学逆解

由第 3 章中的分析可知，2PRU-2UPR 并联机器人具有 2R1T 三自由度，分别为过点 A_4 且沿着 y 轴方向的转动（α）、过点 B_2 且沿着 u 轴方向的转动（β）和沿着 z 轴方向的移动（z_o）。2PRU-2UPR 并联机器人的运动学逆解是指在已知末端输出位姿（α, β, z_o）的情况下，确定 2PRU-2UPR 的四个驱动参数(q_1, q_2, q_3, q_4)。图 4.51 展示了 2PRU-2UPR 并联机器人的几何关系，其中 $OA_1' = OA_2' = l_4$。

由于 2PRU-2UPR 并联机器人的结构特征，动平台原点 o 在 $O\text{-}xyz$ 下的位置始终限制在 $x=0$ 平面内，可表示为 $(z_o \tan_\alpha,\ 0,\ z_o)^{\mathrm{T}}$。由于动坐标系姿态角为 $(\alpha,\ \beta,\ 0)^{\mathrm{T}}$，所以 2PRU-2UPR 并联机器人的动平台刚体运动算子可以表示为

$$\boldsymbol{M} = \boldsymbol{T}\boldsymbol{R}_\beta \boldsymbol{R}_\alpha \tag{4.119}$$

$$\tilde{\boldsymbol{M}} = \tilde{\boldsymbol{R}}_\alpha \tilde{\boldsymbol{R}}_\beta \tilde{\boldsymbol{T}} \tag{4.120}$$

式中，$\boldsymbol{T} = 1 - \left[(z_o \tan_\alpha) \boldsymbol{e}_1 + z_o \boldsymbol{e}_3 \right] \boldsymbol{e}_\infty / 2$；$\boldsymbol{R}_\alpha = \mathrm{c}_{\alpha/2} - \mathrm{s}_{\alpha/2} \boldsymbol{e}_{23}$；$\boldsymbol{R}_\beta = \mathrm{c}_{\beta/2} + \mathrm{s}_{\beta/2} \boldsymbol{e}_{13}$。

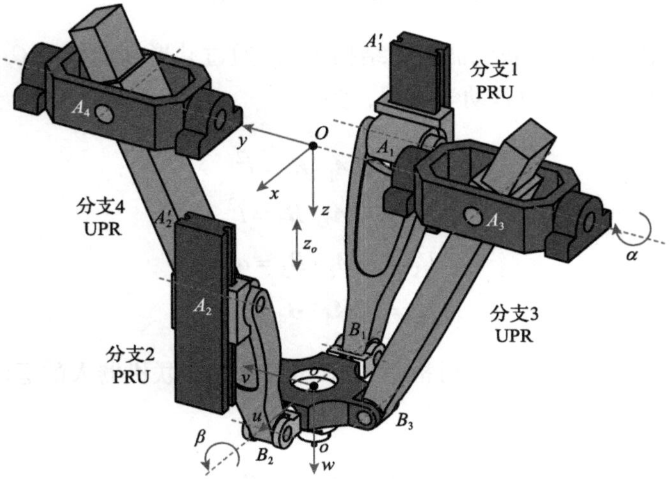

图 4.51　2PRU-2UPR 并联机器人的几何关系

基于共形几何代数 $\mathcal{G}_{4,1}$，定平台连接关节点 A_i 和动平台连接关节点 B_i 在 O-xyz 和 o-uvw 中的位置可分别表示为

$$\begin{cases} \boldsymbol{A}_1 = -l_4 \boldsymbol{e}_1 + q_1 \boldsymbol{e}_3 + \dfrac{1}{2}\left(l_4^2 + q_1^2\right) \boldsymbol{e}_\infty + \boldsymbol{e}_0 \\ \boldsymbol{A}_2 = l_4 \boldsymbol{e}_1 + q_2 \boldsymbol{e}_3 + \dfrac{1}{2}\left(l_4^2 + q_1^2\right) \boldsymbol{e}_\infty + \boldsymbol{e}_0 \\ \boldsymbol{A}_3 = -l_2 \boldsymbol{e}_2 + \dfrac{1}{2} l_2^2 \boldsymbol{e}_\infty + \boldsymbol{e}_0 \\ \boldsymbol{A}_4 = l_2 \boldsymbol{e}_2 + \dfrac{1}{2} l_2^2 \boldsymbol{e}_\infty + \boldsymbol{e}_0 \end{cases} \tag{4.121}$$

和

$$\begin{cases} {}^o\boldsymbol{B}_1 = -l_3 \boldsymbol{e}_1 + \dfrac{1}{2} l_3^2 \boldsymbol{e}_\infty + \boldsymbol{e}_0 \\ {}^o\boldsymbol{B}_2 = l_3 \boldsymbol{e}_1 + \dfrac{1}{2} l_3^2 \boldsymbol{e}_\infty + \boldsymbol{e}_0 \\ {}^o\boldsymbol{B}_3 = -l_1 \boldsymbol{e}_2 + \dfrac{1}{2} l_1^2 \boldsymbol{e}_\infty + \boldsymbol{e}_0 \\ {}^o\boldsymbol{B}_4 = l_1 \boldsymbol{e}_2 + \dfrac{1}{2} l_1^2 \boldsymbol{e}_\infty + \boldsymbol{e}_0 \end{cases} \tag{4.122}$$

由式(2.61)的共形几何代数刚体运动公式，可得到动平台连接关节点 B_i 在 $O\text{-}xyz$ 中的位置表达式为

$$\boldsymbol{B}_i = \boldsymbol{M}\,{}^{o}\boldsymbol{B}_i\tilde{\boldsymbol{M}}, \quad i = 1,2,3,4 \tag{4.123}$$

根据 2PRU-2UPR 并联机器人的结构关系，通过共形几何代数 $\mathcal{G}_{4,1}$ 建立包含驱动变量和输出位姿参数的运动学方程，为

$$\begin{cases} L_1^2 = -2\boldsymbol{A}_1 \cdot \boldsymbol{B}_1 = l^2 \\ L_2^2 = -2\boldsymbol{A}_2 \cdot \boldsymbol{B}_2 = l^2 \\ L_3^2 = -2\boldsymbol{A}_3 \cdot \boldsymbol{B}_3 = q_3^2 \\ L_4^2 = -2\boldsymbol{A}_4 \cdot \boldsymbol{B}_4 = q_4^2 \end{cases} \tag{4.124}$$

代入关节点的位置坐标，可推得 2PRU-2UPR 并联机器人的运动学逆解表达式为

$$\begin{cases} q_1 = z_o + l_3 \mathrm{s}_\alpha - a_3 \\ q_2 = z_o - l_3 \mathrm{s}_\alpha - a_4 \\ q_3 = \sqrt{a_1^2 + c_1^2} \\ q_4 = \sqrt{a_2^2 + c_2^2} \end{cases} \tag{4.125}$$

式中，$a_1 = z_o \sec_\alpha - l_1 \mathrm{s}_\beta$；$c_1 = l_2 - l_1 \mathrm{c}_\beta$；$a_2 = z_o \sec_\alpha + l_1 \mathrm{s}_\beta$；$c_2 = l_1 \mathrm{c}_\beta - l_2$；$a_3 = \sqrt{l^2 - a_{32}^2}$，$a_{32} = z_o \tan_\alpha + l_4 - l_3 \mathrm{c}_\alpha$；$a_4 = \sqrt{l^2 - a_{42}^2}$，$a_{42} = z_o \tan_\alpha - l_4 + l_3 \mathrm{c}_\alpha$。

2. 2PRU-2UPR 并联机器人的速度分析

类似于 Tex4 并联机器人的速度分析，运动雅可比矩阵也可反映 2PRU-2UPR 冗余驱动并联机器人末端动平台速度 $\dot{\boldsymbol{X}} = (\dot{\alpha}, \dot{\beta}, \dot{z}_o)^{\mathrm{T}}$ 和驱动关节速度 $\dot{\boldsymbol{q}} = (\dot{q}_1, \dot{q}_2, \dot{q}_3, \dot{q}_4)^{\mathrm{T}}$ 之间的映射关系。其中，$\dot{\alpha}$、$\dot{\beta}$ 和 $\dot{z}_o$ 分别表示 2PRU-2UPR 并联机器人末端动平台的输出速率，$\dot{q}_1$、$\dot{q}_2$、$\dot{q}_3$ 和 $\dot{q}_4$ 分别表示各驱动关节的速率。通过直接对 2PRU-2UPR 并联机器人的运动学逆解表达式(4.125)两端求导，可整理得到该机器人的速度方程为

$$\boldsymbol{J}_q \dot{\boldsymbol{q}} = \boldsymbol{J}_x \dot{\boldsymbol{X}} \tag{4.126}$$

式中，$\boldsymbol{J}_q$ 和 $\boldsymbol{J}_x$ 分别为 4×4 和 4×3 的运动雅可比矩阵，其表达式可展开为

$$\boldsymbol{J}_q=\begin{bmatrix} J_{q_{11}} & 0 & 0 & 0 \\ 0 & J_{q_{22}} & 0 & 0 \\ 0 & 0 & J_{q_{33}} & 0 \\ 0 & 0 & 0 & J_{q_{44}} \end{bmatrix},\quad \boldsymbol{J}_x=\begin{bmatrix} J_{x_{11}} & J_{x_{12}} & J_{x_{13}} \\ J_{x_{21}} & J_{x_{22}} & J_{x_{23}} \\ J_{x_{31}} & J_{x_{32}} & J_{x_{33}} \\ J_{x_{41}} & J_{x_{42}} & J_{x_{43}} \end{bmatrix} \tag{4.127}$$

式中，$J_{q_{11}}=a_3$；$J_{q_{22}}=a_4$；$J_{q_{33}}=q_3$；$J_{q_{44}}=q_4$；$J_{x_{11}}=a_3l_3\mathrm{c}_\alpha+a_{32}z_o/\mathrm{c}_\alpha^2+a_{32}l_3\mathrm{s}_\alpha$；$J_{x_{12}}=0$；$J_{x_{13}}=a_{32}\tan_\alpha+a_3$；$J_{x_{21}}=-a_4l_3\mathrm{c}_\alpha+a_{42}z_o/\mathrm{c}_\alpha^2-a_{42}l_3\mathrm{s}_\alpha$；$J_{x_{22}}=0$；$J_{x_{23}}=a_{42}\tan_\alpha+a_4$；$J_{x_{31}}=a_1z_o\tan_\alpha/\mathrm{c}_\alpha$；$J_{x_{32}}=-a_1l_1\mathrm{c}_\beta+c_1l_1\mathrm{s}_\beta$；$J_{x_{33}}=a_1/\mathrm{c}_\alpha$；$J_{x_{41}}=a_2z_o\tan_\alpha/\mathrm{c}_\alpha$；$J_{x_{42}}=a_2l_1\mathrm{c}_\beta-c_2l_1\mathrm{s}_\beta$；$J_{x_{43}}=a_2/\mathrm{c}_\alpha$。

通过在式(4.126)两端同左乘$\boldsymbol{J}_q^{-1}$，即可得到 2PRU-2UPR 并联机器人的输入输出速度表达式为

$$\dot{\boldsymbol{q}}=\boldsymbol{J}_q^{-1}\boldsymbol{J}_x\dot{\boldsymbol{X}}=\boldsymbol{J}\dot{\boldsymbol{X}} \tag{4.128}$$

式中，$\boldsymbol{J}$为 2PRU-2UPR 并联机器人的运动雅可比矩阵。根据式(4.33)，即可得到齐次化运动雅可比矩阵$\boldsymbol{J}_h$。

3. 2PRU-2UPR 并联机器人的运动学性能分析

类似于 Tex4 并联机器人，本节同样采用基于齐次化运动雅可比矩阵$\boldsymbol{J}_h$的条件数倒数 C 作为性能指标，对冗余驱动并联机器人 2PRU-2UPR 进行运动学性能分析。在本节中，2PRU-2UPR 并联机器人的杆件尺寸参数和输出位姿运动范围定义如下：$l_1=250\mathrm{mm}$、$l_2=400\mathrm{mm}$、$l_3=200\mathrm{mm}$、$l_4=320\mathrm{mm}$、$l=670\mathrm{mm}$、$z_o=600\mathrm{mm}$、$\alpha\in[-40°, 40°]$和$\beta\in[-40°, 40°]$。基于上述结构参数，可以得到 2PRU-2UPR 并联机器人在工作空间中的 LCI 分布图谱，如图 4.52 所示。图 4.52(a)展示

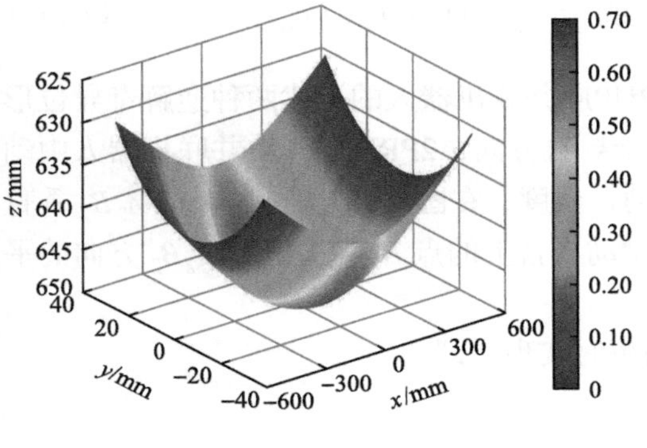

(a) 三维空间中的性能分布

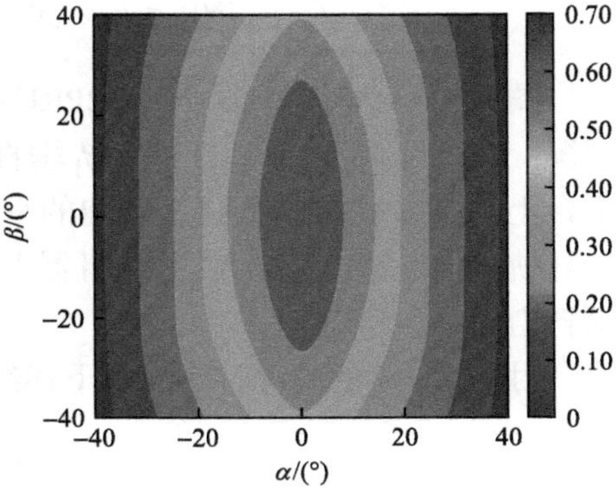

(b) 姿态空间中的性能分布

图 4.52　2PRU-2UPR 并联机器人的条件数性能分析

了在末端刀具长度 $H = 50\text{mm}$ 的情况下，2PRU-2UPR 并联机器人在三维空间中的 LCI 分布图谱，其关于 $x = 0\text{mm}$ 和 $y = 0\text{mm}$ 平面完全对称。图 4.52(b) 为 2PRU-2UPR 并联机器人在姿态空间中的 LCI 分布图谱，其关于 $\alpha = 0°$ 和 $\beta = 0°$ 完全对称。从图中可以发现，2PRU-2UPR 并联机器人在中心区域内运动学性能较好，随着 β 的变大而下降。同样地，根据式(4.33)～式(4.37)，可得到 2PRU-2UPR 并联机器人的全域条件数指标值仅为 0.352，整体性能并不理想，需进行尺度综合。

4. 2PRU-2UPR 并联机器人的运动学奇异位形分析

本节主要通过对两个运动雅可比矩阵 $\boldsymbol{J}_q$ 和 $\boldsymbol{J}_x$ 的行列式进行讨论，确定冗余驱动并联机器人 2PRU-2UPR 的运动学奇异位形，包括逆解奇异位形、正解奇异位形和混合奇异位形。

1) 逆解奇异位形

对于 2PRU-2UPR 并联机器人，其发生逆解奇异位形的条件为

$$\det\left(\boldsymbol{J}_q\right) = 0 \ \text{且} \ \det\left(\boldsymbol{J}_x^{\mathrm{T}}\boldsymbol{J}_x\right) \neq 0 \tag{4.129}$$

由于 $\boldsymbol{J}_q$ 是对角矩阵，若 $\det\left(\boldsymbol{J}_q\right) = 0$ 成立，则 $J_{q_{11}}$、$J_{q_{22}}$、$J_{q_{33}}$ 或 $J_{q_{44}}$ 需为 0。上述情况在满足下述条件时方才成立：

$$a_3 = 0 \ \text{或} \ a_4 = 0 \ \text{或} \ q_3 = 0 \ \text{或} \ q_4 = 0 \tag{4.130}$$

对于 $a_3 = 0$ 或 $a_4 = 0$ 的情况，当且仅当杆件 A_1B_1 或 A_2B_2 垂直于导轨时才会发生，即

$$l = \left|z_o \tan_\alpha + l_4 - l_3 \mathrm{c}_\alpha\right| \ \text{或} \ l = \left|z_o \tan_\alpha - l_4 + l_3 \mathrm{c}_\alpha\right| \tag{4.131}$$

图 4.53(a)和图 4.53(b)为 2PRU-2UPR 并联机器人的上述两种逆解奇异位形情况。在图 4.53(a)中，杆件 A_1B_1 垂直于导轨方向，2PRU-2UPR 并联机器人中动平台上的点 B_1 失去沿着 A_1B_1 方向的平动自由度；在图 4.53(b)中，杆件 A_2B_2 垂直于导轨方向，2PRU-2UPR 并联机器人中动平台上的点 B_2 失去沿着 A_2B_2 方向的平动自由度。

对于 $q_3 = 0$ 的情况，当满足下述约束时实现，即

$$\begin{cases} z_o / \mathrm{c}_\alpha - l_1 \mathrm{s}_\beta = 0 \\ l_2 - l_1 \mathrm{c}_\beta = 0 \end{cases} \tag{4.132}$$

式(4.132)当且仅当 $c_\beta = l_2/l_1 > 1$ 时成立，但这在实际应用中不可能发生，因此该约束对应的奇异位形并不存在。同样地，对于 $q_4 = 0$，也存在同样的情况。

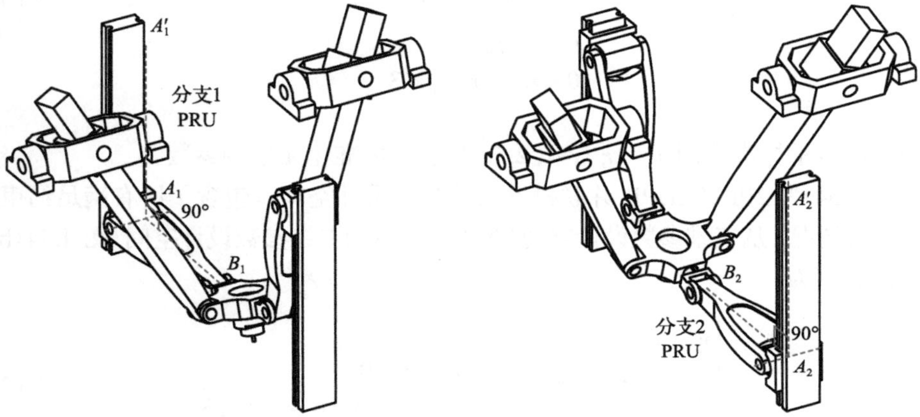

(a) 逆解奇异位形1　　(b) 逆解奇异位形2

图 4.53　2PRU-2UPR 并联机器人的两种逆解奇异位形

2)正解奇异位形

对于 2PRU-2UPR 并联机器人，其发生正解奇异位形的条件为

$$\det\left(\boldsymbol{J}_q\right) \neq 0 \ \ \text{且} \ \ \det\left(\boldsymbol{J}_x^{\mathrm{T}}\boldsymbol{J}_x\right) = 0 \tag{4.133}$$

由于表达式比较复杂，此处通过对姿态参数 z_o、β 和 γ 的迭代计算得到 $\det\left(\boldsymbol{J}_x^{\mathrm{T}}\boldsymbol{J}_x\right)$ 的值，以查看工作空间内是否有符合条件的正解奇异位形。计算结果显示，工作空间内不存在 z_o、α 和 β 使得 $\det\left(\boldsymbol{J}_x^{\mathrm{T}}\boldsymbol{J}_x\right) \leqslant 10^{-4}$，故此奇异位形表达式无解，对应的机器人正解奇异位形不存在。

综上，2PRU-2UPR 并联机器人无正解奇异位形。因此，2PRU-2UPR 并联机器人也不存在混合奇异位形。

5. 2PRU-2UPR 并联机器人的尺度综合分析

基于全域条件数指标 η，本节对 2PRU-2UPR 并联机器人的杆件参数 (l_1, l_2, l_3, l_4) 进行尺度优化。在优化前，对该机器人的尺度参数和转动范围进行如下限定：$z_o = 1.5 l_2$、$l = z_o t_{\beta_{\max}} + l_4 - l_3 c_{\beta_{\max}}$、$\alpha \in [-40°, 40°]$ 和 $\beta \in [-40°, 40°]$，且将 l_1、l_2 和 l_3 定义为设计参数。考虑实际应用情况，2PRU-2UPR 并联机器人参数可归一化为

$$\begin{cases} l_4 = (l_1 \cdot l_3)/l_2 \\ D = (l_1 + l_2 + l_3)/3 \\ r_i = l_1/D, \quad i = 1,2,3,4 \\ r_1, r_3 \leqslant r_2, r \\ 0 < r_1, r_2, r_3, r_4 < 3 \end{cases} \tag{4.134}$$

式中，D 表示标准化因子；r_i $(i=1, 2, 3, 4)$ 表示标准化无量纲参数。

图 4.54 为 2PRU-2UPR 并联机器人的参数设计空间，包含了所有满足约束条件的组合情况。从三维参数设计空间(图 4.54(a))到二维参数设计空间(图 4.54(b))的映射关系为

$$\begin{cases} r_1 = s \\ r_2 = \sqrt{3}t/2 - s/2 \\ r_3 = 3 - \sqrt{3}t/2 - s/2 \end{cases} \quad 或 \quad \begin{cases} s = r_1 \\ t = (3 - r_3 + r_2)/\sqrt{3} \end{cases} \tag{4.135}$$

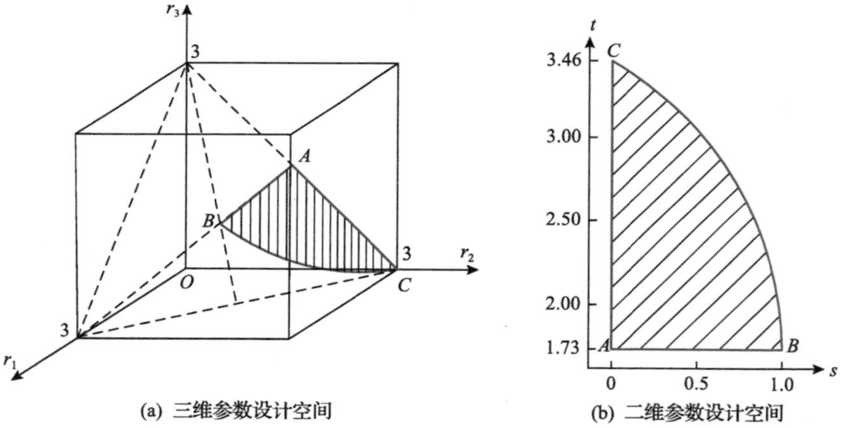

图 4.54　2PRU-2UPR 并联机器人的参数设计空间

2PRU-2UPR 并联机器人的尺度优化步骤如下。

(1) 确定优化设计区域。2PRU-2UPR 并联机器人的 η 值分布情况如图 4.55 所示，为确定机器人的性能分布情况，定义三个优化设计区域。其中，优化设计区域Ⅰ中 $\eta \in [0.06, 0.18)$，整体性能较差；优化设计区域Ⅱ中 $\eta \in [0.18, 0.36)$，整体性能中等；优化设计区域Ⅲ中 $\eta \geqslant 0.36$，整体性能较好。

(2) 选取优化参数组。从每个优化设计区域中选取 3 组数据，共生成 9 组数据，如表 4.6 所示。考虑到实际加工中存在制造误差等情况，参数选取时应尽量远离优化设计区域边界。根据式(4.135)，可得到二维平面内每组参数 (s, t) 所对应的无

量纲参数(r_1, r_2, r_3)。

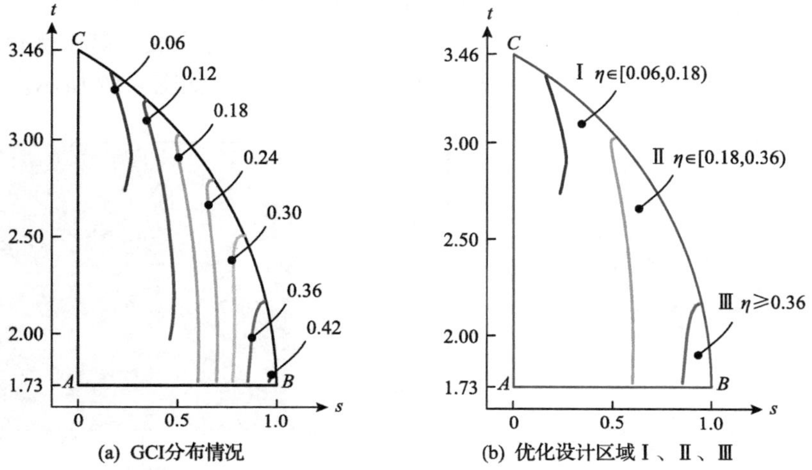

图 4.55　2PRU-2UPR 并联机器人的优化分布区间

表 4.6　2PRU-2UPR 并联机器人优化设计区域中的 GCI 结果

优化设计区域	组	s	t	l_1 /mm	l_2 /mm	l_3 /mm	η
Ⅰ	1	0.30	3.03	150	1237	113	0.084
	2	0.44	2.69	220	1055	225	0.121
	3	0.56	2.35	280	878	342	0.164
Ⅱ	4	0.62	2.69	310	1010	180	0.225
	5	0.74	2.27	370	798	332	0.273
	6	0.84	1.99	420	652	428	0.338
Ⅲ	7	0.92	2.09	460	675	365	0.368
	8	0.94	1.93	470	601	429	0.391
	9	0.96	1.79	480	535	485	0.415

(3)确定标准化因子 D 和尺寸参数 l_1、l_2、l_3。根据 2PRU-2UPR 并联机器人所处的实际工况，这里令 $D = 500\text{mm}$。以表 4.6 中的第 1 组数据为例，s=0.30，t=3.03，根据式(4.135)和标准化因子 D 可得：$l_1 = 150\text{mm}$、$l_2 = 1237\text{mm}$ 和 $l_3 = 113\text{mm}$。

(4)检查所选参数是否满足实际使用情况。若满足，则优化步骤结束；反之，则返回步骤(2)重新选取优化参数组。

表 4.6 中的第 3、6、9 组数据对应的条件数性能分布情况如图 4.56 所示。显而易见，第 9 组数据(优化设计区域Ⅲ) η 值为 0.415，优于其他两组数据。相比原

先的 0.352，优化后 2PRU-2UPR 并联机器人的条件数性能得到提升，因此优化设计区域Ⅲ可选为最优设计区域。上述运动学性能评价和尺度优化，对于 2PRU-2UPR 并联机器人的实际制造及应用具有重要的理论指导意义。基于优化后的尺寸参数，制造出 2PRU-2UPR 并联机器人实物原理样机，如图 4.57 所示。

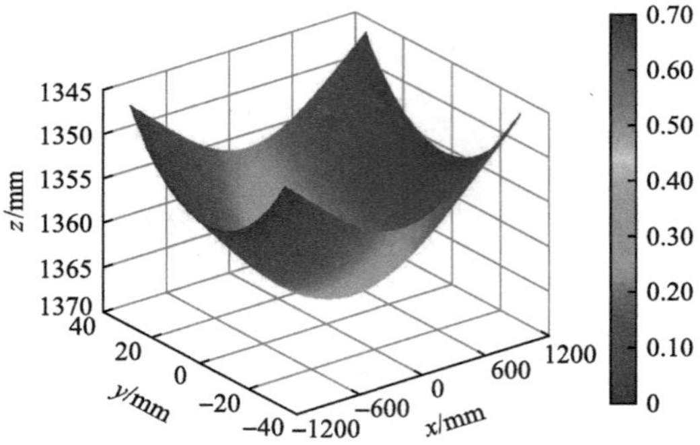

(a) 优化设计区域Ⅰ三维空间中的性能分布

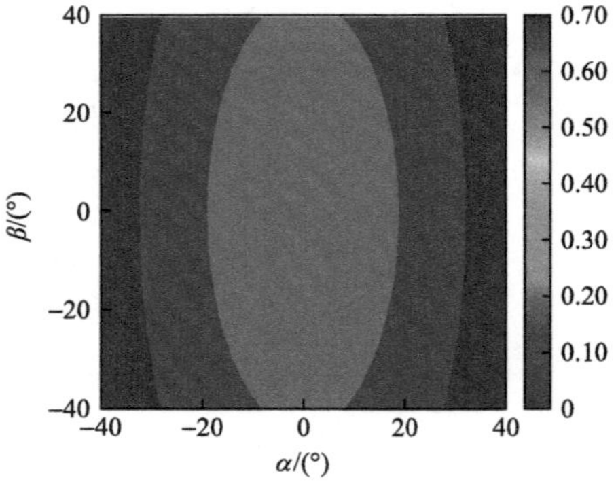

(b) 优化设计区域Ⅰ姿态空间中的性能分布

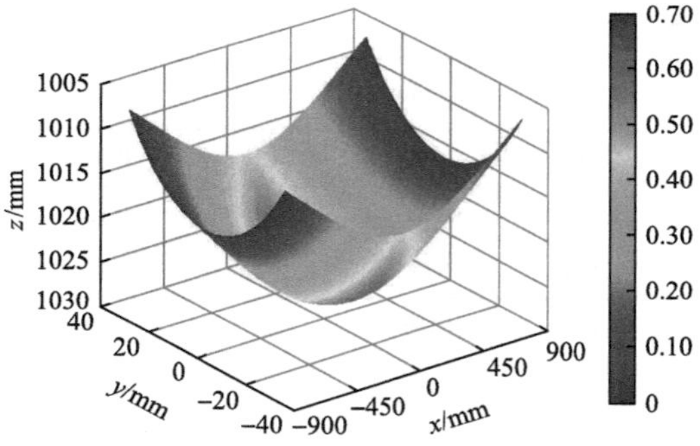

(c) 优化设计区域Ⅱ三维空间中的性能分布

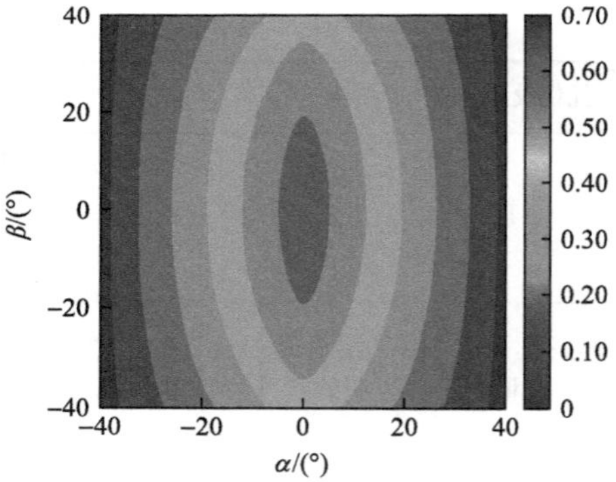

(d) 优化设计区域Ⅱ姿态空间中的性能分布

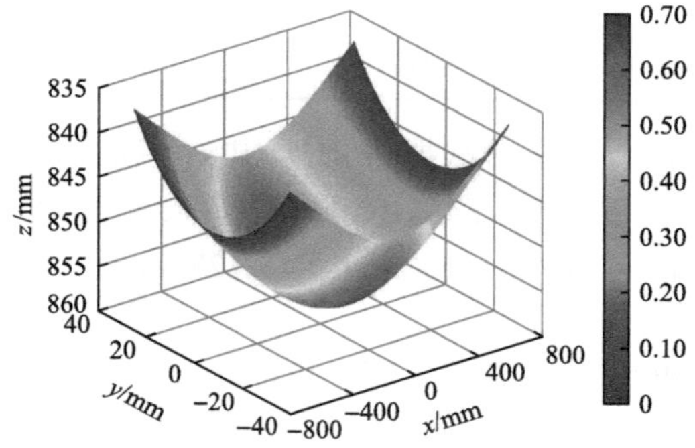

(e) 优化设计区域Ⅲ三维空间中的性能分布

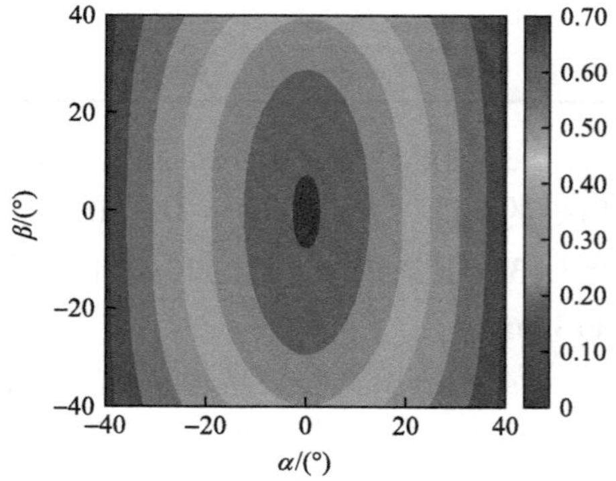

(f) 优化设计区域Ⅲ姿态空间中的性能分布

图 4.56　三个优化设计区域中不同参数组情况下的 2PRU-2UPR 并联机器人条件数性能分布

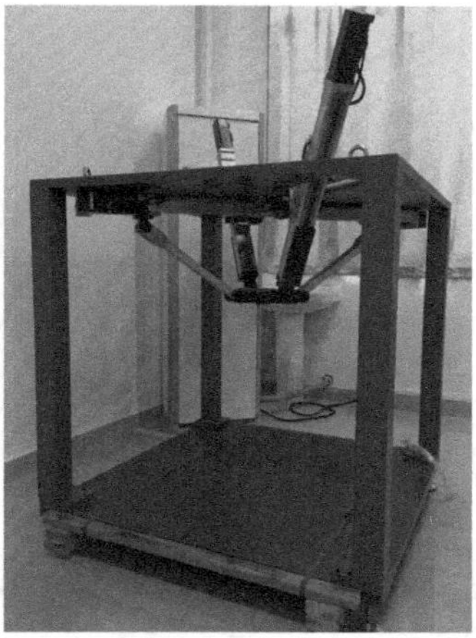

图 4.57　2PRU-2UPR 并联机器人实物原理样机

4.6　输出转轴不定的 3-RPS 并联机器人运动学分析与尺度综合

基于共形几何代数 $\mathcal{G}_{4,1}$，本章建立了第 3 章构型综合的具有确定输出转轴的 2R1T 非冗余驱动/冗余驱动并联机器人运动学模型，确定了运动奇异位形，分析了运动学性能，并对各机器人进行了尺度综合研究。为体现共形几何代数运动学建模方法的通用性，本节主要对输出转轴不定的 3-RPS 并联机器人[19]进行运动学建模，并采用基于条件数的运动学指标进行性能评价与尺度综合。

1. 3-RPS 并联机器人的运动学逆解

3-RPS 并联机器人三维图如图 4.58 所示，动/定平台由 3 根长度可变杆件 $A_iB_i\,(i=1,2,3)$ 分别通过球面副和转动副相连，两个平台均为等边三角形。建立如图 4.58 所示坐标系，定坐标系 $O\text{-}xyz$ 的原点 O 固定于定平台中心点，其中 x 轴指向 OA_1，y 轴平行于定平台边线 A_2A_3。动坐标系 $o\text{-}uvw$ 的原点 o 固定于动平台中心点，其中 u 轴指向 oB_1，v 轴平行于动平台边线 B_2B_3。A_i 点在定坐标系下的坐标为 $\left(x_{A_i},\, y_{A_i},\, 0\right)^{\mathrm{T}}$，位于半径为 R 的圆上，通过转动副与移动副相连，且转动副的轴线与圆相切。B_i 点在动坐标系下的坐标为 $\left(u_{B_i},\, v_{B_i},\, w_{B_i}\right)^{\mathrm{T}}$，位于半径为 r 的圆上，通过球面副与移动副相连。3-RPS 并联机器人具有两个转动自由度和一个平动自由度，且其输出转轴不确定，会随着运动位置和姿态的变化而变化。本节定义 3-RPS 并联机器人动平台的输出位姿参数为 $(\alpha,\, \beta,\, z_o)$，同时机器人运动会产生两个伴随移动 $(x_o,\, y_o)$ 和一个伴随转动 γ。

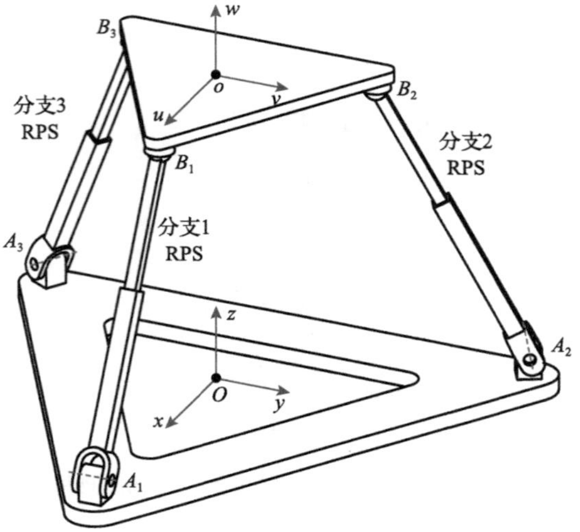

图 4.58　3-RPS 并联机器人三维图

首先，根据动平台的输出位姿参数给出动平台刚体运动的运动算子。对于 3-RPS 并联机器人，其动坐标系 *o-uvw* 原点在定坐标系 *O-xyz* 下的位置为 $(x_o, y_o, z_o)^{\mathrm{T}}$，动坐标系姿态角为 $(\alpha, \beta, \gamma)^{\mathrm{T}}$，则动平台刚体运动算子为

$$\boldsymbol{M} = \boldsymbol{T}\boldsymbol{R}_\gamma \boldsymbol{R}_\beta \boldsymbol{R}_\alpha \tag{4.136}$$

$$\tilde{\boldsymbol{M}} = \tilde{\boldsymbol{R}}_\alpha \tilde{\boldsymbol{R}}_\beta \tilde{\boldsymbol{R}}_\gamma \tilde{\boldsymbol{T}} \tag{4.137}$$

式中，$\boldsymbol{T} = 1 - (x_o\boldsymbol{e}_1 + y_o\boldsymbol{e}_2 + z_o\boldsymbol{e}_3)\boldsymbol{e}_\infty/2$；$\boldsymbol{R}_\alpha = \mathrm{c}_{\alpha/2} - \mathrm{s}_{\alpha/2}\boldsymbol{e}_{23}$；$\boldsymbol{R}_\beta = \mathrm{c}_{\beta/2} + \mathrm{s}_{\beta/2}\boldsymbol{e}_{13}$；$\boldsymbol{R}_\gamma = \mathrm{c}_{\gamma/2} - \mathrm{s}_{\gamma/2}\boldsymbol{e}_{12}$。

根据共形几何代数 $\mathcal{G}_{4,1}$，各转动副 A_i 和球面副 B_i 在 *O-xyz* 和 *o-uvw* 中的位置表达式分别为

$$\boldsymbol{A}_i = x_{A_i}\boldsymbol{e}_1 + y_{A_i}\boldsymbol{e}_2 + z_{A_i}\boldsymbol{e}_3 + \frac{1}{2}\left(x_{A_i}^2 + y_{A_i}^2 + z_{A_i}^2\right)\boldsymbol{e}_\infty + \boldsymbol{e}_0 \tag{4.138}$$

和

$$^{o}\boldsymbol{B}_i = u_{B_i}\boldsymbol{e}_1 + v_{B_i}\boldsymbol{e}_2 + w_{B_i}\boldsymbol{e}_3 + \frac{1}{2}\left(u_{B_i}^2 + v_{B_i}^2 + w_{B_i}^2\right)\boldsymbol{e}_\infty + \boldsymbol{e}_0 \tag{4.139}$$

由式(2.61)的共形几何代数刚体运动公式，可得到动平台连接关节点 B_i 在 *O-xyz* 中的位置表达式为

$$\boldsymbol{B}_i = \boldsymbol{M}\,{}^o\boldsymbol{B}_i\tilde{\boldsymbol{M}} = x_{B_i}\boldsymbol{e}_1 + y_{B_i}\boldsymbol{e}_2 + z_{B_i}\boldsymbol{e}_3 + \frac{1}{2}\left(x_{B_i}^2 + y_{B_i}^2 + z_{B_i}^2\right)\boldsymbol{e}_\infty + \boldsymbol{e}_0, \quad i = 1,2,3 \tag{4.140}$$

式中，x_{B_i}、y_{B_i} 和 z_{B_i} 满足如下关系：

$$\begin{cases} x_{B_i} = \mathrm{c}_\beta\mathrm{c}_\gamma u_{B_i} + \left(\mathrm{s}_\alpha\mathrm{s}_\beta\mathrm{c}_\gamma - \mathrm{s}_\gamma\mathrm{c}_\alpha\right)v_{B_i} + \left(\mathrm{s}_\gamma\mathrm{s}_\alpha + \mathrm{s}_\beta\mathrm{c}_\alpha\mathrm{c}_\gamma\right)w_{B_i} + x_o \\ y_{B_i} = \mathrm{s}_\gamma\mathrm{c}_\beta u_{B_i} + \left(\mathrm{s}_\alpha\mathrm{s}_\beta\mathrm{s}_\gamma + \mathrm{c}_\alpha\mathrm{c}_\gamma\right)v_{B_i} + \left(\mathrm{s}_\beta\mathrm{s}_\gamma\mathrm{c}_\alpha - \mathrm{s}_\alpha\mathrm{c}_\gamma\right)w_{B_i} + y_o \\ z_{B_i} = -\mathrm{s}_\beta u_{B_i} + \mathrm{s}_\alpha\mathrm{c}_\beta v_{B_i} + \mathrm{c}_\alpha\mathrm{c}_\beta w_{B_i} + z_o \end{cases} \tag{4.141}$$

3-RPS 并联机器人存在伴随运动，需根据几何约束对其进行计算。由于 3-RPS 并联机器人转动副的约束，各球面副在转动副和移动副张成的约束平面内运动，得到对应于约束平面的约束方程为

$$\begin{cases} y_{B_1} = 0 \\ y_{B_2} = -\sqrt{3}x_{B_2} \\ y_{B_3} = \sqrt{3}x_{B_3} \end{cases} \tag{4.142}$$

将球面副位置表达式(4.140)代入约束方程(4.142)，可分析得到伴随运动的表达式为

$$\begin{cases} t_\gamma = \dfrac{\mathrm{s}_\alpha\mathrm{s}_\beta}{\mathrm{c}_\alpha + \mathrm{c}_\beta} \\ x_o = \dfrac{r(\mathrm{c}_\beta\mathrm{c}_\gamma - \mathrm{c}_\alpha\mathrm{c}_\gamma - \mathrm{s}_\alpha\mathrm{s}_\beta\mathrm{s}_\gamma)}{2} \\ y_o = -r\mathrm{s}_\gamma\mathrm{c}_\beta \end{cases} \tag{4.143}$$

根据 3-RPS 并联机器人的结构关系，通过共形几何代数 $\mathcal{G}_{4,1}$ 可建立包含驱动变量和输出位姿参数的运动学方程，即

$$L_i^2 = -2\boldsymbol{A}_i \cdot \boldsymbol{B}_i = q_i^2, \quad i = 1,2,3 \tag{4.144}$$

代入各关节点的位置坐标，可求解出 3-RPS 并联机器人的运动学逆解为

$$q_1 = \left(\left\{x_{A_1} - \frac{\left(-r\mathrm{c}_\alpha^2 + 2r + 2u_{B_1}\right)\mathrm{c}_\beta^2 + \left[2\left(w_{B_1}\mathrm{s}_\beta + u_{B_1}\right)\mathrm{c}_\alpha + 2\mathrm{s}_\alpha v_{B_1}\mathrm{s}_\beta\right]\mathrm{c}_\beta + 2w_{B_1}\mathrm{s}_\beta - r}{2\left(\mathrm{c}_\alpha\mathrm{c}_\beta + 1\right)}\right\}^2\right.$$

$$
\begin{aligned}
&+\left(y_{A_1}-\frac{\left(-s_\alpha w_{B_1}c_\alpha+c_\alpha^2 v_{B_1}-v_{B_1}\right)c_\beta^2+\left\{v_{B_1}c_\alpha-\left[\left(r-u_{B_1}\right)s_\beta+w_{B_1}\right]s_\alpha\right\}c_\beta+v_{B_1}}{c_\alpha c_\beta+1}\right)^2\\
&\left.+\left[z_{A_1}-\left(v_{B_1}c_\beta s_\alpha+w_{B_1}c_\beta c_\alpha-u_{B_1}s_\beta+z_o\right)\right]^2\right)^{1/2}
\end{aligned}
\tag{4.145}
$$

$$
\begin{aligned}
q_2=&\left(\left\{x_{A_2}-\frac{\left(-rc_\alpha^2+2r+2u_{B_2}\right)c_\beta^2+\left[2\left(w_{B_2}s_\beta+u_{B_2}\right)c_\alpha+2s_\alpha v_{B_2}s_\beta\right]c_\beta+2w_{B_2}s_\beta-r}{2\left(c_\alpha c_\beta+1\right)}\right\}^2\right.\\
&+\left(y_{A_2}-\frac{\left(-s_\alpha w_{B_2}c_\alpha+c_\alpha^2 v_{B_2}-v_{B_2}\right)c_\beta^2+\left\{v_{B_2}c_\alpha-\left[\left(r-u_{B_2}\right)s_\beta+w_{B_2}\right]s_\alpha\right\}c_\beta+v_{B_2}}{c_\alpha c_\beta+1}\right)^2\\
&\left.+\left[z_{A_2}-\left(v_{B_2}c_\beta s_\alpha+w_{B_2}c_\beta c_\alpha-u_{B_2}s_\beta+z_o\right)\right]^2\right)^{1/2}
\end{aligned}
\tag{4.146}
$$

和

$$
\begin{aligned}
q_3=&\left(\left\{x_{A_3}-\frac{\left(-rc_\alpha^2+2r+2u_{B_3}\right)c_\beta^2+\left[2\left(w_{B_3}s_\beta+u_{B_3}\right)c_\alpha+2s_\alpha v_{B_3}s_\beta\right]c_\beta+2w_{B_3}s_\beta-r}{2\left(c_\alpha c_\beta+1\right)}\right\}^2\right.\\
&+\left(y_{A_3}-\frac{\left(-s_\alpha w_{B_3}c_\alpha+c_\alpha^2 v_{B_3}-v_{B_3}\right)c_\beta^2+\left\{v_{B_3}c_\alpha-\left[\left(r-u_{B_3}\right)s_\beta+w_{B_3}\right]s_\alpha\right\}c_\beta+v_{B_3}}{c_\alpha c_\beta+1}\right)^2\\
&\left.+\left[z_{A_3}-\left(v_{B_3}c_\beta s_\alpha+w_{B_3}c_\beta c_\alpha-u_{B_3}s_\beta+z_o\right)\right]^2\right)^{1/2}
\end{aligned}
\tag{4.147}
$$

2. 3-RPS 并联机器人的速度分析

类似于 Tex3 并联机器人，运动雅可比矩阵也可反映 3-RPS 并联机器人末端动平台速度 $\dot{\boldsymbol{X}}=\left(\dot{\alpha},\ \dot{\beta},\ \dot{z}_o\right)^{\mathrm{T}}$ 和驱动关节速度 $\dot{\boldsymbol{q}}=\left(\dot{q}_1,\ \dot{q}_2,\ \dot{q}_3\right)^{\mathrm{T}}$ 之间的映射关系。其中，

$\dot{\alpha}$ 、$\dot{\beta}$ 和 $\dot{z}_o$ 分别表示 3-RPS 机器人末端动平台的输出速率，$\dot{q}_1$、$\dot{q}_2$ 和 $\dot{q}_3$ 分别表示各驱动关节的速率。通过直接对 3-RPS 并联机器人的运动学逆解表达式(4.145)～式(4.147)两端求导，可整理得到该机器人的速度方程为

$$\boldsymbol{J}_q\dot{\boldsymbol{q}} = \boldsymbol{J}_x\dot{\boldsymbol{X}} \tag{4.148}$$

式中，$\boldsymbol{J}_q$ 和 $\boldsymbol{J}_x$ 均为 3×3 的运动雅可比矩阵，其表达式可展开为

$$\boldsymbol{J}_q = \begin{bmatrix} J_{q_{11}} & 0 & 0 \\ 0 & J_{q_{22}} & 0 \\ 0 & 0 & J_{q_{33}} \end{bmatrix}, \quad \boldsymbol{J}_x = \begin{bmatrix} J_{x_{11}} & J_{x_{12}} & J_{x_{13}} \\ J_{x_{21}} & J_{x_{22}} & J_{x_{23}} \\ J_{x_{31}} & J_{x_{32}} & J_{x_{33}} \end{bmatrix} \tag{4.149}$$

式中，

$$J_{q_{11}} = 2\sqrt{\left(x_{A_1} - x_{B_1}\right)^2 + \left(y_{A_1} - y_{B_1}\right)^2 + \left(z_{A_1} - z_{B_1}\right)^2}$$

$$J_{q_{22}} = 2\sqrt{\left(x_{A_2} - x_{B_2}\right)^2 + \left(y_{A_2} - y_{B_2}\right)^2 + \left(z_{A_2} - z_{B_2}\right)^2}$$

$$J_{q_{33}} = 2\sqrt{\left(x_{A_3} - x_{B_3}\right)^2 + \left(y_{A_3} - y_{B_3}\right)^2 + \left(z_{A_3} - z_{B_3}\right)^2}$$

$$J_{x_{11}} = 2\left(x_{B_1} - x_{A_1}\right)\frac{\partial x_{B_1}}{\partial \alpha} + 2\left(y_{B_1} - y_{A_1}\right)\frac{\partial y_{B_1}}{\partial \alpha} + 2\left(z_{B_1} - z_{A_1}\right)\frac{\partial z_{B_1}}{\partial \alpha}$$

$$J_{x_{12}} = 2\left(x_{B_1} - x_{A_1}\right)\frac{\partial x_{B_1}}{\partial \beta} + 2\left(y_{B_1} - y_{A_1}\right)\frac{\partial y_{B_1}}{\partial \beta} + 2\left(z_{B_1} - z_{A_1}\right)\frac{\partial z_{B_1}}{\partial \beta}$$

$$J_{x_{13}} = 2\left(x_{B_1} - x_{A_1}\right)\frac{\partial x_{B_1}}{\partial z_o} + 2\left(y_{B_1} - y_{A_1}\right)\frac{\partial y_{B_1}}{\partial z_o} + 2\left(z_{B_1} - z_{A_1}\right)\frac{\partial z_{B_1}}{\partial z_o}$$

$$J_{x_{21}} = 2\left(x_{B_2} - x_{A_2}\right)\frac{\partial x_{B_2}}{\partial \alpha} + 2\left(y_{B_2} - y_{A_2}\right)\frac{\partial y_{B_2}}{\partial \alpha} + 2\left(z_{B_2} - z_{A_2}\right)\frac{\partial z_{B_2}}{\partial \alpha}$$

$$J_{x_{22}} = 2\left(x_{B_2} - x_{A_2}\right)\frac{\partial x_{B_2}}{\partial \beta} + 2\left(y_{B_2} - y_{A_2}\right)\frac{\partial y_{B_2}}{\partial \beta} + 2\left(z_{B_2} - z_{A_2}\right)\frac{\partial z_{B_2}}{\partial \beta}$$

$$J_{x_{23}} = 2\left(x_{B_2} - x_{A_2}\right)\frac{\partial x_{B_2}}{\partial z_o} + 2\left(y_{B_2} - y_{A_2}\right)\frac{\partial y_{B_2}}{\partial z_o} + 2\left(z_{B_2} - z_{A_2}\right)\frac{\partial z_{B_2}}{\partial z_o}$$

$$J_{x_{31}}=2\left(x_{B_3}-x_{A_3}\right)\frac{\partial x_{B_3}}{\partial\alpha}+2\left(y_{B_3}-y_{A_3}\right)\frac{\partial y_{B_3}}{\partial\alpha}+2\left(z_{B_3}-z_{A_3}\right)\frac{\partial z_{B_3}}{\partial\alpha}$$

$$J_{x_{32}}=2\left(x_{B_3}-x_{A_3}\right)\frac{\partial x_{B_3}}{\partial\beta}+2\left(y_{B_3}-y_{A_3}\right)\frac{\partial y_{B_3}}{\partial\beta}+2\left(z_{B_3}-z_{A_3}\right)\frac{\partial z_{B_3}}{\partial\beta}$$

$$J_{x_{33}}=2\left(x_{B_3}-x_{A_3}\right)\frac{\partial x_{B_3}}{\partial z_o}+2\left(y_{B_3}-y_{A_3}\right)\frac{\partial y_{B_3}}{\partial z_o}+2\left(z_{B_3}-z_{A_3}\right)\frac{\partial z_{B_3}}{\partial z_o}$$

$$\frac{\partial x_{B_i}}{\partial\alpha}=\frac{\mathrm{c}_\beta\left[\mathrm{s}_\alpha\left(r\mathrm{c}_\alpha^2+2r+2x_{B_i}\right)\mathrm{c}_\beta^2+\left(2\mathrm{s}_\alpha\mathrm{c}_\alpha r+2y_{B_i}\mathrm{s}_\beta\right)\mathrm{c}_\beta-\left(r+2x_{B_i}\right)\mathrm{s}_\alpha+2\mathrm{s}_\beta\mathrm{c}_\alpha y_{B_i}\right]}{2\left(\mathrm{c}_\alpha\mathrm{c}_\beta+1\right)^2}$$

$$\begin{aligned}\frac{\partial y_{B_i}}{\partial\alpha}=&-\Big\{\left(\mathrm{s}_\alpha y_{B_i}\mathrm{c}_\alpha^2+z_{B_i}\mathrm{c}_\alpha^3+y_{B_i}\mathrm{s}_\alpha\right)\mathrm{c}_\beta^2+\left[2z_{B_i}\mathrm{c}_\alpha^2+2y_{B_1}\mathrm{s}_\alpha\mathrm{c}_\alpha+\left(r-x_{B_i}\right)\mathrm{s}_\beta\right]\mathrm{c}_\beta\\&+\left[\left(r-x_{B_i}\right)\mathrm{s}_\beta+z_{B_i}\right]\mathrm{c}_\alpha\Big\}\mathrm{c}_\beta\Big/\left(\mathrm{c}_\alpha\mathrm{c}_\beta+1\right)^2\end{aligned}$$

$$\frac{\partial z_{B_i}}{\partial\alpha}=\mathrm{c}_\beta\left(y_{B_i}\mathrm{c}_\alpha-\mathrm{s}_\alpha z_{B_i}\right)$$

$$\begin{aligned}\frac{\partial x_{B_i}}{\partial\beta}=&\Big(\left(2y_{B_i}\mathrm{s}_\alpha\mathrm{c}_\alpha+2z_{B_i}\mathrm{c}_\alpha^2\right)c_\beta^3+\left\{r\mathrm{s}_\beta c_\alpha^3+\left[-2\left(r+x_{B_i}\right)\mathrm{s}_\beta+4z_{B_i}\right]\mathrm{c}_\alpha+4y_{B_i}\mathrm{s}_\alpha\right\}\mathrm{c}_\beta^2\\&+\left[2\mathrm{s}_\beta\mathrm{c}_\alpha^2r-4\left(r+x_{B_i}\right)\mathrm{s}_\beta+2z_{B_i}\right]\mathrm{c}_\beta-\mathrm{s}_\beta\left(r+2x_{B_i}\right)\mathrm{c}_\alpha-2y_{B_i}\mathrm{s}_\alpha\Big)\Big/2\left(\mathrm{c}_\alpha\mathrm{c}_\beta+1\right)^2\end{aligned}$$

$$\begin{aligned}\frac{\partial y_{B_i}}{\partial\beta}=&\Big\{-\mathrm{s}_\alpha\mathrm{c}_\alpha\left(r-x_{B_i}\right)\mathrm{c}_\beta^3+\left[\left(z_{B_i}\mathrm{s}_\beta\mathrm{c}_\alpha^2-2r+2x_{B_i}\right)\mathrm{s}_\alpha-y_{B_i}\mathrm{s}_\beta\mathrm{c}_\alpha^3+\mathrm{s}_\beta\mathrm{c}_\alpha y_{B_i}\right]\mathrm{c}_\beta^2\\&+2\mathrm{s}_\beta\left(\mathrm{s}_\alpha z_{B_i}\mathrm{c}_\alpha-\mathrm{c}_\alpha^2y_{B_i}+y_{B_i}\right)\mathrm{c}_\beta+\mathrm{s}_\alpha\left(z_{B_i}\mathrm{s}_\beta+r-x_{B_i}\right)\Big\}\Big/\left(\mathrm{c}_\alpha\mathrm{c}_\beta+1\right)^2\end{aligned}$$

$$\frac{\partial z_{B_i}}{\partial\beta}=-\mathrm{c}_\beta x_{B_i}-\mathrm{s}_\alpha\mathrm{s}_\beta y_{B_i}-\mathrm{s}_\beta\mathrm{c}_\alpha z_{B_i}$$

$$\frac{\partial x_{B_i}}{\partial z_o}=0,\quad\frac{\partial y_{B_i}}{\partial z_o}=0,\quad\frac{\partial z_{B_i}}{\partial z_o}=1$$

因此，通过在式(4.148)两端同左乘$\boldsymbol{J}_q^{-1}$，3-RPS 并联机器人的输入输出速度等式可简化为

$$\dot{\boldsymbol{q}}=\boldsymbol{J}_q^{-1}\boldsymbol{J}_x\dot{\boldsymbol{X}}=\boldsymbol{J}\dot{\boldsymbol{X}}\tag{4.150}$$

式中，$\boldsymbol{J}$为 3-RPS 并联机器人的运动雅可比矩阵。根据式(4.33)，即可得到齐次

化运动雅可比矩阵 $\boldsymbol{J}_h$ 。

3. 3-RPS 并联机器人的运动学性能分析

本节同样采用基于齐次化运动雅可比矩阵 $\boldsymbol{J}_h$ 的条件数倒数 C 作为性能指标，对 3-RPS 并联机器人进行运动学性能分析。在本节中，3-RPS 并联机器人的杆件尺寸参数和输出位姿运动范围定义如下：$R=100\text{mm}$ 、$r=50\text{mm}$ 、$z_o=100\text{mm}$ 、$\alpha\in[-20°, 20°]$和$\beta\in[-20°, 20°]$。基于上述结构参数，可得到 3-RPS 并联机器人在工作空间中的 LCI 分布图谱，如图 4.59 所示。图 4.59(a)展示了在末端刀具长度 $H=50\text{mm}$ 的情况下，3-RPS 并联机器人在三维空间中的 LCI 分布图谱，其关于 $y=0\text{mm}$ 平面完全对称。图 4.59(b)为 3-RPS 并联机器人在姿态空间中的 LCI 分布图谱，其关于 $\alpha=0°$ 完全对称。从图中可以发现，3-RPS 并联机器人在 $\beta>0°$ 的区域内运动学性能较好。同样地，根据式(4.33)～式(4.37)，可得到 3-RPS 并联机器人的全域条件数指标值 η 为 0.705，整体性能并不理想，需进行尺度综合。

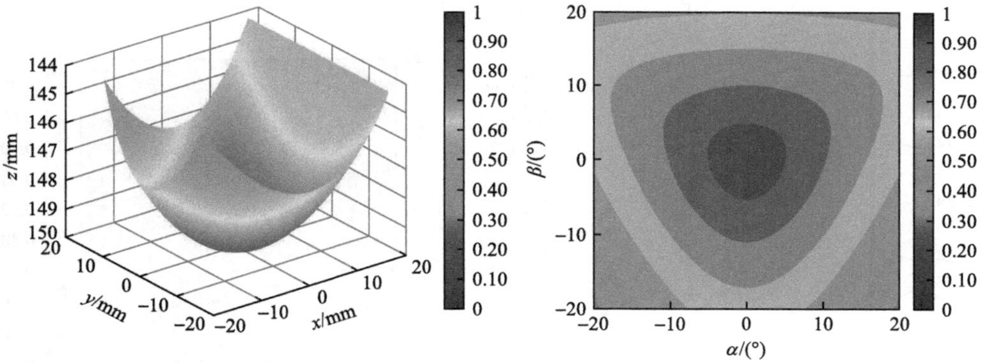

(a) 三维空间中的性能分布　　(b) 姿态空间中的性能分布

图 4.59　3-RPS 并联机器人的条件数性能分布

4. 3-RPS 并联机器人的尺度综合分析

由上述分析可知，3-RPS 并联机器人中仅含有两个尺寸参数。因此，为表述方便，在对其进行尺度综合时可设 $R=\lambda r$（$1\leqslant\lambda\leqslant3$）、$z_o=2r$ 、$\alpha\in[-20°, 20°]$和$\beta\in[-20°, 20°]$，据此绘制出 3-RPS 并联机器人随 λ 值变化的全域条件数指标趋势图，如图 4.60 所示。可以发现，当 $\lambda=1$ 时，3-RPS 并联机器人的全域性能最佳。随着 λ 的增大，3-RPS 并联机器人在所定姿态空间中全域条件数指标性能逐渐下降。图 4.61 为 $\lambda=1$ 时优化参数下 3-RPS 并联机器人的条件数性能分布，此时令机器人参数 $R=r=100\text{mm}$ ，全域条件数指标值为 0.948。相比原先的 0.705，优化后 3-RPS 并联机器人的条件数性能得到较大提升。上述运动学性能评价和尺度优化对 3-RPS 并联机器人的实际制造及应用具有重要的理论指导意义。

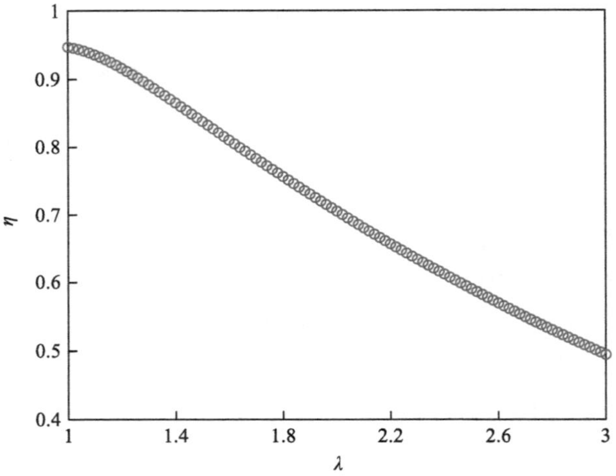

图 4.60　3-RPS 并联机器人随 λ 值变化的全域条件数指标趋势图

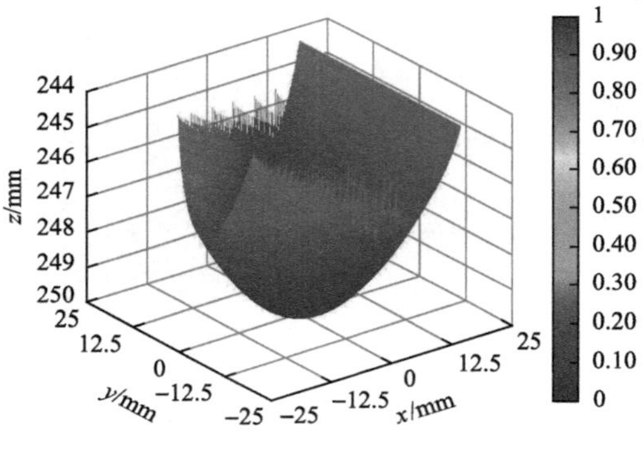

(a) 三维空间中的性能分布

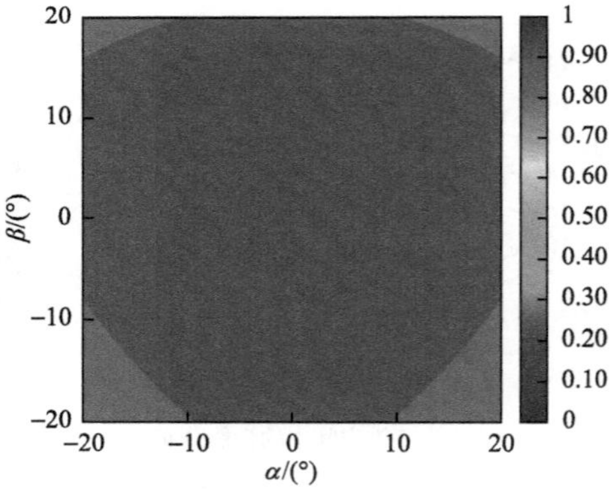

(b) 姿态空间中的性能分布

图 4.61　优化参数下 3-RPS 并联机器人的条件数性能分布

4.7　六自由度并联机器人运动学分析与尺度综合

基于共形几何代数 $\mathcal{G}_{4,1}$，本节对两个六自由度并联机器人(6-UPS[20]和6-PSS[21])进行逆运动学建模，并采用基于运动雅可比矩阵的条件数作为运动学性能评价指标，对上述机器人进行性能评价与尺度综合。

4.7.1　算例 1：6-UPS 并联机器人的运动学分析与尺度综合

本节主要对六自由度 6-UPS 并联机器人进行运动学建模，并采用基于条件数的运动学指标进行性能评价与尺度综合。

1. 6-UPS 并联机器人的运动学逆解

6-UPS 并联机器人的运动学逆解是指在已知末端输出位置（x_o, y_o, z_o）和姿态（α, β, γ）的情况下，确定 6-UPS 并联机器人的六个驱动参数 q_i (i=1, 2, 3, 4, 5, 6)。图 4.62 展示了 6-UPS 并联机器人三维图。对于 6-UPS 并联机器人，其动平台刚体运动算子可以表示为

$$\boldsymbol{M} = \boldsymbol{T}\boldsymbol{R}_\gamma \boldsymbol{R}_\beta \boldsymbol{R}_\alpha \tag{4.151}$$

$$\tilde{\boldsymbol{M}} = \tilde{\boldsymbol{R}}_\alpha \tilde{\boldsymbol{R}}_\beta \tilde{\boldsymbol{R}}_\gamma \tilde{\boldsymbol{T}} \tag{4.152}$$

式中，$\boldsymbol{T} = 1 - \left(x_o\boldsymbol{e}_1 + y_o\boldsymbol{e}_2 + z_o\boldsymbol{e}_3\right)\boldsymbol{e}_\infty/2$；$\boldsymbol{R}_\alpha = \mathrm{c}_{\alpha/2} - \mathrm{s}_{\alpha/2}\boldsymbol{e}_{23}$；$\boldsymbol{R}_\beta = \mathrm{c}_{\beta/2} + \mathrm{s}_{\beta/2}\boldsymbol{e}_{13}$；$\boldsymbol{R}_\gamma = \mathrm{c}_{\gamma/2} - \mathrm{s}_{\gamma/2}\boldsymbol{e}_{12}$。

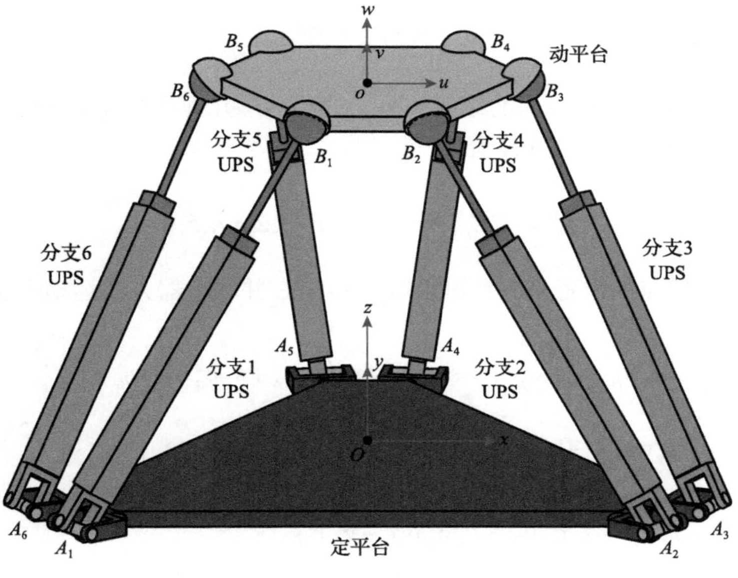

图 4.62　6-UPS 并联机器人三维图

基于共形几何代数 $\mathcal{G}_{4,1}$，各虎克铰 A_i 和球面副 B_i 在 O-xyz 和 o-uvw 中的位置表示分别为

$$\boldsymbol{A}_i = x_{A_i}\boldsymbol{e}_1 + y_{A_i}\boldsymbol{e}_2 + z_{A_i}\boldsymbol{e}_3 + \frac{1}{2}\left(x_{A_i}^2 + y_{A_i}^2 + z_{A_i}^2\right)\boldsymbol{e}_\infty + \boldsymbol{e}_0 \tag{4.153}$$

和

$$
{}^{o}\boldsymbol{B}_i = u_{B_i}\boldsymbol{e}_1 + v_{B_i}\boldsymbol{e}_2 + w_{B_i}\boldsymbol{e}_3 + \frac{1}{2}\left(u_{B_i}^2 + v_{B_i}^2 + w_{B_i}^2\right)\boldsymbol{e}_\infty + \boldsymbol{e}_0 \tag{4.154}
$$

式中，x_{A_i}、y_{A_i}、z_{A_i}、x_{B_i}、y_{B_i}和z_{B_i}的解析表达式已在第 3 章中给出。

由式(2.61)的共形几何代数刚体运动公式，可得到动平台连接关节点B_i在$O\text{-}xyz$的位置表达式为

$$
\boldsymbol{B}_i = \boldsymbol{M}\,{}^{o}\boldsymbol{B}_i\tilde{\boldsymbol{M}} = x_{B_i}\boldsymbol{e}_1 + y_{B_i}\boldsymbol{e}_2 + z_{B_i}\boldsymbol{e}_3 + \frac{1}{2}\left(x_{B_i}^2 + y_{B_i}^2 + z_{B_i}^2\right)\boldsymbol{e}_\infty + \boldsymbol{e}_0, \quad i = 1,2,3,4,5,6 \tag{4.155}
$$

式中，x_{B_i}、y_{B_i}和z_{B_i}满足如下关系：

$$
\begin{cases}
x_{B_i} = \mathrm{c}_\beta\mathrm{c}_\gamma u_{B_i} + \left(\mathrm{s}_\alpha\mathrm{s}_\beta\mathrm{c}_\gamma - \mathrm{s}_\gamma\mathrm{c}_\alpha\right)v_{B_i} + \left(\mathrm{s}_\gamma\mathrm{s}_\alpha + \mathrm{s}_\beta\mathrm{c}_\alpha\mathrm{c}_\gamma\right)w_{B_i} + x_o \\
y_{B_i} = \mathrm{s}_\gamma\mathrm{c}_\beta u_{B_i} + \left(\mathrm{s}_\alpha\mathrm{s}_\beta\mathrm{s}_\gamma + \mathrm{c}_\alpha\mathrm{c}_\gamma\right)v_{B_i} + \left(\mathrm{s}_\beta\mathrm{s}_\gamma\mathrm{c}_\alpha - \mathrm{s}_\alpha\mathrm{c}_\gamma\right)w_{B_i} + y_o \\
z_{B_i} = -\mathrm{s}_\beta u_{B_i} + \mathrm{s}_\alpha\mathrm{c}_\beta v_{B_i} + \mathrm{c}_\alpha\mathrm{c}_\beta w_{B_i} + z_o
\end{cases} \tag{4.156}
$$

根据 6-UPS 并联机器人的结构关系，通过共形几何代数$\mathcal{G}_{4,1}$可建立包含驱动变量和位姿参数的运动学方程为

$$
L_i^2 = -2\boldsymbol{A}_i \cdot \boldsymbol{B}_i = q_i^2, \quad i = 1,2,3,4,5,6 \tag{4.157}
$$

代入各关节点的位置坐标，可求解出 6-UPS 并联机器人的运动学逆解为

$$
\begin{aligned}
q_1 = \Big\{ & \left[x_{A_1} - \mathrm{c}_\beta\mathrm{c}_\gamma u_{B_1} - \left(\mathrm{s}_\alpha\mathrm{s}_\beta\mathrm{c}_\gamma - \mathrm{s}_\gamma\mathrm{c}_\alpha\right)v_{B_1} - \left(\mathrm{s}_\gamma\mathrm{s}_\alpha + \mathrm{s}_\beta\mathrm{c}_\alpha\mathrm{c}_\gamma\right)w_{B_1} - x_o\right]^2 \\
& + \left[y_{A_1} - \mathrm{s}_\gamma\mathrm{c}_\beta u_{B_1} - \left(\mathrm{s}_\alpha\mathrm{s}_\beta\mathrm{s}_\gamma + \mathrm{c}_\alpha\mathrm{c}_\gamma\right)v_{B_1} - \left(\mathrm{s}_\beta\mathrm{s}_\gamma\mathrm{c}_\alpha - \mathrm{s}_\alpha\mathrm{c}_\gamma\right)w_{B_1} - y_o\right]^2 \\
& + \left(z_{A_1} + \mathrm{s}_\beta u_{B_1} - \mathrm{s}_\alpha\mathrm{c}_\beta v_{B_1} - \mathrm{c}_\alpha\mathrm{c}_\beta w_{B_1} - z_o\right)^2 \Big\}^{\frac{1}{2}}
\end{aligned} \tag{4.158}
$$

$$
\begin{aligned}
q_2 = \Big\{ & \left[x_{A_2} - \mathrm{c}_\beta\mathrm{c}_\gamma u_{B_2} - \left(\mathrm{s}_\alpha\mathrm{s}_\beta\mathrm{c}_\gamma - \mathrm{s}_\gamma\mathrm{c}_\alpha\right)v_{B_2} - \left(\mathrm{s}_\gamma\mathrm{s}_\alpha + \mathrm{s}_\beta\mathrm{c}_\alpha\mathrm{c}_\gamma\right)w_{B_2} - x_o\right]^2 \\
& + \left[y_{A_2} - \mathrm{s}_\gamma\mathrm{c}_\beta u_{B_2} - \left(\mathrm{s}_\alpha\mathrm{s}_\beta\mathrm{s}_\gamma + \mathrm{c}_\alpha\mathrm{c}_\gamma\right)v_{B_2} - \left(\mathrm{s}_\beta\mathrm{s}_\gamma\mathrm{c}_\alpha - \mathrm{s}_\alpha\mathrm{c}_\gamma\right)w_{B_2} - y_o\right]^2 \\
& + \left(z_{A_2} + \mathrm{s}_\beta u_{B_2} - \mathrm{s}_\alpha\mathrm{c}_\beta v_{B_2} - \mathrm{c}_\alpha\mathrm{c}_\beta w_{B_2} - z_o\right)^2 \Big\}^{\frac{1}{2}}
\end{aligned} \tag{4.159}
$$

$$
\begin{aligned}
q_3 = \Big\{ & \Big[x_{A_3} - c_\beta c_\gamma u_{B_3} - \left(s_\alpha s_\beta c_\gamma - s_\gamma c_\alpha\right) v_{B_3} - \left(s_\gamma s_\alpha + s_\beta c_\alpha c_\gamma\right) w_{B_3} - x_o \Big]^2 \\
& + \Big[y_{A_3} - s_\gamma c_\beta u_{B_3} - \left(s_\alpha s_\beta s_\gamma + c_\alpha c_\gamma\right) v_{B_3} - \left(s_\beta s_\gamma c_\alpha - s_\alpha c_\gamma\right) w_{B_3} - y_o \Big]^2 \\
& + \left(z_{A_3} + s_\beta u_{B_3} - s_\alpha c_\beta v_{B_3} - c_\alpha c_\beta w_{B_3} - z_o \right)^2 \Big\}^{\frac{1}{2}}
\end{aligned} \tag{4.160}
$$

$$
\begin{aligned}
q_4 = \Big\{ & \Big[x_{A_4} - c_\beta c_\gamma u_{B_4} - \left(s_\alpha s_\beta c_\gamma - s_\gamma c_\alpha\right) v_{B_4} - \left(s_\gamma s_\alpha + s_\beta c_\alpha c_\gamma\right) w_{B_4} - x_o \Big]^2 \\
& + \Big[y_{A_4} - s_\gamma c_\beta u_{B_4} - \left(s_\alpha s_\beta s_\gamma + c_\alpha c_\gamma\right) v_{B_4} - \left(s_\beta s_\gamma c_\alpha - s_\alpha c_\gamma\right) w_{B_4} - y_o \Big]^2 \\
& + \left(z_{A_4} + s_\beta u_{B_4} - s_\alpha c_\beta v_{B_4} - c_\alpha c_\beta w_{B_4} - z_o \right)^2 \Big\}^{\frac{1}{2}}
\end{aligned} \tag{4.161}
$$

$$
\begin{aligned}
q_5 = \Big\{ & \Big[x_{A_5} - c_\beta c_\gamma u_{B_5} - \left(s_\alpha s_\beta c_\gamma - s_\gamma c_\alpha\right) v_{B_5} - \left(s_\gamma s_\alpha + s_\beta c_\alpha c_\gamma\right) w_{B_5} - x_o \Big]^2 \\
& + \Big[y_{A_5} - s_\gamma c_\beta u_{B_5} - \left(s_\alpha s_\beta s_\gamma + c_\alpha c_\gamma\right) v_{B_5} - \left(s_\beta s_\gamma c_\alpha - s_\alpha c_\gamma\right) w_{B_5} - y_o \Big]^2 \\
& + \left(z_{A_5} + s_\beta u_{B_5} - s_\alpha c_\beta v_{B_5} - c_\alpha c_\beta w_{B_5} - z_o \right)^2 \Big\}^{\frac{1}{2}}
\end{aligned} \tag{4.162}
$$

和

$$
\begin{aligned}
q_6 = \Big\{ & \Big[x_{A_6} - c_\beta c_\gamma u_{B_6} - \left(s_\alpha s_\beta c_\gamma - s_\gamma c_\alpha\right) v_{B_6} - \left(s_\gamma s_\alpha + s_\beta c_\alpha c_\gamma\right) w_{B_6} - x_o \Big]^2 \\
& + \Big[y_{A_6} - s_\gamma c_\beta u_{B_6} - \left(s_\alpha s_\beta s_\gamma + c_\alpha c_\gamma\right) v_{B_6} - \left(s_\beta s_\gamma c_\alpha - s_\alpha c_\gamma\right) w_{B_6} - y_o \Big]^2 \\
& + \left(z_{A_6} + s_\beta u_{B_6} - s_\alpha c_\beta v_{B_6} - c_\alpha c_\beta w_{B_6} - z_o \right)^2 \Big\}^{\frac{1}{2}}
\end{aligned} \tag{4.163}
$$

2. 6-UPS 并联机器人的速度分析

类似于 Tex3 并联机器人，运动雅可比矩阵也可反映 6-UPS 并联机器人末端动平台速度 $\dot{\boldsymbol{X}} = \left(\dot{\alpha}, \dot{\beta}, \dot{\gamma}, \dot{x}_o, \dot{y}_o, \dot{z}_o\right)^{\mathrm{T}}$ 和驱动关节速度 $\dot{\boldsymbol{q}} = \left(\dot{q}_1, \dot{q}_2, \dot{q}_3, \dot{q}_4, \dot{q}_5, \dot{q}_6\right)^{\mathrm{T}}$ 之间的映射关系。其中，$\dot{\alpha}$、$\dot{\beta}$、$\dot{\gamma}$、$\dot{x}_o$、$\dot{y}_o$ 和 $\dot{z}_o$ 分别表示 6-UPS 并联机器人末端动平台的输出速率，$\dot{q}_1$、$\dot{q}_2$、$\dot{q}_3$、$\dot{q}_4$、$\dot{q}_5$ 和 $\dot{q}_6$ 分别表示各驱动关节的速率。通过直接对 6-UPS 并联机器人的运动学逆解表达式(4.158)～式(4.163)两端求导，可整理得到该机器人的速度方程为

$$
\boldsymbol{J}_q \dot{\boldsymbol{q}} = \boldsymbol{J}_x \dot{\boldsymbol{X}} \tag{4.164}
$$

式中，$\boldsymbol{J}_q$ 和 $\boldsymbol{J}_x$ 均为 6×6 的运动雅可比矩阵，其表达式可展开为

$$\boldsymbol{J}_q=\begin{bmatrix} J_{q_{11}} & 0 & 0 & 0 & 0 & 0 \\ 0 & J_{q_{22}} & 0 & 0 & 0 & 0 \\ 0 & 0 & J_{q_{33}} & 0 & 0 & 0 \\ 0 & 0 & 0 & J_{q_{44}} & 0 & 0 \\ 0 & 0 & 0 & 0 & J_{q_{55}} & 0 \\ 0 & 0 & 0 & 0 & 0 & J_{q_{66}} \end{bmatrix},\quad \boldsymbol{J}_x=\begin{bmatrix} J_{x_{11}} & J_{x_{12}} & J_{x_{13}} & J_{x_{14}} & J_{x_{15}} & J_{x_{16}} \\ J_{x_{21}} & J_{x_{22}} & J_{x_{23}} & J_{x_{24}} & J_{x_{25}} & J_{x_{26}} \\ J_{x_{31}} & J_{x_{32}} & J_{x_{33}} & J_{x_{34}} & J_{x_{35}} & J_{x_{36}} \\ J_{x_{41}} & J_{x_{42}} & J_{x_{43}} & J_{x_{44}} & J_{x_{45}} & J_{x_{46}} \\ J_{x_{51}} & J_{x_{52}} & J_{x_{53}} & J_{x_{54}} & J_{x_{55}} & J_{x_{56}} \\ J_{x_{61}} & J_{x_{62}} & J_{x_{63}} & J_{x_{64}} & J_{x_{65}} & J_{x_{66}} \end{bmatrix} \tag{4.165}$$

式中，运动雅可比矩阵 $\boldsymbol{J}_q$ 和 $\boldsymbol{J}_x$ 中的元素为关于末端输出位置（x_o, y_o, z_o）和姿态（α, β, γ）的表达式，为节省篇幅，这里不进行展开表示。

通过在式(4.164)两端同左乘 $\boldsymbol{J}_q^{-1}$，6-UPS 并联机器人的速度等式可简化为

$$\dot{\boldsymbol{q}}=\boldsymbol{J}_q^{-1}\boldsymbol{J}_x\dot{\boldsymbol{X}}=\boldsymbol{J}\dot{\boldsymbol{X}} \tag{4.166}$$

式中，$\boldsymbol{J}$ 为 6-UPS 并联机器人的运动雅可比矩阵。根据式(4.33)，即可得到齐次化运动雅可比矩阵 $\boldsymbol{J}_h$。

3. 6-UPS 并联机器人的运动学性能分析

本节同样采用基于齐次化运动雅可比矩阵 $\boldsymbol{J}_h$ 的条件数倒数 C 作为性能指标，对 6-UPS 并联机器人进行运动学性能分析。在本节中，6-UPS 并联机器人的杆件尺寸参数和输出位姿运动范围定义如下：$R_b=2345\text{mm}$、$R_m=1000\text{mm}$、$\alpha=\beta=\gamma\in[-20°, 20°]$、$x_o\in[-200\text{mm}, 200\text{mm}]$、$y_o\in[-200\text{mm}, 200\text{mm}]$和 $z_o\in[2300\text{mm}, 2700\text{mm}]$。由于 6-UPS 并联机器人具有三个位置输出参数和三个姿态输出参数，为更好地体现 6-UPS 并联机器人的性能分布，本节将分别讨论机器人在不同输出位置和不同输出姿态下的条件数分布情况。基于上述结构参数和运动范围限制，首先可得到 6-UPS 并联机器人在三维位置空间中的 LCI 分布图谱，如图 4.63(a)所示，其关于 $y=0\text{mm}$ 平面完全对称，此时 $\alpha=\beta=\gamma=0°$。为方便观察，绘制了 6-UPS 并联机器人在 $z_o=2500\text{mm}$ 时的 LCI 分布图谱，如图 4.63(b)所示，其也关于 $y=0\text{mm}$ 平面完全对称。从图中可以发现，6-UPS 并联机器人在中心区域内运动学性能较好，越远离中心区域运动学性能越差。另外，随着操作高度 z_o 的增加，6-UPS 并联机器人的条件数性能也逐渐下降。

同样地，基于上述结构参数和运动范围限制，还可得到 6-UPS 并联机器人在三维姿态空间中的 LCI 分布图谱，如图 4.64(a)所示，其关于 $\beta=0°$ 平面完全对

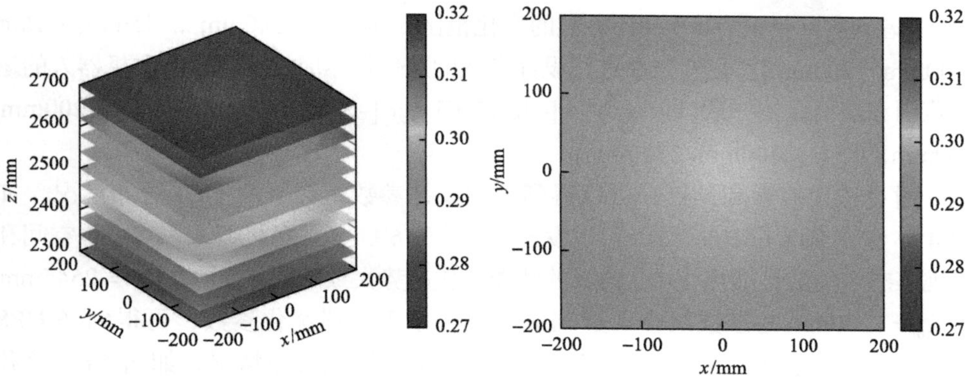

(a) 三维位置空间中的性能分布　　(b) z_o=2500mm时位置空间中的性能分布

图 4.63　6-UPS 并联机器人在三维位置空间中的条件数性能分布

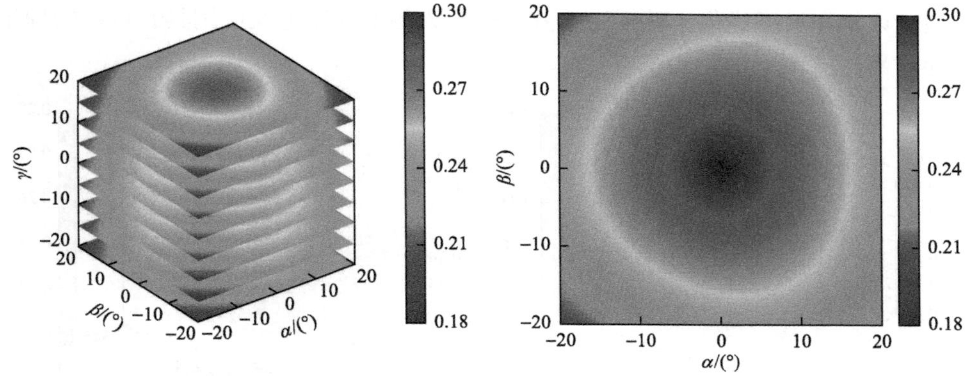

(a) 三维姿态空间中的性能分布　　(b) γ=0°时姿态空间中的性能分布

图 4.64　6-UPS 并联机器人在三维姿态空间中的条件数性能分布

称，此时 $x_o = y_o = 0\text{mm}$ 且 $z_o = 2500\text{mm}$ 。为方便观察，绘制了 6-UPS 并联机器人在 $\gamma = 0°$ 时的 LCI 分布图谱，如图 4.64(b)所示，其也关于 $\beta = 0°$ 平面完全对称。从图中可以发现，6-UPS 并联机器人在中心区域内运动学性能较好，越远离中心区域运动学性能越差。另外，相较于三维位置空间下的机器人运动学性能分布情况，随着操作高度 z_o 的增加，6-UPS 并联机器人的条件数性能变化并不明显。根据式(4.33)～式(4.37)，可得到 6-UPS 并联机器人在三维位置空间和姿态空间中的全域条件数指标值分别为 0.298 和 0.250，整体性能并不理想，需进行尺度综合。

4. 6-UPS 并联机器人的尺度综合分析

对于 6-UPS 并联机器人，待优化的设计参数可选为定平台半径 R_b 和动平台半径 R_m 。由于设计参数对 6-UPS 并联机器人位置和姿态特性的影响不同，所以本节将采用迭代搜索法分别针对机器人的三维位置空间和三维姿态空间进行尺度优化。考虑到实际情况，两个设计参数的变化范围设为 $R_b\in$[2140mm, 2545mm]和 $R_m\in$[800mm, 1200mm]。另外，在进行设计参数的迭代搜索时，6-UPS 并联机器人的运动范围和前面保持一致，即 $\alpha=\beta=\gamma\in[-20°, 20°]$、$x_o\in$[−200mm, 200mm]、$y_o\in$[−200mm, 200mm]和 $z_o\in$[2300mm, 2700mm]。

通过迭代搜索和计算，可以得到不同设计参数组合下的 GCI 分布情况，如图 4.65(a)和图 4.65(b)所示。可以发现，在关于 6-UPS 并联机器人三维位置空间和三维姿态空间的性能优化中，两者的性能变化趋势大致相同，且均在 R_b = 2545mm 和 R_m =1200mm 的参数组合下达到最大值。基于上述优化参数，可得到 6-UPS 并联机器人在三维位置空间和三维姿态空间下的性能分布情况，如图 4.66(a)和图 4.66(b)所示，其对应的全域条件数指标值分别为 0.324 和 0.270，相较原先的 0.298 和 0.250，优化后 6-UPS 并联机器人的条件数性能得到一定提升。上述运动学性能评价和尺度优化，对 6-UPS 并联机器人的实际制造及应用具有重要的理论指导意义。

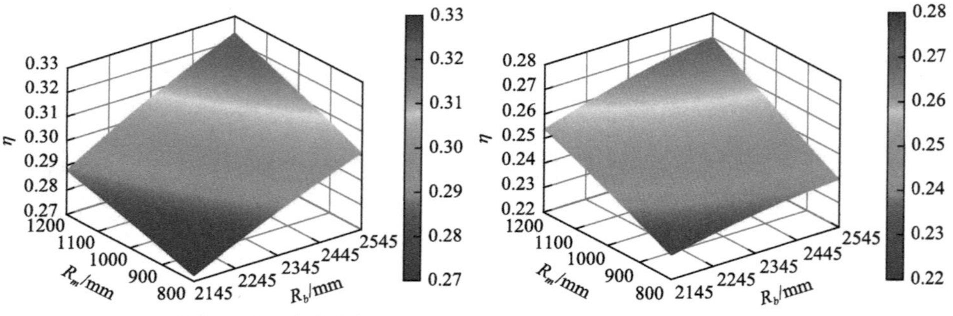

(a) 关于三维位置空间的性能优化　　(b) 关于三维姿态空间的性能优化

图 4.65　不同设计参数下 6-UPS 并联机器人的全域性能变化趋势图

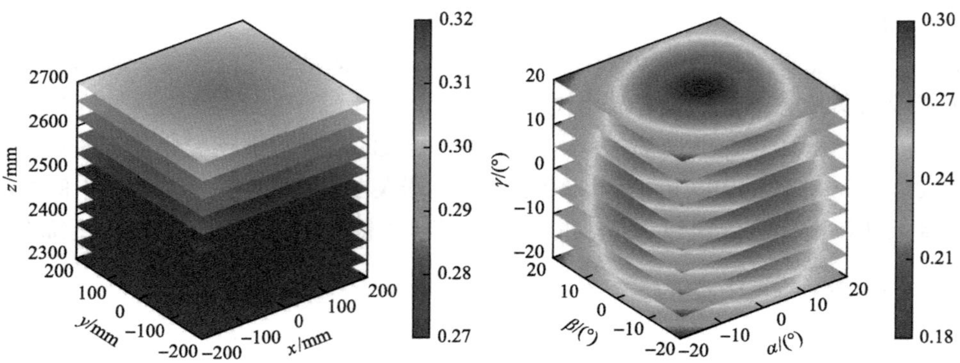

(a) 三维位置空间中的性能分布　　(b) 三维姿态空间中的性能分布

图 4.66　优化参数下 6-UPS 并联机器人条件数性能分布

4.7.2　算例 2：6-PSS 并联机器人的运动学分析与尺度综合

本节主要对六自由度 6-PSS 并联机器人进行运动学建模，并采用基于条件数的运动学指标进行性能评价与尺度综合。

1. 6-PSS 并联机器人的运动学逆解

6-PSS 并联机器人的运动学逆解是指在已知末端输出位置（x_o, y_o, z_o）和姿态（α, β, γ）的情况下，确定 6-PSS 并联机器人的六个驱动参数 q_i (i=1, 2, 3, 4, 5, 6)。图 4.67 展示了 6-PSS 并联机器人三维图。对于 6-PSS 并联机器人，其动平台刚体运动算子可以表示为

$$\boldsymbol{M}=\boldsymbol{T}\boldsymbol{R}_{\gamma}\boldsymbol{R}_{\beta}\boldsymbol{R}_{\alpha} \tag{4.167}$$

$$\tilde{\boldsymbol{M}}=\tilde{\boldsymbol{R}}_{\alpha}\tilde{\boldsymbol{R}}_{\beta}\tilde{\boldsymbol{R}}_{\gamma}\tilde{\boldsymbol{T}} \tag{4.168}$$

式中，$\boldsymbol{T}=1-\left(x_o\boldsymbol{e}_1+y_o\boldsymbol{e}_2+z_o\boldsymbol{e}_3\right)\boldsymbol{e}_{\infty}/2$；$\boldsymbol{R}_{\alpha}=\mathrm{c}_{\alpha/2}-\mathrm{s}_{\alpha/2}\boldsymbol{e}_{23}$；$\boldsymbol{R}_{\beta}=\mathrm{c}_{\beta/2}+\mathrm{s}_{\beta/2}\boldsymbol{e}_{13}$；$\boldsymbol{R}_{\gamma}=\mathrm{c}_{\gamma/2}-\mathrm{s}_{\gamma/2}\boldsymbol{e}_{12}$。

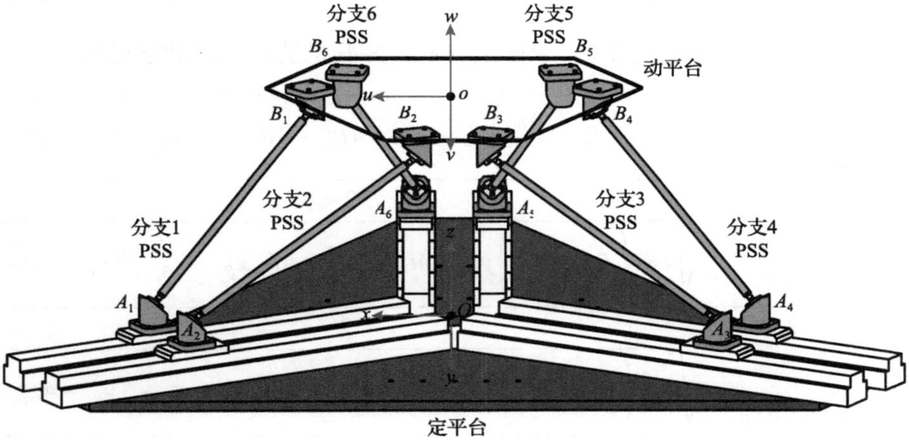

图 4.67　6-PSS 并联机器人三维图

基于共形几何代数 $\mathcal{G}_{4,1}$，定平台连接关节点 A_i 和动平台连接关节点 B_i 在 O-xyz 和 o-uvw 中的位置表达式分别为

$$\boldsymbol{A}_i=x_{A_i}\boldsymbol{e}_1+y_{A_i}\boldsymbol{e}_2+z_{A_i}\boldsymbol{e}_3+\frac{1}{2}\left(x_{A_i}^2+y_{A_i}^2+z_{A_i}^2\right)\boldsymbol{e}_{\infty}+\boldsymbol{e}_0 \tag{4.169}$$

和

$$^{o}\boldsymbol{B}_i=u_{B_i}\boldsymbol{e}_1+v_{B_i}\boldsymbol{e}_2+w_{B_i}\boldsymbol{e}_3+\frac{1}{2}\left(u_{B_i}^2+v_{B_i}^2+w_{B_i}^2\right)\boldsymbol{e}_{\infty}+\boldsymbol{e}_0 \tag{4.170}$$

式中，x_{A_i}、y_{A_i}、z_{A_i}、x_{B_i}、y_{B_i}和z_{B_i}的解析表达式已在第 3 章中给出。

由式(2.61)的共形几何代数刚体运动公式，动平台连接关节点B_i在O-xyz中的位置表达式为

$$\boldsymbol{B}_i = \boldsymbol{M}\,{}^{o}\boldsymbol{B}_i\tilde{\boldsymbol{M}} = x_{B_i}\boldsymbol{e}_1 + y_{B_i}\boldsymbol{e}_2 + z_{B_i}\boldsymbol{e}_3 + \frac{1}{2}\left(x_{B_i}^2 + y_{B_i}^2 + z_{B_i}^2\right)\boldsymbol{e}_\infty + \boldsymbol{e}_0,\quad i=1,2,3,4,5,6 \tag{4.171}$$

式中，x_{B_i}、y_{B_i}和z_{B_i}满足如下关系：

$$\begin{cases} x_{B_i} = \mathrm{c}_\beta \mathrm{c}_\gamma u_{B_i} + \left(\mathrm{s}_\alpha \mathrm{s}_\beta \mathrm{c}_\gamma - \mathrm{s}_\gamma \mathrm{c}_\alpha\right) v_{B_i} + \left(\mathrm{s}_\gamma \mathrm{s}_\alpha + \mathrm{s}_\beta \mathrm{c}_\alpha \mathrm{c}_\gamma\right) w_{B_i} + x_o \\ y_{B_i} = \mathrm{s}_\gamma \mathrm{c}_\beta u_{B_i} + \left(\mathrm{s}_\alpha \mathrm{s}_\beta \mathrm{s}_\gamma + \mathrm{c}_\alpha \mathrm{c}_\gamma\right) v_{B_i} + \left(\mathrm{s}_\beta \mathrm{s}_\gamma \mathrm{c}_\alpha - \mathrm{s}_\alpha \mathrm{c}_\gamma\right) w_{B_i} + y_o \\ z_{B_i} = -\mathrm{s}_\beta u_{B_i} + \mathrm{s}_\alpha \mathrm{c}_\beta v_{B_i} + \mathrm{c}_\alpha \mathrm{c}_\beta w_{B_i} + z_o \end{cases} \tag{4.172}$$

根据 6-PSS 并联机器人的结构关系，通过共形几何建立包含驱动变量和位姿参数的运动学方程为

$$L_i^2 = \left(x_{A_i} - x_{B_i}\right)^2 + \left(y_{A_i} - y_{B_i}\right)^2 + \left(z_{A_i} - z_{B_i}\right)^2 = -2\boldsymbol{A}_i \cdot \boldsymbol{B}_i = l^2 \tag{4.173}$$

代入关节点的位置坐标，可求解出 6-PSS 并联机器人的运动学逆解为

$$\begin{cases} q_1 = \dfrac{y_{B_1}}{2} + \dfrac{\sqrt{3}x_{B_1}}{2} + \dfrac{\sqrt{-4\sqrt{3}\left(R_m - \dfrac{x_{B_1}}{2}\right)y_{B_1} + 4l^2 - 4R_m^2 + 4R_m x_{B_1} - x_{B_1}^2 - 3y_{B_1}^2 - 4z_{B_1}^2}}{2} \\ q_2 = \dfrac{y_{B_2} + \sqrt{3}x_{B_2}}{2} + \dfrac{\sqrt{4\sqrt{3}\left(R_m + \dfrac{x_{B_2}}{2}\right)y_{B_2} + 4l^2 - 4R_m^2 - 4R_m x_{B_2} - x_{B_2}^2 - 3y_{B_2}^2 - 4z_{B_2}^2}}{2} \\ q_3 = \dfrac{y_{B_3} - \sqrt{3}x_{B_3}}{2} + \dfrac{\sqrt{4\sqrt{3}\left(R_m - \dfrac{x_{B_3}}{2}\right)y_{B_3} + 4l^2 - 4R_m^2 + 4R_m x_{B_3} - x_{B_3}^2 - 3y_{B_3}^2 - 4z_{B_3}^2}}{2} \\ q_4 = \dfrac{y_{B_4} - \sqrt{3}x_{B_4}}{2} + \dfrac{\sqrt{-4\sqrt{3}\left(R_m + \dfrac{x_{B_4}}{2}\right)y_{B_4} + 4l^2 - 4R_m^2 - 4R_m x_{B_4} - x_{B_4}^2 - 3y_{B_4}^2 - 4z_{B_4}^2}}{2} \\ q_5 = \sqrt{l^2 - \left(R_m + x_{B_5}\right)^2 - z_{B_5}^2} - y_{B_5} \\ q_6 = \sqrt{l^2 - \left(x_{B_6} - R_m\right)^2 - z_{B_6}^2} - y_{B_6} \end{cases} \tag{4.174}$$

2. 6-PSS 并联机器人的速度分析

类似于 6-UPS 并联机器人，运动雅可比矩阵也可反映 6-PSS 并联机器人末端动平台速度 $\dot{\boldsymbol{X}}=\left(\dot{\alpha},\ \dot{\beta},\ \dot{\gamma},\ \dot{x}_o,\ \dot{y}_o,\ \dot{z}_o\right)^{\mathrm{T}}$ 和驱动关节速度 $\dot{\boldsymbol{q}}=\left(\dot{q}_1,\ \dot{q}_2,\ \dot{q}_3,\ \dot{q}_4,\ \dot{q}_5,\ \dot{q}_6\right)^{\mathrm{T}}$ 之间的映射关系。其中，$\dot{\alpha}$、$\dot{\beta}$、$\dot{\gamma}$、$\dot{x}_o$、$\dot{y}_o$ 和 $\dot{z}_o$ 分别表示 6-PSS 并联机器人末端动平台的输出速率，$\dot{q}_1$、$\dot{q}_2$、$\dot{q}_3$、$\dot{q}_4$、$\dot{q}_5$ 和 $\dot{q}_6$ 分别表示各驱动关节的速率。通过直接对 6-PSS 并联机器人的运动学逆解表达式(4.174)两端求导，可整理得到该机器人的速度方程为

$$\boldsymbol{J}_q\dot{\boldsymbol{q}}=\boldsymbol{J}_x\dot{\boldsymbol{X}} \tag{4.175}$$

式中，$\boldsymbol{J}_q$ 和 $\boldsymbol{J}_x$ 均为 6×6 的运动雅可比矩阵，其表达式可展开为

$$\boldsymbol{J}_q=\begin{bmatrix} J_{q_{11}} & 0 & 0 & 0 & 0 & 0 \\ 0 & J_{q_{22}} & 0 & 0 & 0 & 0 \\ 0 & 0 & J_{q_{33}} & 0 & 0 & 0 \\ 0 & 0 & 0 & J_{q_{44}} & 0 & 0 \\ 0 & 0 & 0 & 0 & J_{q_{55}} & 0 \\ 0 & 0 & 0 & 0 & 0 & J_{q_{66}} \end{bmatrix},\quad \boldsymbol{J}_x=\begin{bmatrix} J_{x_{11}} & J_{x_{12}} & J_{x_{13}} & J_{x_{14}} & J_{x_{15}} & J_{x_{16}} \\ J_{x_{21}} & J_{x_{22}} & J_{x_{23}} & J_{x_{24}} & J_{x_{25}} & J_{x_{26}} \\ J_{x_{31}} & J_{x_{32}} & J_{x_{33}} & J_{x_{34}} & J_{x_{35}} & J_{x_{36}} \\ J_{x_{41}} & J_{x_{42}} & J_{x_{43}} & J_{x_{44}} & J_{x_{45}} & J_{x_{46}} \\ J_{x_{51}} & J_{x_{52}} & J_{x_{53}} & J_{x_{54}} & J_{x_{55}} & J_{x_{56}} \\ J_{x_{61}} & J_{x_{62}} & J_{x_{63}} & J_{x_{64}} & J_{x_{65}} & J_{x_{66}} \end{bmatrix} \tag{4.176}$$

式中，雅可比矩阵 $\boldsymbol{J}_q$ 和 $\boldsymbol{J}_x$ 中的元素为关于末端输出位置（x_o, y_o, z_o）和姿态（α, β, γ）的表达式。为节省篇幅，这里不进行展开表示。

通过在式(4.175)两端同左乘 $\boldsymbol{J}_q^{-1}$，6-PSS 并联机器人的速度等式可简化为

$$\dot{\boldsymbol{q}}=\boldsymbol{J}_q^{-1}\boldsymbol{J}_x\dot{\boldsymbol{X}}=\boldsymbol{J}\dot{\boldsymbol{X}} \tag{4.177}$$

式中，$\boldsymbol{J}$ 为 6-PSS 并联机器人的运动雅可比矩阵。根据式(4.33)，即可得到齐次化运动雅可比矩阵 $\boldsymbol{J}_h$。

3. 6-PSS 并联机器人的运动学性能分析

本节同样采用基于齐次化运动雅可比矩阵 $\boldsymbol{J}_h$ 的条件数倒数 C 作为性能指标，对 6-PSS 并联机器人进行运动学性能分析。在本节中，6-PSS 并联机器人的杆件尺寸参数和输出位姿参数范围定义如下：$l=440\text{mm}$、$R_m=250\text{mm}$、$\alpha=\beta=\gamma\in[-25°, 25°]$、$x_o\in[-60\text{mm}, 60\text{mm}]$、$y_o\in[-60\text{mm}, 60\text{mm}]$ 和 $z_o\in[225\text{mm}, 275\text{mm}]$。与 6-UPS 并联机器人类似，6-PSS 并联机器人也具有三个位置输出参数和三个姿态

输出参数。因此，为更好地体现 6-PSS 并联机器人的性能分布，本节将分别讨论机器人在不同输出位置和不同输出姿态下的条件数分布情况。基于上述结构参数和运动范围限制，首先可得到 6-PSS 并联机器人在三维位置空间中的 LCI 分布图谱，如图 4.68(a)所示，其关于 $y=0\text{mm}$ 平面完全对称，此时 $\alpha=\beta=\gamma=0°$ 。为方便观察，绘制了 6-PSS 并联机器人在 $z_o=250\text{mm}$ 时的 LCI 分布图谱，如图 4.68(b)所示，其也关于 $y=0\text{mm}$ 平面完全对称。从图中可以发现，6-PSS 并联机器人的性能分布与 6-UPS 并联机器人类似，在中心区域内运动学性能较好，越远离中心区域运动学性能越差。不同的是，随着操作高度 z_o 的增加，6-PSS 并联机器人的条件数性能逐渐提高。

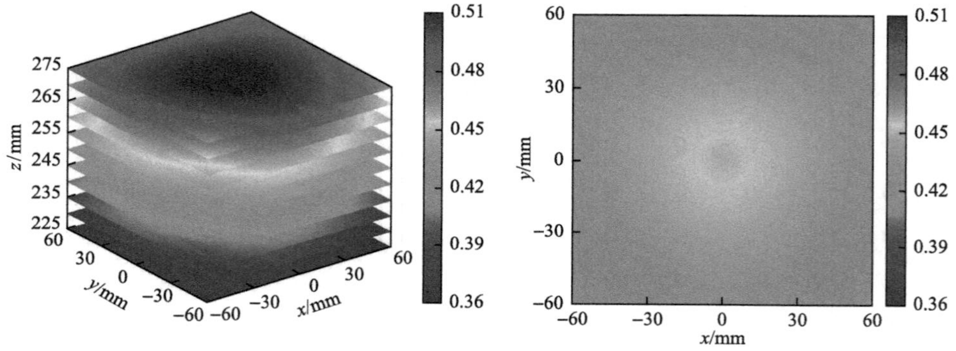

(a) 三维位置空间中的性能分布　　(b) z_o=250mm时位置空间中的性能分布

图 4.68　6-PSS 并联机器人在三维位置空间中的条件数性能分布

同样地，基于上述结构参数和运动范围限制，还可以得到 6-PSS 并联机器人在三维姿态空间中的 LCI 分布图谱，如图 4.69(a)所示，其关于 $\beta=0°$ 平面完全对称，此时 $x_o=y_o=0\text{mm}$ 且 $z_o=250\text{mm}$ 。为方便观察，绘制了 6-PSS 并联机器人在 $\gamma=0°$ 时的 LCI 分布图谱，如图 4.69(b)所示，其也关于 $\beta=0°$ 平面完全对称。

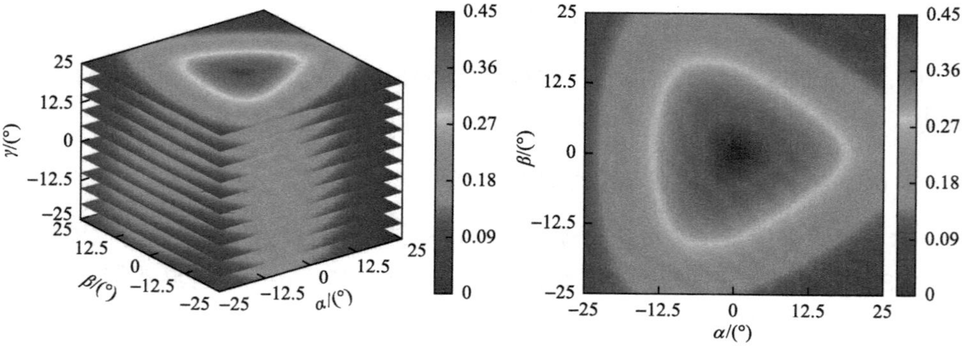

(a) 三维姿态空间中的性能分布　　(b) γ=0°时姿态空间中的性能分布

图 4.69　6-PSS 并联机器人在三维姿态空间中的条件数性能分布

从图中可以发现，6-PSS 并联机器人在中心区域内运动学性能较好，越远离中心区域运动学性能越差。与 6-UPS 并联机器人相似的是，随着操作高度 z_o 的增加，6-PSS 并联机器人的条件数性能变化并不明显。根据式(4.33)～式(4.37)，可得到 6-PSS 并联机器人在三维位置空间和三维姿态空间中的全域条件数指标值分别为 0.441 和 0.210，可通过尺度综合进行进一步的提高。

4. 6-PSS 并联机器人的尺度综合分析

对于 6-PSS 并联机器人，待优化的设计参数可选为杆件长度 l 和动平台半径 R_m。类似于 6-UPS 并联机器人，本节也采用迭代搜索法分别针对机器人的三维位置空间和三维姿态空间进行尺度优化。考虑到实际情况，两个设计参数的变化范围设为 $L\in$[420mm, 460mm]和 $R_m\in$[230mm, 270mm]。另外，在进行设计参数的迭代搜索时，6-PSS 并联机器人的运动范围和前面保持一致，即 $\alpha=\beta=\gamma\in$ [−25°, 25°]、$x_o\in$[−60mm, 60mm]、$y_o\in$[−60mm, 60mm]和 $z_o\in$[225mm, 275mm]。

通过迭代搜索和计算，可以得到不同设计参数组合下的 GCI 分布情况，如图 4.70(a)和图 4.70(b)所示。可以发现，在关于 6-PSS 并联机器人三维位置空间和三维姿态空间的性能优化中，两者的性能变化趋势不同。对于三维位置空间的情况，机器人在 $L=420$mm 和 $R_m=270$mm 的参数组合下达到最大值；对于三维姿态空间的情况，机器人则在 $L=420$mm 和 $R_m=230$mm 的参数组合下达到最大值。基于上述不同的优化参数，可得到 6-PSS 并联机器人在三维位置空间和三维姿态空间下的性能分布情况，如图 4.71(a)和图 4.71(b)所示，其对应的全域条件数指标值分别为 0.468 和 0.215。相较原先的 0.441 和 0.210，优化后 6-PSS 并联机器人的条件数性能提升程度不大。设计者可根据实际的作业需求选取合适的尺寸参数。上述运动学性能评价和尺度优化，对 6-PSS 并联机器人的实际制造及应用具有重要的理论指导意义。基于优化后的尺寸参数，制造出 6-PSS 并联机器人的实物原理样机，如图 4.72 所示。

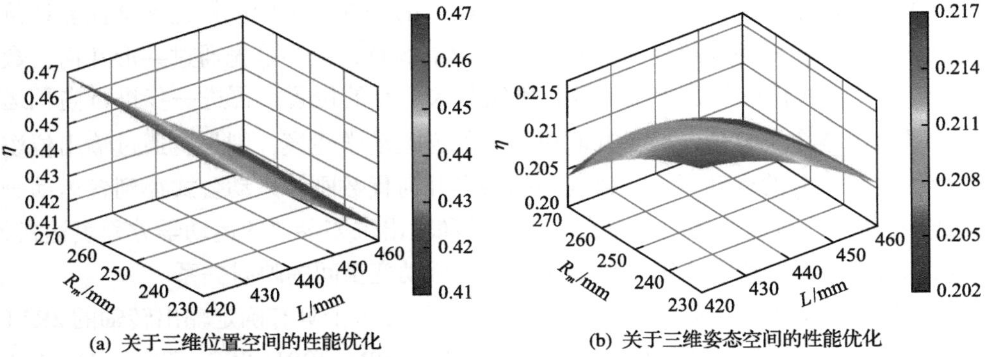

图 4.70　不同设计参数下 6-PSS 并联机器人的全域性能变化趋势图

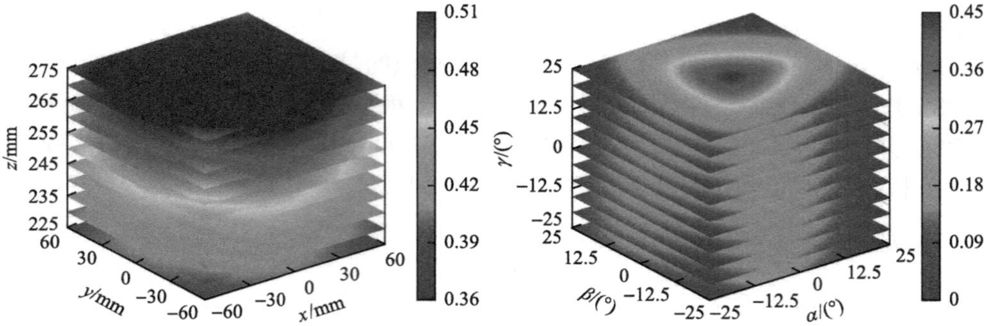

(a) 三维位置空间中的性能分布　　(b) 三维姿态空间中的性能分布

图 4.71　不同优化参数下 6-PSS 并联机器人条件数性能分布

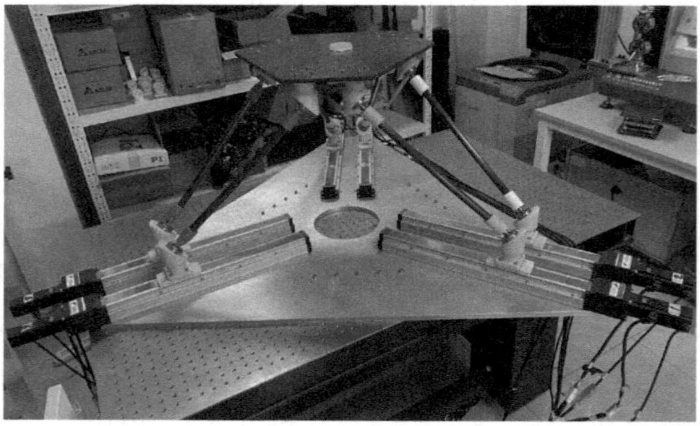

图 4.72　6-PSS 并联机器人实物原理样机

4.8 本 章 小 结

本章以共形几何代数 $\mathcal{G}_{4,1}$ 为数学工具，对一个串联机器人和多个并联机器人进行了逆运动学建模，并运用基于雅可比矩阵的条件数指标进行运动学性能评价与尺度优化。在对串联机器人进行逆运动学求解时，主要是先通过共形几何代数 $\mathcal{G}_{4,1}$ 进行几何实体的外积求交运算，确定各关节点的位置，再进一步进行内积运算，求解出各个关节角。对于并联机器人的逆运动学建模，则是先通过输出位姿参数确定动平台的运动算子，接着根据共形几何代数刚体运动公式得到各运动分支连接点的位置表达，再建立包含驱动变量和输出位姿参数的运动学方程表达式，最后求解得到并联机器人输出位姿参数和各驱动变量间的映射关系。

本章分别对 1 个六自由度 FANUC 串联机器人、6 个具有确定输出转轴的 2R1T 非冗余驱动/冗余驱动并联机器人（Tex3、2PRU-UPR、2PRU-PSR、Tex4、Hex4 和

2PRU-2UPR）、1 个输出转轴不定的 3-RPS 并联机器人、2 个六自由度并联机器人（6-UPS 和 6-PSS）进行了逆运动学建模分析，证明了基于共形几何代数 $\mathcal{G}_{4,1}$ 的逆运动学建模方法的通用性。对于多个并联机器人，本章还采用基于运动雅可比矩阵的条件数指标进行了运动学性能评价与尺度优化。基于优化后的尺寸参数，各机器人的运动学性能均得到了一定的提升。本章研究工作对串/并联机器人的实际制造及应用具有重要的理论指导意义。

参 考 文 献

[1] Siciliano B, Khatib O. Springer Handbook of Robotics[M]. 2nd ed. Heidelberg: Springer, 2016.

[2] Xu L M, Chen Q H, He L Y, et al. Kinematic analysis and design of a novel 3T1R 2-(PRR)$_2$RH hybrid manipulator[J]. Mechanism and Machine Theory, 2017, 112: 105-122.

[3] Xu L M, Li Q C, Zhang N B, et al. Mobility, kinematic analysis, and dimensional optimization of new three-degrees-of-freedom parallel manipulator with actuation redundancy[J]. Journal of Mechanisms and Robotics, 2017, 9(4): 041008.

[4] Li H B, Hestenes D, Rockwood A. Generalized Homogeneous Coordinates for Computational Geometry[M]. Heidelberg: Springer, 2001.

[5] Perwass C. Geometric Algebra with Applications in Engineering[M]. Heidelberg: Springer, 2009.

[6] 石赫，李洪波．几何代数和几何计算（一）[J]．科学，2005, 57(5): 3-7.

[7] Zhu G M, Wei S M, Zhang Y, et al. Direct kinematic analysis of the spatial parallel mechanism with 3-R(P)S structure based on the point pair relationship[J]. Journal of Mechanisms and Robotics, 2021, 13(6): 061011.

[8] 黄昔光，刘聪聪，黄旭，等．空间连杆机构位移分析的共形几何代数方法[J]．机械工程学报，2021, 57(9): 39-50.

[9] 张忠海，李端玲．空间并联机构运动学分析的共形几何代数方法[J]．农业机械学报，2015, 46(4): 325-330.

[10] 李洪波．共形几何代数：几何代数的新理论和计算框架[J]．计算机辅助设计与图形学学报，2005, 17(11): 2383-2393.

[11] Angeles J, López-Cajún C S. Kinematic isotropy and the conditioning index of serial robotic manipulators[J]. The International Journal of Robotics Research, 1992, 11(6): 560-571.

[12] Ma O, Angeles J. Optimum architecture design of platform manipulators[C]. The International Conference on Advanced Robotics, Pisa, 1991: 1130-1135.

[13] Angeles J. The design of isotropic manipulator architectures in the presence of redundancies[J]. The International Journal of Robotics Research, 1992, 11(3): 196-201.

[14] Xu L M, Li Q C, Tong J H, et al. Tex3: A 2R1T parallel manipulator with minimum DoF of joints and fixed linear actuators[J]. International Journal of Precision Engineering and

Manufacturing, 2018, 19(2): 227-238.

[15] Xu L M, Zhu X B, Ye W, et al. Kinematic analysis and dimensional synthesis of a new 2R1T parallel kinematic machine[C]. Proceedings of the ASME International Design Engineering Technical Conferences and Computers and Information in Engineering Conference, Quebec City, 2018: 1-9.

[16] Xu L M, Ye W, Li Q C. Design, analysis, and experiment of a new parallel manipulator with two rotational and one translational motion[J]. Mechanism and Machine Theory, 2022, 177: 105064.

[17] Xu L M, Chai X X, Li Q C, et al. Design and experimental investigation of a new 2R1T overconstrained parallel kinematic machine with actuation redundancy[J]. Journal of Mechanisms and Robotics, 2019, 11(3): 031016.

[18] Xu L M, Chen G L, Ye W, et al. Design, analysis and optimization of Hex4, a new 2R1T overconstrained parallel manipulator with actuation redundancy[J]. Robotica, 2019, 37(2): 358-377.

[19] Hunt K H. Structural kinematics of in-parallel-actuated robot-arms[J]. Journal of Mechanisms, Transmissions, and Automation in Design, 1983, 105(4): 705-712.

[20] Dasgupta B, Mruthyunjaya T S. A Newton-Euler formulation for the inverse dynamics of the Stewart platform manipulator[J]. Mechanism and Machine Theory, 1998, 33(8): 1135-1152.

[21] Xu W Y, Li Y M, Lu S, et al. Inverse dynamics analysis of a 6-PSS parallel manipulator[C]. International Conference on Intelligent Robotics and Applications, Guangzhou, 2014: 12-23.

[22] Merlet J P. Jacobian, manipulability, condition number and accuracy of parallel robots[J]. Journal of Mechanical Design, 2006, 128(1): 199-206.

[23] Kim S G, Ryu J. New dimensionally homogeneous Jacobian matrix formulation by three end-effector points for optimal design of parallel manipulators[J]. IEEE Transactions on Robotics and Automation, 2003, 19(4): 731-736.

[24] Pond G, Carretero J A. Formulating Jacobian matrices for the dexterity analysis of parallel manipulators[J]. Mechanism and Machine Theory, 2006, 41(12): 1505-1519.

[25] Liu H T, Huang T, Chetwynd D G. A method to formulate a dimensionally homogeneous Jacobian of parallel manipulators[J]. IEEE Transactions on Robotics, 2011, 27(1): 150-156.

[26] Shi J, Wang Y H, Zhang G, et al. Optimal design of 3-DoF PKM module for friction stir welding[J]. International Journal of Advanced Manufacturing Technology, 2013, 66(9-12): 1879-1889.

[27] Gosselin C M, Angeles J. A global performance index for the kinematic optimization of robotic manipulators[J]. Journal of Mechanical Design, 1991, 113(3): 220-226.

[28] Gosselin C M, Angeles J. Singularity analysis of closed-loop kinematic chains[J]. IEEE Transactions on Robotics and Automation, 1990, 6(3): 281-290.

[29] Liu X J, Wang J S. A new methodology for optimal kinematic design of parallel mechanisms[J]. Mechanism and Machine Theory, 2007, 42 (9): 1210-1224.

[30] Stock M, Miller K. Optimal kinematic design of spatial parallel manipulators: Application to linear delta robot[J]. Journal of Mechanical Design, 2003, 125 (2): 292-301.

[31] Ryu J, Cha J. Volumetric error analysis and architecture optimization for accuracy of HexaSlide type parallel manipulators[J]. Mechanism and Machine Theory, 2003, 38 (3): 227-240.

第 5 章　几何代数框架下机器人的解析静刚度建模与应用

机器人的静刚度建模主要研究系统在静力平衡的情况下，机器人末端执行器变形和外部载荷间的映射关系[1]。现有的机器人静刚度建模方法主要为有限元分析法[2-4]、矩阵结构分析法[5-7]和虚拟关节建模法[8-10]等，但均存在一些缺陷，例如，有限元分析法对机器人的不同位姿均需重新划分网格并仿真，计算烦琐且较为耗时；矩阵结构分析法则包含大量高阶矩阵运算，不适用于对零件多的机器人结构进行静刚度分析。考虑到机器人大多用于高速、高精度场合，因此有必要在机器人的设计阶段建立计算高效的串/并联机器人解析静刚度模型，这既是机器人静刚度性能分析的基础，也为实际工作空间选择和样机设计提供了重要参考依据。

本章以 6 维几何代数 $\mathcal{G}_6$ [11-18]为数学工具，结合应变能方法[19]，分别建立串/并联机器人的解析静刚度建模方法。针对串联机器人，本章考虑各串联柔性杆件的影响，通过逐步递推的方式得到串联机器人末端变形和外部载荷间的关系，建立串联机器人解析静刚度模型，并以平面二自由度串联机器人、平面三自由度串联机器人和空间三自由度串联机器人为例进行理论建模和仿真验证。针对并联机器人，本章在确定各运动分支约束力/驱动力解析表达式的基础上，考虑并联机器人中柔性杆件对末端动平台的影响，建立各运动分支和机器人整体的解析静刚度模型。为体现上述方法的通用性，本章分别以第 3 章中构型综合的具有确定输出转轴的 2R1T 非冗余驱动/冗余驱动并联机器人（Tex3[16,20]、2PRU-PSR[21]、Tex4[16,22]和 2PRU-2UPR[23,24]）、输出转轴不定的 3-RPS 并联机器人[12,25]和 2 个六自由度并联机器人（6-UPS[26]和 6-PSS[27]）为例，进行解析静刚度建模和仿真对比，验证所提解析静刚度建模方法的正确性。

5.1　串联机器人的解析静刚度建模方法

串联机器人的一般性受力示意图如图 5.1 所示，基座和 n 条杆件通过各驱动关节依次相连。在串联机器人中，关节点 A_1 与基座相连接，其余关节则依次与上一条杆件的末端点相连接。基座的定坐标系为 $O\text{-}xyz$，各个杆件上的杆件坐标

系设为 $A_i\text{-}x_iy_iz_i$，$\boldsymbol{W}=\left(\boldsymbol{F}^{\mathrm{T}},\ \boldsymbol{M}^{\mathrm{T}}\right)^{\mathrm{T}}$ 为作用于杆件 n 末端点 o 处的 6×1 外部载荷矢量，其中 $\boldsymbol{F}=\left(F_x,\ F_y,\ F_z\right)^{\mathrm{T}}$ 和 $\boldsymbol{M}=\left(M_x,\ M_y,\ M_z\right)^{\mathrm{T}}$ 分别为施加的力矢量和力偶矢量。

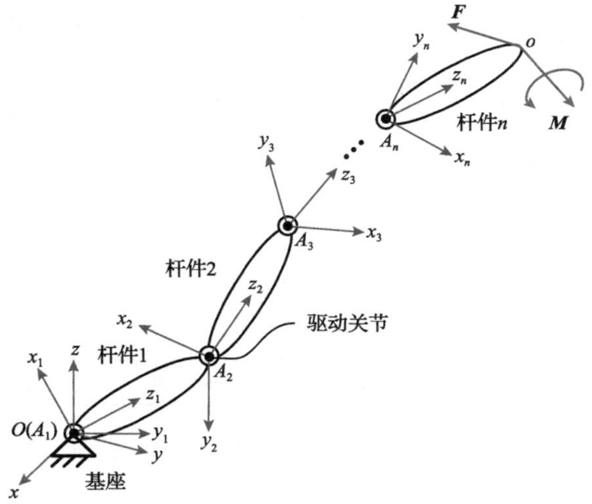

图 5.1　串联机器人的一般性受力示意图

在构建串联机器人的解析静刚度模型前，需先进行如下几点假设：

(1) 考虑串联机器人中各杆件的柔性，包括弯曲、剪切、拉伸/压缩和扭转变形；

(2) 串联机器人中的基座和所有驱动关节均被认为是刚体，且不考虑关节间隙和变形的影响；

(3) 忽略串联机器人中各个部件的重力和摩擦力对机器人整体刚度的影响。

5.1.1　串联机器人解析静刚度建模流程

基于 6 维几何代数 $\mathcal{G}_6$ 和应变能方法，串联机器人解析静刚度建模流程如图 5.2 所示，具体步骤如下：

(1) 根据坐标变换关系，依次将作用在串联机器人末端的外部载荷 $\boldsymbol{W}$ 等效作用到杆件 i 末端，并将其投影到杆件坐标系 $A_i\text{-}x_iy_iz_i$ 下，设为 $\boldsymbol{W}_{l_i}=\left(\boldsymbol{F}_{l_i}^{\mathrm{T}},\ \boldsymbol{M}_{l_i}^{\mathrm{T}}\right)^{\mathrm{T}}$，其中 $\boldsymbol{F}_{l_i}$ 和 $\boldsymbol{M}_{l_i}$ 分别为作用于杆件 i 末端且表示在杆件坐标系下的力矢量和力偶矢量。

(2) 运用 6 维几何代数 $\mathcal{G}_6$，确定在杆件坐标系 $A_i\text{-}x_iy_iz_i$ 下，作用于杆件 i 中任

意横截面处的内力/内力偶。

(3) 运用应变能方法，依次确定杆件 i 中应变能 $U_i = f\left(\boldsymbol{F}_{l_i}, \boldsymbol{M}_{l_i}\right)$ 的解析表达式。判断是否已确定所有杆件的应变能，若 $i < n$，则 $i = i + 1$ 且跳至步骤(1)；若 $i = n$，则通过求和确定串联机器人整体的总应变能 U，并转至步骤(4)。

(4) 采用卡氏第二定理，确定串联机器人中沿着外部载荷中力/力偶方向的弹性变形矢量 $\boldsymbol{\delta}$。

(5) 根据弹性变形矢量 $\boldsymbol{\delta}$ 和外部载荷 $\boldsymbol{W}$ 分量之间的关系，确定串联机器人的柔度矩阵 $\boldsymbol{C}$ 和相应的整体刚度矩阵 $\boldsymbol{K}$。

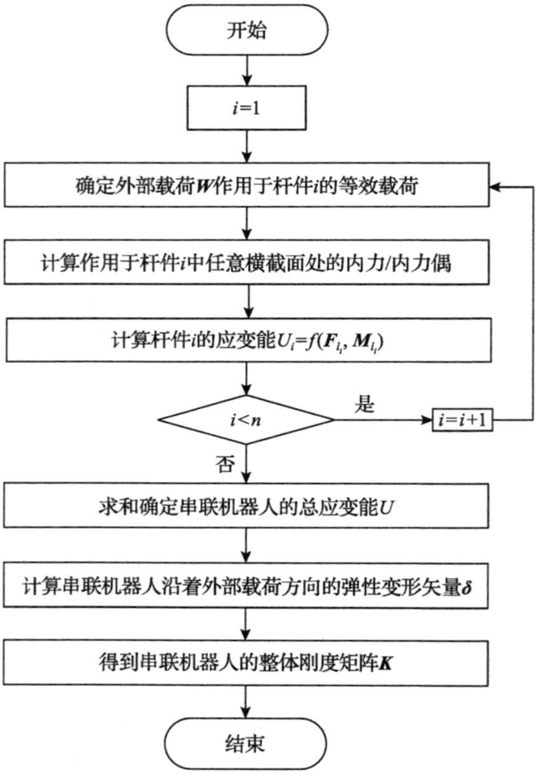

图 5.2　串联机器人解析静刚度建模流程图

本节对上述静刚度建模流程进行详细介绍。为方便后续各杆件应变能的计算，可先通过定坐标系 O-xyz 和各分支坐标系 A_i-$x_i y_i z_i$ 之间的转换关系，依次将作用在机器人末端的外部载荷 $\boldsymbol{W}$ 等效作用到杆件 i 末端，并投影至各自的杆件坐标系，具体计算过程为

$$\boldsymbol{W}_{l_i}=\begin{bmatrix}\boldsymbol{F}_{l_i}\\ \boldsymbol{M}_{l_i}\end{bmatrix}=\begin{bmatrix}F_{x_i}\\ F_{y_i}\\ F_{z_i}\\ M_{x_i}\\ M_{y_i}\\ M_{z_i}\end{bmatrix}=\begin{bmatrix}{}^{A_i}\boldsymbol{R}_O & \boldsymbol{0}\\ {}^{A_i}\boldsymbol{R}_O\boldsymbol{S}\left({}^{O}\boldsymbol{p}_{A_{i+1}o}\right) & {}^{A_i}\boldsymbol{R}_O\end{bmatrix}\begin{bmatrix}\boldsymbol{F}\\ \boldsymbol{M}\end{bmatrix} \tag{5.1}$$

式中，F_{x_i}、F_{y_i} 和 F_{z_i} 为沿着杆件坐标系 $A_i\text{-}x_iy_iz_i$ 中各坐标轴的力分量；M_{x_i}、M_{y_i} 和 M_{z_i} 为沿着杆件坐标系 $A_i\text{-}x_iy_iz_i$ 中各坐标轴的力偶分量；${}^{A_i}\boldsymbol{R}_O$ 为定坐标系 $O\text{-}xyz$ 相对于杆件坐标系 $A_i\text{-}x_iy_iz_i$ 的旋转矩阵；$\boldsymbol{S}\left({}^{O}\boldsymbol{p}_{A_{i+1}o}\right)$ 为关于位置矢量 ${}^{O}\boldsymbol{p}_{A_{i+1}o}$ 的反对称矩阵，其中 ${}^{O}\boldsymbol{p}_{A_{i+1}o}$ 表示杆件 i 末端点到外部载荷 $\boldsymbol{W}$ 作用点 o 的位置矢量，需要注意的是，当 $i=1,2,\cdots,n-1$ 时，杆件 i 的末端点为关节点 A_{i+1}；当 i=n 时，杆件 i 的末端点为点 o，则 ${}^{O}\boldsymbol{p}_{A_{i+1}o}$ 表示零矢量。

对于杆件 i，假设其杆件坐标系 $A_i\text{-}x_iy_iz_i$ 中的 z_i 轴沿着杆件轴线方向，x_i 轴和 y_i 轴则垂直于 z_i 轴。基于上述假设，可确定在杆件坐标系 $A_i\text{-}x_iy_iz_i$ 下，杆件 i 中任意横截面处的内力/内力偶为

$$\begin{cases}f_{x_i}=F_{x_i}\boldsymbol{e}_1\cdot\boldsymbol{e}_1=F_{x_i}\\ f_{y_i}=F_{y_i}\boldsymbol{e}_2\cdot\boldsymbol{e}_2=F_{y_i}\\ f_{z_i}=F_{z_i}\boldsymbol{e}_3\cdot\boldsymbol{e}_3=F_{z_i}\\ m_{x_i}=M_{x_i}\boldsymbol{e}_1\cdot\boldsymbol{e}_1+\left(v_i\boldsymbol{e}_3\times F_{y_i}\boldsymbol{e}_2\right)\cdot\boldsymbol{e}_1=M_{x_i}-v_iF_{y_1}\\ m_{y_i}=M_{y_i}\boldsymbol{e}_2\cdot\boldsymbol{e}_2+\left(v_i\boldsymbol{e}_3\times F_{x_i}\boldsymbol{e}_1\right)\cdot\boldsymbol{e}_2=M_{y_i}+v_iF_{z_1}\\ m_{z_i}=M_{z_i}\boldsymbol{e}_3\cdot\boldsymbol{e}_3=M_{z_i}\end{cases} \tag{5.2}$$

式中，f_{x_i} 和 f_{y_i} 表示作用于横截面处的剪切力；f_{z_i} 表示作用于横截面处的轴向力；m_{x_i} 和 m_{y_i} 分别表示沿着 x_i 轴和 y_i 轴的弯曲力偶；m_{z_i} 表示横截面处的力偶；v_i 表示横截面到运动分支末端点的距离。

因此，杆件 i 的应变能可以表示为

$$U_i=\int_0^{l_i}\left(\frac{f_{x_i}^2}{2G_{l_i}A_{l_ix}}+\frac{f_{y_i}^2}{2G_{l_i}A_{l_iy}}+\frac{f_{z_i}^2}{2E_{l_i}A_{l_i}}+\frac{m_{x_i}^2}{2E_{l_i}I_{l_ix}}+\frac{m_{y_i}^2}{2E_{l_i}I_{l_iy}}+\frac{m_{z_i}^2}{2G_{l_i}J_{l_i}}\right)\mathrm{d}v_i \tag{5.3}$$

式中，l_i 表示杆件 i 的长度；E_{l_i} 和 G_{l_i} 分别表示杆件 i 的弹性模量和剪切模量；$A_{l_i x}$ 和 $A_{l_i y}$ 分别表示杆件横截面沿着 x_i 轴和 y_i 轴的有效剪切面积；A_{l_i} 表示横截面的面积；$I_{l_i x}$ 和 $I_{l_i y}$ 分别表示关于 x_i 轴和 y_i 轴的横截面惯性矩；J_{l_i} 表示横截面的极惯性矩，后续不再重复定义。需要指出的是，当计算串联机器人在给定位形下的应变能时，锁住的各个驱动器被认为是刚体，即不含应变能。

依次计算各杆件的应变能并求和，即可得到串联机器人的总应变能 U 为

$$U = \sum_{i=1}^{n} U_i \tag{5.4}$$

根据卡氏第二定理，串联机器人末端沿着外力/力偶的变形矢量 $\boldsymbol{\delta}$ 等于总应变能 U 关于外部载荷 $\boldsymbol{W}$ 各分量的偏微分，即

$$\boldsymbol{\delta} = \frac{\partial U}{\partial \boldsymbol{W}} \tag{5.5}$$

式中，$\boldsymbol{\delta} = \left(\delta_x, \delta_y, \delta_z, \psi_x, \psi_y, \psi_z\right)^{\mathrm{T}}$ 为 6×1 的变形矢量。

对式(5.5)进行展开，可得

$$\begin{cases}
\delta_x = \dfrac{\partial U}{\partial F_x} = c_{11}F_x + c_{12}F_y + c_{13}F_z + c_{14}M_x + c_{15}M_y + c_{16}M_z \\[2ex]
\delta_y = \dfrac{\partial U}{\partial F_y} = c_{21}F_x + c_{22}F_y + c_{23}F_z + c_{24}M_x + c_{25}M_y + c_{26}M_z \\[2ex]
\delta_z = \dfrac{\partial U}{\partial F_z} = c_{31}F_x + c_{32}F_y + c_{33}F_z + c_{34}M_x + c_{35}M_y + c_{36}M_z \\[2ex]
\psi_x = \dfrac{\partial U}{\partial M_x} = c_{41}F_x + c_{42}F_y + c_{43}F_z + c_{44}M_x + c_{45}M_y + c_{46}M_z \\[2ex]
\psi_y = \dfrac{\partial U}{\partial M_y} = c_{51}F_x + c_{52}F_y + c_{53}F_z + c_{54}M_x + c_{55}M_y + c_{56}M_z \\[2ex]
\psi_z = \dfrac{\partial U}{\partial M_z} = c_{61}F_x + c_{62}F_y + c_{63}F_z + c_{64}M_x + c_{65}M_y + c_{66}M_z
\end{cases} \tag{5.6}$$

式(5.6)也可表示为如下矩阵形式：

$$\boldsymbol{\delta} = \boldsymbol{C}\boldsymbol{W} \tag{5.7}$$

$$
\boldsymbol{C}=\begin{bmatrix} c_{11} & c_{12} & c_{13} & c_{14} & c_{15} & c_{16} \\ c_{21} & c_{22} & c_{23} & c_{24} & c_{25} & c_{26} \\ c_{31} & c_{32} & c_{33} & c_{34} & c_{35} & c_{36} \\ c_{41} & c_{42} & c_{43} & c_{44} & c_{45} & c_{46} \\ c_{51} & c_{52} & c_{53} & c_{54} & c_{55} & c_{56} \\ c_{61} & c_{62} & c_{63} & c_{64} & c_{65} & c_{66} \end{bmatrix} \tag{5.8}
$$

式中，$\boldsymbol{C}$ 为串联机器人的 6×6 整体柔度矩阵。

对式(5.8)求逆，即可得到串联机器人的整体解析刚度矩阵为

$$
\boldsymbol{K}=\boldsymbol{C}^{-1} \tag{5.9}
$$

以上为基于 6 维几何代数 $\mathcal{G}_6$ 和应变能原理的串联机器人解析静刚度建模方法。该方法通过对各杆件的应变能进行求和并求偏导来确定机器人末端的变形，并且考虑了各杆件剪切变形的影响，提高了整体建模精度，具有计算方便、意义明确、精度高等优点。5.1.2 节首先以单自由度转动杆件为例，建立单根杆件的静刚度模型，通过 ANSYS 软件仿真结果对比进行验证。接着，将分别建立平面二自由度、平面三自由度和空间三自由度串联机器人的解析静刚度模型，并结合 ANSYS 软件验证方法的正确性和通用性。

5.1.2　单自由度转动杆件的静刚度建模与验证

1. 单自由度转动杆件的刚度矩阵

图 5.3(a)为单自由度转动杆件的三维模型，杆件 1 通过转动驱动关节与基座

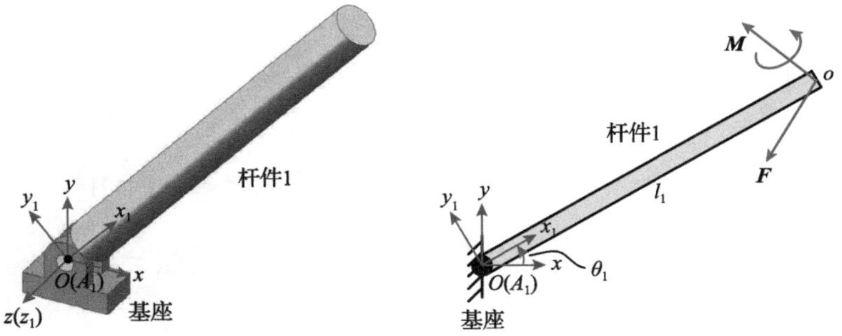

(a) 三维模型　　(b) 坐标系分布及受载情况

图 5.3　单自由度转动杆件

相连。定坐标系 $O\text{-}xyz$ 固定在基座上，杆件坐标系 $A_1\text{-}x_1y_1z_1$ 则固定在杆件 1 的转动关节点上，其中点 O 和点 A_1 重合。在两个坐标系中，z 轴和 z_1 轴重合，x_1 轴沿着杆件 1 的轴线方向。如图 5.3(b)所示，杆件 1 绕 z_1 轴转动，轴 x 到轴 x_1 的旋转角度为 θ_1，杆件 1 的长度为 l_1。

根据定坐标系 $O\text{-}xyz$ 和杆件坐标系 $A_1\text{-}x_1y_1z_1$ 之间的转换关系，可得到作用于点 o 的外部载荷 $\boldsymbol{W}$ 在杆件坐标系下的投影情况，即

$$\boldsymbol{W}_{l_1}=\begin{bmatrix}\boldsymbol{F}_{l_1}\\ \boldsymbol{M}_{l_1}\end{bmatrix}=\begin{bmatrix}F_{x_1}\\ F_{y_1}\\ F_{z_1}\\ M_{x_1}\\ M_{y_1}\\ M_{z_1}\end{bmatrix}=\begin{bmatrix}{}^{A_1}\boldsymbol{R}_O & \boldsymbol{0}\\ \boldsymbol{0} & {}^{A_1}\boldsymbol{R}_O\end{bmatrix}\begin{bmatrix}\boldsymbol{F}\\ \boldsymbol{M}\end{bmatrix}=\begin{bmatrix}F_x\mathrm{c}_{\theta_1}+F_y\mathrm{s}_{\theta_1}\\ F_y\mathrm{c}_{\theta_1}-F_x\mathrm{s}_{\theta_1}\\ F_z\\ M_x\mathrm{c}_{\theta_1}+M_y\mathrm{s}_{\theta_1}\\ M_y\mathrm{c}_{\theta_1}-M_x\mathrm{s}_{\theta_1}\\ M_z\end{bmatrix}\tag{5.10}$$

式中，旋转矩阵 ${}^{A_1}\boldsymbol{R}_O=\begin{bmatrix}\mathrm{c}_{\theta_1} & \mathrm{s}_{\theta_1} & 0\\ -\mathrm{s}_{\theta_1} & \mathrm{c}_{\theta_1} & 0\\ 0 & 0 & 1\end{bmatrix}$。

根据上述局部载荷 $\boldsymbol{W}_{l_1}$，即可确定在杆件坐标系下，杆件 1 中任意横截面处的内力/内力偶为

$$\begin{cases}f_{x_1}=F_{x_1}\boldsymbol{e}_1\cdot\boldsymbol{e}_1=F_x\mathrm{c}_{\theta_1}+F_y\mathrm{s}_{\theta_1}\\ f_{y_1}=F_{y_1}\boldsymbol{e}_2\cdot\boldsymbol{e}_2=F_y\mathrm{c}_{\theta_1}-F_x\mathrm{s}_{\theta_1}\\ f_{z_1}=F_{z_1}\boldsymbol{e}_3\cdot\boldsymbol{e}_3=F_z\\ m_{x_1}=M_{x_1}\boldsymbol{e}_1\cdot\boldsymbol{e}_1=M_x\mathrm{c}_{\theta_1}+M_y\mathrm{s}_{\theta_1}\\ m_{y_1}=M_{y_1}\boldsymbol{e}_2\cdot\boldsymbol{e}_2+\left(v_1\boldsymbol{e}_1\times F_{z_1}\boldsymbol{e}_3\right)\cdot\boldsymbol{e}_2=M_y\mathrm{c}_{\theta_1}-M_x\mathrm{s}_{\theta_1}-v_1F_z\\ m_{z_1}=M_{z_1}\boldsymbol{e}_3\cdot\boldsymbol{e}_3+\left(v_1\boldsymbol{e}_1\times F_{y_1}\boldsymbol{e}_2\right)\cdot\boldsymbol{e}_3=M_z+v_1\left(F_y\mathrm{c}_{\theta_1}-F_x\mathrm{s}_{\theta_1}\right)\end{cases}\tag{5.11}$$

式中，v_1 表示选定横截面到末端点 o 的距离。

因此，该单自由度转动杆件的应变能可表示为

$$
\begin{aligned}
U_1 &= \int_0^{l_1}\left(\frac{f_{x_1}^2}{2E_{l_1}A_{l_1}}+\frac{f_{y_1}^2}{2G_{l_1}A_{l_1y}}+\frac{f_{z_1}^2}{2G_{l_1}A_{l_1z}}+\frac{m_{x_1}^2}{2G_{l_1}J_{l_1}}+\frac{m_{y_1}^2}{2E_{l_1}I_{l_1y}}+\frac{m_{z_1}^2}{2E_{l_1}I_{l_1z}}\right)\mathrm{d}v_1 \\
&= \frac{l_1}{2E_{l_1}A_{l_1}}\left(F_x\mathrm{c}_{\theta_1}+F_y\mathrm{s}_{\theta_1}\right)^2+\frac{l_1}{2G_{l_1}A_{l_1y}}\left(F_y\mathrm{c}_{\theta_1}-F_x\mathrm{s}_{\theta_1}\right)^2+\frac{l_1}{2G_{l_1}A_{l_1z}}F_z^2+\frac{l_1}{2G_{l_1}J_{l_1}}\left(M_x\mathrm{c}_{\theta_1}+M_y\mathrm{s}_{\theta_1}\right)^2 \\
&\quad+\int_0^{l_1}\left[\frac{\left(M_y\mathrm{c}_{\theta_1}-M_x\mathrm{s}_{\theta_1}-v_1F_z\right)^2}{2E_{l_1}I_{l_1y}}\right]\mathrm{d}v_1+\int_0^{l_1}\left\{\frac{\left[M_z+v_1\left(F_y\mathrm{c}_{\theta_1}-F_x\mathrm{s}_{\theta_1}\right)\right]^2}{2E_{l_1}I_{l_1z}}\right\}\mathrm{d}v_1 \\
&= \frac{l_1}{2E_{l_1}A_{l_1}}\left(F_x^2\mathrm{c}_{\theta_1}^2+2F_xF_y\mathrm{c}_{\theta_1}\mathrm{s}_{\theta_1}+F_y^2\mathrm{s}_{\theta_1}^2\right)+\frac{l_1}{2G_{l_1}A_{l_1y}}\left(F_y^2\mathrm{c}_{\theta_1}^2-2F_yF_x\mathrm{c}_{\theta_1}\mathrm{s}_{\theta_1}+F_x^2\mathrm{s}_{\theta_1}^2\right) \\
&\quad+\frac{l_1}{2G_{l_1}A_{l_1z}}F_z^2+\frac{l_1}{2G_{l_1}J_{l_1}}\left(M_x^2\mathrm{c}_{\theta_1}^2+2M_xM_y\mathrm{c}_{\theta_1}\mathrm{s}_{\theta_1}+M_y^2\mathrm{s}_{\theta_1}^2\right) \\
&\quad+\frac{l_1}{2E_{l_1}I_{l_1y}}\left(M_y^2\mathrm{c}_{\theta_1}^2-2M_yM_x\mathrm{c}_{\theta_1}\mathrm{s}_{\theta_1}+M_x^2\mathrm{s}_{\theta_1}^2\right)+\frac{l_1^3}{6E_{l_1}I_{l_1y}}F_z^2-\frac{l_1^2}{2E_{l_1}I_{l_1y}}\left(F_zM_y\mathrm{c}_{\theta_1}-F_zM_x\mathrm{s}_{\theta_1}\right) \\
&\quad+\frac{l_1}{2E_{l_1}I_{l_1z}}M_z^2+\frac{l_1^3}{6E_{l_1}I_{l_1z}}\left(F_y^2\mathrm{c}_{\theta_1}^2-2F_yF_x\mathrm{c}_{\theta_1}\mathrm{s}_{\theta_1}+F_x^2\mathrm{s}_{\theta_1}^2\right)+\frac{l_1^2}{2E_{l_1}I_{l_1z}}\left(F_yM_z\mathrm{c}_{\theta_1}-F_xM_z\mathrm{s}_{\theta_1}\right)
\end{aligned}
\tag{5.12}
$$

根据式(5.12)和卡氏第二定理，可得到杆件 1 末端沿着外部载荷 $\boldsymbol{W}$ 六个分量方向的弹性变形矢量表达式 $\boldsymbol{\delta}=\left(\delta_x,\delta_y,\delta_z,\psi_x,\psi_y,\psi_z\right)^{\mathrm{T}}$，展开为

$$
\begin{cases}
\delta_x=\dfrac{\partial U_1}{\partial F_x}=\left(\dfrac{l_1\mathrm{c}_{\theta_1}^2}{E_{l_1}A_{l_1}}+\dfrac{l_1\mathrm{s}_{\theta_1}^2}{G_{l_1}A_{l_1y}}+\dfrac{l_1^3\mathrm{s}_{\theta_1}^2}{3E_{l_1}I_{l_1z}}\right)F_x+\left(\dfrac{l_1\mathrm{c}_{\theta_1}\mathrm{s}_{\theta_1}}{E_{l_1}A_{l_1}}-\dfrac{l_1\mathrm{c}_{\theta_1}\mathrm{s}_{\theta_1}}{G_{l_1}A_{l_1y}}-\dfrac{l_1^3\mathrm{c}_{\theta_1}\mathrm{s}_{\theta_1}}{3E_{l_1}I_{l_1z}}\right)F_y-\dfrac{l_1^2\mathrm{s}_{\theta_1}}{2E_{l_1}I_{l_1z}}M_z \\
\delta_y=\dfrac{\partial U_1}{\partial F_y}=\left(\dfrac{l_1\mathrm{c}_{\theta_1}\mathrm{s}_{\theta_1}}{E_{l_1}A_{l_1}}-\dfrac{l_1\mathrm{c}_{\theta_1}\mathrm{s}_{\theta_1}}{G_{l_1}A_{l_1y}}-\dfrac{l_1^3\mathrm{c}_{\theta_1}\mathrm{s}_{\theta_1}}{3E_{l_1}I_{l_1z}}\right)F_x+\left(\dfrac{l_1\mathrm{s}_{\theta_1}^2}{E_{l_1}A_{l_1}}+\dfrac{l_1\mathrm{c}_{\theta_1}^2}{G_{l_1}A_{l_1y}}+\dfrac{l_1^3\mathrm{c}_{\theta_1}^2}{3E_{l_1}I_{l_1z}}\right)F_y+\dfrac{l_1^2\mathrm{c}_{\theta_1}}{2E_{l_1}I_{l_1z}}M_z \\
\delta_z=\dfrac{\partial U_1}{\partial F_z}=\left(\dfrac{l_1}{G_{l_1}A_{l_1z}}+\dfrac{l_1^3}{3E_{l_1}I_{l_1y}}\right)F_z+\dfrac{l_1^2\mathrm{s}_{\theta_1}}{2E_{l_1}I_{l_1y}}M_x-\dfrac{l_1^2\mathrm{c}_{\theta_1}}{2E_{l_1}I_{l_1y}}M_y \\
\psi_x=\dfrac{\partial U_1}{\partial M_x}=\dfrac{l_1^2\mathrm{s}_{\theta_1}}{2E_{l_1}I_{l_1y}}F_z+\left(\dfrac{l_1\mathrm{c}_{\theta_1}^2}{G_{l_1}J_{l_1}}+\dfrac{l_1\mathrm{s}_{\theta_1}^2}{E_{l_1}I_{l_1y}}\right)M_x-\left(\dfrac{l_1\mathrm{c}_{\theta_1}\mathrm{s}_{\theta_1}}{E_{l_1}I_{l_1y}}+\dfrac{l_1\mathrm{c}_{\theta_1}\mathrm{s}_{\theta_1}}{G_{l_1}J_{l_1}}\right)M_y \\
\psi_y=\dfrac{\partial U_1}{\partial M_y}=-\dfrac{l_1^2\mathrm{c}_{\theta_1}}{2E_{l_1}I_{l_1y}}F_z-\left(\dfrac{l_1\mathrm{c}_{\theta_1}\mathrm{s}_{\theta_1}}{E_{l_1}I_{l_1y}}+\dfrac{l_1\mathrm{c}_{\theta_1}\mathrm{s}_{\theta_1}}{G_{l_1}J_{l_1}}\right)M_x+\left(\dfrac{l_1\mathrm{c}_{\theta_1}^2}{E_{l_1}I_{l_1y}}+\dfrac{l_1\mathrm{s}_{\theta_1}^2}{G_{l_1}J_{l_1}}\right)M_y \\
\psi_z=\dfrac{\partial U_1}{\partial M_z}=-\dfrac{l_1^2\mathrm{s}_{\theta_1}}{2E_{l_1}I_{l_1z}}F_x+\dfrac{l_1^2\mathrm{c}_{\theta_1}}{2E_{l_1}I_{l_1z}}F_y+\dfrac{l_1}{E_{l_1}I_{l_1z}}M_z
\end{cases}
\tag{5.13}
$$

式(5.13)的矩阵形式可表示为

$$\boldsymbol{\delta}=\left(\delta_x,\delta_y,\delta_z,\psi_x,\psi_y,\psi_z\right)^{\mathrm{T}}=\boldsymbol{C}\left(F_x,F_y,F_z,M_x,M_y,M_z\right)^{\mathrm{T}} \tag{5.14}$$

式中，$\boldsymbol{C}$ 为在定坐标系下 6×6 的杆件 1 对称柔度矩阵，可表示为

$$\boldsymbol{C}=\begin{bmatrix}
\dfrac{l_1\mathrm{c}_{\theta_1}^2}{E_{l_1}A_{l_1}}+\dfrac{l_1\mathrm{s}_{\theta_1}^2}{G_{l_1}A_{l_1y}}+\dfrac{l_1^3\mathrm{s}_{\theta_1}^2}{3E_{l_1}I_{l_1z}} & \dfrac{l_1\mathrm{c}_{\theta_1}\mathrm{s}_{\theta_1}}{E_{l_1}A_{l_1}}-\dfrac{l_1\mathrm{c}_{\theta_1}\mathrm{s}_{\theta_1}}{G_{l_1}A_{l_1y}}-\dfrac{l_1^3\mathrm{c}_{\theta_1}\mathrm{s}_{\theta_1}}{3E_{l_1}I_{l_1z}} & 0 & 0 & 0 & -\dfrac{l_1^2\mathrm{s}_{\theta_1}}{2E_{l_1}I_{l_1z}} \\
\dfrac{l_1\mathrm{c}_{\theta_1}\mathrm{s}_{\theta_1}}{E_{l_1}A_{l_1}}-\dfrac{l_1\mathrm{c}_{\theta_1}\mathrm{s}_{\theta_1}}{G_{l_1}A_{l_1y}}-\dfrac{l_1^3\mathrm{c}_{\theta_1}\mathrm{s}_{\theta_1}}{3E_{l_1}I_{l_1z}} & \dfrac{l_1\mathrm{s}_{\theta_1}^2}{E_{l_1}A_{l_1}}+\dfrac{l_1\mathrm{c}_{\theta_1}^2}{G_{l_1}A_{l_1y}}+\dfrac{l_1^3\mathrm{c}_{\theta_1}^2}{3E_{l_1}I_{l_1z}} & 0 & 0 & 0 & \dfrac{l_1^2\mathrm{c}_{\theta_1}}{2E_{l_1}I_{l_1z}} \\
0 & 0 & \dfrac{l_1}{G_{l_1}A_{l_1z}}+\dfrac{l_1^3}{3E_{l_1}I_{l_1y}} & \dfrac{l_1^2\mathrm{s}_{\theta_1}}{2E_{l_1}I_{l_1y}} & -\dfrac{l_1^2\mathrm{c}_{\theta_1}}{2E_{l_1}I_{l_1y}} & 0 \\
0 & 0 & \dfrac{l_1^2\mathrm{s}_{\theta_1}}{2E_{l_1}I_{l_1y}} & \dfrac{l_1\mathrm{c}_{\theta_1}^2}{G_{l_1}J_{l_1}}+\dfrac{l_1\mathrm{s}_{\theta_1}^2}{E_{l_1}I_{l_1y}} & -\dfrac{l_1\mathrm{c}_{\theta_1}\mathrm{s}_{\theta_1}}{E_{l_1}I_{l_1y}}-\dfrac{l_1\mathrm{c}_{\theta_1}\mathrm{s}_{\theta_1}}{G_{l_1}J_{l_1}} & 0 \\
0 & 0 & -\dfrac{l_1^2\mathrm{c}_{\theta_1}}{2E_{l_1}I_{l_1y}} & -\dfrac{l_1\mathrm{c}_{\theta_1}\mathrm{s}_{\theta_1}}{E_{l_1}I_{l_1y}}-\dfrac{l_1\mathrm{c}_{\theta_1}\mathrm{s}_{\theta_1}}{G_{l_1}J_{l_1}} & \dfrac{l_1\mathrm{c}_{\theta_1}^2}{E_{l_1}I_{l_1y}}+\dfrac{l_1\mathrm{s}_{\theta_1}^2}{G_{l_1}J_{l_1}} & 0 \\
-\dfrac{l_1^2\mathrm{s}_{\theta_1}}{2E_{l_1}I_{l_1z}} & \dfrac{l_1^2\mathrm{c}_{\theta_1}}{2E_{l_1}I_{l_1z}} & 0 & 0 & 0 & \dfrac{l_1}{E_{l_1}I_{l_1z}}
\end{bmatrix} \tag{5.15}$$

通过对式(5.15)求逆，即可得到该单自由度转动杆件的解析刚度矩阵$\boldsymbol{K}$。特殊地，当旋转角度 θ_1 为 0°时，式(5.15)简化为如下形式：

$$
\boldsymbol{C}=\begin{bmatrix}
\dfrac{l_1}{E_{l_1}A_{l_1}} & 0 & 0 & 0 & 0 & 0 \\
0 & \dfrac{l_1}{G_{l_1}A_{l_1y}}+\dfrac{l_1^3}{3E_{l_1}I_{l_1z}} & 0 & 0 & 0 & \dfrac{l_1^2}{2E_{l_1}I_{l_1z}} \\
0 & 0 & \dfrac{l_1}{G_{l_1}A_{l_1z}}+\dfrac{l_1^3}{3E_{l_1}I_{l_1y}} & 0 & -\dfrac{l_1^2}{2E_{l_1}I_{l_1y}} & 0 \\
0 & 0 & 0 & \dfrac{l_1}{G_{l_1}J_{l_1}} & 0 & 0 \\
0 & 0 & -\dfrac{l_1^2}{2E_{l_1}I_{l_1y}} & 0 & \dfrac{l_1}{E_{l_1}I_{l_1y}} & 0 \\
0 & \dfrac{l_1^2}{2E_{l_1}I_{l_1z}} & 0 & 0 & 0 & \dfrac{l_1}{E_{l_1}I_{l_1z}}
\end{bmatrix}
\tag{5.16}
$$

此即为考虑剪切变形的悬臂梁柔度矩阵。

2. 理论刚度模型和有限元模型的对比结果

本节采用有限元法对单自由度转动杆件的理论刚度模型进行验证。在外部载荷作用下，通过在 ANSYS 软件中建立有限元模型可以提供串联机器人的精确刚度和变形情况。在有限元模型中，将基座与杆件驱动关节的连接处进行接地处理，并将所有驱动关节设为刚性。模型中的柔性杆件则由 beam188 单元组成，该单元可模拟杆件的空间复合弹性变形情况。单自由度转动杆件的尺寸和材料参数如表 5.1 所示，需要注意的是，此处转动杆件分支的横截面设为圆截面，并且弹性模量和剪切模量分别设为 E 和 G。

表 5.1　单自由度转动杆件的尺寸和材料参数

参数	数值
l_1/mm	1000
d/mm	100
A/mm^2	7853.98
E/GPa	210
G/GPa	80
θ_1/rad	0～π

注：d 表示杆件的截面直径。

由于使用有限元法计算单自由度转动杆件所有位形的刚度情况较为耗时且困难，所以本节选取位形和所受外部载荷不同的三个示例进行结果验证，如表 5.2 所示。在示例 1 和示例 2 中，杆件 1 处于受不同外部载荷作用下的初始位形，其中示例 1 为沿着 x 轴的力外部载荷，示例 2 为包含力和力偶的一般外部载荷；在示例 3 中，杆件 1 处于受一般外部载荷作用下的一般位形。

表 5.2　单自由度转动杆件的三个选择示例

参数	示例 1	示例 2	示例 3
θ_1/rad	0	0	π/6
F_x/N	100	2	2
F_y/N	0	10	10
F_z/N	0	15	15
M_x/(N·m)	0	2	2
M_y/(N·m)	0	11	11
M_z/(N·m)	0	19	19

通过 ANSYS 软件仿真可得到三个示例的变形结果,包括线性变形和角度变形。表 5.3 列出了在三个示例位形中，单自由度转动杆件末端点 o 变形情况的理论结果和仿真结果。对比发现，理论结果和仿真结果基本一致，三个示例中所有变形的相对误差均不超过 0.98%。上述对比结果证明了单自由度转动杆件解析静刚度模型的正确性，其可替代 ANSYS 软件的仿真结果。

表 5.3　单自由度转动杆件理论结果和仿真结果的变形对比

示例	参数	沿 x 轴的线性变形	沿 y 轴的线性变形	沿 z 轴的线性变形	绕 x 轴的角度变形	绕 y 轴的角度变形	绕 z 轴的角度变形
1	理论结果	6.06×10^{-5}mm	0mm	0mm	0rad	0rad	0rad
	仿真结果	6.07×10^{-5}mm	0mm	0mm	0rad	0rad	0rad
	相对误差	0.16%	—	—	—	—	—
2	理论结果	1.21×10^{-6}mm	1.25×10^{-2}mm	-4.61×10^{-4}mm	2.55×10^{-6}rad	3.40×10^{-6}rad	2.33×10^{-5}rad
	仿真结果	1.21×10^{-6}mm	1.25×10^{-2}mm	-4.58×10^{-4}mm	2.55×10^{-6}rad	3.40×10^{-6}rad	2.33×10^{-5}rad
	相对误差	0%	0%	0.66%	0%	0%	0%
3	理论结果	-5.85×10^{-3}mm	1.01×10^{-2}mm	7.39×10^{-4}mm	7.48×10^{-6}rad	5.47×10^{-6}rad	2.21×10^{-5}rad
	仿真结果	-5.86×10^{-3}mm	1.02×10^{-2}mm	7.44×10^{-4}mm	7.49×10^{-6}rad	5.48×10^{-6}rad	2.22×10^{-5}rad
	相对误差	0.17%	0.98%	0.67%	0.36%	0.13%	0.45%

5.2　串联机器人的静刚度建模与验证

基于 6 维几何代数$\mathcal{G}_6$，本节对三个串联机器人(平面二自由度串联机器人、平面三自由度串联机器人和空间三自由度串联机器人)进行静刚度建模与验证，主要包括确定各转动杆件和串联机器人整体的应变能，并由此推导出串联机器人的整体解析刚度矩阵，最后通过 ANSYS 软件进行不同位形和负载下的理论刚度模型验证。

5.2.1　算例 1：平面二自由度串联机器人的静刚度建模与验证

1. 平面二自由度串联机器人的整体刚度矩阵

图 5.4(a)为平面二自由度串联机器人的三维模型，杆件 1 和杆件 2 均通过转动驱动关节分别与基座和杆件 1 相连。定坐标系 $O\text{-}xyz$ 固定在基座上，杆件坐标系 $A_1\text{-}x_1y_1z_1$ 和 $A_2\text{-}x_2y_2z_2$ 则分别固定在杆件 1 和杆件 2 的转动关节点上，其中点 O 和点 A_1 重合。在三个坐标系中，z 轴和 z_1 轴重合，x_1 轴沿着杆件 1 的轴线方向，x_2 轴沿着杆件 2 的轴线方向。

如图 5.4(b)所示，杆件 1 绕 z_1 轴转动，轴 x 到轴 x_1 的旋转角度为 θ_1，杆件 1 的长度为 l_1；杆件 2 绕 z_2 轴转动，轴 x_1 到轴 x_2 的旋转角度为 θ_2，杆件 2 的长度为 l_2。

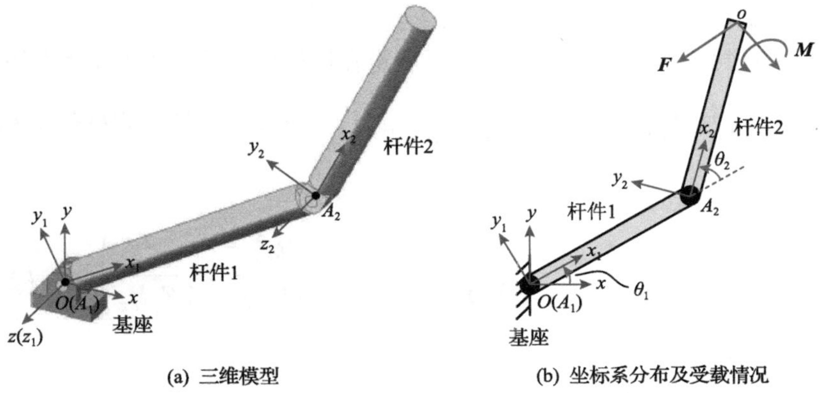

图 5.4　平面二自由度串联机器人

根据定坐标系 $O\text{-}xyz$ 和两个杆件坐标系 $A_i\text{-}x_iy_iz_i$ 之间的转换关系，可得到在各杆件坐标系下作用于点 o 的外部载荷 $\boldsymbol{W}$ 在各杆件末端点的等效情况，分别为

$$\boldsymbol{W}_{l_1}=\begin{bmatrix}\boldsymbol{F}_{l_1}\\ \boldsymbol{M}_{l_1}\end{bmatrix}=\begin{bmatrix}F_{x_1}\\ F_{y_1}\\ F_{z_1}\\ M_{x_1}\\ M_{y_1}\\ M_{z_1}\end{bmatrix}=\begin{bmatrix}{}^{A_1}\boldsymbol{R}_O & \boldsymbol{0}\\ {}^{A_1}\boldsymbol{R}_O\boldsymbol{S}\left({}^{O}\boldsymbol{p}_{A_2o}\right) & {}^{A_1}\boldsymbol{R}_O\end{bmatrix}\begin{bmatrix}\boldsymbol{F}\\ \boldsymbol{M}\end{bmatrix} \tag{5.17}$$

和

$$\boldsymbol{W}_{l_2}=\begin{bmatrix}\boldsymbol{F}_{l_2}\\ \boldsymbol{M}_{l_2}\end{bmatrix}=\begin{bmatrix}F_{x_2}\\ F_{y_2}\\ F_{z_2}\\ M_{x_2}\\ M_{y_2}\\ M_{z_2}\end{bmatrix}=\begin{bmatrix}{}^{A_2}\boldsymbol{R}_O & \boldsymbol{0}\\ \boldsymbol{0} & {}^{A_2}\boldsymbol{R}_O\end{bmatrix}\begin{bmatrix}\boldsymbol{F}\\ \boldsymbol{M}\end{bmatrix} \tag{5.18}$$

式中，旋转矩阵 ${}^{A_1}\boldsymbol{R}_O=\begin{bmatrix}c_{\theta_1} & s_{\theta_1} & 0\\ -s_{\theta_1} & c_{\theta_1} & 0\\ 0 & 0 & 1\end{bmatrix}$；${}^{A_2}\boldsymbol{R}_O=\begin{bmatrix}c_{\theta_1}c_{\theta_2}-s_{\theta_1}s_{\theta_2} & c_{\theta_1}s_{\theta_2}+s_{\theta_1}c_{\theta_2} & 0\\ -c_{\theta_1}s_{\theta_2}-s_{\theta_1}c_{\theta_2} & c_{\theta_1}c_{\theta_2}-s_{\theta_1}s_{\theta_2} & 0\\ 0 & 0 & 1\end{bmatrix}$；位置矢量 ${}^{O}\boldsymbol{p}_{A_2o}=\left(c_{\theta_1}c_{\theta_2}l_2-s_{\theta_1}s_{\theta_2}l_2,\ c_{\theta_1}s_{\theta_2}l_2+s_{\theta_1}c_{\theta_2}l_2,\ 0\right)^{\mathrm{T}}$。

根据上述局部载荷 $\boldsymbol{W}_{l_1}$ 和 $\boldsymbol{W}_{l_2}$，即可确定在杆件坐标系下，各杆件中任意横截面处的内力/内力偶 $\left(f_{x_i}, f_{y_i}, f_{z_i}, m_{x_i}, m_{y_i}, m_{z_i}\right)^{\mathrm{T}}$，进而可计算得到杆件 1 和杆件 2 的应变能为

$$U_i=\int_0^{l_i}\left(\frac{f_{x_i}^2}{2E_{l_i}A_{l_i}}+\frac{f_{y_i}^2}{2G_{l_i}A_{l_iy}}+\frac{f_{z_i}^2}{2G_{l_i}A_{l_iz}}+\frac{m_{x_i}^2}{2G_{l_i}J_{l_i}}+\frac{m_{y_i}^2}{2E_{l_i}I_{l_iy}}+\frac{m_{z_i}^2}{2E_{l_i}I_{l_iz}}\right)\mathrm{d}v_i,\quad i=1,2 \tag{5.19}$$

式中，v_i 表示各杆件中选定横截面到杆件末端点的距离。

通过对各杆件应变能求和，可以确定该平面二自由度串联机器人的总应变能 U。接着，根据卡氏第二定理，可得到机器人末端沿着外部载荷 $\boldsymbol{W}$ 六个分量方向的弹性变形矢量表达式 $\boldsymbol{\delta}$，进而可确定 6×6 的整体柔度矩阵 $\boldsymbol{C}$ 和刚度矩阵 $\boldsymbol{K}$。

2. 理论刚度模型和有限元模型的对比结果

类似于 5.1 节中单自由度转动杆件刚度模型的验证过程，本节也通过有限元法来对比验证平面二自由度串联机器人理论刚度模型的正确性。表 5.4 和表 5.5 分别列出了平面二自由度串联机器人的杆件尺寸和材料参数，以及位形和外部载荷不同的三个示例。需要注意的是，此处转动杆件的横截面均设为相同大小的圆截面，即 $A_{l_1}=A_{l_2}=A$，并且各杆件的弹性模量和剪切模量相同，即 $E_{l_1}=E_{l_2}=E$ 和 $G_{l_1}=G_{l_2}=G$。通过 ANSYS 软件仿真，可得到平面二自由度串联机器人三个示例的线性变形和角度变形结果，表 5.6 列出了机器人末端点 o 变形情况的理论结果和仿真结果。对比发现，理论结果和仿真结果基本一致，三个示例中所有变形的相对误差均不超过 0.59%。

表 5.4　平面二自由度串联机器人的杆件尺寸和材料参数

参数	数值
l_1/mm	1000
l_2/mm	800
d/mm	100
A/mm^2	7853.98
E/GPa	210
G/GPa	80
θ_1,θ_2/rad	0～π

表 5.5　平面二自由度串联机器人的三个示例

参数	示例 1	示例 2	示例 3
θ_1/rad	0	0	π/6
θ_2/rad	π/2	π/2	π/4
F_x/N	100	2	2
F_y/N	0	10	10
F_z/N	0	15	15
M_x/(N·m)	0	2	2
M_y/(N·m)	0	11	11
M_z/(N·m)	0	19	19

表 5.6 平面二自由度串联机器人理论结果和仿真结果的变形对比

示例	参数	沿 x 轴的线性变形	沿 y 轴的线性变形	沿 z 轴的线性变形	绕 x 轴的角度变形	绕 y 轴的角度变形	绕 z 轴的角度变形
1	理论结果	7.88×10^{-2}mm	-3.88×10^{-2}mm	0mm	0rad	0rad	-1.09×10^{-4}rad
	仿真结果	7.90×10^{-2}mm	-3.89×10^{-2}mm	0mm	0rad	0rad	-1.09×10^{-4}rad
	相对误差	0.25%	0.26%	—	—	—	0%
2	理论结果	-2.29×10^{-2}mm	1.17×10^{-2}mm	1.69×10^{-2}mm	2.40×10^{-5}rad	1.46×10^{-5}rad	3.59×10^{-5}rad
	仿真结果	-2.30×10^{-2}mm	1.17×10^{-2}mm	1.70×10^{-2}mm	2.41×10^{-5}rad	1.46×10^{-5}rad	3.59×10^{-5}rad
	相对误差	0.43%	0%	0.59%	0.41%	0%	0%
3	理论结果	-2.93×10^{-2}mm	1.66×10^{-2}mm	2.25×10^{-2}mm	2.77×10^{-5}rad	1.37×10^{-5}rad	3.76×10^{-5}rad
	仿真结果	-2.93×10^{-2}mm	1.66×10^{-2}mm	2.25×10^{-2}mm	2.78×10^{-5}rad	1.37×10^{-5}rad	3.77×10^{-5}rad
	相对误差	0%	0%	0%	0.36%	0%	0.27%

上述对比结果证明了平面二自由度串联机器人解析静刚度模型的正确性，其可替代 ANSYS 软件的仿真结果。

5.2.2 算例 2：平面三自由度串联机器人的静刚度建模与验证

1. 平面三自由度串联机器人的整体刚度矩阵

图 5.5(a)为平面三自由度串联机器人的三维模型，杆件 1、杆件 2 和杆件 3 通过转动驱动关节分别与基座、杆件 1 和杆件 2 相连。定坐标系 $O\text{-}xyz$ 固定在基座上，杆件坐标系 $A_i\text{-}x_iy_iz_i$ 则分别固定在各杆件的转动关节点上，其中点 O 和点 A_1 重合。在四个坐标系中，z 轴和 z_1 轴重合，x_i 轴沿着杆件 i 的轴线方向。如

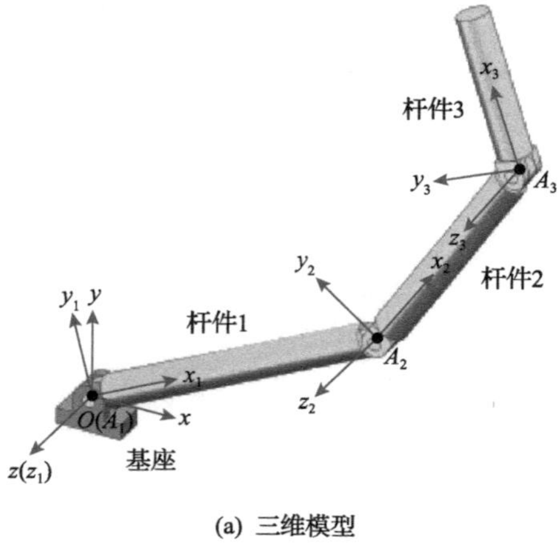

(a) 三维模型

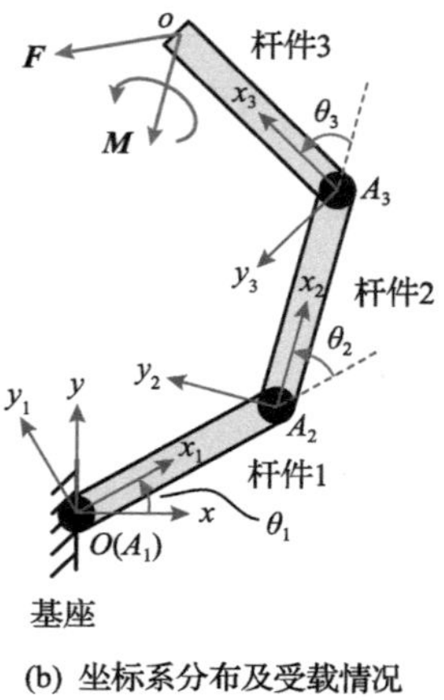

(b) 坐标系分布及受载情况

图 5.5 平面三自由度串联机器人

图 5.5(b)所示，杆件 1 绕 z_1 轴转动，轴 x 到轴 x_1 的旋转角度为 θ_1，杆件 1 的长度为 l_1；杆件 2 绕 z_2 轴转动，轴 x_1 到轴 x_2 的旋转角度为 θ_2，杆件 2 的长度为 l_2；杆件 3 绕 z_3 轴转动，轴 x_2 到轴 x_3 的旋转角度为 θ_3，杆件 3 的长度为 l_3。

类似于 5.2.1 节中平面二自由度串联机器人的建模过程，首先根据定坐标系 $O\text{-}xyz$ 和三个杆件坐标系 $A_i\text{-}x_iy_iz_i$ 之间的转换关系，可得到在各杆件坐标系下，作用于点 o 的外部载荷 $\boldsymbol{W}$ 在各杆件末端点的等效情况，分别为

$$\boldsymbol{W}_{l_1}=\begin{bmatrix}\boldsymbol{F}_{l_1}\\ \boldsymbol{M}_{l_1}\end{bmatrix}=\begin{bmatrix}F_{x_1}\\ F_{y_1}\\ F_{z_1}\\ M_{x_1}\\ M_{y_1}\\ M_{z_1}\end{bmatrix}=\begin{bmatrix}{}^{A_1}\boldsymbol{R}_O & \boldsymbol{0}\\ {}^{A_1}\boldsymbol{R}_O\boldsymbol{S}\left({}^{O}\boldsymbol{p}_{A_2o}\right) & {}^{A_1}\boldsymbol{R}_O\end{bmatrix}\begin{bmatrix}\boldsymbol{F}\\ \boldsymbol{M}\end{bmatrix}\tag{5.20}$$

$$\boldsymbol{W}_{l_2}=\begin{bmatrix}\boldsymbol{F}_{l_2}\\ \boldsymbol{M}_{l_2}\end{bmatrix}=\begin{bmatrix}F_{x_2}\\ F_{y_2}\\ F_{z_2}\\ M_{x_2}\\ M_{y_2}\\ M_{z_2}\end{bmatrix}=\begin{bmatrix}{}^{A_2}\boldsymbol{R}_O & \boldsymbol{0}\\ {}^{A_2}\boldsymbol{R}_O\boldsymbol{S}\left({}^{O}\boldsymbol{p}_{A_3o}\right) & {}^{A_2}\boldsymbol{R}_O\end{bmatrix}\begin{bmatrix}\boldsymbol{F}\\ \boldsymbol{M}\end{bmatrix}\tag{5.21}$$

和

$$\boldsymbol{W}_{l_3}=\begin{bmatrix}\boldsymbol{F}_{l_3}\\ \boldsymbol{M}_{l_3}\end{bmatrix}=\begin{bmatrix}F_{x_3}\\ F_{y_3}\\ F_{z_3}\\ M_{x_3}\\ M_{y_3}\\ M_{z_3}\end{bmatrix}=\begin{bmatrix}{}^{A_3}\boldsymbol{R}_O & \boldsymbol{0}\\ \boldsymbol{0} & {}^{A_3}\boldsymbol{R}_O\end{bmatrix}\begin{bmatrix}\boldsymbol{F}\\ \boldsymbol{M}\end{bmatrix}\tag{5.22}$$

式中，旋转矩阵 ${}^{A_1}\boldsymbol{R}_O=\begin{bmatrix}\mathrm{c}_{\theta_1} & \mathrm{s}_{\theta_1} & 0\\ -\mathrm{s}_{\theta_1} & \mathrm{c}_{\theta_1} & 0\\ 0 & 0 & 1\end{bmatrix}$，${}^{A_2}\boldsymbol{R}_O=\begin{bmatrix}\mathrm{c}_{\theta_1}\mathrm{c}_{\theta_2}-\mathrm{s}_{\theta_1}\mathrm{s}_{\theta_2} & \mathrm{c}_{\theta_1}\mathrm{s}_{\theta_2}+\mathrm{s}_{\theta_1}\mathrm{c}_{\theta_2} & 0\\ -\mathrm{c}_{\theta_1}\mathrm{s}_{\theta_2}-\mathrm{s}_{\theta_1}\mathrm{c}_{\theta_2} & \mathrm{c}_{\theta_1}\mathrm{c}_{\theta_2}-\mathrm{s}_{\theta_1}\mathrm{s}_{\theta_2} & 0\\ 0 & 0 & 1\end{bmatrix}$，

$$ {}^{A_3}\boldsymbol{R}_O=\begin{bmatrix} c_{\theta_1}c_{\theta_2}c_{\theta_3}-c_{\theta_1}s_{\theta_2}s_{\theta_3}-s_{\theta_1}c_{\theta_2}s_{\theta_3}-s_{\theta_1}s_{\theta_2}c_{\theta_3} & c_{\theta_1}c_{\theta_2}s_{\theta_3}+c_{\theta_1}s_{\theta_2}c_{\theta_3}+s_{\theta_1}c_{\theta_2}c_{\theta_3}-s_{\theta_1}s_{\theta_2}s_{\theta_3} & 0 \\ -c_{\theta_1}c_{\theta_2}s_{\theta_3}-c_{\theta_1}s_{\theta_2}c_{\theta_3}-s_{\theta_1}c_{\theta_2}c_{\theta_3}+s_{\theta_1}s_{\theta_2}s_{\theta_3} & c_{\theta_1}c_{\theta_2}c_{\theta_3}-c_{\theta_1}s_{\theta_2}s_{\theta_3}-s_{\theta_1}c_{\theta_2}s_{\theta_3}-s_{\theta_1}s_{\theta_2}c_{\theta_3} & 0 \\ 0 & 0 & 1 \end{bmatrix}; $$

位置矢量 $ {}^{O}\boldsymbol{p}_{A_2o}=\begin{bmatrix} c_{\theta_1}c_{\theta_2}l_2-s_{\theta_1}s_{\theta_2}l_2+c_{\theta_1}c_{\theta_2}c_{\theta_3}l_3-c_{\theta_1}s_{\theta_2}s_{\theta_3}l_3-s_{\theta_1}c_{\theta_2}s_{\theta_3}l_3-s_{\theta_1}s_{\theta_2}c_{\theta_3}l_3 \\ c_{\theta_1}s_{\theta_2}l_2+s_{\theta_1}c_{\theta_2}l_2+c_{\theta_1}c_{\theta_2}s_{\theta_3}l_3+c_{\theta_1}s_{\theta_2}c_{\theta_3}l_3+s_{\theta_1}c_{\theta_2}c_{\theta_3}l_3-s_{\theta_1}s_{\theta_2}s_{\theta_3}l_3 \\ 0 \end{bmatrix} $，

$$ {}^{O}\boldsymbol{p}_{A_3o}=\begin{bmatrix} c_{\theta_1}c_{\theta_2}c_{\theta_3}l_3-c_{\theta_1}s_{\theta_2}s_{\theta_3}l_3-s_{\theta_1}c_{\theta_2}s_{\theta_3}l_3-s_{\theta_1}s_{\theta_2}c_{\theta_3}l_3 \\ c_{\theta_1}c_{\theta_2}s_{\theta_3}l_3+c_{\theta_1}s_{\theta_2}c_{\theta_3}l_3+s_{\theta_1}c_{\theta_2}c_{\theta_3}l_3-s_{\theta_1}s_{\theta_2}s_{\theta_3}l_3 \\ 0 \end{bmatrix}。 $$

根据上述局部载荷$\boldsymbol{W}_{l_1}$、$\boldsymbol{W}_{l_2}$和$\boldsymbol{W}_{l_3}$，即可确定在杆件坐标系下，各杆件中任意横截面处的内力/内力偶$\left(f_{x_i}, f_{y_i}, f_{z_i}, m_{x_i}, m_{y_i}, m_{z_i}\right)^{\mathrm{T}}$，进而可计算得到杆件 1、杆件 2 和杆件 3 的应变能为

$$ U_i=\int_0^{l_i}\left(\frac{f_{x_i}^2}{2E_{l_i}A_{l_i}}+\frac{f_{y_i}^2}{2G_{l_i}A_{l_iy}}+\frac{f_{z_i}^2}{2G_{l_i}A_{l_iz}}+\frac{m_{x_i}^2}{2G_{l_i}J_{l_i}}+\frac{m_{y_i}^2}{2E_{l_i}I_{l_iy}}+\frac{m_{z_i}^2}{2E_{l_i}I_{l_iz}}\right)\mathrm{d}v_i,\quad i=1,2,3 \tag{5.23} $$

式中，v_i表示各杆件中选定横截面到杆件末端点的距离。

通过对各杆件应变能求和，可以确定该平面三自由度串联机器人的总应变能U。接着，根据卡氏第二定理，可得到机器人末端沿着外部载荷$\boldsymbol{W}$六个分量方向的弹性变形矢量表达式$\boldsymbol{\delta}$，进而可确定6×6的整体柔度矩阵$\boldsymbol{C}$和刚度矩阵$\boldsymbol{K}$。

2. 理论刚度模型和有限元模型的对比结果

类似于 5.2.1 节中平面二自由度串联机器人刚度模型的验证过程，本节也通过有限元法对比验证平面三自由度串联机器人理论刚度模型的正确性。表 5.7 和表 5.8 分别列出了平面三自由度串联机器人的杆件尺寸和材料参数，以及位形和外部载荷不同的三个示例。在该串联机器人中，转动杆件的横截面也设为相同大小的圆截面，即$A_{l_1}=A_{l_2}=A_{l_3}=A$，并且各杆件的弹性模量和剪切模量相同，即$E_{l_1}=E_{l_2}=E_{l_3}=E$和$G_{l_1}=G_{l_2}=G_{l_3}=G$。通过 ANSYS 软件仿真，可得到平面三自由度串联机器人三个示例的线性变形和角度变形结果，表 5.9 列出了机器人末端点o变形情况的理论结果和仿真结果。对比发现，理论结果和仿真结果基本一致，三个示例中所有变形的相对误差均不超过 0.64%。

上述对比结果证明了平面三自由度串联机器人解析静刚度模型的正确性，其可替代 ANSYS 软件的仿真结果。

表 5.7　平面三自由度串联机器人的杆件尺寸和材料参数

参数	数值
l_1/mm	1000
l_2/mm	800
l_3/mm	500
d/mm	100
A/mm^2	7853.98
E/GPa	210
G/GPa	80
$\theta_1,\theta_2,\theta_3$/rad	0～π

表 5.8　平面三自由度串联机器人的三个示例

参数	示例 1	示例 2	示例 3
θ_1/rad	0	0	π/6
θ_2/rad	π/2	π/2	π/4
θ_3/rad	π/2	π/2	π/3
F_x/N	100	2	2
F_y/N	0	10	10
F_z/N	0	15	15
M_x/(N·m)	0	2	2
M_y/(N·m)	0	11	11
M_z/(N·m)	0	19	19

表 5.9　平面三自由度串联机器人理论结果和仿真结果的变形对比

示例	参数	沿 x 轴的线性变形	沿 y 轴的线性变形	沿 z 轴的线性变形	绕 x 轴的角度变形	绕 y 轴的角度变形	绕 z 轴的角度变形
1	理论结果	7.88×10^{-2}mm	1.55×10^{-2}mm	0mm	0rad	0rad	-1.09×10^{-4}rad
	仿真结果	7.90×10^{-2}mm	1.56×10^{-2}mm	-4.50×10^{-18}mm	3.65×10^{-31}rad	-5.37×10^{-19}rad	-1.09×10^{-4}rad
	相对误差	0.25%	0.64%	—	—	—	0%
2	理论结果	-1.75×10^{-2}mm	-6.18×10^{-3}mm	3.00×10^{-2}mm	2.53×10^{-5}rad	3.67×10^{-5}rad	3.51×10^{-5}rad
	仿真结果	-1.75×10^{-2}mm	-6.19×10^{-3}mm	3.01×10^{-2}mm	2.54×10^{-5}rad	3.67×10^{-5}rad	3.52×10^{-5}rad
	相对误差	0%	0.16%	0.33%	0.39%	0%	0.28%
3	理论结果	-3.59×10^{-2}mm	1.58×10^{-3}mm	5.15×10^{-2}mm	4.08×10^{-5}rad	3.29×10^{-5}rad	3.84×10^{-5}rad
	仿真结果	-3.59×10^{-2}mm	1.58×10^{-3}mm	5.16×10^{-2}mm	4.09×10^{-5}rad	3.29×10^{-5}rad	3.85×10^{-5}rad
	相对误差	0%	0%	0.19%	0.24%	0%	0.26%

5.2.3　算例 3：空间三自由度串联机器人的静刚度建模与验证

1. 空间三自由度串联机器人的整体刚度矩阵

图 5.6(a)为空间三自由度串联机器人的三维模型，杆件 1、杆件 2 和杆件 3 通过转动驱动关节分别与基座、杆件 1 和杆件 2 相连。定坐标系 $O\text{-}xyz$ 固定在基座上，杆件坐标系 $A_i\text{-}x_i y_i z_i$ 则分别固定在各杆件的转动关节点上，其中点 O 和点 A_1 重合。在四个坐标系中，z 轴和 z_1 轴重合，z_1 轴沿着杆件 1 的轴线方向，x_2 轴和 x_3 轴则分别沿着杆件 2 和杆件 3 的轴线方向。如图 5.6(b)所示，杆件 1 绕 z_1 轴转动，轴 x 到轴 x_1 的旋转角度为 θ_1，杆件 1 的长度为 l_1；杆件 2 绕 z_2 轴转动，xOy 平面与轴 x_2 的夹角为 θ_2，杆件 2 的长度为 l_2；杆件 3 绕 z_3 轴转动，轴 x_2 到轴 x_3 的旋转角度为 θ_3，杆件 3 的长度为 l_3。

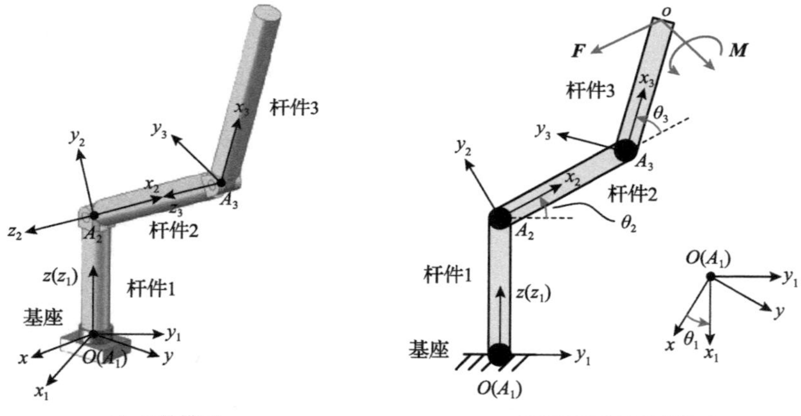

(a) 三维模型　　(b) 坐标系分布及受载情况

图 5.6　空间三自由度串联机器人

类似于 5.2.2 节中的平面三自由度串联机器人建模过程，首先根据定坐标系 $O\text{-}xyz$ 和三个杆件坐标系 $A_i\text{-}x_i y_i z_i$ 之间的转换关系，可得到在各杆件坐标系下，作用于点 o 的外部载荷 $\boldsymbol{W}$ 在各杆件末端点的等效情况，分别为

$$\boldsymbol{W}_{l_1}=\begin{bmatrix}\boldsymbol{F}_{l_1}\\ \boldsymbol{M}_{l_1}\end{bmatrix}=\begin{bmatrix}F_{x_1}\\ F_{y_1}\\ F_{z_1}\\ M_{x_1}\\ M_{y_1}\\ M_{z_1}\end{bmatrix}=\begin{bmatrix}{}^{A_1}\boldsymbol{R}_O & \boldsymbol{0}\\ {}^{A_1}\boldsymbol{R}_O\boldsymbol{S}\left({}^{O}\boldsymbol{p}_{A_2 o}\right) & {}^{A_1}\boldsymbol{R}_O\end{bmatrix}\begin{bmatrix}\boldsymbol{F}\\ \boldsymbol{M}\end{bmatrix} \tag{5.24}$$

$$\boldsymbol{W}_{l_2}=\begin{bmatrix}\boldsymbol{F}_{l_2}\\\boldsymbol{M}_{l_2}\end{bmatrix}=\begin{bmatrix}F_{x_2}\\F_{y_2}\\F_{z_2}\\M_{x_2}\\M_{y_2}\\M_{z_2}\end{bmatrix}=\begin{bmatrix}{}^{A_2}\boldsymbol{R}_O & \boldsymbol{0}\\{}^{A_2}\boldsymbol{R}_O\boldsymbol{S}\left({}^{O}\boldsymbol{p}_{A_3o}\right) & {}^{A_2}\boldsymbol{R}_O\end{bmatrix}\begin{bmatrix}\boldsymbol{F}\\\boldsymbol{M}\end{bmatrix}\tag{5.25}$$

和

$$\boldsymbol{W}_{l_3}=\begin{bmatrix}\boldsymbol{F}_{l_3}\\\boldsymbol{M}_{l_3}\end{bmatrix}=\begin{bmatrix}F_{x_3}\\F_{y_3}\\F_{z_3}\\M_{x_3}\\M_{y_3}\\M_{z_3}\end{bmatrix}=\begin{bmatrix}{}^{A_3}\boldsymbol{R}_O & \boldsymbol{0}\\\boldsymbol{0} & {}^{A_3}\boldsymbol{R}_O\end{bmatrix}\begin{bmatrix}\boldsymbol{F}\\\boldsymbol{M}\end{bmatrix}\tag{5.26}$$

式中，旋转矩阵 ${}^{A_1}\boldsymbol{R}_O=\begin{bmatrix}\mathrm{c}_{\theta_1} & \mathrm{s}_{\theta_1} & 0\\-\mathrm{s}_{\theta_1} & \mathrm{c}_{\theta_1} & 0\\0 & 0 & 1\end{bmatrix}$，${}^{A_2}\boldsymbol{R}_O=\begin{bmatrix}-\mathrm{s}_{\theta_1}\mathrm{c}_{\theta_2} & \mathrm{c}_{\theta_1}\mathrm{c}_{\theta_2} & \mathrm{s}_{\theta_2}\\\mathrm{s}_{\theta_1}\mathrm{s}_{\theta_2} & -\mathrm{c}_{\theta_1}\mathrm{s}_{\theta_2} & \mathrm{c}_{\theta_2}\\\mathrm{c}_{\theta_1} & \mathrm{s}_{\theta_1} & 0\end{bmatrix}$，

${}^{A_3}\boldsymbol{R}_O=\begin{bmatrix}-\mathrm{s}_{\theta_1}\mathrm{c}_{\theta_2}\mathrm{c}_{\theta_3}+\mathrm{s}_{\theta_1}\mathrm{s}_{\theta_2}\mathrm{s}_{\theta_3} & \mathrm{c}_{\theta_1}\mathrm{c}_{\theta_2}\mathrm{c}_{\theta_3}-\mathrm{c}_{\theta_1}\mathrm{s}_{\theta_2}\mathrm{s}_{\theta_3} & \mathrm{c}_{\theta_2}\mathrm{s}_{\theta_3}+\mathrm{s}_{\theta_2}\mathrm{c}_{\theta_3}\\\mathrm{s}_{\theta_1}\mathrm{c}_{\theta_2}\mathrm{s}_{\theta_3}+\mathrm{s}_{\theta_1}\mathrm{s}_{\theta_2}\mathrm{c}_{\theta_3} & -\mathrm{c}_{\theta_1}\mathrm{c}_{\theta_2}\mathrm{s}_{\theta_3}-\mathrm{c}_{\theta_1}\mathrm{s}_{\theta_2}\mathrm{c}_{\theta_3} & \mathrm{c}_{\theta_2}\mathrm{c}_{\theta_3}-\mathrm{s}_{\theta_2}\mathrm{s}_{\theta_3}\\\mathrm{c}_{\theta_1} & \mathrm{s}_{\theta_1} & 0\end{bmatrix}$；位置矢量

${}^{O}\boldsymbol{p}_{A_2o}=\begin{bmatrix}-\mathrm{s}_{\theta_1}\mathrm{c}_{\theta_2}l_2-\mathrm{s}_{\theta_1}\mathrm{c}_{\theta_2}\mathrm{c}_{\theta_3}l_3+\mathrm{s}_{\theta_1}\mathrm{s}_{\theta_2}\mathrm{s}_{\theta_3}l_3\\\mathrm{c}_{\theta_1}\mathrm{c}_{\theta_2}l_2+\mathrm{c}_{\theta_1}\mathrm{c}_{\theta_2}\mathrm{c}_{\theta_3}l_3-\mathrm{c}_{\theta_1}\mathrm{s}_{\theta_2}\mathrm{s}_{\theta_3}l_3\\\mathrm{s}_{\theta_2}l_2+\mathrm{c}_{\theta_2}\mathrm{s}_{\theta_3}l_3+\mathrm{s}_{\theta_2}\mathrm{c}_{\theta_3}l_3\end{bmatrix}$，${}^{O}\boldsymbol{p}_{A_3o}=\begin{bmatrix}-\mathrm{s}_{\theta_1}\mathrm{c}_{\theta_2}\mathrm{c}_{\theta_3}l_3+\mathrm{s}_{\theta_1}\mathrm{s}_{\theta_2}\mathrm{s}_{\theta_3}l_3\\\mathrm{c}_{\theta_1}\mathrm{c}_{\theta_2}\mathrm{c}_{\theta_3}l_3-\mathrm{c}_{\theta_1}\mathrm{s}_{\theta_2}\mathrm{s}_{\theta_3}l_3\\\mathrm{c}_{\theta_2}\mathrm{s}_{\theta_3}l_3+\mathrm{s}_{\theta_2}\mathrm{c}_{\theta_3}l_3\end{bmatrix}$。

根据上述的局部载荷 $\boldsymbol{W}_{l_1}$、$\boldsymbol{W}_{l_2}$ 和 $\boldsymbol{W}_{l_3}$，即可确定在杆件坐标系下，各杆件中任意横截面处的内力/内力偶 $\left(f_{x_i}, f_{y_i}, f_{z_i}, m_{x_i}, m_{y_i}, m_{z_i}\right)^{\mathrm{T}}$，进而可计算得到杆件 1、杆件 2 和杆件 3 的应变能分别为

$$U_1=\int_0^{l_1}\left(\frac{f_{x_1}^2}{2G_{l_1}A_{l_1x}}+\frac{f_{y_1}^2}{2G_{l_1}A_{l_1y}}+\frac{f_{z_1}^2}{2E_{l_1}A_{l_1}}+\frac{m_{x_1}^2}{2E_{l_1}I_{l_1x}}+\frac{m_{y_1}^2}{2E_{l_1}I_{l_1y}}+\frac{m_{z_1}^2}{2G_{l_1}J_{l_1}}\right)\mathrm{d}v_1\tag{5.27}$$

和

$$U_i=\int_0^{l_i}\left(\frac{f_{x_i}^2}{2E_{l_i}A_{l_i}}+\frac{f_{y_i}^2}{2G_{l_i}A_{l_iy}}+\frac{f_{z_i}^2}{2G_{l_i}A_{l_iz}}+\frac{m_{x_i}^2}{2G_{l_i}J_{l_i}}+\frac{m_{y_i}^2}{2E_{l_i}I_{l_iy}}+\frac{m_{z_i}^2}{2E_{l_i}I_{l_iz}}\right)\mathrm{d}v_i,\quad i=2,3 \tag{5.28}$$

式中，v_i表示各杆件中选定横截面到杆件末端点的距离。

通过对各杆件应变能求和，可以确定该空间三自由度串联机器人的总应变能U。接着，根据卡氏第二定理，可得到机器人末端沿着外部载荷$\boldsymbol{W}$六个分量方向的弹性变形矢量表达式$\boldsymbol{\delta}$，进而可确定6×6的整体柔度矩阵$\boldsymbol{C}$和刚度矩阵$\boldsymbol{K}$。

2. 理论刚度模型和有限元模型的对比结果

类似于5.2.2节中平面三自由度串联机器人刚度模型的验证过程，本节也通过有限元法来对比验证空间三自由度串联机器人理论刚度模型的正确性。表5.10和表5.11分别列出了空间三自由度串联机器人的杆件尺寸和材料参数，以及位形和外部载荷不同的三个示例。在该串联机器人中，转动杆件的横截面也设为相同大小的圆截面，即$A_{l_1}=A_{l_2}=A_{l_3}=A$，并且各杆件的弹性模量和剪切模量相同，即$E_{l_1}=E_{l_2}=E_{l_3}=E$和$G_{l_1}=G_{l_2}=G_{l_3}=G$。通过ANSYS软件仿真，可得到空间三自由度串联机器人三个示例的线性变形和角度变形结果，表5.12列出了机器人末端点o变形情况的理论结果和仿真结果。通过对比发现，理论结果和仿真结果基本一致，三个示例中所有变形的相对误差均不超过1.15%。

表5.10　空间三自由度串联机器人的杆件尺寸和材料参数

参数	数值
l_1/mm	500
l_2/mm	800
l_3/mm	500
d/mm	100
A/mm^2	7853.98
E/GPa	210
G/GPa	80
θ_1/rad	0～2π
θ_2,θ_3/rad	0～π

表 5.11　空间三自由度串联机器人的三个示例

参数	示例 1	示例 2	示例 3
θ_1/rad	0	0	π/6
θ_2/rad	π/2	π/2	π/4
θ_3/rad	π/2	π/2	π/3
F_x/N	100	2	2
F_y/N	0	10	10
F_z/N	0	15	15
M_x/(N·m)	0	2	2
M_y/(N·m)	0	11	11
M_z/(N·m)	0	19	19

表 5.12　空间三自由度串联机器人理论结果和仿真结果的变形对比

示例	参数	沿 x 轴的线性变形	沿 y 轴的线性变形	沿 z 轴的线性变形	绕 x 轴的角度变形	绕 y 轴的角度变形	绕 z 轴的角度变形
1	理论结果	1.94×10^{-1}mm	0mm	0mm	0rad	8.20×10^{-5}rad	1.63×10^{-4}rad
	仿真结果	1.94×10^{-1}mm	0mm	0mm	0rad	8.21×10^{-5}rad	1.64×10^{-4}rad
	相对误差	0%	—	—	—	0.12%	0.61%
2	理论结果	4.40×10^{-2}mm	1.53×10^{-2}mm	1.85×10^{-2}mm	-2.39×10^{-5}rad	2.67×10^{-5}rad	4.95×10^{-5}rad
	仿真结果	4.40×10^{-2}mm	1.54×10^{-2}mm	1.86×10^{-2}mm	-2.40×10^{-5}rad	2.68×10^{-5}rad	4.96×10^{-5}rad
	相对误差	0%	0.65%	0.54%	0.42%	0.37%	0.20%
3	理论结果	2.85×10^{-2}mm	1.53×10^{-2}mm	1.72×10^{-4}mm	-1.44×10^{-5}rad	3.00×10^{-5}rad	4.81×10^{-5}rad
	仿真结果	2.86×10^{-2}mm	1.54×10^{-2}mm	1.74×10^{-4}mm	-1.44×10^{-5}rad	3.01×10^{-5}rad	4.82×10^{-5}rad
	相对误差	0.35%	0.65%	1.15%	0%	0.33%	0.21%

上述对比结果证明了空间三自由度串联机器人解析静刚度模型的正确性，其可替代 ANSYS 软件的仿真结果。

通过多个串联机器人的解析静刚度建模分析和验证，证明了所提几何代数静刚度建模方法在串联机器人刚度建模上的正确性，且具有推导简单、计算方便、精度高等优点。

5.3　并联机器人的解析静刚度建模方法

并联机器人的一般性受力示意图如图 5.7 所示，其定平台和动平台通过 n 条

运动分支 A_iB_i 相连接，设每条运动分支中仅含一个驱动关节。在每条分支中，关节点 A_i 与定平台相连接，关节点 B_i 则始终与动平台相连接。定平台的定坐标系为 $O\text{-}xyz$，动平台的动坐标系为 $o\text{-}uvw$，$\boldsymbol{W}=\left(\boldsymbol{F}^{\mathrm{T}},\ \boldsymbol{M}^{\mathrm{T}}\right)^{\mathrm{T}}$ 为作用于动坐标系原点 o 的 6×1 外部载荷矢量，其中 $\boldsymbol{F}=\left(F_x,\ F_y,\ F_z\right)^{\mathrm{T}}$ 和 $\boldsymbol{M}=\left(M_x,\ M_y,\ M_z\right)^{\mathrm{T}}$ 分别为施加的力矢量和力偶矢量。

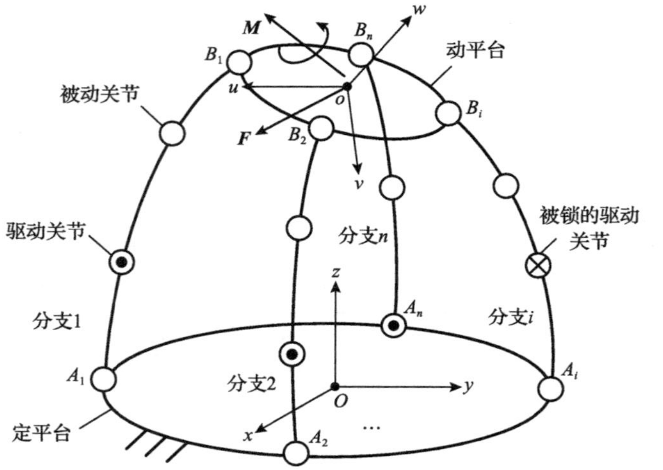

图 5.7　并联机器人的一般性受力示意图

在构建并联机器人的解析静刚度模型前，需先进行如下几点假设[28-32]：

(1) 考虑并联机器人杆件的柔性，包括弯曲、剪切、拉伸/压缩和扭转变形；

(2) 并联机器人中的定平台、动平台和所有运动关节均被认为是刚体，且不考虑关节间隙和变形的影响；

(3) 忽略并联机器人中各部件重力和摩擦力对机器人整体刚度的影响。

5.3.1　并联机器人解析静刚度建模流程

基于 6 维几何代数 $\mathcal{G}_6$ 和应变能方法，并联机器人解析静刚度建模流程如图 5.8 所示，具体步骤如下：

(1) 利用 6 维几何代数 $\mathcal{G}_6$ 中运动空间和约束空间的正交补关系，通过对偶和直射变换推导确定运动分支 i 中作用于动平台的约束力/驱动力螺旋的解析表达式。

(2) 运用应变能方法，确定运动分支 i 中应变能 $U_i=f\left(\boldsymbol{f}_i,\ \boldsymbol{m}_i\right)$ 的解析表达式。

(3) 采用卡氏第二定理，确定运动分支 i 中沿着各力/力偶方向的弹性变形矢量 $\boldsymbol{\delta}_i$。

(4) 根据弹性变形矢量 $\boldsymbol{\delta}_i$ 和力/力偶 $\left(\boldsymbol{f}_i,\ \boldsymbol{m}_i\right)$ 之间的关系，推导运动分支 i 的柔

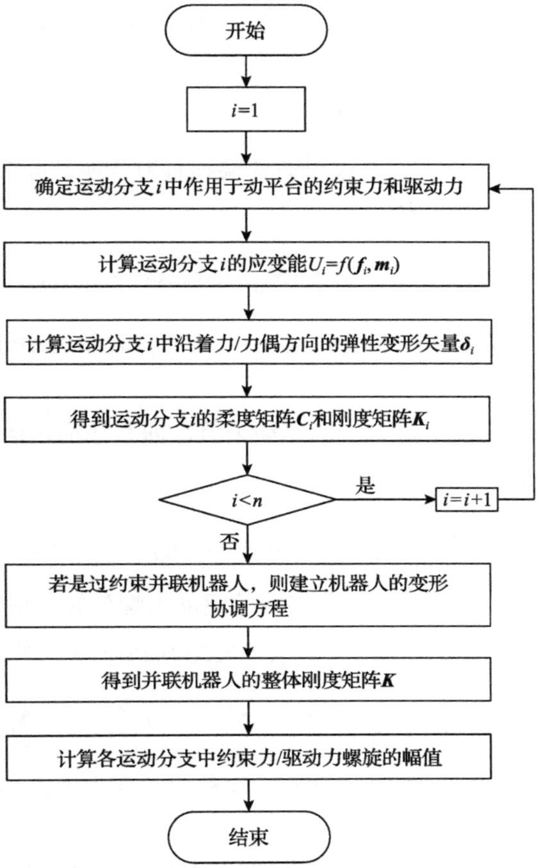

图 5.8　并联机器人解析静刚度建模流程图

度矩阵 $\boldsymbol{C}_i$ 和相应的刚度矩阵 $\boldsymbol{K}_i$。判断是否已确定所有运动分支的柔度矩阵和刚度矩阵，若 $i<n$，则 $i=i+1$ 且跳至步骤(1)；若 $i=n$，则转至步骤(5)。

(5)分析并联机器人各运动分支和动平台间的微小变形关系。对于过约束并联机器人，还需建立其相应的变形协调方程。

(6)结合各分支的刚度矩阵和变形协调方程，确定并联机器人的整体刚度矩阵 $\boldsymbol{K}$。

(7)在上述步骤基础上，进一步计算确定各运动分支中约束力/驱动力螺旋的幅值。

5.3.2　运动分支约束力/驱动力的推导流程

本节通过 6 维几何代数 $\mathcal{G}_6$ 确定并联机器人中运动分支约束力/驱动力螺旋的解析表达式，以便用于后续运动分支及整体机器人的解析静刚度建模。首先，假设运

动分支 i 中含 h_i 个运动螺旋 $\boldsymbol{S}_{i,1}, \boldsymbol{S}_{i,2}, \cdots, \boldsymbol{S}_{i,h_i}$ ，则运动分支 i 的运动子空间 $\boldsymbol{S}_{m_i}$ 可表示为

$$\boldsymbol{S}_{m_i} = \boldsymbol{S}_{i,1} \wedge \boldsymbol{S}_{i,2} \wedge \cdots \wedge \boldsymbol{S}_{i,h_i} \tag{5.29}$$

根据式(2.46)和式(2.47)，通过对偶变换和直射变换，可求得运动分支 i 中由约束力螺旋所张成的子空间 $\boldsymbol{D}_{C_i}$ 为

$$\boldsymbol{D}_{C_i} = \Delta\left(\boldsymbol{S}_{m_i}\boldsymbol{I}_6^{-1}\right) = \boldsymbol{S}_{i,1}^C \wedge \boldsymbol{S}_{i,2}^C \wedge \cdots \wedge \boldsymbol{S}_{i,6-h_i}^C \tag{5.30}$$

式中，Δ 表示直射变换算子；$\boldsymbol{S}_{i,j}^C (j=1,2,\cdots,6-h_i)$ 表示运动分支 i 中的第 j 个约束力螺旋。

接着，通过锁住运动分支 i 中的驱动关节，即锁住输入运动螺旋 $\boldsymbol{S}_{i,F}$ ，根据式(2.41)即可得到运动分支 i 的降阶运动子空间 $\overline{\boldsymbol{S}}_{m_i}$ [16]为

$$\overline{\boldsymbol{S}}_{m_i} = \boldsymbol{S}_{i,1} \wedge \boldsymbol{S}_{i,2} \wedge \cdots \wedge \boldsymbol{S}_{i,F-1} \wedge \boldsymbol{S}_{i,F+1} \wedge \cdots \wedge \boldsymbol{S}_{i,h_i} \tag{5.31}$$

由于锁住输入运动螺旋后，该分支中的驱动力螺旋转变成约束力螺旋，此时运动分支 i 的约束子空间 $\overline{\boldsymbol{D}}_{C_i}$ 由原有的约束力螺旋和驱动力螺旋共同张成，即

$$\overline{\boldsymbol{D}}_{C_i} = \Delta\left(\overline{\boldsymbol{S}}_{m_i}\boldsymbol{I}_6^{-1}\right) = \boldsymbol{S}_{i,1}^C \wedge \boldsymbol{S}_{i,2}^C \wedge \cdots \wedge \boldsymbol{S}_{i,6-h_i}^C \wedge \boldsymbol{S}_i^T \tag{5.32}$$

式中，$\boldsymbol{S}_i^T$ 表示运动分支 i 的驱动力螺旋，也称为传递力螺旋(transmission wrench screw，TWS)[14,33]。

根据上述步骤，即可得到不同并联机器人中各运动分支约束力/驱动力螺旋的解析表达式。可以发现，该方法和螺旋理论法[23,34,35]相似，然而两种方法之间存在本质上的不同。基于 6 维几何代数 $\mathcal{G}_6$ ，可得到并联机器人中约束子空间的解析表达式，计算过程中仅涉及加法和乘法。相反地，螺旋理论法需通过求解大量的线性方程组来确定并联机器人中约束螺旋的解析表达式，虽然这在数值求解上是容易的，但在符号求解上却相当复杂。对于一些结构复杂的并联机器人，运用螺旋理论法还会出现无法求得机器人一般位形下约束螺旋解析表达式的情况。因此，基于几何代数推导并联机器人中约束力/驱动力螺旋的解析表达式是更好的选择，不仅避免了复杂的线性方程组，而且提高了计算效率。

5.3.3 运动分支解析刚度矩阵

基于 5.3.2 节所提出的运动分支约束力/驱动力解析表达式推导方法，本节将详述运动分支解析刚度矩阵的建立方法。为方便计算，首先在运动分支 i 的 B_i 点建立分支坐标系 B_i-$x_iy_iz_i$ ，并将分支 i 中的各个力/力偶表示在该分支坐标系中，

如图 5.9 所示。

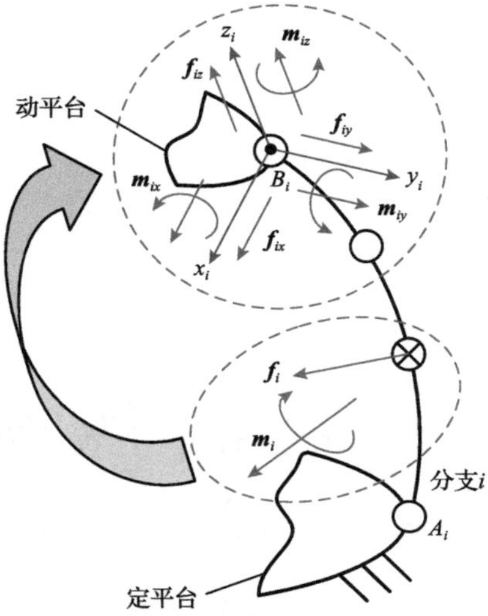

图 5.9　运动分支 i 中约束力和驱动力在分支坐标系下的投影情况

假设分支 i 中共有 $6-h_i+1$ 个约束力螺旋和驱动力螺旋，分别为 a 个力 $f_{ij}\boldsymbol{S}_{i,j}^{C'_f}$（$j$=1, 2,⋯, a）和 b 个力偶 $m_{ij}\boldsymbol{S}_{i,j}^{C'_m}$（$j$=1, 2,⋯, b），其中 f_{ij} 和 m_{ij} 分别为力和力偶的幅值。综上，式(5.32)可改写为

$$
\begin{aligned}
\bar{\boldsymbol{D}}'_{C_i} &= \Delta\left(\bar{\boldsymbol{S}}'_{m_i}\boldsymbol{I}_6^{-1}\right) = f_{i1}\boldsymbol{S}_{i,1}^{C'_f} \wedge \cdots \wedge f_{ia}\boldsymbol{S}_{i,a}^{C'_f} \wedge m_{i1}\boldsymbol{S}_{i,1}^{C'_m} \wedge \cdots \wedge m_{ib}\boldsymbol{S}_{i,b}^{C'_m} \\
&= f_{i1}\left(p_{i1,1}^{C_f}\boldsymbol{e}_1 + p_{i1,2}^{C_f}\boldsymbol{e}_2 + p_{i1,3}^{C_f}\boldsymbol{e}_3 + b_{i1,1}^{C_f}\boldsymbol{e}_4 + b_{i1,2}^{C_f}\boldsymbol{e}_5 + b_{i1,3}^{C_f}\boldsymbol{e}_6\right) \\
&\quad \wedge \cdots \wedge f_{ia}\left(p_{ia,1}^{C_f}\boldsymbol{e}_1 + p_{ia,2}^{C_f}\boldsymbol{e}_2 + p_{ia,3}^{C_f}\boldsymbol{e}_3 + b_{ia,1}^{C_f}\boldsymbol{e}_4 + b_{ia,2}^{C_f}\boldsymbol{e}_5 + b_{ia,3}^{C_f}\boldsymbol{e}_6\right) \\
&\quad \wedge m_{i1}\left(b_{i1,1}^{C_m}\boldsymbol{e}_4 + b_{i1,2}^{C_m}\boldsymbol{e}_5 + b_{i1,3}^{C_m}\boldsymbol{e}_6\right) \wedge \cdots \wedge m_{ib}\left(b_{ib,1}^{C_m}\boldsymbol{e}_4 + b_{ib,2}^{C_m}\boldsymbol{e}_5 + b_{ib,3}^{C_m}\boldsymbol{e}_6\right) \\
&= \boldsymbol{f}_i \wedge \boldsymbol{m}_i
\end{aligned}
\tag{5.33}
$$

式中，$\boldsymbol{S}_{i,j}^{C'_f}$、$\boldsymbol{S}_{i,j}^{C'_m}$ 和 $\bar{\boldsymbol{S}}'_{m_i}$ 分别为力螺旋、力偶螺旋和降阶运动子空间在分支坐标系 B_i-$x_iy_iz_i$ 中的表达形式；$\bar{\boldsymbol{D}}'_{C_i}$ 为在分支坐标系 B_i-$x_iy_iz_i$ 下分支各个约束力螺旋和驱动力螺旋所张成的新约束子空间；$\boldsymbol{f}_i$ 和 $\boldsymbol{m}_i$ 分别为 a 阶片积的力空间和 b 阶片积的力偶空间。式(5.33)中的参数满足以下条件：$\left(p_{ij,1}^{C_f}\right)^2+\left(p_{ij,2}^{C_f}\right)^2+\left(p_{ij,3}^{C_f}\right)^2=1$，同时 $\left(b_{ij,1}^{C_m}\right)^2+\left(b_{ij,2}^{C_m}\right)^2+\left(b_{ij,3}^{C_m}\right)^2=1$。

如图 5.9 所示，可将 $\boldsymbol{f}_i$ 和 $\boldsymbol{m}_i$ 中的各个力/力偶投影到分支坐标系 B_i-$x_i y_i z_i$ 中，以便确定在各个坐标轴上的力/力偶投影。此时，分支 i 中任意横截面处的内力/内力偶可表示为

$$\begin{cases} f_{ix} = \sum_{j=1}^{a} f_{ij}\left(p_{ij,1}^{C_f}\boldsymbol{e}_1 + p_{ij,2}^{C_f}\boldsymbol{e}_2 + p_{ij,3}^{C_f}\boldsymbol{e}_3\right)\cdot\boldsymbol{e}_1 \\ f_{iy} = \sum_{j=1}^{a} f_{ij}\left(p_{ij,1}^{C_f}\boldsymbol{e}_1 + p_{ij,2}^{C_f}\boldsymbol{e}_2 + p_{ij,3}^{C_f}\boldsymbol{e}_3\right)\cdot\boldsymbol{e}_2 \\ f_{iz} = \sum_{j=1}^{a} f_{ij}\left(p_{ij,1}^{C_f}\boldsymbol{e}_1 + p_{ij,2}^{C_f}\boldsymbol{e}_2 + p_{ij,3}^{C_f}\boldsymbol{e}_3\right)\cdot\boldsymbol{e}_3 \\ m_{ix} = \sum_{j=1}^{a} v_i\boldsymbol{e}_3 \times f_{ij}\left(p_{ij,1}^{C_f}\boldsymbol{e}_1 + p_{ij,2}^{C_f}\boldsymbol{e}_2 + p_{ij,3}^{C_f}\boldsymbol{e}_3\right)\cdot\boldsymbol{e}_1 + \sum_{j=1}^{b} m_{ij}\left(b_{ij,1}^{C_m}\boldsymbol{e}_1 + b_{ij,2}^{C_m}\boldsymbol{e}_2 + b_{ij,3}^{C_m}\boldsymbol{e}_3\right)\cdot\boldsymbol{e}_1 \\ m_{iy} = \sum_{j=1}^{a} v_i\boldsymbol{e}_3 \times f_{ij}\left(p_{ij,1}^{C_f}\boldsymbol{e}_1 + p_{ij,2}^{C_f}\boldsymbol{e}_2 + p_{ij,3}^{C_f}\boldsymbol{e}_3\right)\cdot\boldsymbol{e}_2 + \sum_{j=1}^{b} m_{ij}\left(b_{ij,1}^{C_m}\boldsymbol{e}_1 + b_{ij,2}^{C_m}\boldsymbol{e}_2 + b_{ij,3}^{C_m}\boldsymbol{e}_3\right)\cdot\boldsymbol{e}_2 \\ m_{iz} = \sum_{j=1}^{a} v_i\boldsymbol{e}_3 \times f_{ij}\left(p_{ij,1}^{C_f}\boldsymbol{e}_1 + p_{ij,2}^{C_f}\boldsymbol{e}_2 + p_{ij,3}^{C_f}\boldsymbol{e}_3\right)\cdot\boldsymbol{e}_3 + \sum_{j=1}^{b} m_{ij}\left(b_{ij,1}^{C_m}\boldsymbol{e}_1 + b_{ij,2}^{C_m}\boldsymbol{e}_2 + b_{ij,3}^{C_m}\boldsymbol{e}_3\right)\cdot\boldsymbol{e}_3 \end{cases} \tag{5.34}$$

式中，f_{ix} 和 f_{iy} 表示横截面处剪切力的大小；f_{iz} 表示横截面处轴向力的大小；m_{ix} 和 m_{iy} 表示两个弯曲力偶；m_{iz} 表示横截面处的力偶；v_i 表示横截面到运动分支末端点的距离。

根据力学知识和式(5.34)，运动分支 i 的应变能可写为

$$U_i = \int_0^{l_i}\left(\frac{f_{ix}^2}{2G_{l_i}A_{l_i x}} + \frac{f_{iy}^2}{2G_{l_i}A_{l_i y}} + \frac{f_{iz}^2}{2E_{l_i}A_{l_i}} + \frac{m_{ix}^2}{2E_{l_i}I_{l_i x}} + \frac{m_{iy}^2}{2E_{l_i}I_{l_i y}} + \frac{m_{iz}^2}{2G_{l_i}J_{l_i}}\right)\mathrm{d}v_i \tag{5.35}$$

式中，l_i 表示运动分支 i 的长度；E_{l_i} 和 G_{l_i} 分别表示运动分支 i 的弹性模量和剪切模量；$A_{l_i x}$ 和 $A_{l_i y}$ 分别表示运动分支横截面沿着 x_i 轴和 y_i 轴的有效剪切面积；A_{l_i} 表示横截面的面积；$I_{l_i x}$ 和 $I_{l_i y}$ 分别表示关于 x_i 轴和 y_i 轴的横截面惯性矩；J_{l_i} 表示横截面的极惯性矩，后续不再重复定义。需要指出的是，当计算并联机器人在给定位形下的应变能时，锁住的各个驱动器被认为是刚体，即不含应变能。

根据卡氏第二定理，运动分支 i 中沿着力/力偶的变形矢量 $\boldsymbol{\delta}_i$ 等于应变能 U_i 关于力/力偶幅值矢量 $\boldsymbol{W}_i$ 的偏微分，即

$$\boldsymbol{\delta}_i = \frac{\partial U_i}{\partial \boldsymbol{W}_i} \tag{5.36}$$

式中，$\boldsymbol{\delta}_i=\left(\delta_{i1},\cdots,\delta_{ia},\delta_{i(a+1)},\cdots,\delta_{i(6-h_i+1)}\right)^{\mathrm{T}}$ 和 $\boldsymbol{W}_i=\left(f_{i1},\cdots,f_{ia},m_{i(a+1)},\cdots,m_{i(6-h_i+1)}\right)^{\mathrm{T}}$ 均为 $(6-h_i+1)\times 1$ 的矢量。

对式(5.36)进行展开，可得

$$
\begin{cases}
\delta_{i1}=\dfrac{\partial U_i}{\partial f_{i1}}=c_{11}^i f_{i1}+\cdots+c_{1a}^i f_{ia}+c_{1(a+1)}^i m_{i1}+\cdots+c_{1(6-h_i+1)}^i m_{ib} \\
\quad\vdots \\
\delta_{ia}=\dfrac{\partial U_i}{\partial f_{ia}}=c_{a1}^i f_{i1}+\cdots+c_{aa}^i f_{ia}+c_{a(a+1)}^i m_{i1}+\cdots+c_{a(6-h_i+1)}^i m_{ib} \\
\delta_{i(a+1)}=\dfrac{\partial U_i}{\partial m_{i1}}=c_{(a+1)1}^i f_{i1}+\cdots+c_{(a+1)a}^i f_{ia}+c_{(a+1)(a+1)}^i m_{i1}+\cdots+c_{(a+1)(6-h_i+1)}^i m_{ib} \\
\quad\vdots \\
\delta_{i(6-h_i+1)}=\dfrac{\partial U_i}{\partial m_{ib}}=c_{(6-h_i+1)1}^i f_{i1}+\cdots+c_{(6-h_i+1)a}^i f_{ia}+c_{(6-h_i+1)(a+1)}^i m_{i1}+\cdots+c_{(6-h_i+1)(6-h_i+1)}^i m_{ib}
\end{cases}
\tag{5.37}
$$

式(5.37)也可以表示为如下矩阵形式：

$$
\boldsymbol{\delta}_i=\boldsymbol{C}_i\boldsymbol{W}_i \tag{5.38}
$$

$$
\boldsymbol{C}_i=\begin{bmatrix}
c_{11}^i & \cdots & c_{1a}^i & c_{1(a+1)}^i & \cdots & c_{1(6-h_i+1)}^i \\
\vdots & & \vdots & \vdots & & \vdots \\
c_{a1}^i & \cdots & c_{aa}^i & c_{a(a+1)}^i & \cdots & c_{a(6-h_i+1)}^i \\
c_{(a+1)1}^i & \cdots & c_{(a+1)a}^i & c_{(a+1)(a+1)}^i & \cdots & c_{(a+1)(6-h_i+1)}^i \\
\vdots & & \vdots & \vdots & & \vdots \\
c_{(6-h_i+1)1}^i & \cdots & c_{(6-h_i+1)a}^i & c_{(6-h_i+1)(a+1)}^i & \cdots & c_{(6-h_i+1)(6-h_i+1)}^i
\end{bmatrix} \tag{5.39}
$$

式中，$\boldsymbol{C}_i$ 为运动分支 i 的 $(6-h_i+1)\times(6-h_i+1)$ 柔度矩阵。

因此，运动分支 i 的刚度矩阵可以表示为

$$
\boldsymbol{K}_i=\boldsymbol{C}_i^{-1} \tag{5.40}
$$

通过对并联机器人中的各运动分支进行遍历计算，可得到全部运动分支柔度矩阵和刚度矩阵的解析表达式。

5.3.4　并联机器人整体解析刚度矩阵

在建立并联机器人的整体解析刚度矩阵前，需确定机器人各分支和动平台间的变形映射关系。对于过约束并联机器人，其是超静定结构，未知量数量大于平

衡方程数量，因此需补充变形协调方程以完成过约束并联机器人的弹性静力学分析。对于并联机器人，其末端动平台的平衡方程可以表示为

$$\boldsymbol{W}=\left(\overline{\boldsymbol{D}}_{C_1}\ \overline{\boldsymbol{D}}_{C_2}\cdots\overline{\boldsymbol{D}}_{C_n}\right)\boldsymbol{W}_L=\boldsymbol{G}_f^F\boldsymbol{W}_L \tag{5.41}$$

式中，$\boldsymbol{G}_f^F=\left(\overline{\boldsymbol{D}}_{C_1}\ \overline{\boldsymbol{D}}_{C_2}\cdots\overline{\boldsymbol{D}}_{C_n}\right)$表示各分支中约束力螺旋和驱动力螺旋所共同张成的子空间组合，为$6\times\left[(6-h_1+1)+(6-h_2+1)+\cdots+(6-h_n+1)\right]$的矩阵；$\boldsymbol{W}_L=\left(\boldsymbol{W}_1^{\mathrm{T}}\ \boldsymbol{W}_2^{\mathrm{T}}\cdots\boldsymbol{W}_n^{\mathrm{T}}\right)^{\mathrm{T}}$表示各分支中力/力偶幅值矢量的组合，为$\left[(6-h_1+1)+(6-h_2+1)+\cdots+(6-h_n+1)\right]\times 1$的矢量。

根据虚功原理，动平台原点的变形矢量$\boldsymbol{d}=(\delta x,\delta y,\delta z,\delta\theta,\delta\varphi,\delta\psi)^{\mathrm{T}}$和各分支变形矢量$\boldsymbol{\delta}_i$满足如下映射关系：

$$\boldsymbol{W}^{\mathrm{T}}\boldsymbol{d}=\left(\boldsymbol{W}_1^{\mathrm{T}}\ \boldsymbol{W}_2^{\mathrm{T}}\cdots\boldsymbol{W}_n^{\mathrm{T}}\right)\left(\boldsymbol{\delta}_1\ \boldsymbol{\delta}_2\cdots\boldsymbol{\delta}_n\right)=\boldsymbol{W}_1^{\mathrm{T}}\boldsymbol{\delta}_1+\boldsymbol{W}_2^{\mathrm{T}}\boldsymbol{\delta}_2+\cdots+\boldsymbol{W}_n^{\mathrm{T}}\boldsymbol{\delta}_n \tag{5.42}$$

结合式(5.41)和式(5.42)，$\boldsymbol{\delta}_i$和$\boldsymbol{d}$间的变形协调方程可表示为

$$\boldsymbol{\delta}_i=\overline{\boldsymbol{D}}_{C_i}^{\mathrm{T}}\boldsymbol{d},\quad i=1,2,\cdots,n \tag{5.43}$$

对于式(5.38)，其中$\boldsymbol{W}_i$也可表示为

$$\boldsymbol{W}_i=\boldsymbol{K}_i\boldsymbol{\delta}_i \tag{5.44}$$

将式(5.43)和式(5.44)代入式(5.41)，可得到

$$\boldsymbol{W}=\overline{\boldsymbol{D}}_{C_1}\boldsymbol{K}_1\overline{\boldsymbol{D}}_{C_1}^{\mathrm{T}}\boldsymbol{d}+\overline{\boldsymbol{D}}_{C_2}\boldsymbol{K}_2\overline{\boldsymbol{D}}_{C_2}^{\mathrm{T}}\boldsymbol{d}+\cdots+\overline{\boldsymbol{D}}_{C_n}\boldsymbol{K}_n\overline{\boldsymbol{D}}_{C_n}^{\mathrm{T}}\boldsymbol{d}=\sum_{i=1}^{n}\overline{\boldsymbol{D}}_{C_i}\boldsymbol{K}_i\overline{\boldsymbol{D}}_{C_i}^{\mathrm{T}}\boldsymbol{d}=\boldsymbol{K}\boldsymbol{d} \tag{5.45}$$

因此，并联机器人的整体解析静刚度矩阵为

$$\boldsymbol{K}=\sum_{i=1}^{n}\overline{\boldsymbol{D}}_{C_i}\boldsymbol{K}_i\overline{\boldsymbol{D}}_{C_i}^{\mathrm{T}} \tag{5.46}$$

另外，通过式(5.43)～式(5.46)，还可以确定各分支中约束力/驱动力螺旋的幅值为

$$\boldsymbol{W}_i=\boldsymbol{K}_i\overline{\boldsymbol{D}}_{C_i}^{\mathrm{T}}\boldsymbol{K}^{-1}\boldsymbol{W} \tag{5.47}$$

以上为基于 6 维几何代数$\mathcal{G}_6$和应变能原理的并联机器人解析静刚度建模方法[16]。该方法在推导运动分支解析刚度矩阵时避免了高阶矩阵运算，并且考虑了杆件剪切变形的影响，提高了精度，具有推导简单、计算方便、意义明确等优点。

5.4　并联机器人的静刚度建模与验证

基于 6 维几何代数$\mathcal{G}_6$，本节对多个并联机器人(包括非冗余驱动过约束并联机器人 Tex3[16,20]和 2PRU-PSR[21]、冗余驱动过约束并联机器人 Tex4[16,22]和 2PRU-2UPR[23,24]、3-RPS 并联机器人[12,25]、六自由度并联机器人 6-UPS[26]和 6-PSS[27])进行静刚度建模与验证，主要包括建立各运动分支和并联机器人整体的解析刚度模型，并与 ANSYS 软件仿真结果对比以验证方法的正确性和通用性。

5.4.1　算例 1：Tex3 过约束并联机器人的静刚度建模与验证

本节对 Tex3 过约束并联机器人[16,20]进行解析静刚度建模与验证，主要包括建立 PUR 分支和 PRU 分支的解析刚度矩阵，并由此推导出 Tex3 过约束并联机器人的整体解析刚度矩阵，最后通过 ANSYS 软件进行不同位形和负载下的理论刚度模型验证。

1. PUR 分支的解析刚度矩阵

基于上述运动分支解析刚度矩阵建模方法，以 Tex3 过约束并联机器人的第一条 PUR 分支和 PRU 分支为例进行建模。首先，根据式(3.2)，可通过对偶和直射变换确定第一条 PUR 分支中作用于动平台的约束力子空间$\boldsymbol{D}_{C_1}$为

$$\boldsymbol{D}_{C_1}=\Delta\left(\boldsymbol{S}_{m_1}\boldsymbol{I}_6^{-1}\right)=g_1\boldsymbol{S}_{1,1}^C\wedge\boldsymbol{S}_{1,2}^C=g_1\left(\mathrm{c}_\alpha\boldsymbol{e}_2-\mathrm{s}_\alpha\boldsymbol{e}_3+q_1\mathrm{s}_\alpha\boldsymbol{e}_5+q_1\mathrm{c}_\alpha\boldsymbol{e}_6\right)\wedge\left(\mathrm{s}_\alpha\boldsymbol{e}_5+\mathrm{c}_\alpha\boldsymbol{e}_6\right) \tag{5.48}$$

式中，$\boldsymbol{I}_6^{-1}$表示单位伪标量$\boldsymbol{I}_6$的逆；g_1表示公共系数；$\boldsymbol{D}_{C_1}$表示由$\boldsymbol{S}_{1,1}^C$和$\boldsymbol{S}_{1,2}^C$所张成的 2 阶片积约束力子空间，其中$\boldsymbol{S}_{1,1}^C$表示过A_1点且平行于转动副转动轴线的约束力螺旋，$\boldsymbol{S}_{1,2}^C$表示垂直于虎克铰的约束力偶螺旋。

锁住 PUR 分支的输入运动螺旋$\boldsymbol{S}_{1,1}$后，可根据式(5.31)和式(5.32)确定分支驱动力螺旋$\boldsymbol{S}_1^T$为

$$\boldsymbol{S}_1^T=\left(x_{B_1}-q_1\right)\boldsymbol{e}_1+y_{B_1}\boldsymbol{e}_2+z_{B_1}\boldsymbol{e}_3-q_1z_{B_1}\boldsymbol{e}_5+q_1y_{B_1}\boldsymbol{e}_6 \tag{5.49}$$

式中，$\boldsymbol{S}_1^T$表示过A_1点且沿着杆件A_1B_1的驱动力螺旋。

根据式(5.48)和式(5.49)，可得到 PUR 分支中驱动力螺旋/约束力螺旋的分布情况，如图 5.10 所示。其中，$\boldsymbol{S}_1^T$、$\boldsymbol{S}_{1,1}^C$和$\boldsymbol{S}_{1,2}^C$的幅值分别定义为f_{11}、f_{12}和m_{11}，

如图 5.11(a)所示。为方便进行驱动力/约束力的投影和后续计算，在 PUR 分支中建立分支坐标系 B_1-$x_1y_1z_1$，其中 y_1 轴沿着转动副的轴线方向，z_1 轴沿着杆件 A_1B_1 方向，x_1 轴可通过右手定则得到，其方向垂直于杆件 A_1B_1，如图 5.11(b)所示。作用于 A_1 点的约束力 f_{12} 等效为作用于 B_1 点的约束力 f_{12}' 加上沿着 x_1 轴的约束力偶 m_{12}，其中约束力偶 m_{12} 的矢量形式可以表示为

$$\boldsymbol{m}_{12} = -l_3\boldsymbol{e}_3 \times f_{12}\boldsymbol{e}_2 = l_3 f_{12}\boldsymbol{e}_1 = m_{12}\boldsymbol{e}_1 \tag{5.50}$$

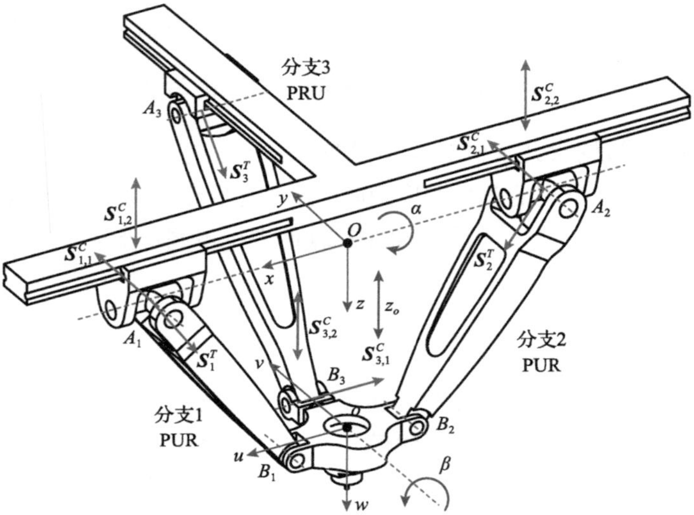

图 5.10 Tex3 过约束并联机器人中的约束力和驱动力分布情况

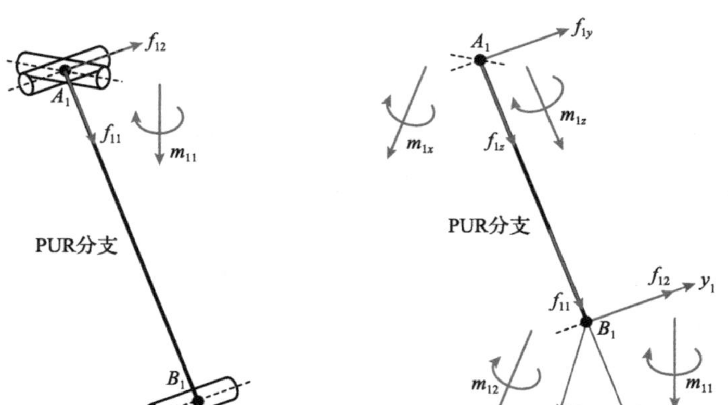

图 5.11 PUR 分支上驱动力和约束力的分布情况

根据图 5.11(b)中驱动力/约束力的投影结果，PUR 分支中任意横截面处的内

力/内力偶可表示为

$$\begin{cases} f_{1x} = 0 \\ f_{1y} = f_{12}\boldsymbol{e}_2 \cdot \boldsymbol{e}_2 = f_{12} \\ f_{1z} = f_{11}\boldsymbol{e}_3 \cdot \boldsymbol{e}_3 = f_{11} \\ m_{1x} = \left(v_1\boldsymbol{e}_3 \times f_{12}\boldsymbol{e}_2\right)\cdot \boldsymbol{e}_1 + m_{11}\boldsymbol{n}_1 \cdot \boldsymbol{e}_1 + m_{12}\boldsymbol{e}_1 \cdot \boldsymbol{e}_1 = m_{11}\boldsymbol{n}_1 \cdot \boldsymbol{e}_1 + l_3 f_{12} - v_1 f_{12} \\ m_{1y} = m_{11}\boldsymbol{n}_1 \cdot \boldsymbol{e}_2 + m_{12}\boldsymbol{e}_1 \cdot \boldsymbol{e}_2 = 0 \\ m_{1z} = m_{11}\boldsymbol{n}_1 \cdot \boldsymbol{e}_3 + m_{12}\boldsymbol{e}_1 \cdot \boldsymbol{e}_3 = m_{11}\boldsymbol{n}_1 \cdot \boldsymbol{e}_3 \end{cases} \tag{5.51}$$

式中，$\boldsymbol{n}_1$ 表示约束力偶 m_{11} 的方向矢量，垂直于虎克铰；v_1 表示选定横截面到 B_1 点的距离。

因此，PUR 分支的应变能可表示为

$$\begin{aligned} U_1 &= \int_0^{l_3}\left(\frac{f_{1y}^2}{2G_{l_3}A_{l_3y}} + \frac{f_{1z}^2}{2E_{l_3}A_{l_3}} + \frac{m_{1x}^2}{2E_{l_3}I_{l_3x}} + \frac{m_{1z}^2}{2G_{l_3}J_{l_3}}\right)\mathrm{d}v_1 \\ &= \frac{l_3}{2G_{l_3}A_{l_3y}}f_{12}^2 + \frac{l_3}{2E_{l_3}A_{l_3}}f_{11}^2 + \int_0^{l_3}\frac{\left(m_{11}\boldsymbol{n}_1 \cdot \boldsymbol{e}_1 + l_3 f_{12} - v_1 f_{12}\right)^2}{2E_{l_3}I_{l_3x}}\mathrm{d}v_1 + \frac{l_3(\boldsymbol{n}_1 \cdot \boldsymbol{e}_3)^2}{2G_{l_3}J_{l_3}}m_{11}^2 \\ &= \frac{l_3}{2G_{l_3}A_{l_3y}}f_{12}^2 + \frac{l_3}{2E_{l_3}A_{l_3}}f_{11}^2 + \frac{l_3^3}{6E_{l_3}I_{l_3x}}f_{12}^2 + \frac{l_3^2\boldsymbol{n}_1 \cdot \boldsymbol{e}_1}{2E_{l_3}I_{l_3x}}f_{12}m_{11} + \frac{l_3\left(\boldsymbol{n}_1 \cdot \boldsymbol{e}_1\right)^2}{2E_{l_3}I_{l_3x}}m_{11}^2 + \frac{l_3\left(\boldsymbol{n}_1 \cdot \boldsymbol{e}_3\right)^2}{2G_{l_3}J_{l_3}}m_{11}^2 \end{aligned} \tag{5.52}$$

根据式(5.52)和卡氏第二定理，可得到分支 PUR 沿着三个驱动力/约束力方向的弹性变形矢量 $\boldsymbol{\delta}_1 = \left(\delta_{11}, \delta_{12}, \psi_{11}\right)^{\mathrm{T}}$ 的表达式为

$$\begin{cases} \delta_{11} = \dfrac{\partial U_1}{\partial f_{11}} = \dfrac{l_3}{E_{l_3}A_{l_3}}f_{11} \\ \delta_{12} = \dfrac{\partial U_1}{\partial f_{12}} = \dfrac{l_3}{G_{l_3}A_{l_3y}}f_{12} + \dfrac{l_3^3}{3E_{l_3}I_{l_3x}}f_{12} + \dfrac{l_3^2\boldsymbol{n}_1 \cdot \boldsymbol{e}_1}{2E_{l_3}I_{l_3x}}m_{11} \\ \psi_{11} = \dfrac{\partial U_1}{\partial m_{11}} = \dfrac{l_3^2\boldsymbol{n}_1 \cdot \boldsymbol{e}_1}{2E_{l_3}I_{l_3x}}f_{12} + \dfrac{l_3\left(\boldsymbol{n}_1 \cdot \boldsymbol{e}_1\right)^2}{E_{l_3}I_{l_3x}}m_{11} + \dfrac{l_3\left(\boldsymbol{n}_1 \cdot \boldsymbol{e}_3\right)^2}{G_{l_3}J_{l_3}}m_{11} \end{cases} \tag{5.53}$$

式(5.53)的矩阵形式为

$$\left(\delta_{11}, \delta_{12}, \psi_{11}\right)^{\mathrm{T}} = \boldsymbol{C}_1\left(f_{11}, f_{12}, m_{11}\right)^{\mathrm{T}} \tag{5.54}$$

式中，$\boldsymbol{C}_1$ 为 3×3 的分支对称柔度矩阵，可表示为

$$C_1=\begin{bmatrix} \dfrac{l_3}{E_{l_3}A_{l_3}} & 0 & 0 \\ 0 & \dfrac{l_3}{G_{l_3}A_{l_3y}}+\dfrac{l_3^3}{3E_{l_3}I_{l_3x}} & \dfrac{l_3^2\boldsymbol{n}_1\cdot\boldsymbol{e}_1}{2E_{l_3}I_{l_3x}} \\ 0 & \dfrac{l_3^2\boldsymbol{n}_1\cdot\boldsymbol{e}_1}{2E_{l_3}I_{l_3x}} & \dfrac{l_3(\boldsymbol{n}_1\cdot\boldsymbol{e}_1)^2}{E_{l_3}I_{l_3x}}+\dfrac{l_3(\boldsymbol{n}_1\cdot\boldsymbol{e}_3)^2}{G_{l_3}J_{l_3}} \end{bmatrix} \tag{5.55}$$

从式(5.55)可以发现，不同于传统的6×6矩阵，其柔度矩阵$\boldsymbol{C}_1$的表达形式更简洁且物理意义明确。根据式(5.55)，可得到PUR分支的刚度矩阵$\boldsymbol{K}_1$为

$$\boldsymbol{K}_1=\boldsymbol{C}_1^{-1} \tag{5.56}$$

Tex3 过约束并联机器人中第二条 PUR 分支的柔度矩阵和刚度矩阵也可通过相同的方法得到，分别为

$$C_2=\begin{bmatrix} \dfrac{l_3}{E_{l_3}A_{l_3}} & 0 & 0 \\ 0 & \dfrac{l_3}{G_{l_3}A_{l_3y}}+\dfrac{l_3^3}{3E_{l_3}I_{l_3x}} & \dfrac{l_3^2\boldsymbol{n}_2\cdot\boldsymbol{e}_1}{2E_{l_3}I_{l_3x}} \\ 0 & \dfrac{l_3^2\boldsymbol{n}_2\cdot\boldsymbol{e}_1}{2E_{l_3}I_{l_3x}} & \dfrac{l_3(\boldsymbol{n}_2\cdot\boldsymbol{e}_1)^2}{E_{l_3}I_{l_3x}}+\dfrac{l_3(\boldsymbol{n}_2\cdot\boldsymbol{e}_3)^2}{G_{l_3}J_{l_3}} \end{bmatrix} \tag{5.57}$$

$$\boldsymbol{K}_2=\boldsymbol{C}_2^{-1} \tag{5.58}$$

式中，$\boldsymbol{n}_2$表示第二条PUR分支中约束力偶的方向矢量，垂直于虎克铰。

2. PRU 分支的解析刚度矩阵

PRU分支的解析刚度矩阵的推导过程类似于PUR分支。首先，根据式(3.6)，可通过对偶变换和直射变换确定PRU分支中作用于动平台的约束力子空间$\boldsymbol{D}_{C_3}$为

$$\boldsymbol{D}_{C_3}=\Delta\left(\boldsymbol{S}_{m_3}\boldsymbol{I}_6^{-1}\right)=g_3\boldsymbol{S}_{3,1}^C\wedge\boldsymbol{S}_{3,2}^C=g_3\left[\boldsymbol{e}_1+\left(z_{B_3}+\tan_\alpha y_{B_3}\right)\boldsymbol{e}_5\right]\wedge\left(\mathrm{s}_\alpha\boldsymbol{e}_5+\mathrm{c}_\alpha\boldsymbol{e}_6\right) \tag{5.59}$$

式中，g_3表示公共系数；$\boldsymbol{D}_{C_3}$表示由$\boldsymbol{S}_{3,1}^C$和$\boldsymbol{S}_{3,2}^C$所张成的2阶片积约束力子空间，其中$\boldsymbol{S}_{3,1}^C$表示过B_3点且平行于转动副转动轴线的约束力螺旋，$\boldsymbol{S}_{3,2}^C$表示垂直于虎克铰的约束力偶螺旋。

锁住 PRU 分支的输入运动螺旋$\boldsymbol{S}_{3,1}$后，可根据式(5.31)和式(5.32)确定分支

驱动力螺旋 $\boldsymbol{S}_3^T$ 为

$$\boldsymbol{S}_3^T = \left(y_{B_3} - q_3\right)\boldsymbol{e}_2 + z_{B_1}\boldsymbol{e}_3 + q_3 z_{B_3}\boldsymbol{e}_4 \tag{5.60}$$

式中，$\boldsymbol{S}_3^T$ 表示过 A_3 点且沿着杆件 A_3B_3 的驱动力螺旋。

根据式(5.59)和式(5.60)，PRU 分支中三个驱动力螺旋/约束力螺旋的分布情况如图 5.12(a)所示，包括一个过 A_3 点且沿着 A_3B_3 的驱动力 f_{31}、一个过 A_3 点且平行于转动副转动轴线的约束力 f_{32} 和一个垂直于虎克铰的约束力偶 m_{31}。同样地，为方便进行驱动力/约束力的投影和后续计算，在 PRU 分支中建立分支坐标系 $B_3\text{-}x_3y_3z_3$，其中 x_3 轴沿着虎克铰的第一个转动副的轴线方向，z_3 轴沿着杆件 A_1B_1 方向，y_3 轴可通过右手定则得到，垂直于杆件 A_1B_1，如图 5.12(b)所示。根据图 5.12(b)中驱动力/约束力的投影结果，PRU 分支中任意横截面处的内力/内力偶可表示为

$$\begin{cases} f_{3x} = f_{32}\boldsymbol{e}_1 \cdot \boldsymbol{e}_1 = f_{32} \\ f_{3y} = 0 \\ f_{3z} = f_{31}\boldsymbol{e}_3 \cdot \boldsymbol{e}_3 = f_{31} \\ m_{3x} = m_{31}\boldsymbol{n}_3 \cdot \boldsymbol{e}_1 = 0 \\ m_{3y} = \left(v_3\boldsymbol{e}_3 \times f_{32}\boldsymbol{e}_1\right) \cdot \boldsymbol{e}_2 + m_{31}\boldsymbol{n}_3 \cdot \boldsymbol{e}_2 \\ \quad\;\; = m_{31}\boldsymbol{n}_3 \cdot \boldsymbol{e}_2 + v_3 f_{32} \\ m_{3z} = m_{31}\boldsymbol{n}_3 \cdot \boldsymbol{e}_3 \end{cases} \tag{5.61}$$

式中，$\boldsymbol{n}_3$ 表示约束力偶 m_{31} 的方向矢量；v_3 表示选定横截面到 B_3 点的距离。

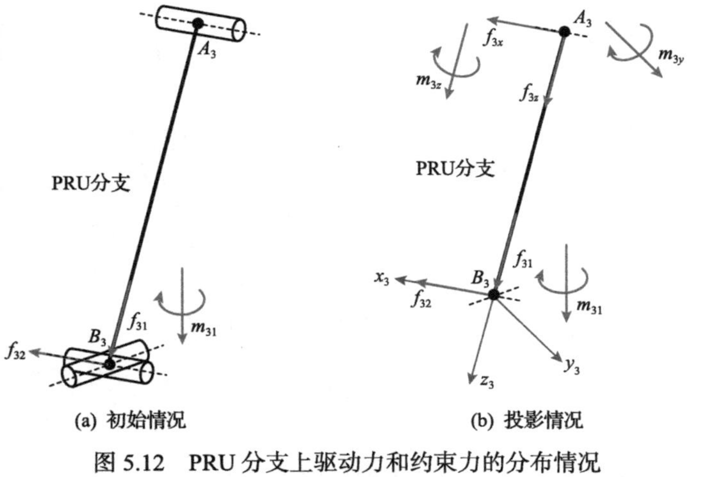

(a) 初始情况　　(b) 投影情况

图 5.12　PRU 分支上驱动力和约束力的分布情况

因此，PRU 分支的应变能可表示为

$$
\begin{aligned}
U_3 &= \int_0^{l_4}\left(\frac{f_{3x}^2}{2G_{l_4}A_{l_4x}}+\frac{f_{3z}^2}{2E_{l_4}A_{l_4}}+\frac{m_{3y}^2}{2E_{l_4}I_{l_4y}}+\frac{m_{3z}^2}{2G_{l_4}J_{l_4}}\right)\mathrm{d}v_3 \\
&= \frac{l_4}{2G_{l_4}A_{l_4x}}f_{32}^2+\frac{l_4}{2E_{l_4}A_{l_4}}f_{31}^2+\int_0^{l_4}\frac{\left(m_{31}\boldsymbol{n}_3\cdot\boldsymbol{e}_2+v_3f_{32}\right)^2}{2E_{l_4}I_{l_4y}}\mathrm{d}v_3+\frac{l_4(\boldsymbol{n}_3\cdot\boldsymbol{e}_3)^2}{2G_{l_4}J_{l_4}}m_{31}^2 \\
&= \frac{l_4}{2G_{l_4}A_{l_4x}}f_{32}^2+\frac{l_4}{2E_{l_4}A_{l_4}}f_{31}^2+\frac{l_4^3}{6E_{l_4}I_{l_4y}}f_{32}^2+\frac{l_4^2\boldsymbol{n}_3\cdot\boldsymbol{e}_2}{2E_{l_4}I_{l_4y}}f_{32}m_{31}+\frac{l_4\left(\boldsymbol{n}_3\cdot\boldsymbol{e}_2\right)^2}{2E_{l_4}I_{l_4y}}m_{31}^2+\frac{l_4(\boldsymbol{n}_3\cdot\boldsymbol{e}_3)^2}{2G_{l_4}J_{l_4}}m_{31}^2
\end{aligned}
\tag{5.62}
$$

根据式(5.61)和卡氏第二定理，可得到分支 PRU 沿着三个驱动力/约束力方向的弹性变形矢量$\boldsymbol{\delta}_3=\left(\delta_{31},\ \delta_{32},\ \psi_{31}\right)^{\mathrm{T}}$的表达式，即

$$
\begin{cases}
\delta_{31}=\dfrac{\partial U_3}{\partial f_{31}}=\dfrac{l_4}{E_{l_4}A_{l_4}}f_{31} \\
\delta_{32}=\dfrac{\partial U_3}{\partial f_{32}}=\dfrac{l_4}{G_{l_4}A_{l_4x}}f_{32}+\dfrac{l_4^3}{3E_{l_4}I_{l_4y}}f_{32}+\dfrac{l_4^2\boldsymbol{n}_3\cdot\boldsymbol{e}_2}{2E_{l_4}I_{l_4y}}m_{31} \\
\psi_{31}=\dfrac{\partial U_3}{\partial m_{31}}=\dfrac{l_4^2\boldsymbol{n}_3\cdot\boldsymbol{e}_2}{2E_{l_4}I_{l_4y}}f_{32}+\dfrac{l_4\left(\boldsymbol{n}_3\cdot\boldsymbol{e}_2\right)^2}{E_{l_4}I_{l_4y}}m_{31}+\dfrac{l_4\left(\boldsymbol{n}_3\cdot\boldsymbol{e}_3\right)^2}{G_{l_4}J_{l_4}}m_{31}
\end{cases}
\tag{5.63}
$$

式(5.63)的矩阵形式为

$$
\left(\delta_{31},\ \delta_{32},\ \psi_{31}\right)^{\mathrm{T}}=\boldsymbol{C}_3\left(f_{31},f_{32},m_{31}\right)^{\mathrm{T}} \tag{5.64}
$$

式中，$\boldsymbol{C}_3$为3×3的分支对称柔度矩阵，可表示为

$$
\boldsymbol{C}_3=\begin{bmatrix}
\dfrac{l_4}{E_{l_4}A_{l_4}} & 0 & 0 \\
0 & \dfrac{l_4}{G_{l_4}A_{l_4x}}+\dfrac{l_4^3}{3E_{l_4}I_{l_4y}} & \dfrac{l_4^2\boldsymbol{n}_3\cdot\boldsymbol{e}_2}{2E_{l_4}I_{l_4y}} \\
0 & \dfrac{l_4^2\boldsymbol{n}_3\cdot\boldsymbol{e}_2}{2E_{l_4}I_{l_4y}} & \dfrac{l_4\left(\boldsymbol{n}_3\cdot\boldsymbol{e}_2\right)^2}{E_{l_4}I_{l_4y}}+\dfrac{l_4\left(\boldsymbol{n}_3\cdot\boldsymbol{e}_3\right)^2}{G_{l_4}J_{l_4}}
\end{bmatrix}
\tag{5.65}
$$

根据式(5.65)，可得到 PRU 分支的刚度矩阵$\boldsymbol{K}_3$为

$$
\boldsymbol{K}_3=\boldsymbol{C}_3^{-1} \tag{5.66}
$$

3. Tex3 过约束并联机器人的整体解析刚度矩阵

根据 PUR 和 PRU 分支中驱动力/约束力的分布情况，可得到作用于 Tex3 过

约束并联机器人动平台的外部载荷和反作用力，如图 5.13 所示。根据式(5.45)和式(5.46)，可得到 Tex3 过约束并联机器人的整体解析刚度矩阵为

$$\boldsymbol{K} = \overline{\boldsymbol{D}}_{C_1}\boldsymbol{K}_1\overline{\boldsymbol{D}}_{C_1}^{\mathrm{T}} + \overline{\boldsymbol{D}}_{C_2}\boldsymbol{K}_2\overline{\boldsymbol{D}}_{C_2}^{\mathrm{T}} + \overline{\boldsymbol{D}}_{C_3}\boldsymbol{K}_3\overline{\boldsymbol{D}}_{C_3}^{\mathrm{T}} \tag{5.67}$$

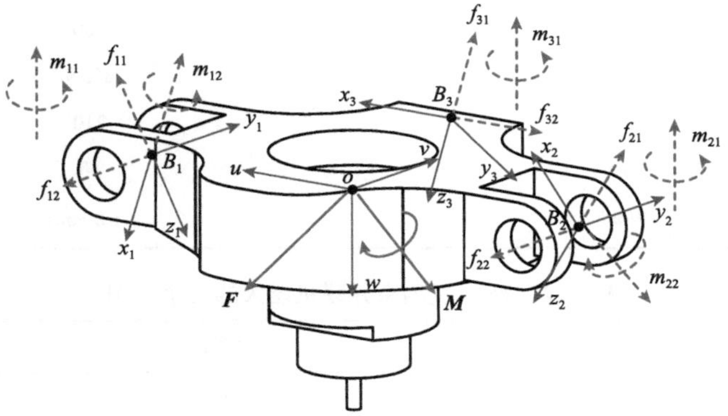

图 5.13　Tex3 过约束并联机器人动平台上作用的外部载荷和反作用力

此外，根据式(5.43)、式(5.44)和式(5.67)，可推得 Tex3 过约束并联机器人中各分支的力幅值矢量为

$$\left(f_{i1}, f_{i2}, m_{i1}\right)^{\mathrm{T}} = \boldsymbol{K}_i\left(\delta_{i1}, \delta_{i2}, \psi_{i1}\right)^{\mathrm{T}} = \boldsymbol{K}_i\overline{\boldsymbol{D}}_{C_i}^{\mathrm{T}}\boldsymbol{K}^{-1}\boldsymbol{W}, \quad i = 1, 2, 3 \tag{5.68}$$

4. 理论刚度模型和有限元模型的对比结果

本节采用有限元法对 Tex3 过约束并联机器人理论刚度模型进行验证。在外部载荷作用下，通过在 ANSYS 软件中建立有限元模型可以提供并联机器人的精确刚度和变形情况。在有限元模型中，将定平台与分支驱动关节的连接处进行接地处理，并将动平台和所有运动关节设为刚性。模型中的柔性杆件由 beam188 单元组成，该单元可模拟杆件的空间复合弹性变形情况。另外，还采用了多点约束(MPC184)单元模拟转动副和虎克铰的连接，每一个 MPC184 单元采用两个重合的节点，其中一个节点连接柔性杆件，另一个节点则连接动平台。Tex3 过约束并联机器人的杆件尺寸和材料参数如表 5.13 所示，需要注意的是，此处三个运动分支的横截面均设为相同大小的圆截面，即 $A_{l_3} = A_{l_4} = A$，并且各分支的弹性模量和剪切模量相同，即 $E_{l_3} = E_{l_4} = E$ 和 $G_{l_3} = G_{l_4} = G$。

利用有限元法计算 Tex3 过约束并联机器人工作空间中所有位形的刚度情况较为耗时且困难，因此本节根据并联机器人刚度与位形相关的特性，选取位形和所受外部载荷不同的三个示例进行结果验证，如表 5.14 所示。在示例 1 和示例 2

表 5.13　Tex3 过约束并联机器人的杆件尺寸和材料参数

参数	数值
l_1, l_2/mm	450
l_3, l_4/mm	1600
d/mm	100
A/mm^2	7853.98
E/GPa	210
G/GPa	80
α, β/rad	−π/6～π/6

表 5.14　Tex3 过约束并联机器人的三个示例

参数	示例 1	示例 2	示例 3
z_o/mm	1100	1100	952.628
α/rad	0	0	π/6
β/rad	0	0	π/6
F_x/N	0	1	1
F_y/N	0	1	1
F_z/N	1	1	1
M_x/(N · m)	0	1	1
M_y/(N · m)	0	1	1
M_z/(N · m)	0	1	1

中，Tex3 过约束并联机器人处于受不同外部载荷下的初始位形，其中示例 1 为沿着 z 轴的力外部载荷，示例 2 为包含力和力偶的一般外部载荷；在示例 3 中，Tex3 过约束并联机器人处于受一般外部载荷下的一般位形。

通过建模分析可得到 ANSYS 软件中三个示例的变形结果，包括线性变形和角度变形，如图 5.14 所示。在示例 1 中，由于 Tex3 过约束并联机器人的两个输出转角为 0°，此时该机器人具有面对称结构，并且只受到沿 z 轴方向的外力，所以动平台原点 o 只沿 z 轴发生微小移动和绕 x 轴发生微小转动。在示例 2 和示例 3 中，由于动平台受到一般情况下的外部载荷，所以动平台原点 o 在各个方向上均会发生微小移动和转动。表 5.15 列出了在三个示例位形中，Tex3 过约束并联机器人动平台原点 o 变形情况的理论结果和仿真结果对比。对比发现，理论结果和仿真结果基本一致，三个示例中所有变形的相对误差均不超过 0.87%。

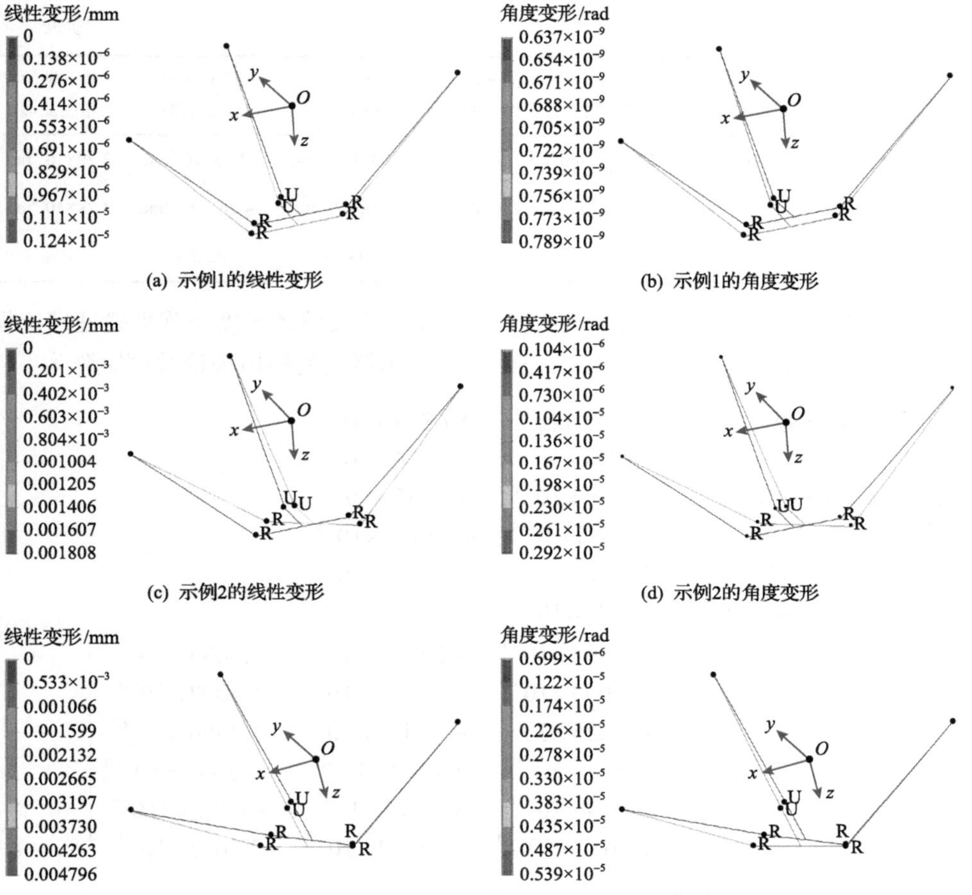

(a) 示例1的线性变形　(b) 示例1的角度变形

(c) 示例2的线性变形　(d) 示例2的角度变形

(e) 示例3的线性变形　(f) 示例3的角度变形

图 5.14　Tex3 过约束并联机器人在三个示例下的变形结果

表 5.15　Tex3 过约束并联机器人理论结果和仿真结果的变形对比

示例	参数	沿 x 轴的线性变形	沿 y 轴的线性变形	沿 z 轴的线性变形	绕 x 轴的角度变形	绕 y 轴的角度变形	绕 z 轴的角度变形
	理论结果	0mm	7.00×10^{-7}mm	1.03×10^{-6}mm	-6.37×10^{-10}rad	0rad	0rad
1	仿真结果	1.49×10^{-20}mm	7.01×10^{-7}mm	1.03×10^{-6}mm	-6.37×10^{-10}rad	3.389×10^{-21}rad	6.56×10^{-23}rad
	相对误差	—	0.14%	0%	0%	—	—
	理论结果	-1.23×10^{-3}mm	1.14×10^{-4}mm	1.09×10^{-6}mm	2.66×10^{-7}rad	2.90×10^{-6}rad	6.42×10^{-8}rad
2	仿真结果	-1.24×10^{-3}mm	1.15×10^{-4}mm	1.09×10^{-6}mm	2.66×10^{-7}rad	2.91×10^{-6}rad	6.43×10^{-8}rad
	相对误差	0.81%	0.87%	0%	0%	0.34%	0.16%

续表

示例	参数	沿 x 轴的线性变形	沿 y 轴的线性变形	沿 z 轴的线性变形	绕 x 轴的角度变形	绕 y 轴的角度变形	绕 z 轴的角度变形
3	理论结果	1.41×10^{-3}mm	8.72×10^{-4}mm	1.72×10^{-3}mm	2.37×10^{-7}rad	-4.25×10^{-6}rad	3.29×10^{-6}rad
	仿真结果	1.42×10^{-3}mm	8.75×10^{-4}mm	1.73×10^{-3}mm	2.38×10^{-7}rad	-4.261×10^{-6}rad	3.29×10^{-6}rad
	相对误差	0.70%	0.11%	0.58%	0.42%	0.23%	0%

除了对比变形结果外，也可通过对比并联机器人整体柔度矩阵来验证理论模型的正确性。以示例 3 为例，Tex3 过约束并联机器人的整体理论柔度矩阵为

$$
\boldsymbol{C}_{\text{理论}}=\begin{bmatrix}
7.1589\times10^{-4} & 4.4447\times10^{-4} & 8.6824\times10^{-4} & -4.3302\times10^{-8} & -2.1790\times10^{-6} & 1.6084\times10^{-6}\\
4.4447\times10^{-4} & 2.7744\times10^{-4} & 5.3966\times10^{-4} & -3.5093\times10^{-8} & -1.3545\times10^{-6} & 1.0003\times10^{-6}\\
8.6824\times10^{-4} & 5.3966\times10^{-4} & 1.0555\times10^{-3} & -4.7625\times10^{-8} & -2.6468\times10^{-6} & 1.9580\times10^{-6}\\
-4.3302\times10^{-8} & -3.5093\times10^{-8} & -4.7625\times10^{-8} & 3.7538\times10^{-10} & 1.1464\times10^{-10} & -1.2656\times10^{-10}\\
-2.1790\times10^{-6} & -1.3545\times10^{-6} & -2.6468\times10^{-6} & 1.1464\times10^{-10} & 6.6714\times10^{-9} & -4.8521\times10^{-9}\\
1.6084\times10^{-6} & 1.0003\times10^{-6} & 1.9580\times10^{-6} & -1.2656\times10^{-10} & -4.8521\times10^{-9} & 3.7031\times10^{-9}
\end{bmatrix} \tag{5.69}
$$

Tex3 过约束并联机器人的整体仿真柔度矩阵为

$$
\boldsymbol{C}_{\text{仿真}}=\begin{bmatrix}
7.1790\times10^{-4} & 4.4572\times10^{-4} & 8.7069\times10^{-4} & -4.3351\times10^{-8} & -2.1853\times10^{-6} & 1.6129\times10^{-6}\\
4.4572\times10^{-4} & 2.7822\times10^{-4} & 5.4118\times10^{-4} & -3.5143\times10^{-8} & -1.3583\times10^{-6} & 1.0031\times10^{-6}\\
8.7069\times10^{-4} & 5.4118\times10^{-4} & 1.0585\times10^{-3} & -4.7673\times10^{-8} & -2.6543\times10^{-6} & 1.9580\times10^{-6}\\
-4.3351\times10^{-8} & -3.5143\times10^{-8} & -4.7673\times10^{-8} & 3.7535\times10^{-10} & 1.1475\times10^{-10} & -1.2673\times10^{-10}\\
-2.1853\times10^{-6} & -1.3583\times10^{-6} & -2.6543\times10^{-6} & 1.1475\times10^{-10} & 6.6906\times10^{-9} & -4.8656\times10^{-9}\\
1.6129\times10^{-6} & 1.0031\times10^{-6} & 1.9580\times10^{-6} & -1.2673\times10^{-10} & -4.8656\times10^{-9} & 3.7129\times10^{-9}
\end{bmatrix} \tag{5.70}
$$

对比式(5.69)和式(5.70)，可得到两个柔度矩阵中各个元素的相对误差为

$$\Delta \boldsymbol{C}=\begin{bmatrix} 0.28\% & 0.28\% & 0.28\% & 0.11\% & 0.29\% & 0.28\% \\ 0.28\% & 0.28\% & 0.28\% & 0.14\% & 0.28\% & 0.28\% \\ 0.28\% & 0.28\% & 0.28\% & 0.10\% & 0.28\% & 0.00\% \\ 0.11\% & 0.14\% & 0.10\% & 0.26\% & 0.10\% & 0.13\% \\ 0.29\% & 0.28\% & 0.28\% & 0.10\% & 0.29\% & 0.28\% \\ 0.28\% & 0.28\% & 0.00\% & 0.13\% & 0.28\% & 0.26\% \end{bmatrix} \tag{5.71}$$

从式(5.71)可以发现，基于几何代数解析静刚度建模方法得到的柔度矩阵和通过有限元仿真得到的柔度矩阵基本一致，所有相对误差均不超过 0.29%。上述两个对比结果均证明了 Tex3 过约束并联机器人解析静刚度模型的正确性，其可替代 ANSYS 软件的仿真结果。

5.4.2　算例 2：2PRU-PSR 过约束并联机器人的静刚度建模与验证

本节对 2PRU-PSR 过约束并联机器人[21]进行解析静刚度建模与验证，主要包括建立 PSR 分支和整体的解析刚度矩阵，并通过 ANSYS 软件进行不同位形和负载下的理论刚度模型验证。

1. PSR 分支的解析刚度矩阵

2PRU-PSR 过约束并联机器人的约束力/驱动力分布情况如图 5.15 所示。由于 5.4.1 节中已完成 PRU 分支解析刚度矩阵的推导，所以本节仅对 PSR 分支进行分析。

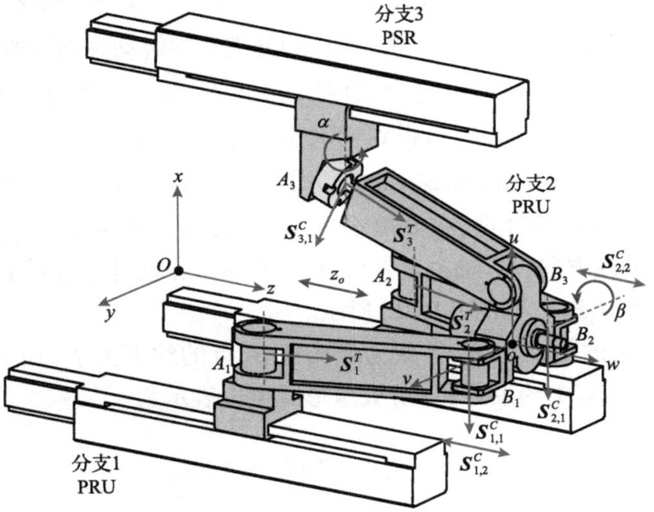

图 5.15　2PRU-PSR 过约束并联机器人的约束力和驱动力分布情况

对于 2PRU-PSR 过约束并联机器人，其各分支的输入运动螺旋 $\boldsymbol{S}_{i,F}$ (i=1, 2, 3) 分别为 $\boldsymbol{S}_{i,1}$。根据 5.3.2 节中的运动分支约束力/驱动力推导方法，可得到 2PRU-PSR 过约束并联机器人中各分支约束力螺旋所张成的子空间 $\boldsymbol{D}_{C_i}$ (i=1,2,3) 和各分支的驱动力螺旋 $\boldsymbol{S}_i^T$ 分别为

$$\begin{cases}\boldsymbol{D}_{C_1}=\Delta\left(\boldsymbol{S}_{m_1}\boldsymbol{I}_6^{-1}\right)=g_1\boldsymbol{S}_{1,1}^C\wedge\boldsymbol{S}_{1,2}^C=g_1\left(-\mathrm{s}_\alpha\boldsymbol{e}_5+\mathrm{c}_\alpha\boldsymbol{e}_6\right)\wedge\left[\boldsymbol{e}_1+\left(z_{B_1}-y_{B_1}\tan_\alpha\right)\boldsymbol{e}_5\right]\\ \boldsymbol{D}_{C_2}=\Delta\left(\boldsymbol{S}_{m_2}\boldsymbol{I}_6^{-1}\right)=g_2\boldsymbol{S}_{2,1}^C\wedge\boldsymbol{S}_{2,2}^C=g_2\left(-\mathrm{s}_\alpha\boldsymbol{e}_5+\mathrm{c}_\alpha\boldsymbol{e}_6\right)\wedge\left[\boldsymbol{e}_1+\left(z_{B_2}-y_{B_2}\tan_\alpha\right)\boldsymbol{e}_5\right]\\ \boldsymbol{D}_{C_3}=\Delta\left(\boldsymbol{S}_{m_3}\boldsymbol{I}_6^{-1}\right)=\boldsymbol{S}_{3,1}^C=\dfrac{x_{B_3}\mathrm{s}_\alpha-R\mathrm{s}_\alpha}{q_3\mathrm{c}_\alpha-z_{B_3}\mathrm{c}_\alpha+y_{B_3}\mathrm{s}_\alpha}\boldsymbol{e}_1+\boldsymbol{e}_2-q_3\boldsymbol{e}_4+\dfrac{q_3x_{B_3}\mathrm{s}_\alpha-Rq_3\mathrm{s}_\alpha}{q_3\mathrm{c}_\alpha-z_{B_3}\mathrm{c}_\alpha+y_{B_3}\mathrm{s}_\alpha}\boldsymbol{e}_5+R\boldsymbol{e}_6\end{cases} \tag{5.72}$$

$$\begin{cases}\boldsymbol{S}_1^{\mathrm{T}}=\left(y_{B_1}-R\right)\boldsymbol{e}_2+\left(z_{B_1}-q_1\right)\boldsymbol{e}_3+\left[q_1\left(R-y_{B_1}\right)+R\left(z_{B_1}-q_1\right)\right]\boldsymbol{e}_4\\ \boldsymbol{S}_2^{\mathrm{T}}=\left(y_{B_2}+R\right)\boldsymbol{e}_2+\left(z_{B_2}-q_2\right)\boldsymbol{e}_3+\left[-q_2\left(R+y_{B_2}\right)-R\left(z_{B_2}-q_2\right)\right]\boldsymbol{e}_4\\ \boldsymbol{S}_3^{\mathrm{T}}=\left(x_{B_3}-R\right)\boldsymbol{e}_1+y_{B_3}\boldsymbol{e}_2+\left(z_{B_3}-q_3\right)\boldsymbol{e}_3-q_3y_{B_3}\boldsymbol{e}_4+\left[q_3\left(x_{B_3}-R\right)-R\left(z_{B_3}-q_3\right)\right]\boldsymbol{e}_5+Ry_{B_3}\boldsymbol{e}_6\end{cases} \tag{5.73}$$

式中，$\boldsymbol{D}_{C_1}$、$\boldsymbol{D}_{C_2}$ 和 $\boldsymbol{D}_{C_3}$ 分别表示 2 阶片积、2 阶片积和 1 阶片积约束子空间；$\boldsymbol{S}_{1,1}^C$ 和 $\boldsymbol{S}_{2,1}^C$ 表示与分支虎克铰垂直的两个约束力偶；$\boldsymbol{S}_{1,2}^C$ 表示过 B_1 点且与分支 1 中转动副轴线平行的约束力；$\boldsymbol{S}_{2,2}^C$ 表示过 B_2 点且与分支 2 中转动副轴线平行的约束力；$\boldsymbol{S}_{3,1}^C$ 表示过 A_3 点的约束力，沿着由过 A_3 点和分支 3 中转动副轴线所组成的平面和 $z=0$ 平面的交线方向；$\boldsymbol{S}_i^T$ (i=1, 2, 3) 均表示过 A_i 点，沿着杆件 A_iB_i 方向的力螺旋。

根据式(5.72)和式(5.73)，可得到 PSR 分支中驱动力/约束力螺旋的分布情况，如图 5.16(a)所示，其中 $\boldsymbol{S}_3^T$ 和 $\boldsymbol{S}_{3,1}^C$ 的幅值分别定义为 f_{31} 和 f_{32}。为方便进行驱动力/约束力的投影和后续计算，在 PSR 分支中建立分支坐标系 B_3-$x_3y_3z_3$，其中 y_3 轴沿着转动副的轴线方向，z_3 轴沿着杆件 A_3B_3 方向，x_3 轴可通过右手定则得到，其方向垂直于杆件 A_3B_3，如图 5.16(b)所示。

作用于 A_3 点的约束力 f_{32} 等效为作用于 B_3 点的约束力 f'_{32} 加上沿着 $\boldsymbol{d}_m$ 方向的约束力偶 m_{31}，其中约束力偶 m_{31} 矢量形式可以表示为

$$\boldsymbol{m}_{31}=-l_2\boldsymbol{e}_3\times f_{32}\boldsymbol{d}_f=m_{31}\boldsymbol{d}_m \tag{5.74}$$

式中，$\boldsymbol{d}_f$ 表示约束力 f_{32} 的方向矢量；$\boldsymbol{d}_m$ 表示约束力偶 m_{31} 的方向矢量。

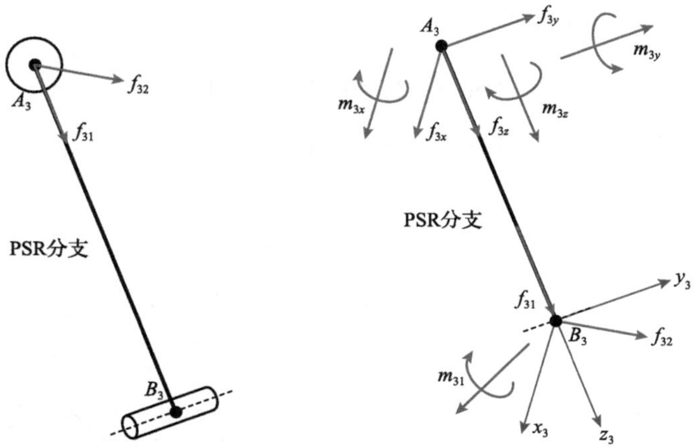

图 5.16　PSR 分支上驱动力和约束力的分布情况

根据图 5.16(b)中力的投影结果，PSR 分支中任意横截面处的内力/内力偶可以表示为

$$\begin{cases} f_{3x}=f_{32}\boldsymbol{d}_f\cdot\boldsymbol{e}_1 \\ f_{3y}=f_{32}\boldsymbol{d}_f\cdot\boldsymbol{e}_2 \\ f_{3z}=f_{32}\boldsymbol{d}_f\cdot\boldsymbol{e}_3+f_{31} \\ m_{3x}=\left(v_3\boldsymbol{e}_3\times f_{32}\boldsymbol{d}_f\right)\cdot\boldsymbol{e}_1-\left(l_2\boldsymbol{e}_3\times f_{32}\boldsymbol{d}_f\right)\cdot\boldsymbol{e}_1 \\ m_{3y}=\left(v_3\boldsymbol{e}_3\times f_{32}\boldsymbol{d}_f\right)\cdot\boldsymbol{e}_2-\left(l_2\boldsymbol{e}_3\times f_{32}\boldsymbol{d}_f\right)\cdot\boldsymbol{e}_2 \\ m_{3z}=\left(v_3\boldsymbol{e}_3\times f_{32}\boldsymbol{d}_f\right)\cdot\boldsymbol{e}_3-\left(l_2\boldsymbol{e}_3\times f_{32}\boldsymbol{d}_f\right)\cdot\boldsymbol{e}_3 \end{cases} \tag{5.75}$$

式中，v_3 表示选定横截面到 B_3 点的距离。

根据式(5.75)，可确定 PSR 分支的应变能 U_3。结合卡氏第二定理，可得到分支 PSR 沿着两个驱动力/约束力方向的弹性变形矢量 $\boldsymbol{\delta}_3=\left(\delta_{31},\ \delta_{32}\right)^{\mathrm{T}}$ 的表达式为

$$\begin{cases} \delta_{31}=\dfrac{\partial U_3}{\partial f_{31}}=\dfrac{l_2\left(\boldsymbol{d}_f\cdot\boldsymbol{e}_3\right)}{E_{l_2}A_{l_2}}f_{32}+\dfrac{l_2}{E_{l_2}A_{l_2}}f_{31} \\ \delta_{32}=\dfrac{\partial U_3}{\partial f_{32}}=\dfrac{l_2\left(\boldsymbol{d}_f\cdot\boldsymbol{e}_1\right)^2}{G_{l_2}A_{l_2x}}f_{32}+\dfrac{l_2\left(\boldsymbol{d}_f\cdot\boldsymbol{e}_2\right)^2}{G_{l_2}A_{l_2y}}f_{32}+\dfrac{l_2\left(\boldsymbol{d}_f\cdot\boldsymbol{e}_3\right)^2}{E_{l_2}A_{l_2}}f_{32}+\dfrac{l_2\boldsymbol{d}_f\cdot\boldsymbol{e}_3}{E_{l_2}A_{l_2}}f_{31} \\ \qquad+\dfrac{l_2^2\left(\boldsymbol{e}_3\times\boldsymbol{d}_f\cdot\boldsymbol{e}_1\right)^2}{3E_{l_2}I_{l_2x}}f_{32}+\dfrac{l_2^2\left(\boldsymbol{e}_3\times\boldsymbol{d}_f\cdot\boldsymbol{e}_2\right)^2}{3E_{l_2}I_{l_2y}}f_{32}+\dfrac{l_2^2\left(\boldsymbol{e}_3\times\boldsymbol{d}_f\cdot\boldsymbol{e}_3\right)^2}{3G_{l_2}J_{l_2}}f_{32} \end{cases} \tag{5.76}$$

式(5.76)可表示成矩阵形式为

$$\left(\delta_{31},\delta_{32}\right)^{\mathrm{T}}=\boldsymbol{C}_3\left(f_{31},f_{32}\right)^{\mathrm{T}} \tag{5.77}$$

式中，$\boldsymbol{C}_3$为2×2的分支对称柔度矩阵，可表示为

$$\boldsymbol{C}_3=\begin{bmatrix}\dfrac{l_2}{E_{l_2}A_{l_2}} & \dfrac{l_2\boldsymbol{d}_f\cdot\boldsymbol{e}_3}{E_{l_2}A_{l_2}}\\ \dfrac{l_2\boldsymbol{d}_f\cdot\boldsymbol{e}_3}{E_{l_2}A_{l_2}} & \begin{gathered}\dfrac{l_2\left(\boldsymbol{d}_f\cdot\boldsymbol{e}_1\right)^2}{G_{l_2}A_{l_2x}}+\dfrac{l_2\left(\boldsymbol{d}_f\cdot\boldsymbol{e}_2\right)^2}{G_{l_2}A_{l_2y}}+\dfrac{l_2\left(\boldsymbol{d}_f\cdot\boldsymbol{e}_3\right)^2}{E_{l_2}A_{l_2}}\\ +\dfrac{l_2^2\left(\boldsymbol{e}_3\times\boldsymbol{d}_f\cdot\boldsymbol{e}_1\right)^2}{3E_{l_2}I_{l_2x}}+\dfrac{l_2^2\left(\boldsymbol{e}_3\times\boldsymbol{d}_f\cdot\boldsymbol{e}_2\right)^2}{3E_{l_2}I_{l_2y}}+\dfrac{l_2^2\left(\boldsymbol{e}_3\times\boldsymbol{d}_f\cdot\boldsymbol{e}_3\right)^2}{3G_{l_2}J_{l_2}}\end{gathered}\end{bmatrix} \tag{5.78}$$

根据式(5.78)，可得到 PSR 分支的解析刚度矩阵$\boldsymbol{K}_3$为

$$\boldsymbol{K}_3=\boldsymbol{C}_3^{-1} \tag{5.79}$$

2. 2PRU-PSR 过约束并联机器人的整体解析刚度矩阵

根据 PRU 和 PSR 分支中驱动力/约束力的分布情况，可得到作用于 2PRU-PSR 过约束并联机器人动平台的外部载荷和反作用力，如图 5.17 所示。结合式(5.45)和式(5.46)，该机器人的整体解析刚度矩阵可表示为

$$\boldsymbol{K}=\overline{\boldsymbol{D}}_{C_1}\boldsymbol{K}_1\overline{\boldsymbol{D}}_{C_1}^{\mathrm{T}}+\overline{\boldsymbol{D}}_{C_2}\boldsymbol{K}_2\overline{\boldsymbol{D}}_{C_2}^{\mathrm{T}}+\overline{\boldsymbol{D}}_{C_3}\boldsymbol{K}_3\overline{\boldsymbol{D}}_{C_3}^{\mathrm{T}} \tag{5.80}$$

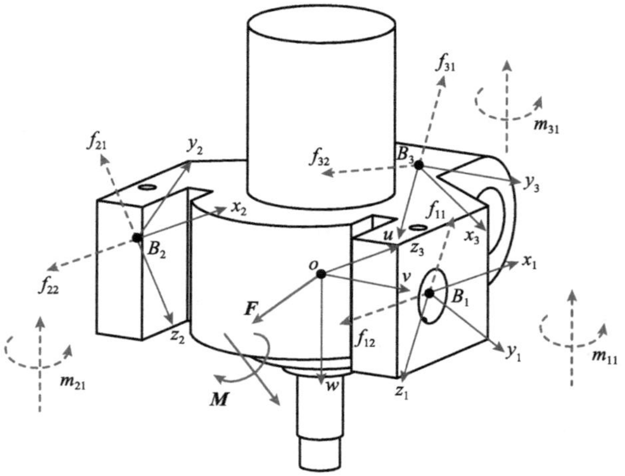

图 5.17　2PRU-PSR 过约束并联机器人动平台上作用的外部载荷和反作用力

此外，可推得 2PRU-PSR 过约束并联机器人中各分支的力幅值矢量为

$$\begin{cases}\left(f_{i1},f_{i2},m_{i1}\right)^{\mathrm{T}}=\boldsymbol{K}_i\left(\delta_{i1},\delta_{i2},\psi_{i1}\right)^{\mathrm{T}}=\boldsymbol{K}_i\overline{\boldsymbol{D}}_{C_i}^{\mathrm{T}}\boldsymbol{K}^{-1}\boldsymbol{W},\ i=1,2\\ \left(f_{31},f_{32}\right)^{\mathrm{T}}=\boldsymbol{K}_3\left(\delta_{31},\delta_{32}\right)^{\mathrm{T}}=\boldsymbol{K}_3\overline{\boldsymbol{D}}_{C_3}^{\mathrm{T}}\boldsymbol{K}^{-1}\boldsymbol{W}\end{cases} \tag{5.81}$$

3. 理论刚度模型和有限元模型的对比结果

类似于 5.4.1 节中 Tex3 过约束并联机器人理论刚度模型的验证过程，本节也通过有限元法来对比验证 2PRU-PSR 过约束并联机器人理论刚度模型的正确性。表 5.16 和表 5.17 分别列出了 2PRU-PSR 过约束并联机器人的杆件尺寸和材料参数，以及位形和外部载荷不同的三个示例。通过 ANSYS 软件仿真可得到 2PRU-PSR 过约束并联机器人三个示例的线性变形和角度变形结果，如图 5.18 所示。

表 5.16　2PRU-PSR 过约束并联机器人的杆件尺寸和材料参数

参数	数值
e_1,e_2/mm	100
l_1,l_2/mm	300
R/mm	200
d/mm	100
A/mm^2	7853.98
E/GPa	210
G/GPa	80
α,β/rad	−π/6～π/6

表 5.17　2PRU-PSR 过约束并联机器人的三个示例

参数	示例 1	示例 2	示例 3
z_o/mm	550	550	550
α/rad	0	0	−π/12
β/rad	0	0	π/12
F_x/N	0	40	40
F_y/N	0	60	60
F_z/N	100	80	80
M_x/(N·m)	0	40	40
M_y/(N·m)	0	60	60
M_z/(N·m)	0	80	80

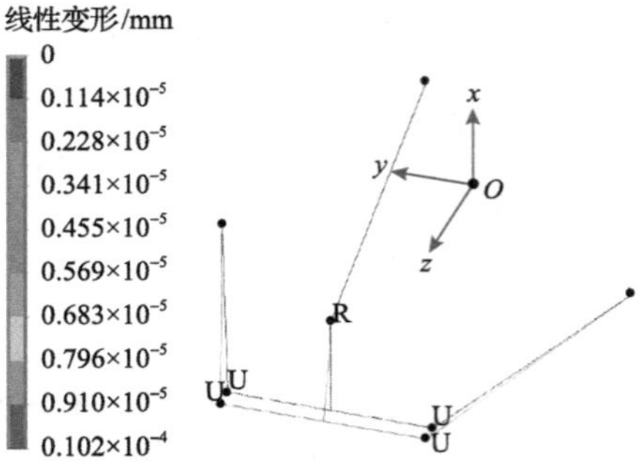

(a) 示例1的线性变形

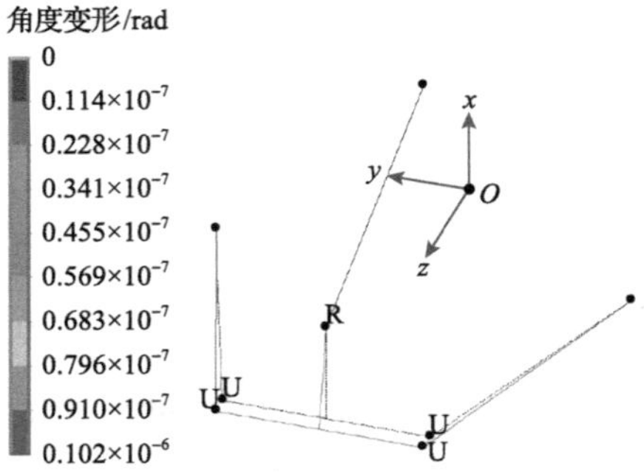

(b) 示例1的角度变形

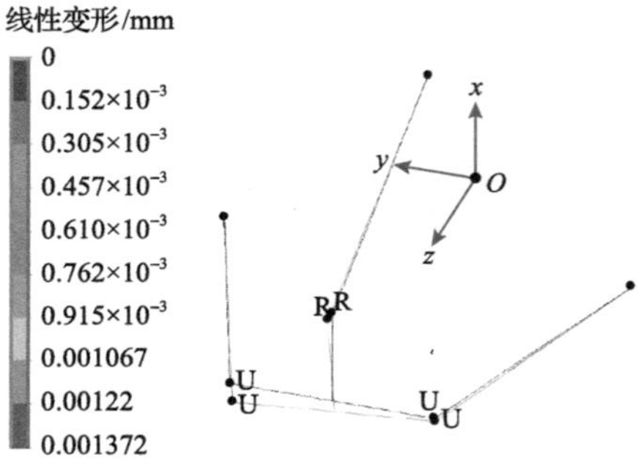

(c) 示例2的线性变形

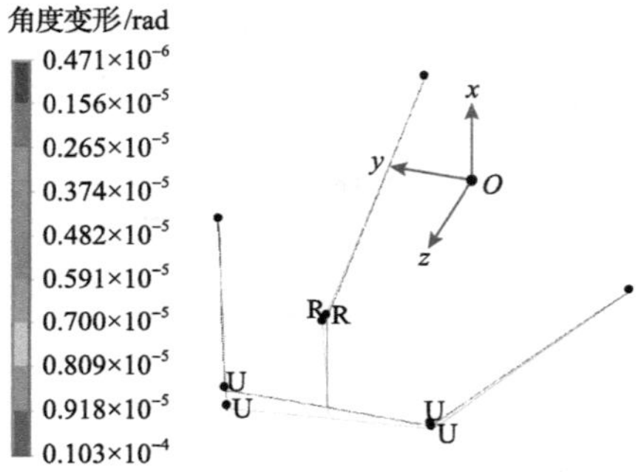

(d) 示例2的角度变形

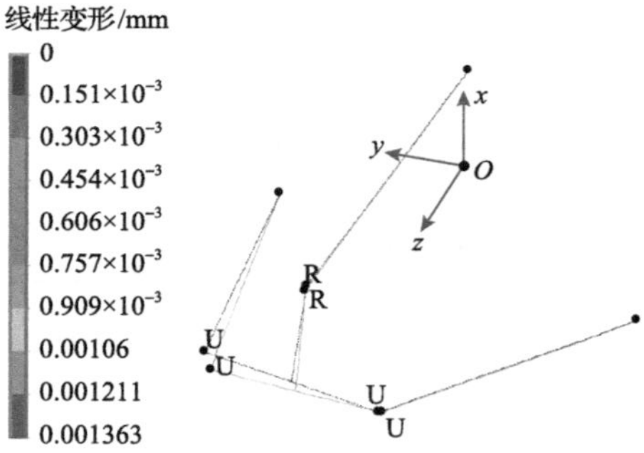

(e) 示例3的线性变形

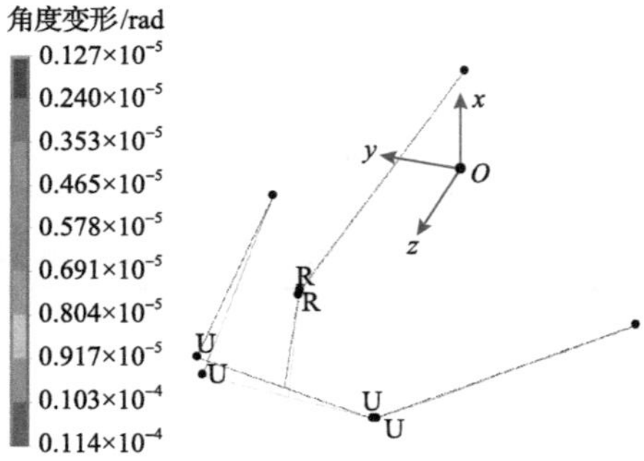

(f) 示例3的角度变形

图 5.18　2PRU-PSR 过约束并联机器人在三个示例下的变形结果

在示例 1 中，由于 2PRU-PSR 过约束并联机器人的两个输出转角为 0°，并且只受到沿 z 轴方向的外力，所以动平台原点 o 只沿 z 轴发生微小移动和绕 y 轴发生微小转动。在示例 2 和示例 3 中，由于动平台受到一般外部载荷，所以动平台原点 o 在各个方向上均会发生微小偏移和转动。表 5.18 列出了 2PRU-PSR 过约束并联机器人动平台原点 o 变形情况的理论结果和仿真结果对比。对比发现，理论结果和仿真结果基本一致，三个示例中所有变形的相对误差均不超过 1.11%。

表 5.18　2PRU-PSR 过约束并联机器人理论结果和仿真结果的变形对比

示例	参数	沿 x 轴的线性变形	沿 y 轴的线性变形	沿 z 轴的线性变形	绕 x 轴的角度变形	绕 y 轴的角度变形	绕 z 轴的角度变形
1	理论结果	0mm	0mm	1.0231×10^{-5}mm	0rad	1.0231×10^{-7}rad	0rad
	仿真结果	2.2178×10^{-19}mm	1.0842×10^{-19}mm	1.0239×10^{-5}mm	-1.3235×10^{-23}rad	1.0239×10^{-7}rad	6.0219×10^{-22}rad
	相对误差	—	—	0.08%	—	0.08%	—
2	理论结果	-7.4351×10^{-4}mm	-1.6007×10^{-4}mm	6.9573×10^{-5}mm	-4.4813×10^{-7}rad	4.5522×10^{-6}rad	6.0710×10^{-6}rad
	仿真结果	-7.5187×10^{-4}mm	-1.5891×10^{-4}mm	6.9628×10^{-5}mm	-4.4393×10^{-7}rad	4.5833×10^{-6}rad	6.1087×10^{-6}rad
	相对误差	1.11%	0.73%	0.08%	0.95%	0.68%	0.62%
3	理论结果	-5.3531×10^{-4}mm	-3.4898×10^{-4}mm	1.6144×10^{-4}mm	-1.3122×10^{-6}rad	5.8573×10^{-6}rad	6.3111×10^{-6}rad
	仿真结果	-5.4110×10^{-4}mm	-3.4977×10^{-4}mm	1.6172×10^{-4}mm	-1.3153×10^{-6}rad	5.8949×10^{-6}rad	6.3512×10^{-6}rad
	相对误差	1.07%	0.23%	0.17%	0.24%	0.64%	0.63%

同样地，也可通过对比 2PRU-PSR 过约束并联机器人的整体柔度矩阵来验证理论模型的正确性。以示例 3 为例，2PRU-PSR 过约束并联机器人的整体理论柔度矩阵为

$$
\boldsymbol{C}_{理论}=\begin{bmatrix}
4.2715\times10^{-6} & 4.0331\times10^{-8} & -1.2132\times10^{-8} & 1.6233\times10^{-10} & -1.7530\times10^{-8} & 4.2207\times10^{-9} \\
4.0331\times10^{-8} & 2.7246\times10^{-6} & -7.8836\times10^{-7} & 9.5203\times10^{-9} & -3.0238\times10^{-9} & -8.1298\times10^{-9} \\
-1.2132\times10^{-8} & -7.8836\times10^{-7} & 3.4166\times10^{-7} & -2.8740\times10^{-9} & 2.1189\times10^{-9} & 2.1215\times10^{-9} \\
1.6233\times10^{-10} & 9.5203\times10^{-9} & -2.8740\times10^{-9} & 4.3111\times10^{-11} & -1.3118\times10^{-11} & -3.2467\times10^{-11} \\
-1.7530\times10^{-8} & -3.0238\times10^{-9} & 2.1189\times10^{-9} & -1.3118\times10^{-11} & 1.1868\times10^{-10} & -3.1758\times10^{-13} \\
4.2207\times10^{-9} & -8.1298\times10^{-9} & 2.1215\times10^{-9} & -3.2467\times10^{-11} & -3.1758\times10^{-13} & 9.7225\times10^{-11}
\end{bmatrix} \tag{5.82}
$$

2PRU-PSR 过约束并联机器人的整体仿真柔度矩阵为

$$
\boldsymbol{C}_{仿真}=\begin{bmatrix}
4.3199\times10^{-6} & 4.0464\times10^{-8} & -1.2172\times10^{-8} & 1.6286\times10^{-10} & -1.7727\times10^{-8} & 4.2207\times10^{-9} \\
4.0464\times10^{-8} & 2.7485\times10^{-6} & -7.9552\times10^{-7} & 9.6152\times10^{-9} & -3.0468\times10^{-9} & -8.1807\times10^{-9} \\
-1.2172\times10^{-8} & -7.9552\times10^{-7} & 3.4389\times10^{-7} & -2.9026\times10^{-9} & 2.1268\times10^{-9} & 2.1366\times10^{-9} \\
1.6286\times10^{-10} & 9.6152\times10^{-9} & -2.9026\times10^{-9} & 4.3497\times10^{-11} & -1.3211\times10^{-11} & -3.2672\times10^{-11} \\
-1.7727\times10^{-8} & -3.0468\times10^{-9} & 2.1268\times10^{-9} & -1.3211\times10^{-11} & 1.1957\times10^{-10} & -3.2156\times10^{-13} \\
4.2722\times10^{-9} & -8.1807\times10^{-9} & 2.1366\times10^{-9} & -3.2672\times10^{-11} & -3.2156\times10^{-13} & 9.7859\times10^{-11}
\end{bmatrix} \tag{5.83}
$$

对比式(5.82)和式(5.83)，可得到两个柔度矩阵中各个元素的相对误差为

$$
\Delta\boldsymbol{C}=\begin{bmatrix}
1.12\% & 0.33\% & 0.33\% & 0.33\% & 1.11\% & 1.21\% \\
0.33\% & 0.87\% & 0.90\% & 0.99\% & 0.75\% & 0.62\% \\
0.33\% & 0.90\% & 0.65\% & 0.99\% & 0.37\% & 0.71\% \\
0.33\% & 0.99\% & 0.99\% & 0.89\% & 0.70\% & 0.63\% \\
1.11\% & 0.75\% & 0.37\% & 0.70\% & 0.74\% & 1.24\% \\
1.21\% & 0.62\% & 0.71\% & 0.63\% & 1.24\% & 0.65\%
\end{bmatrix} \tag{5.84}
$$

从式(5.84)可以发现，基于几何代数解析静刚度建模方法得到的柔度矩阵和通过有限元仿真得到的柔度矩阵基本一致，所有相对误差均不超过 1.24%。上述两个对比结果均证明了 2PRU-PSR 过约束并联机器人解析静刚度模型的正确性，其可替代 ANSYS 软件的仿真结果。

通过对非冗余驱动 Tex3 过约束并联机器人和 2PRU-PSR 过约束并联机器人的解析静刚度建模分析和验证，证明了所提几何代数静刚度建模方法在非冗余驱动并联机器人刚度建模上的正确性，并具有推导简单、计算方便、精度高等优点。

5.4.3　算例 3：Tex4 冗余驱动过约束并联机器人的静刚度建模与验证

本节主要对 Tex4 冗余驱动过约束并联机器人[16,22]进行解析静刚度建模与验证。基于 5.4.1 节中 Tex3 过约束并联机器人的静刚度分析结果，本节将直接给出 Tex4 冗余驱动过约束并联机器人的分支和整体解析刚度矩阵，并通过 ANSYS 软件进行不同位形和负载下的理论刚度模型验证。

1. 分支和整体的解析刚度矩阵

为进一步证明所提解析静刚度建模方法的正确性和一般性，选取非交叉型 Tex4

冗余驱动过约束并联机器人作为研究对象，其内部受力情况如图 5.19 所示。由于前面已经阐述了如何确定 PUR 分支和 PRU 分支的应变能和刚度矩阵，所以此处省略推导过程。Tex4 冗余驱动过约束并联机器人各分支的柔度矩阵可以表示为

$$\boldsymbol{C}_i=\begin{bmatrix}\dfrac{l_3}{E_{l_3}A_{l_3}} & 0 & 0\\ 0 & \dfrac{l_3}{G_{l_3}A_{l_3y}}+\dfrac{l_3^3}{3E_{l_3}I_{l_3x}} & \dfrac{l_3^2\boldsymbol{n}_i\cdot\boldsymbol{e}_1}{2E_{l_3}I_{l_3x}}\\ 0 & \dfrac{l_3^2\boldsymbol{n}_i\cdot\boldsymbol{e}_1}{2E_{l_3}I_{l_3x}} & \dfrac{l_3\left(\boldsymbol{n}_i\cdot\boldsymbol{e}_1\right)^2}{E_{l_3}I_{l_3x}}+\dfrac{l_3\left(\boldsymbol{n}_i\cdot\boldsymbol{e}_3\right)^2}{G_{l_3}J_{l_3}}\end{bmatrix},\quad i=1,2 \tag{5.85}$$

和

$$\boldsymbol{C}_i=\begin{bmatrix}\dfrac{l_4}{E_{l_4}A_{l_4}} & 0 & 0\\ 0 & \dfrac{l_4}{G_{l_4}A_{l_4x}}+\dfrac{l_4^3}{3E_{l_4}I_{l_4y}} & \dfrac{l_4^2\boldsymbol{n}_i\cdot\boldsymbol{e}_2}{2E_{l_4}I_{l_4y}}\\ 0 & \dfrac{l_4^2\boldsymbol{n}_i\cdot\boldsymbol{e}_2}{2E_{l_4}I_{l_4y}} & \dfrac{l_4\left(\boldsymbol{n}_i\cdot\boldsymbol{e}_2\right)^2}{E_{l_4}I_{l_4y}}+\dfrac{l_4\left(\boldsymbol{n}_i\cdot\boldsymbol{e}_3\right)^2}{G_{l_4}J_{l_4}}\end{bmatrix},\quad i=3,4 \tag{5.86}$$

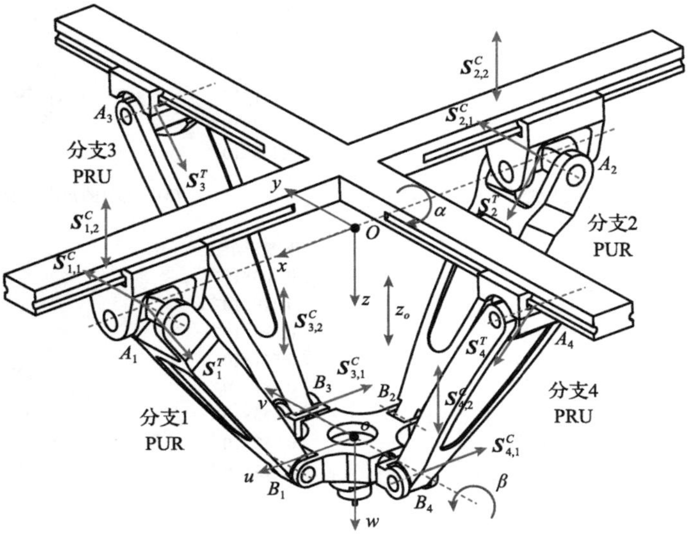

图 5.19　Tex4 冗余驱动过约束并联机器人中的约束力和驱动力分布情况

根据式(5.85)和式(5.86)，可得到 Tex4 冗余驱动过约束并联机器人的整体解析刚度矩阵为

$$\boldsymbol{K}=\overline{\boldsymbol{D}}_{C_1}\boldsymbol{K}_1\overline{\boldsymbol{D}}_{C_1}^{\mathrm{T}}+\overline{\boldsymbol{D}}_{C_2}\boldsymbol{K}_2\overline{\boldsymbol{D}}_{C_2}^{\mathrm{T}}+\overline{\boldsymbol{D}}_{C_3}\boldsymbol{K}_3\overline{\boldsymbol{D}}_{C_3}^{\mathrm{T}}+\overline{\boldsymbol{D}}_{C_4}\boldsymbol{K}_4\overline{\boldsymbol{D}}_{C_4}^{\mathrm{T}} \tag{5.87}$$

同样地，可推得 Tex4 冗余驱动过约束并联机器人中各分支的力幅值矢量为

$$\left(f_{i1},f_{i2},m_{i1}\right)^{\mathrm{T}}=\boldsymbol{K}_i\left(\delta_{i1},\delta_{i2},\psi_{i1}\right)^{\mathrm{T}}=\boldsymbol{K}_i\overline{\boldsymbol{D}}_{C_i}^{\mathrm{T}}\boldsymbol{K}^{-1}\boldsymbol{W},\quad i=1,2,3,4 \tag{5.88}$$

2. 理论刚度模型和有限元模型的对比结果

类似于 Tex3 过约束并联机器人刚度模型的验证过程，本节也通过有限元法来验证 Tex4 冗余驱动过约束并联机器人理论刚度模型的正确性。此处，设 Tex4 冗余驱动过约束并联机器人的结构参数、验证位形和所施加的外部载荷与 Tex3 过约束并联机器人一致。根据表 5.13 中的杆件尺寸和材料参数，以及表 5.14 中位形和外部载荷不同的三个示例，可得到 ANSYS 软件中 Tex4 冗余驱动过约束并联机器人三个示例的变形结果，包括线性变形和角度变形，如图 5.20 所示。在示例 1 中，Tex4 冗余驱动过约束并联机器人的两个输出转角为 0°，并且只受到沿着 z 轴方向

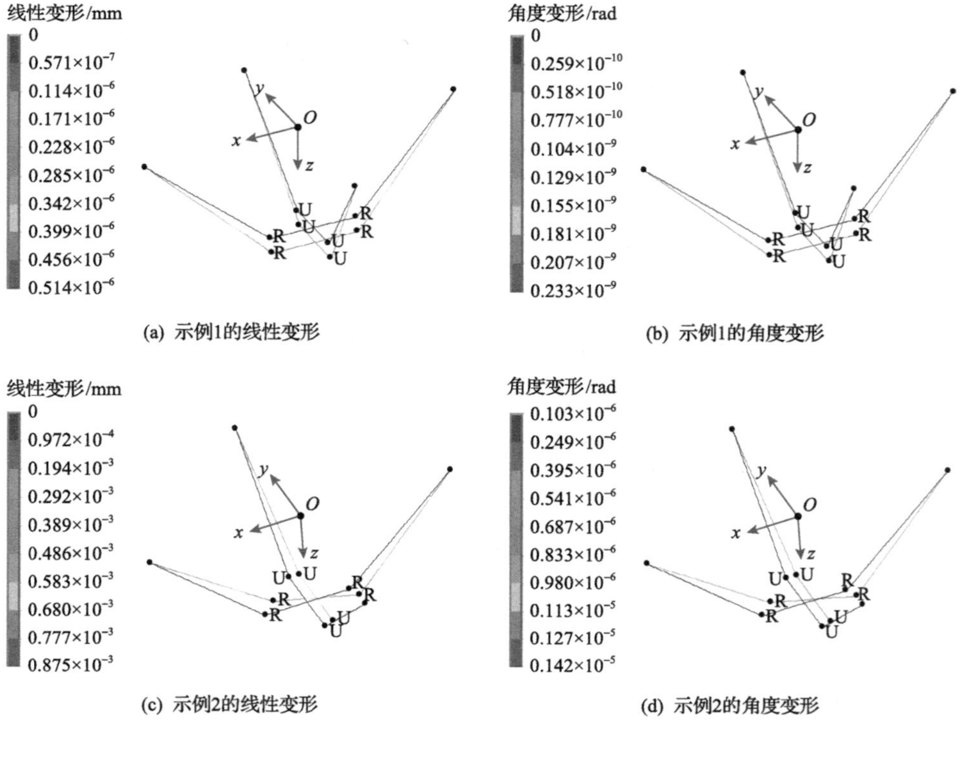

(a) 示例1的线性变形　(b) 示例1的角度变形

(c) 示例2的线性变形　(d) 示例2的角度变形

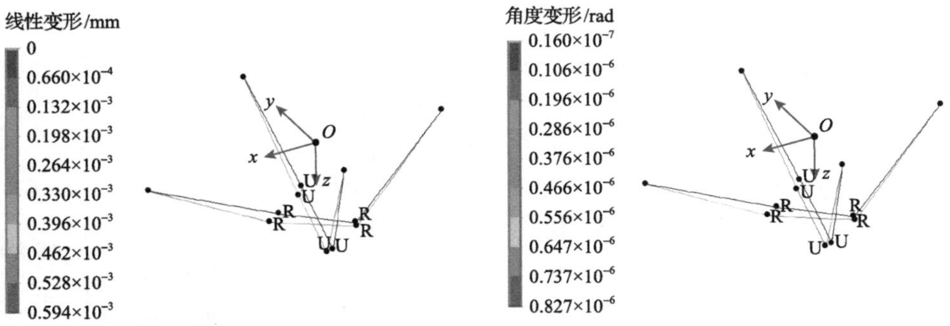

(e) 示例3的线性变形　　　　(f) 示例3的角度变形

图 5.20　Tex4 冗余驱动过约束并联机器人在三个示例下的变形结果

的外力。不同于 Tex3 过约束并联机器人，此时该机器人为中心对称结构，因此动平台原点 o 只沿着 z 轴发生微小移动，不发生任何微小转动。在示例 2 和示例 3 中，由于动平台受到一般情况的外部载荷，所以原点 o 在各个方向上均会发生微小移动和微小转动。表 5.19 列出了 Tex4 冗余驱动过约束并联机器人动平台原点 o 变形情况的理论结果和仿真结果对比。对比发现，理论结果和仿真结果基本一致，三个示例中所有变形的相对误差均不超过 0.58%。

表 5.19　Tex4 冗余驱动过约束并联机器人理论结果和仿真结果的变形对比

示例	参数	沿 x 轴的线性变形	沿 y 轴的线性变形	沿 z 轴的线性变形	绕 x 轴的角度变形	绕 y 轴的角度变形	绕 z 轴的角度变形
1	理论结果	0mm	0mm	5.13×10^{-7}mm	0rad	0rad	0rad
	仿真结果	5.42×10^{-20}mm	1.18×10^{-19}mm	5.14×10^{-7}mm	1.95×10^{-23}rad	0rad	2.66×10^{-23}rad
	相对误差	—	—	0.19%	—	0%	—
2	理论结果	-5.86×10^{-4}mm	1.14×10^{-4}mm	5.13×10^{-7}mm	2.67×10^{-7}rad	1.38×10^{-6}rad	1.40×10^{-7}rad
	仿真结果	-5.88×10^{-4}mm	1.14×10^{-4}mm	5.14×10^{-7}mm	2.67×10^{-7}rad	1.39×10^{-6}rad	1.40×10^{-7}rad
	相对误差	0.34%	0%	0.19%	0%	0.72%	0%
3	理论结果	1.70×10^{-4}mm	9.42×10^{-5}mm	2.13×10^{-4}mm	4.99×10^{-7}rad	-4.74×10^{-7}rad	4.54×10^{-7}rad
	仿真结果	1.71×10^{-4}mm	9.44×10^{-5}mm	2.13×10^{-4}mm	5.00×10^{-7}rad	-4.75×10^{-7}rad	4.55×10^{-7}rad
	相对误差	0.58%	0.21%	0%	0.20%	0.21%	0.22%

同样地，也可通过对比机器人的整体柔度矩阵来验证理论模型的正确性。以示例 3 为例，Tex4 冗余驱动过约束并联机器人的整体理论柔度矩阵为

$$
\boldsymbol{C}_{\text{理论}}=\begin{bmatrix}
3.9149\times10^{-5} & 2.0884\times10^{-5} & 4.7418\times10^{-5} & 1.1017\times10^{-7} & -1.2273\times10^{-7} & 7.5522\times10^{-8} \\
2.0884\times10^{-5} & 1.2293\times10^{-5} & 2.5886\times10^{-5} & 6.1385\times10^{-8} & -6.7280\times10^{-8} & 4.1008\times10^{-8} \\
4.7418\times10^{-5} & 2.5886\times10^{-5} & 5.9945\times10^{-5} & 1.3856\times10^{-7} & -1.5263\times10^{-7} & 9.3332\times10^{-8} \\
1.1017\times10^{-7} & 6.1385\times10^{-8} & 1.3856\times10^{-7} & 3.2741\times10^{-10} & -3.5495\times10^{-10} & 2.1635\times10^{-10} \\
-1.2273\times10^{-7} & -6.7280\times10^{-8} & -1.5263\times10^{-7} & -3.5495\times10^{-10} & 4.2110\times10^{-10} & -1.9756\times10^{-10} \\
7.5522\times10^{-8} & 4.1008\times10^{-8} & 9.3332\times10^{-8} & 2.1635\times10^{-10} & -1.9756\times10^{-10} & 2.2537\times10^{-10}
\end{bmatrix} \tag{5.89}
$$

Tex4 冗余驱动过约束并联机器人的整体仿真柔度矩阵为

$$
\boldsymbol{C}_{\text{仿真}}=\begin{bmatrix}
3.9250\times10^{-5} & 2.0939\times10^{-5} & 4.7543\times10^{-5} & 1.1047\times10^{-7} & -1.2306\times10^{-7} & 7.5712\times10^{-8} \\
2.0939\times10^{-5} & 1.2325\times10^{-5} & 2.5955\times10^{-5} & 6.1559\times10^{-8} & -6.7461\times10^{-8} & 4.1114\times10^{-8} \\
4.7543\times10^{-5} & 2.5955\times10^{-5} & 6.0102\times10^{-5} & 1.3893\times10^{-7} & -1.5304\times10^{-7} & 9.3570\times10^{-8} \\
1.1047\times10^{-7} & 6.1559\times10^{-8} & 1.3893\times10^{-7} & 3.2828\times10^{-10} & -3.5590\times10^{-10} & 2.1691\times10^{-10} \\
-1.2306\times10^{-7} & -6.7461\times10^{-8} & -1.5304\times10^{-7} & -3.5590\times10^{-10} & 4.2223\times10^{-10} & -1.9805\times10^{-10} \\
7.5712\times10^{-8} & 4.1114\times10^{-8} & 9.3570\times10^{-8} & 2.1691\times10^{-10} & -1.9805\times10^{-10} & 2.2595\times10^{-10}
\end{bmatrix} \tag{5.90}
$$

对比式(5.89)和式(5.90)，可得到两个柔度矩阵中各个元素的相对误差为

$$
\Delta\boldsymbol{C}=\begin{bmatrix}
0.26\% & 0.26\% & 0.26\% & 0.27\% & 0.27\% & 0.25\% \\
0.26\% & 0.26\% & 0.27\% & 0.28\% & 0.27\% & 0.26\% \\
0.26\% & 0.27\% & 0.26\% & 0.27\% & 0.27\% & 0.25\% \\
0.27\% & 0.28\% & 0.27\% & 0.27\% & 0.27\% & 0.26\% \\
0.27\% & 0.27\% & 0.27\% & 0.27\% & 0.27\% & 0.25\% \\
0.25\% & 0.26\% & 0.25\% & 0.26\% & 0.25\% & 0.26\%
\end{bmatrix} \tag{5.91}
$$

从式(5.91)可以发现，基于几何代数解析静刚度建模方法得到的柔度矩阵和通过有限元仿真得到的柔度矩阵基本一致，所有相对误差均不超过 0.28%。上述

两个对比结果均证明了 Tex4 冗余驱动过约束并联机器人解析静刚度模型的正确性，其可替代 ANSYS 软件的仿真结果。

5.4.4 算例 4：2PRU-2UPR 冗余驱动过约束并联机器人的静刚度建模与验证

本节对 2PRU-2UPR 冗余驱动过约束并联机器人[23,24]进行解析静刚度建模与验证，主要包括建立 UPR 分支和整体的解析刚度矩阵，并通过 ANSYS 仿真软件进行不同位形和负载下的理论刚度模型验证。

1. UPR 分支的解析刚度矩阵

2PRU-2UPR 冗余驱动过约束并联机器人的约束力和驱动力分布情况如图 5.21 所示。由于在 Tex3 过约束并联机器人的刚度建模分析中已完成 PRU 分支解析刚度矩阵的推导，所以本节仅对 UPR 分支进行分析。选取第一条 UPR 分支作为示例，根据 5.3.2 节中的运动分支约束力和驱动力的推导方法，可得第一条 UPR 分支约束力螺旋所张成的子空间 $\boldsymbol{D}_{C_3}$ 和分支驱动力螺旋 $\boldsymbol{S}_3^T$ 分别为

$$\boldsymbol{D}_{C_3}=\Delta\left(\boldsymbol{S}_{m_3}\boldsymbol{I}_6^{-1}\right)=g_3\boldsymbol{S}_{3,1}^C\wedge\boldsymbol{S}_{3,2}^C=g_3\left(\mathrm{c}_\alpha\boldsymbol{e}_2-\mathrm{s}_\alpha\boldsymbol{e}_3+l_2\mathrm{s}_\alpha\boldsymbol{e}_4+l_2\mathrm{c}_\alpha\boldsymbol{e}_6\right)\wedge\left(\mathrm{s}_\alpha\boldsymbol{e}_5+\mathrm{c}_\alpha\boldsymbol{e}_6\right) \tag{5.92}$$

$$\boldsymbol{S}_3^T=x_{B_3}\boldsymbol{e}_1+\left(y_{B_3}+l_2\right)\boldsymbol{e}_2+z_{B_3}\boldsymbol{e}_3-l_2z_{B_3}\boldsymbol{e}_4+l_2x_{B_3}\boldsymbol{e}_6 \tag{5.93}$$

式中，$\boldsymbol{D}_{C_3}$ 表示 2 阶片积约束子空间；$\boldsymbol{S}_{3,1}^C$ 表示过 A_3 点且与转动副轴线平行的约束力；$\boldsymbol{S}_{3,2}^C$ 表示与分支虎克铰垂直的约束力偶；$\boldsymbol{S}_3^T$ 表示过 A_3 点且沿着杆件 A_3B_3 方向的力螺旋。

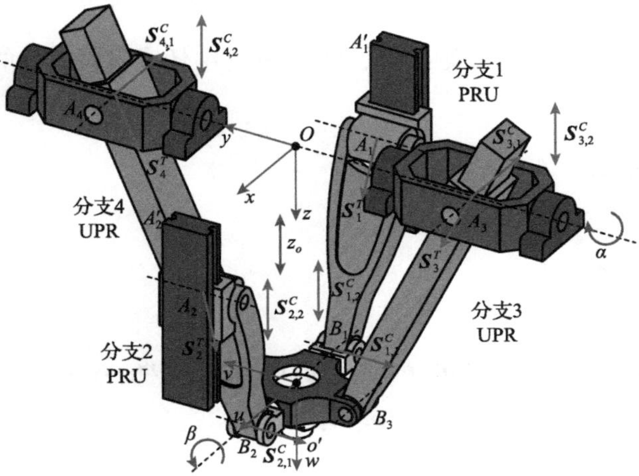

图 5.21 2PRU-2UPR 冗余驱动过约束并联机器人的约束力和驱动力分布情况

根据式(5.92)和式(5.93)，可得到 UPR 分支中驱动力和约束力螺旋的分布情况，如图 5.22(a)所示，其中 $\boldsymbol{S}_3^T$ 、 $\boldsymbol{S}_{3,1}^C$ 和 $\boldsymbol{S}_{3,2}^C$ 的幅值分别定义为 f_{31} 、 f_{32} 和 m_{31}。为方便进行驱动力和约束力的投影，在 UPR 分支中建立分支坐标系 $B_3\text{-}x_3y_3z_3$ ，其中 x_3 轴沿着转动副的轴线方向， z_3 轴沿着杆件 A_3B_3 方向， y_3 轴可通过右手定则得到，其方向垂直于杆件 A_3B_3 ，如图 5.22(b)所示。作用于 A_3 点的约束力 f_{32} 等效为作用于 B_3 点的约束力 f'_{32} 加上沿着 y_3 轴的约束力偶 m_{32} ，其中约束力偶 m_{32} 的矢量形式可以表示为

$$\boldsymbol{m}_{32} = -q_3\boldsymbol{e}_3 \times f_{32}\boldsymbol{e}_1 = -q_3 f_{32}\boldsymbol{e}_2 = m_{32}\boldsymbol{e}_2 \tag{5.94}$$

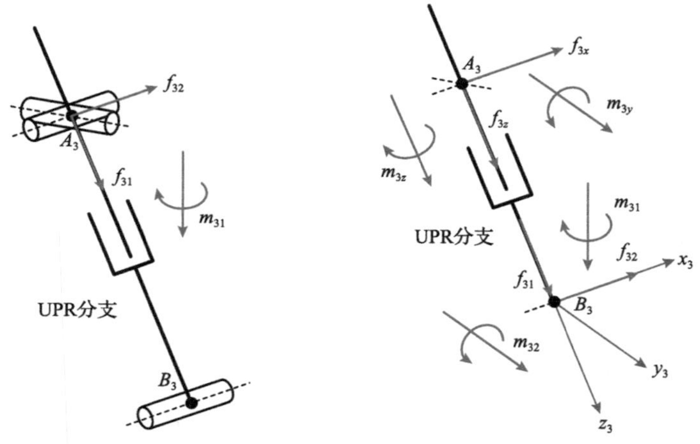

图 5.22　UPR 分支上驱动力和约束力的分布情况

根据图 5.22(b)中力的投影结果，UPR 分支中任意横截面处的内力/内力偶可以表示为

$$\begin{cases} f_{3x} = f_{32}\boldsymbol{e}_1 \cdot \boldsymbol{e}_1 = f_{32} \\ f_{3y} = 0 \\ f_{3z} = f_{31}\boldsymbol{e}_3 \cdot \boldsymbol{e}_3 = f_{31} \\ m_{3x} = 0 \\ m_{3y} = \left(v_3\boldsymbol{e}_3 \times f_{32}\boldsymbol{e}_1\right)\cdot \boldsymbol{e}_2 + m_{31}\boldsymbol{n}_3 \cdot \boldsymbol{e}_2 - q_3 f_{32}\boldsymbol{e}_2 \cdot \boldsymbol{e}_2 = m_{31}\boldsymbol{n}_3 \cdot \boldsymbol{e}_2 - q_3 f_{32} + v_3 f_{32} \\ m_{3z} = m_{31}\boldsymbol{n}_3 \cdot \boldsymbol{e}_3 - q_3 f_{32}\boldsymbol{e}_2 \cdot \boldsymbol{e}_3 = m_{31}\boldsymbol{n}_3 \cdot \boldsymbol{e}_3 \end{cases} \tag{5.95}$$

式中， $\boldsymbol{n}_3$ 表示约束力偶 m_{31} 的方向矢量； v_3 表示选定横截面到 B_3 点的距离。

根据式(5.95)，可确定 UPR 分支的应变能 U_3 为

$$
\begin{aligned}
U_3 &= \int_0^{q_3}\left(\frac{f_{3x}^2}{2G_{q_3}A_{q_3x}}+\frac{f_{3z}^2}{2E_{q_3}A_{q_3}}+\frac{m_{3y}^2}{2E_{q_3}I_{q_3y}}+\frac{m_{3z}^2}{2G_{q_3}J_{q_3}}\right)\mathrm{d}v_3 \\
&= \frac{q_3}{2G_{q_3}A_{q_3x}}f_{32}^2+\frac{q_3}{2E_{q_3}A_{q_3}}f_{31}^2+\int_0^{q_3}\frac{\left(m_{31}\boldsymbol{n}_3\cdot\boldsymbol{e}_2-q_3f_{32}+v_3f_{32}\right)^2}{2E_{q_3}I_{q_3y}}\mathrm{d}v_3+\frac{q_3\left(\boldsymbol{n}_3\cdot\boldsymbol{e}_3\right)^2}{2G_{q_3}J_{q_3}}m_{31}^2 \\
&= \frac{q_3}{2G_{q_3}A_{q_3x}}f_{32}^2+\frac{q_3}{2E_{q_3}A_{q_3}}f_{31}^2+\frac{q_3^3}{6E_{q_3}I_{q_3y}}f_{32}^2 \\
&\quad -\frac{q_3^2\boldsymbol{n}_3\cdot\boldsymbol{e}_2}{2E_{q_3}I_{q_3y}}f_{32}m_{31}+\frac{q_3\left(\boldsymbol{n}_3\cdot\boldsymbol{e}_2\right)^2}{2E_{q_3}I_{q_3y}}m_{31}^2+\frac{q_3\left(\boldsymbol{n}_3\cdot\boldsymbol{e}_3\right)^2}{2G_{q_3}J_{q_3}}m_{31}^2
\end{aligned}
\tag{5.96}
$$

结合卡氏第二定理，可得到分支 UPR 沿着三个驱动力/约束力方向的弹性变形矢量 $\boldsymbol{\delta}_3=\left(\delta_{31},\ \delta_{32},\ \psi_{31}\right)^{\mathrm{T}}$ 的表达式，即

$$
\begin{cases}
\delta_{31}=\dfrac{\partial U_3}{\partial f_{31}}=\dfrac{q_3}{E_{q_3}A_{q_3}}f_{31} \\
\delta_{32}=\dfrac{\partial U_3}{\partial f_{32}}=\dfrac{q_3}{G_{q_3}A_{q_3x}}f_{32}+\dfrac{q_3^3}{3E_{q_3}I_{q_3y}}f_{32}-\dfrac{q_3^2\boldsymbol{n}_3\cdot\boldsymbol{e}_2}{2E_{q_3}I_{q_3y}}m_{31} \\
\psi_{31}=\dfrac{\partial U_3}{\partial m_{31}}=-\dfrac{q_3^2\boldsymbol{n}_3\cdot\boldsymbol{e}_2}{2E_{q_3}I_{q_3y}}f_{32}+\dfrac{q_3\left(\boldsymbol{n}_3\cdot\boldsymbol{e}_2\right)^2}{E_{q_3}I_{q_3y}}m_{31}+\dfrac{q_3\left(\boldsymbol{n}_3\cdot\boldsymbol{e}_3\right)^2}{G_{q_3}J_{q_3}}m_{31}
\end{cases}
\tag{5.97}
$$

式(5.97)的矩阵形式为

$$
\left(\delta_{31},\ \delta_{32},\ \psi_{31}\right)^{\mathrm{T}}=\boldsymbol{C}_3\left(f_{31}, f_{32},\ m_{31}\right)^{\mathrm{T}} \tag{5.98}
$$

式中，$\boldsymbol{C}_3$ 为 3×3 的分支对称柔度矩阵，可表示为

$$
\boldsymbol{C}_3=\begin{bmatrix}
\dfrac{q_3}{E_{q_3}A_{q_3}} & 0 & 0 \\
0 & \dfrac{q_3}{G_{q_3}A_{q_3x}}+\dfrac{q_3^3}{3E_{q_3}I_{q_3y}} & -\dfrac{q_3^2\boldsymbol{n}_3\cdot\boldsymbol{e}_2}{2E_{q_3}I_{q_3y}} \\
0 & -\dfrac{q_3^2\boldsymbol{n}_3\cdot\boldsymbol{e}_2}{2E_{q_3}I_{q_3y}} & \dfrac{q_3\left(\boldsymbol{n}_3\cdot\boldsymbol{e}_2\right)^2}{E_{q_3}I_{q_3y}}+\dfrac{q_3\left(\boldsymbol{n}_3\cdot\boldsymbol{e}_3\right)^2}{G_{q_3}J_{q_3}}
\end{bmatrix} \tag{5.99}
$$

根据式(5.99)，可得到第一条 UPR 分支的解析刚度矩阵 $\boldsymbol{K}_3$ 为

$$
\boldsymbol{K}_3=\boldsymbol{C}_3^{-1} \tag{5.100}
$$

同理，也可得到第二条 UPR 分支的解析刚度矩阵 $\boldsymbol{K}_4$。

2. 2PRU-2UPR 冗余驱动过约束并联机器人的整体解析刚度矩阵

根据 PRU 分支和 UPR 分支中驱动力和约束力的分布情况，可得到作用于 2PRU-2UPR 冗余驱动过约束并联机器人动平台的外部载荷和反作用力，如图 5.23 所示。结合式(5.45)和式(5.46)，机器人的整体解析刚度矩阵可表示为

$$\boldsymbol{K}=\overline{\boldsymbol{D}}_{C_1}\boldsymbol{K}_1\overline{\boldsymbol{D}}_{C_1}^{\mathrm{T}}+\overline{\boldsymbol{D}}_{C_2}\boldsymbol{K}_2\overline{\boldsymbol{D}}_{C_2}^{\mathrm{T}}+\overline{\boldsymbol{D}}_{C_3}\boldsymbol{K}_3\overline{\boldsymbol{D}}_{C_3}^{\mathrm{T}}+\overline{\boldsymbol{D}}_{C_4}\boldsymbol{K}_4\overline{\boldsymbol{D}}_{C_4}^{\mathrm{T}} \tag{5.101}$$

此外，可推得 2PRU-2UPR 冗余驱动过约束并联机器人中各分支的力幅值矢量为

$$\left(f_{i1},f_{i2},m_{i1}\right)^{\mathrm{T}}=\boldsymbol{K}_i\left(\delta_{i1},\delta_{i2},\psi_{i1}\right)^{\mathrm{T}}=\boldsymbol{K}_i\overline{\boldsymbol{D}}_{C_i}^{\mathrm{T}}\boldsymbol{K}^{-1}\boldsymbol{W},\quad i=1,2,3,4 \tag{5.102}$$

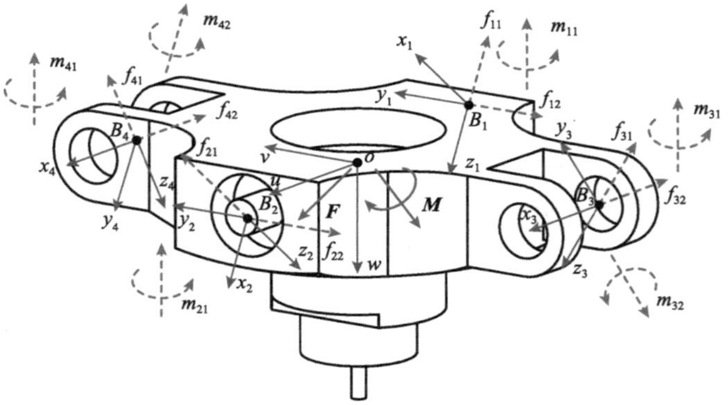

图 5.23　2PRU-2UPR 冗余驱动过约束并联机器人动平台上作用的外部载荷和反作用力

3. 理论刚度模型和有限元模型的对比结果

类似于前面 Tex4 冗余驱动过约束并联机器人刚度模型的验证过程，本节也通过有限元法来对比验证 2PRU-2UPR 冗余驱动过约束并联机器人理论刚度模型的正确性。表 5.20 和表 5.21 分别列出了 2PRU-2UPR 并联机器人的杆件尺寸和材料参数，以及位形和外部载荷不同的三个示例。通过 ANSYS 软件仿真，可得到 2PRU-2UPR 冗余驱动过约束并联机器人三个示例的线性变形和角度变形结果，如图 5.24 所示。在示例 1 中，2PRU-2UPR 冗余驱动过约束并联机器人的两个输出转角为 0°，并且只受到沿 z 轴方向的外力，此时动平台原点 o 只沿 z 轴发生微小移动，并不发生任何微小转动。在示例 2 和示例 3 中，动平台则受到一般情况外部载荷，原点 o 在各个方向上均会发生微小移动和微小转动。另外，表 5.22 列出了 2PRU-2UPR 并联机器人动平台原点 o 变形情况的理论结果和仿真结果对比。对比发现，理论结果和仿

真结果基本一致，三个示例中所有变形的相对误差均不超过 0.67%。

表 5.20　2PRU-2UPR 冗余驱动过约束并联机器人的杆件尺寸和材料参数

参数	数值
l_1/mm	250
l_2/mm	400
l_3/mm	200
l_4/mm	320
l/mm	670
d/mm	50
A/mm^2	1963.50
E/GPa	210
G/GPa	80
α, β/rad	$-2\pi/9 \sim 2\pi/9$

表 5.21　2PRU-2UPR 冗余驱动过约束并联机器人的三个示例

参数	示例 1	示例 2	示例 3
z_o/mm	600	600	600
α/rad	0	0	$\pi/6$
β/rad	0	0	$\pi/6$
F_x/N	0	100	100
F_y/N	0	100	100
F_z/N	100	100	100
M_x/(N·m)	0	100	100
M_y/(N·m)	0	100	100
M_z/(N·m)	0	100	100

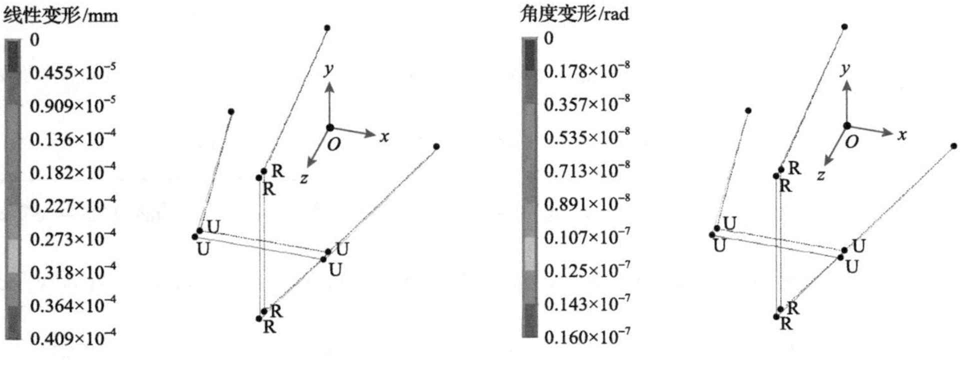

(a) 示例1的线性变形　　(b) 示例1的角度变形

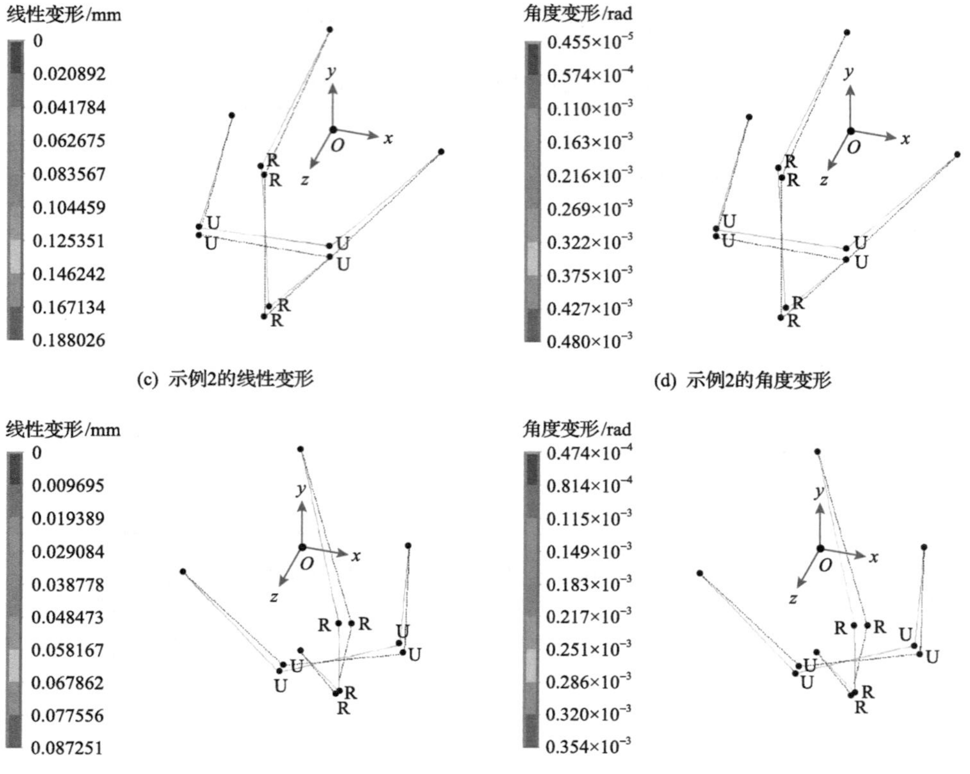

(c) 示例2的线性变形　　(d) 示例2的角度变形

(e) 示例3的线性变形　　(f) 示例3的角度变形

图 5.24　2PRU-2UPR 冗余驱动过约束并联机器人在三个示例下的变形结果

表 5.22　2PRU-2UPR 冗余驱动过约束并联机器人理论结果和仿真结果的变形对比

示例	参数	沿 x 轴的线性变形	沿 y 轴的线性变形	沿 z 轴的线性变形	绕 x 轴的角度变形	绕 y 轴的角度变形	绕 z 轴的角度变形
1	理论结果	0mm	0mm	4.0884×10^{-5}mm	0rad	0rad	0rad
	仿真结果	-7.1557×10^{-17}mm	-5.7395×10^{-17}mm	4.0916×10^{-5}mm	1.3553×10^{-19}rad	-1.3553×10^{-19}rad	1.9588×10^{-20}rad
	相对误差	—	—	0.08%	—	0.08%	—
2	理论结果	3.0794×10^{-3}mm	1.5333×10^{-1}mm	4.0884×10^{-5}mm	1.5461×10^{-4}rad	-6.2931×10^{-7}rad	1.7099×10^{-4}rad
	仿真结果	3.0859×10^{-3}mm	1.5372×10^{-1}mm	4.0916×10^{-5}mm	1.5500×10^{-4}rad	-6.3355×10^{-7}rad	1.7138×10^{-4}rad
	相对误差	0.21%	0.25%	0.08%	0.25%	0.67%	0.23%

续表

示例	参数	沿 x 轴的线性变形	沿 y 轴的线性变形	沿 z 轴的线性变形	绕 x 轴的角度变形	绕 y 轴的角度变形	绕 z 轴的角度变形
3	理论结果	-2.6554×10^{-2}mm	1.1924×10^{-2}mm	1.5574×10^{-2}mm	1.5477×10^{-4}rad	4.3138×10^{-5}rad	2.3573×10^{-4}rad
	仿真结果	-2.6459×10^{-2}mm	1.1991×10^{-2}mm	1.5513×10^{-2}mm	1.5565×10^{-4}rad	4.2987×10^{-5}rad	2.3709×10^{-4}rad
	相对误差	0.36%	0.56%	0.39%	0.57%	0.35%	0.57%

同样地，也可通过对比 2PRU-2UPR 冗余驱动过约束并联机器人的整体柔度矩阵来验证理论模型的正确性。以示例 3 为例，2PRU-2UPR 冗余驱动过约束并联机器人的整体理论柔度矩阵为

$$
\boldsymbol{C}_{理论}=\begin{bmatrix}
1.5260\times10^{-4} & 6.2208\times10^{-5} & -9.5810\times10^{-5} & 4.8428\times10^{-9} & -2.3568\times10^{-7} & -1.5370\times10^{-7} \\
6.2208\times10^{-5} & 1.8798\times10^{-4} & -4.7893\times10^{-5} & 1.8579\times10^{-7} & -1.0266\times10^{-7} & -1.6619\times10^{-7} \\
-9.5810\times10^{-5} & -4.7893\times10^{-5} & 6.1246\times10^{-5} & -1.2949\times10^{-8} & 1.4879\times10^{-7} & 1.0236\times10^{-7} \\
4.8428\times10^{-9} & 1.8579\times10^{-7} & -1.2949\times10^{-8} & 6.9566\times10^{-10} & -1.1971\times10^{-11} & 6.8634\times10^{-10} \\
-2.3568\times10^{-7} & -1.0266\times10^{-7} & 1.4879\times10^{-7} & -1.1971\times10^{-11} & 3.8615\times10^{-10} & 2.4675\times10^{-10} \\
-1.5370\times10^{-7} & -1.6619\times10^{-7} & 1.0236\times10^{-7} & 6.8634\times10^{-10} & 2.4675\times10^{-10} & 1.6418\times10^{-9}
\end{bmatrix} \tag{5.103}
$$

2PRU-2UPR 冗余驱动过约束并联机器人的整体仿真柔度矩阵为

$$
\boldsymbol{C}_{仿真}=\begin{bmatrix}
1.5222\times10^{-4} & 6.2065\times10^{-5} & -9.5572\times10^{-5} & 4.9375\times10^{-9} & -2.3507\times10^{-7} & -1.5316\times10^{-7} \\
6.2065\times10^{-5} & 1.8811\times10^{-4} & -4.7813\times10^{-5} & 1.8606\times10^{-7} & -1.0244\times10^{-7} & -1.6608\times10^{-7} \\
-9.5572\times10^{-5} & -4.7813\times10^{-5} & 6.1097\times10^{-5} & -1.3021\times10^{-8} & 1.4841\times10^{-7} & 1.0203\times10^{-7} \\
4.9375\times10^{-9} & 1.8606\times10^{-7} & -1.3021\times10^{-8} & 6.9911\times10^{-10} & -1.2127\times10^{-11} & 6.9159\times10^{-10} \\
-2.3507\times10^{-7} & -1.0244\times10^{-7} & 1.4841\times10^{-7} & -1.2127\times10^{-11} & 3.8520\times10^{-10} & 2.4590\times10^{-10} \\
-1.5316\times10^{-7} & -1.6608\times10^{-7} & 1.0203\times10^{-7} & 6.9159\times10^{-10} & 2.4590\times10^{-10} & 1.6506\times10^{-9}
\end{bmatrix} \tag{5.104}
$$

对比式(5.103)和式(5.104)，可得到两个柔度矩阵中各个元素的相对误差为

$$\Delta \boldsymbol{C}=\begin{bmatrix} 0.25\% & 0.23\% & 0.25\% & 1.92\% & 0.26\% & 0.35\% \\ 0.23\% & 0.07\% & 0.17\% & 0.15\% & 0.21\% & 0.07\% \\ 0.25\% & 0.17\% & 0.24\% & 0.55\% & 0.26\% & 0.32\% \\ 1.92\% & 0.15\% & 0.55\% & 0.49\% & 1.29\% & 0.76\% \\ 0.26\% & 0.21\% & 0.26\% & 1.29\% & 0.25\% & 0.35\% \\ 0.35\% & 0.07\% & 0.32\% & 0.76\% & 0.35\% & 0.53\% \end{bmatrix} \tag{5.105}$$

从式(5.105)可以发现，基于几何代数解析静刚度建模方法得到的柔度矩阵和通过有限元仿真得到的柔度矩阵基本一致，所有相对误差均不超过 1.92%。上述两个对比结果均证明了 2PRU-2UPR 冗余驱动过约束并联机器人解析静刚度模型的正确性，其可替代 ANSYS 软件的仿真结果。

通过对 Tex4 冗余驱动过约束并联机器人和 2PRU-2UPR 冗余驱动过约束并联机器人进行解析静刚度建模和验证，证明了所提方法适用于冗余驱动并联机器人的刚度分析。结合 5.4 节和 5.5 节的算例分析，表明了本章所提方法适用于非冗余驱动过约束并联机器人和冗余驱动过约束并联机器人的解析静刚度建模分析。

上述主要对具有确定输出转轴的 2R1T 并联机器人进行了解析静刚度建模与验证。为进一步体现所提方法的通用性，5.4.5 节将对输出转轴不定的3-RPS 并联机器人[25]和 2 个六自由度并联机器人(6-UPS[26]和 6-PSS[27])进行静刚度建模分析。

5.4.5　算例 5：3-RPS 并联机器人的静刚度建模与验证

本节对输出转轴不定的 3-RPS 并联机器人[25]进行解析静刚度建模与验证，主要包括建立 RPS 分支和整体的解析刚度矩阵，并通过 ANSYS 软件进行不同位形和负载下的理论刚度模型验证。

1. RPS 分支的解析刚度矩阵

3-RPS 并联机器人的约束力和驱动力分布情况如图 5.25 所示。由于 3-RPS 并联机器人具有三条相同的运动分支，所以只需分析其中一条 RPS 运动分支的约束力和驱动力即可。以第一条 RPS 分支为例，根据 5.3.2 节中的分支约束力和驱动力推导方法，可得到 3-RPS 并联机器人中第一条 RPS 分支约束力螺旋所张成的子空间 $\boldsymbol{D}_{C_1}$ 和驱动力螺旋 $\boldsymbol{S}_1^T$ 分别为

$$\boldsymbol{D}_{C_1}=\Delta\left(\boldsymbol{S}_{m_1}\boldsymbol{I}_6^{-1}\right)=\boldsymbol{S}_{1,1}^C=\boldsymbol{e}_2-z_{B_1}\boldsymbol{e}_4+x_{B_1}\boldsymbol{e}_6 \tag{5.106}$$

$$S_1^T=\left(x_{B_1}-R\right)e_1+y_{B_1}e_2+z_{B_1}e_3-Rz_{B_1}e_5+Ry_{B_1}e_6 \tag{5.107}$$

式中，$\boldsymbol{D}_{C_1}$ 表示 1 阶片积约束子空间；$\boldsymbol{S}_{1,1}^C$ 表示过 B_1 点且与分支 1 中转动副轴线平行的约束力；$\boldsymbol{S}_1^T$ 表示过 A_1 点且沿着杆件 A_1B_1 方向的力螺旋。

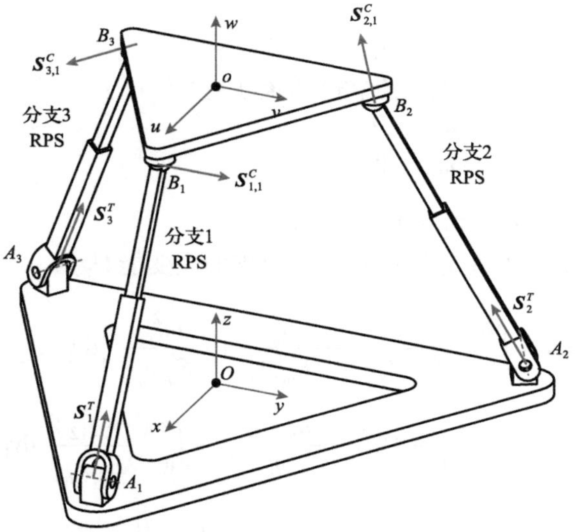

图 5.25 3-RPS 并联机器人的约束力和驱动力分布情况

根据式(5.106)和式(5.107)，可得到第一条 RPS 分支中驱动力和约束力螺旋的分布情况，如图 5.26(a)所示，其中 $\boldsymbol{S}_1^T$ 和 $\boldsymbol{S}_{1,1}^C$ 的幅值分别定义为 f_{11} 和 f_{12}。为方便进行驱动力和约束力的投影及后续分析，在 RPS 分支中建立分支坐标系 B_1-$x_1y_1z_1$，其中 y_1 轴沿着转动副的轴线方向，z_1 轴沿着杆件 A_1B_1 方向，x_1 轴可通

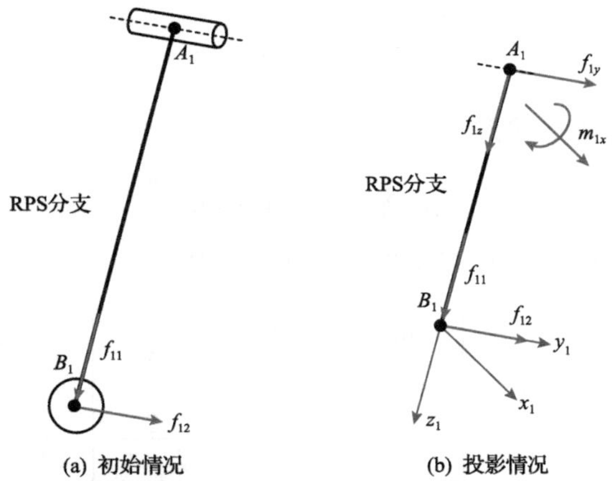

图 5.26 RPS 分支上驱动力和约束力的分布情况

过右手定则得到，其方向垂直于杆件 A_1B_1，如图 5.26(b)所示。

根据图 5.26(b)中力的投影结果，RPS 分支中任意横截面处的内力/内力偶可以表示为

$$\begin{cases} f_{1x}=0 \\ f_{1y}=f_{12} \\ f_{1z}=f_{11} \\ m_{1x}=\left(v_1\boldsymbol{e}_3\times f_{12}\boldsymbol{e}_2\right)\cdot\boldsymbol{e}_1=-v_1f_{12} \\ m_{1y}=0 \\ m_{1z}=0 \end{cases} \tag{5.108}$$

式中，v_1 表示选定横截面到 B_1 点的距离。

根据式(5.108)，可确定第一条 RPS 分支的应变能 U_1 为

$$\begin{aligned} U_1&=\int_0^{q_1}\left(\frac{f_{1y}^2}{2G_{q_1}A_{q_1y}}+\frac{f_{1z}^2}{2E_{q_1}A_{q_1}}+\frac{m_{1x}^2}{2E_{q_1}I_{q_1x}}\right)\mathrm{d}v_1 \\ &=\frac{q_1}{2G_{q_1}A_{q_1y}}f_{12}^2+\frac{q_1}{2E_{q_1}A_{q_1}}f_{11}^2+\int_0^{q_1}\frac{\left(-v_1f_{12}\right)^2}{2E_{q_1}I_{q_1x}}\mathrm{d}v_1 \\ &=\frac{q_1}{2G_{q_1}A_{q_1y}}f_{12}^2+\frac{q_1}{2E_{q_1}A_{q_1}}f_{11}^2+\frac{q_1^3}{6E_{q_1}I_{q_1x}}f_{12}^2 \end{aligned} \tag{5.109}$$

结合卡氏第二定理，可得到 RPS 分支沿着两个驱动力和约束力方向的弹性变形矢量 $\boldsymbol{\delta}_1=\left(\delta_{11},\ \delta_{12}\right)^{\mathrm{T}}$ 的表达式，为

$$\begin{cases} \delta_{11}=\dfrac{\partial U_1}{\partial f_{11}}=\dfrac{q_1}{G_{q_1}A_{q_1y}}f_{12}+\dfrac{q_1^3}{3E_{q_1}I_{q_1x}}f_{12} \\ \delta_{12}=\dfrac{\partial U_1}{\partial f_{12}}=\dfrac{q_1}{E_{q_1}A_{q_1}}f_{11} \end{cases} \tag{5.110}$$

式(5.110)的矩阵形式为

$$\left(\delta_{11},\ \delta_{12}\right)^{\mathrm{T}}=\boldsymbol{C}_1\left(f_{11},f_{12}\right)^{\mathrm{T}} \tag{5.111}$$

式中，$\boldsymbol{C}_1$ 为 2×2 的分支对称柔度矩阵，可表示为

$$\boldsymbol{C}_1=\begin{bmatrix} \dfrac{q_1}{G_{q_1}A_{q_1y}}+\dfrac{q_1^3}{3E_{q_1}I_{q_1x}} & 0 \\ 0 & \dfrac{q_1}{E_{q_1}A_{q_1}} \end{bmatrix} \tag{5.112}$$

根据式(5.112)，可得到第一条 RPS 分支的刚度矩阵 $\boldsymbol{K}_1$ 为

$$\boldsymbol{K}_1=\boldsymbol{C}_1^{-1} \tag{5.113}$$

同样地，可得到第二条和第三条 RPS 分支的柔度矩阵与刚度矩阵分别为

$$\boldsymbol{C}_2=\begin{bmatrix}\dfrac{q_2}{G_{q_2}A_{q_2y}}+\dfrac{q_2^3}{3E_{q_2}I_{q_2x}} & 0\\ 0 & \dfrac{q_2}{E_{q_2}A_{q_2}}\end{bmatrix},\quad \boldsymbol{C}_3=\begin{bmatrix}\dfrac{q_3}{G_{q_3}A_{q_3y}}+\dfrac{q_3^3}{3E_{q_3}I_{q_3x}} & 0\\ 0 & \dfrac{q_3}{E_{q_3}A_{q_3}}\end{bmatrix} \tag{5.114}$$

$$\boldsymbol{K}_2=\boldsymbol{C}_2^{-1},\quad \boldsymbol{K}_3=\boldsymbol{C}_3^{-1} \tag{5.115}$$

2. 3-RPS 并联机器人的整体解析刚度矩阵

根据前面 RPS 分支驱动力和约束力的分布情况，可得到作用于 3-RPS 并联机器人动平台的外部载荷和反作用力，如图 5.27 所示。结合式(5.45)和式(5.46)，机器人的整体解析刚度矩阵可表示为

$$\boldsymbol{K}=\overline{\boldsymbol{D}}_{C_1}\boldsymbol{K}_1\overline{\boldsymbol{D}}_{C_1}^{\mathrm{T}}+\overline{\boldsymbol{D}}_{C_2}\boldsymbol{K}_2\overline{\boldsymbol{D}}_{C_2}^{\mathrm{T}}+\overline{\boldsymbol{D}}_{C_3}\boldsymbol{K}_3\overline{\boldsymbol{D}}_{C_3}^{\mathrm{T}} \tag{5.116}$$

此外，可推得 3-RPS 并联机器人中各分支的力幅值矢量为

$$(f_{i1},f_{i2})^{\mathrm{T}}=\boldsymbol{K}_i(\delta_{i1},\delta_{i2})^{\mathrm{T}}=\boldsymbol{K}_i\overline{\boldsymbol{D}}_{C_i}^{\mathrm{T}}\boldsymbol{K}^{-1}\boldsymbol{W},\quad i=1,2,3 \tag{5.117}$$

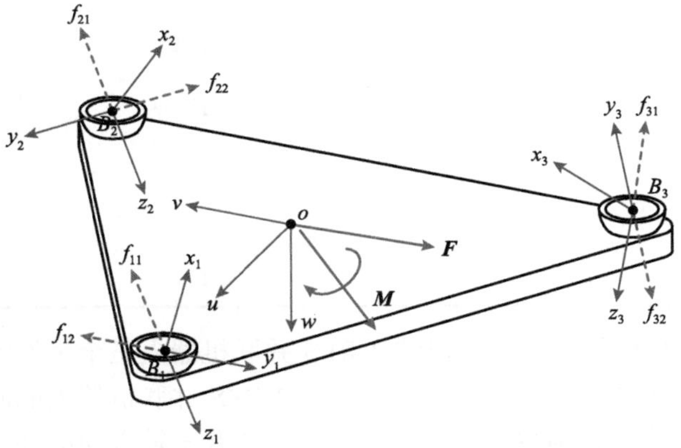

图 5.27　3-RPS 并联机器人动平台上作用的外部载荷和反作用力

3. 理论刚度模型和有限元模型的对比结果

类似于前面 Tex3 过约束并联机器人刚度模型的验证过程，本节也通过有限元法来对比验证 3-RPS 并联机器人理论刚度模型的正确性。表 5.23 和表 5.24 分别列出了 3-RPS 并联机器人的杆件尺寸和材料参数，以及位形和外部载荷不同的三个示例。

表 5.23　3-RPS 并联机器人的杆件尺寸和材料参数

参数	数值
r/mm	50
R/mm	100
d/mm	40
A/mm^2	1256.64
E/GPa	210
G/GPa	80
α,β/rad	$-\pi/9\sim\pi/9$

表 5.24　3-RPS 并联机器人的三个示例

参数	示例 1	示例 2	示例 3
z_o/mm	100	100	100
α/rad	0	0	$\pi/9$
β/rad	0	0	$\pi/9$
F_x/N	0	1	1
F_y/N	0	1	1
F_z/N	1	1	1
M_x/(N·m)	0	1	1
M_y/(N·m)	0	1	1
M_z/(N·m)	0	1	1

通过 ANSYS 软件仿真，可得到 3-RPS 并联机器人三个示例的线性变形和角度变形结果，如图 5.28 所示。在示例 1 中，3-RPS 并联机器人的两个输出转角为 0°，此时机器人关于 z 轴中心对称。由于只受到沿 z 轴方向的外力，所以动平台原点 o 只沿 z 轴发生微小移动，不发生微小转动。在示例 2 和示例 3 中，由于动平台受到一般外部载荷，所以动平台原点 o 在各个方向上均会发生微小移动和微

小转动。

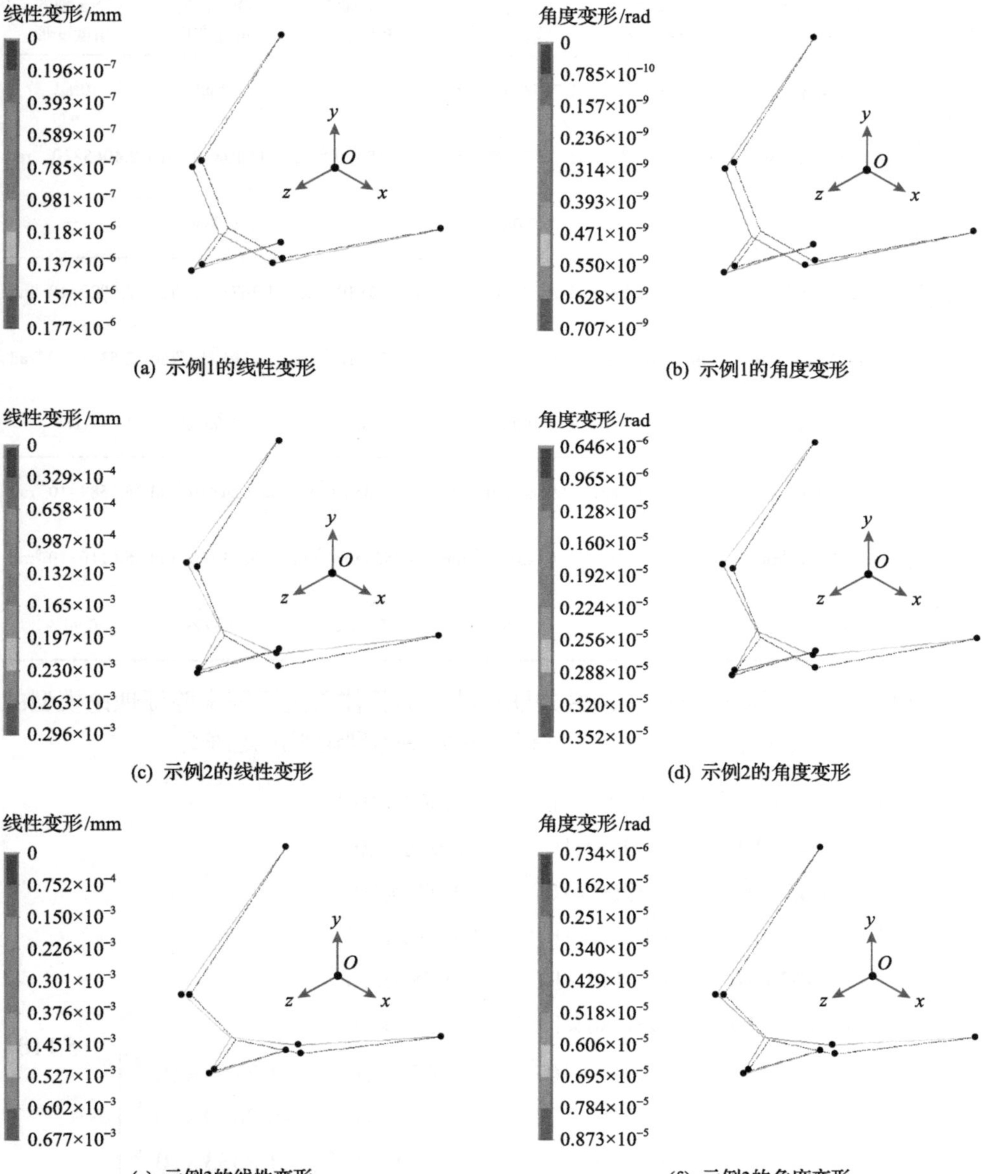

(a) 示例1的线性变形　(b) 示例1的角度变形

(c) 示例2的线性变形　(d) 示例2的角度变形

(e) 示例3的线性变形　(f) 示例3的角度变形

图 5.28　3-RPS 并联机器人在三个示例下的变形结果

另外，表 5.25 列出了 3-RPS 并联机器人动平台原点 o 变形情况的理论结果和仿真结果对比。对比发现，理论结果和仿真结果基本一致，三个示例中所有变形的相对误差均不超过 1.18%。

表 5.25　3-RPS 并联机器人理论结果和仿真结果的变形对比

示例	参数	沿 x 轴的线性变形	沿 y 轴的线性变形	沿 z 轴的线性变形	绕 x 轴的角度变形	绕 y 轴的角度变形	绕 z 轴的角度变形
1	理论结果	0mm	0mm	1.7653×10^{-7}mm	0rad	0rad	0rad
	仿真结果	-7.7405×10^{-21}mm	-1.9482×10^{-20}mm	1.7667×10^{-7}mm	-1.4228×10^{-22}rad	1.0919×10^{-22}rad	2.4065×10^{-23}rad
	相对误差	—	—	0.08%	—	0.08%	—
2	理论结果	-1.1259×10^{-4}mm	-1.3761×10^{-4}mm	1.7653×10^{-7}mm	1.5173×10^{-6}rad	1.2671×10^{-6}rad	2.5020×10^{-6}rad
	仿真结果	-1.1393×10^{-4}mm	-1.3925×10^{-4}mm	1.7667×10^{-7}mm	1.5338×10^{-6}rad	1.2806×10^{-6}rad	2.5318×10^{-6}rad
	相对误差	1.18%	1.18%	0.08%	1.08%	1.05%	1.18%
3	理论结果	-4.1536×10^{-4}mm	-8.8523×10^{-5}mm	-4.9864×10^{-5}mm	-9.3224×10^{-7}rad	6.5624×10^{-6}rad	5.5589×10^{-6}rad
	仿真结果	-4.1917×10^{-4}mm	-8.8675×10^{-5}mm	-5.0343×10^{-5}mm	-9.3527×10^{-7}rad	6.6201×10^{-6}rad	5.6116×10^{-6}rad
	相对误差	0.91%	0.17%	0.95%	0.32%	0.87%	0.94%

同样地，也可通过对比 3-RPS 并联机器人的整体柔度矩阵来验证理论模型的正确性。以示例 3 为例，3-RPS 并联机器人的整体理论柔度矩阵为

$$
\boldsymbol{C}_{理论}=\begin{bmatrix}
2.3779\times10^{-5} & 7.1549\times10^{-6} & 2.6605\times10^{-6} & 7.9928\times10^{-8} & -3.5692\times10^{-7} & -1.7196\times10^{-7} \\
7.1549\times10^{-6} & 1.0945\times10^{-5} & 4.3960\times10^{-7} & 1.0645\times10^{-7} & -1.1444\times10^{-7} & -9.9080\times10^{-8} \\
2.6605\times10^{-6} & 4.3960\times10^{-7} & 4.9932\times10^{-7} & 5.4586\times10^{-9} & -4.0589\times10^{-8} & -1.8333\times10^{-8} \\
7.9928\times10^{-8} & 1.0645\times10^{-7} & 5.4586\times10^{-9} & 1.1842\times10^{-9} & -1.2625\times10^{-9} & -1.0458\times10^{-9} \\
-3.5692\times10^{-7} & -1.1444\times10^{-7} & -4.0589\times10^{-8} & -1.2625\times10^{-9} & 5.5844\times10^{-9} & 2.7525\times10^{-9} \\
-1.7196\times10^{-7} & -9.9080\times10^{-8} & -1.8333\times10^{-8} & -1.0458\times10^{-9} & 2.7525\times10^{-9} & 4.1416\times10^{-9}
\end{bmatrix} \tag{5.118}
$$

3-RPS 并联机器人的整体仿真柔度矩阵为

$$
C_{仿真}=\begin{bmatrix}
2.4016\times10^{-5} & 7.2102\times10^{-6} & 2.6874\times10^{-6} & 8.0561\times10^{-8} & -3.6042\times10^{-7} & -1.7323\times10^{-7} \\
7.2102\times10^{-6} & 1.1074\times10^{-5} & 4.4097\times10^{-7} & 1.0771\times10^{-7} & -1.1532\times10^{-7} & -9.9787\times10^{-8} \\
2.6874\times10^{-6} & 4.4097\times10^{-7} & 5.0273\times10^{-7} & 5.4835\times10^{-9} & -4.0985\times10^{-8} & -1.8473\times10^{-8} \\
8.0561\times10^{-8} & 1.0771\times10^{-7} & 5.4835\times10^{-9} & 1.1966\times10^{-9} & -1.2725\times10^{-9} & -1.0531\times10^{-9} \\
-3.6042\times10^{-7} & -1.1532\times10^{-7} & -4.0985\times10^{-8} & -1.2725\times10^{-9} & 5.6364\times10^{-9} & 2.7730\times10^{-9} \\
-1.7323\times10^{-7} & -9.9787\times10^{-8} & -1.8473\times10^{-8} & -1.0531\times10^{-9} & 2.7730\times10^{-9} & 4.1832\times10^{-9}
\end{bmatrix} \tag{5.119}
$$

对比式(5.118)和式(5.119)，可以得到两个柔度矩阵中各个元素的相对误差为

$$
\Delta C=\begin{bmatrix}
0.99\% & 0.77\% & 1.00\% & 0.79\% & 0.97\% & 0.73\% \\
0.77\% & 1.16\% & 0.31\% & 1.17\% & 0.76\% & 0.71\% \\
1.00\% & 0.31\% & 0.68\% & 0.49\% & 0.97\% & 0.76\% \\
0.79\% & 1.17\% & 0.49\% & 1.04\% & 0.79\% & 0.69\% \\
0.97\% & 0.76\% & 0.97\% & 0.79\% & 0.92\% & 0.74\% \\
0.73\% & 0.71\% & 0.76\% & 0.69\% & 0.74\% & 0.99\%
\end{bmatrix} \tag{5.120}
$$

从式(5.120)可以发现，基于几何代数解析静刚度建模方法得到的柔度矩阵和通过有限元仿真得到的柔度矩阵基本一致，所有相对误差均不超过 1.17%。上述两个对比结果均证明了 3-RPS 并联机器人解析静刚度模型的正确性，其可替代 ANSYS 软件的仿真结果。

5.4.6　算例 6：6-UPS 并联机器人的静刚度建模与验证

本节对 6-UPS 并联机器人[26]进行解析静刚度建模与验证，主要包括建立 UPS 分支和整体的解析刚度矩阵，并通过 ANSYS 软件进行不同位形和负载下的理论刚度模型验证。

1. UPS 分支的解析刚度矩阵

6-UPS 并联机器人的驱动力分布情况如图 5.29 所示。由于 6-UPS 并联机器人具有六条相同的运动分支，且没有约束力，所以只需分析其中一条 UPS 运动分支的驱动力即可。本节以第一条 UPS 分支为例，根据 5.3.2 节中介绍的分支约束力

和驱动力推导方法，可以得到 6-UPS 并联机器人中第一条 UPS 分支的驱动力螺旋 $\boldsymbol{S}_1^T$ 为

$$\boldsymbol{S}_1^T = \left(x_{B_1} - x_{A_1}\right)\boldsymbol{e}_1 + \left(y_{B_1} - y_{A_1}\right)\boldsymbol{e}_2 + z_{B_1}\boldsymbol{e}_3 + y_{A_1}z_{B_1}\boldsymbol{e}_4 - x_{A_1}z_{B_1}\boldsymbol{e}_5 + \left(x_{A_1}y_{B_1} - y_{A_1}x_{B_1}\right)\boldsymbol{e}_6 \tag{5.121}$$

式中，$\boldsymbol{S}_1^T$ 表示过 A_1 点且沿着杆件 A_1B_1 方向的驱动力螺旋。

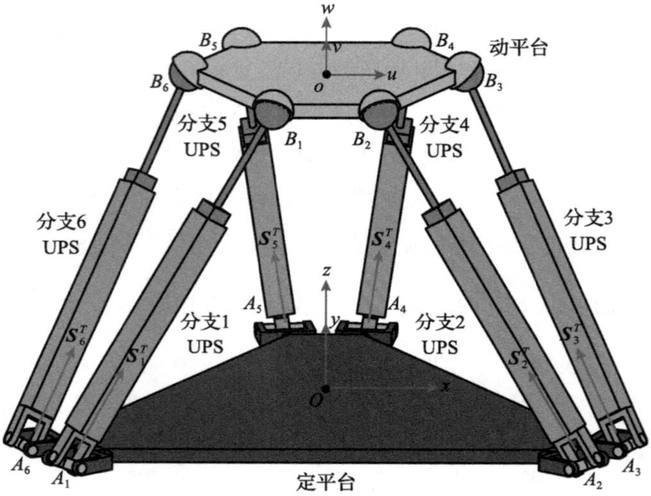

图 5.29　6-UPS 并联机器人的驱动力分布情况

根据式(5.121)，可以得到第一条 UPS 分支中驱动力螺旋的分布情况，如图 5.30(a)所示，其中 $\boldsymbol{S}_1^T$ 的幅值定义为 f_{11}。为方便进行驱动力和约束力的投影，

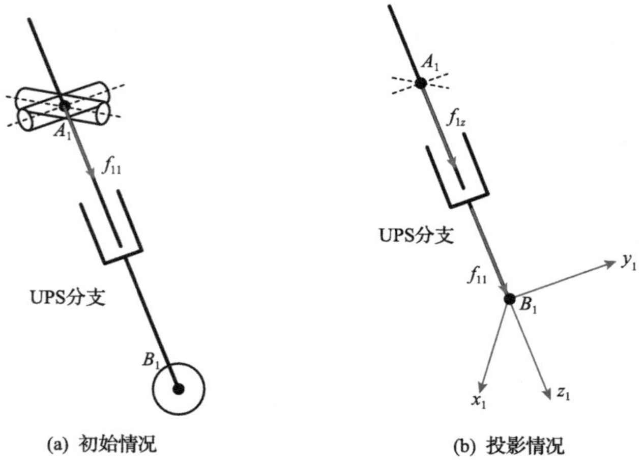

图 5.30　UPS 分支上驱动力的分布情况

在 UPS 分支中建立分支坐标系 $B_1\text{-}x_1y_1z_1$，其中 y_1 轴沿着虎克铰中第一转动副的轴线方向，z_1 轴沿着 A_1B_1 方向，x_1 轴可通过右手定则得到，其方向垂直于杆件 A_1B_1，如图 5.30(b)所示。

根据图 5.30(b)中力的投影结果，UPS 分支中任意横截面处的内力和内力偶可以表示为

$$\begin{cases} f_{1x}=0 \\ f_{1y}=0 \\ f_{1z}=f_{11} \\ m_{1x}=0 \\ m_{1y}=0 \\ m_{1z}=0 \end{cases} \tag{5.122}$$

根据式(5.122)，可直接确定第一条 UPS 分支的应变能 U_1，即

$$U_1=\int_0^{q_1}\frac{f_{1z}^2}{2E_{q_1}A_{q_1}}\mathrm{d}v_1=\frac{q_1}{2E_{q_1}A_{q_1}}f_{11}^2 \tag{5.123}$$

结合卡氏第二定理，即可得到 UPS 分支沿着驱动力方向的 1×1 弹性变形矢量 $\boldsymbol{\delta}_1=(\delta_{11})$ 的表达式，为

$$\delta_{11}=\frac{\partial U_1}{\partial f_{11}}=\frac{q_1}{E_{q_1}A_{q_1}}f_{11}=\boldsymbol{C}_1 f_{11} \tag{5.124}$$

式中，$\boldsymbol{C}_1$ 为第一条分支的 1×1 对称柔度矩阵。

根据式(5.124)，可得到第一条 UPS 分支的 1×1 刚度矩阵 $\boldsymbol{K}_1$ 为

$$\boldsymbol{K}_1=\boldsymbol{C}_1^{-1}=\frac{E_{q_1}A_{q_1}}{q_1} \tag{5.125}$$

同样地，可得到其余五条 UPS 分支的刚度矩阵为

$$\boldsymbol{K}_i=\boldsymbol{C}_i^{-1}=\frac{E_{q_i}A_{q_i}}{q_i},\quad i=2,3,4,5,6 \tag{5.126}$$

2. 6-UPS 并联机器人的整体解析刚度矩阵

根据前面 UPS 分支驱动力和约束力的分布情况，可得到作用于 6-UPS 并联机

器人动平台的外部载荷和反作用力，如图 5.31 所示。结合式(5.45)和式(5.46)，机器人的整体解析刚度矩阵可表示为

$$\begin{aligned}\boldsymbol{K} = &\overline{\boldsymbol{D}}_{C_1}\boldsymbol{K}_1\overline{\boldsymbol{D}}_{C_1}^{\mathrm{T}} + \overline{\boldsymbol{D}}_{C_2}\boldsymbol{K}_2\overline{\boldsymbol{D}}_{C_2}^{\mathrm{T}} + \overline{\boldsymbol{D}}_{C_3}\boldsymbol{K}_3\overline{\boldsymbol{D}}_{C_3}^{\mathrm{T}} \\ &+ \overline{\boldsymbol{D}}_{C_4}\boldsymbol{K}_4\overline{\boldsymbol{D}}_{C_4}^{\mathrm{T}} + \overline{\boldsymbol{D}}_{C_5}\boldsymbol{K}_5\overline{\boldsymbol{D}}_{C_5}^{\mathrm{T}} + \overline{\boldsymbol{D}}_{C_6}\boldsymbol{K}_6\overline{\boldsymbol{D}}_{C_6}^{\mathrm{T}}\end{aligned} \tag{5.127}$$

此外，可推得 6-UPS 并联机器人中各分支的力幅值矢量为

$$f_{i1} = \boldsymbol{K}_i\delta_{i1} = \boldsymbol{K}_i\overline{\boldsymbol{D}}_{C_i}^{\mathrm{T}}\boldsymbol{K}^{-1}\boldsymbol{W}, \quad i = 1, 2, 3, 4, 5, 6 \tag{5.128}$$

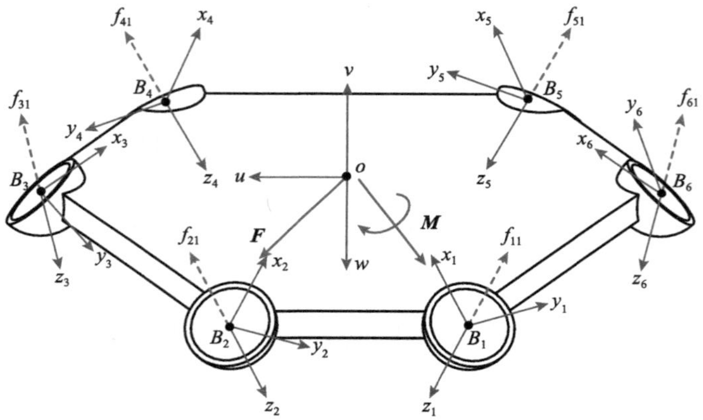

图 5.31 6-UPS 并联机器人动平台上作用的外部载荷和反作用力

3. 理论刚度模型和有限元模型的对比结果

类似于前面 Tex3 过约束并联机器人刚度模型的验证过程，本节也通过有限元法来对比验证 6-UPS 并联机器人理论刚度模型的正确性。表 5.26 和表 5.27 分别列出了 6-UPS 并联机器人的杆件尺寸和材料参数，以及位形和外部载荷不同的三个示例。通过 ANSYS 软件仿真，可得到 6-UPS 并联机器人三个示例的线性变形和角度变形结果，如图 5.32 所示。在示例 1 中，6-UPS 并联机器人的三个输出转角为 0°，此时机器人为中心对称结构。由于只受到沿 z 轴方向的外力，所以动平台原点 o 只沿着 z 轴发生微小移动，并不发生微小转动。在示例 2 和示例 3 中，由于动平台受到一般外部载荷，所以动平台原点 o 在各个方向上均会发生微小移动和微小转动。表 5.28 则列出了 6-UPS 并联机器人动平台原点 o 变形情况的理论结果和仿真结果对比。对比发现，理论结果和仿真结果基本一致，三个示例中所有变形的相对误差均不超过 0.08%。

表 5.26　6-UPS 并联机器人的杆件尺寸和材料参数

参数	数值
R_m/mm	1000
R_b/mm	2345
d/mm	200
A/mm^2	31415.93
E/GPa	210
G/GPa	80
α,β,γ/rad	$-\pi/9\sim\pi/9$

表 5.27　6-UPS 并联机器人的三个选择示例

参数	示例 1	示例 2	示例 3
z_o/mm	2500	2500	2500
α/rad	0	0	π/9
β/rad	0	0	π/9
γ/rad	0	0	π/9
F_x/N	0	1	1
F_y/N	0	1	1
F_z/N	1	1	1
M_x/(N·m)	0	1	1
M_y/(N·m)	0	1	1
M_z/(N·m)	0	1	1

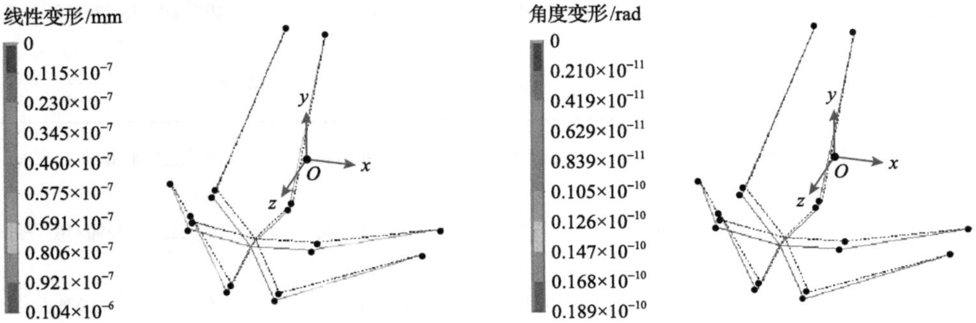

(a) 示例1的线性变形　　(b) 示例1的角度变形

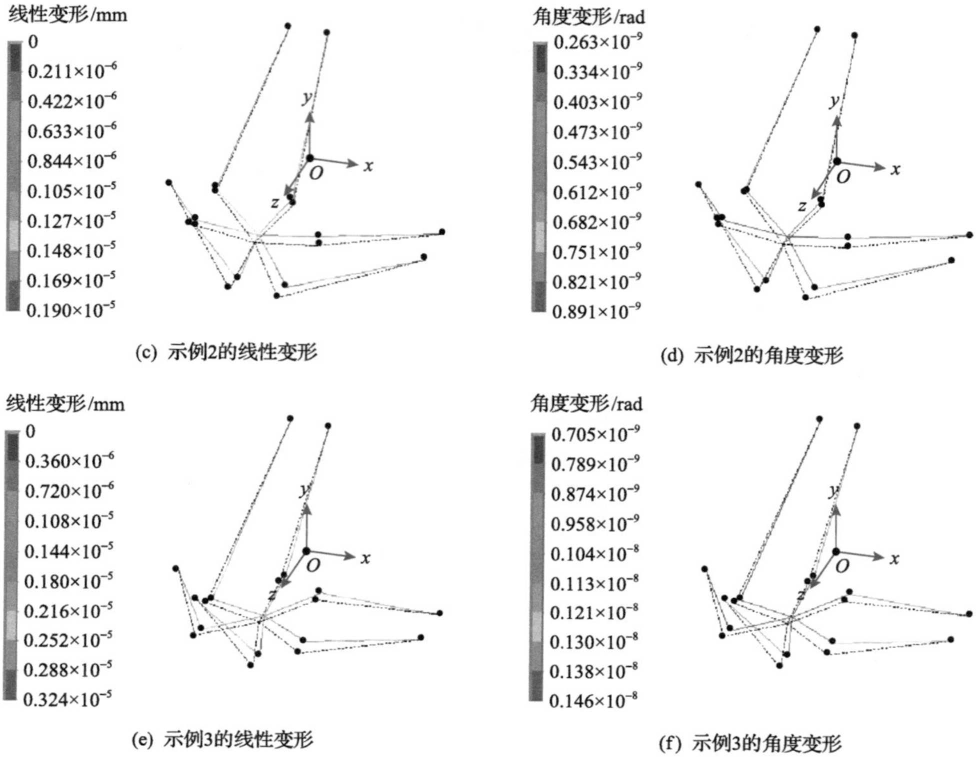

图 5.32　6-UPS 并联机器人在三个示例下的变形结果

表 5.28　6-UPS 并联机器人理论结果和仿真结果的变形对比

示例	参数	沿 x 轴的线性变形	沿 y 轴的线性变形	沿 z 轴的线性变形	绕 x 轴的角度变形	绕 y 轴的角度变形	绕 z 轴的角度变形
1	理论结果	0mm	0mm	1.0350×10^{-7}mm	0rad	0rad	0rad
	仿真结果	2.5560×10^{-22}mm	2.9117×10^{-22}mm	1.0358×10^{-7}mm	1.8654×10^{-25}rad	-1.7694×10^{-25}rad	1.6590×10^{-25}rad
	相对误差	—	—	0.08%	—	0.08%	—
2	理论结果	5.5303×10^{-7}mm	1.3291×10^{-6}mm	1.0350×10^{-7}mm	7.5502×10^{-10}rad	-2.1036×10^{-11}rad	4.7053×10^{-10}rad
	仿真结果	5.5346×10^{-7}mm	1.3301×10^{-6}mm	1.0358×10^{-7}mm	7.5561×10^{-10}rad	-2.1052×10^{-11}rad	4.7090×10^{-10}rad
	相对误差	0.08%	0.08%	0.08%	0.08%	0.08%	0.08%

续表

示例	参数	沿 x 轴的线性变形	沿 y 轴的线性变形	沿 z 轴的线性变形	绕 x 轴的角度变形	绕 y 轴的角度变形	绕 z 轴的角度变形
3	理论结果	1.3833×10^{-6}mm	2.3211×10^{-6}mm	-2.1494×10^{-8}mm	1.4151×10^{-9}rad	2.8633×10^{-10}rad	-2.3548×10^{-10}rad
	仿真结果	1.3844×10^{-6}mm	2.3229×10^{-6}mm	-2.1511×10^{-8}mm	1.4162×10^{-9}rad	2.8655×10^{-10}rad	-2.3566×10^{-10}rad
	相对误差	0.08%	0.08%	0.08%	0.08%	0.08%	0.08%

同样地，也可通过对比 6-UPS 并联机器人的整体柔度矩阵来验证理论模型的正确性。以示例 3 为例，6-UPS 并联机器人的整体理论柔度矩阵为

$$
\boldsymbol{C}_{\text{理论}}=\begin{bmatrix}
9.6227\times10^{-7} & 5.8363\times10^{-7} & 5.4265\times10^{-8} & 4.0002\times10^{-10} & -2.8627\times10^{-8} & -3.3057\times10^{-10} \\
5.8363\times10^{-7} & 1.4196\times10^{-6} & -1.7843\times10^{-8} & 6.7722\times10^{-10} & 5.4760\times10^{-11} & -3.9624\times10^{-10} \\
5.4265\times10^{-8} & -1.7843\times10^{-8} & 1.3658\times10^{-7} & -1.9385\times10^{-11} & -6.4109\times10^{-11} & -1.1100\times10^{-10} \\
4.0002\times10^{-10} & 6.7722\times10^{-10} & -1.9385\times10^{-11} & 5.5443\times10^{-13} & 2.3277\times10^{-14} & -2.2049\times10^{-13} \\
-2.8627\times10^{-10} & 5.4760\times10^{-11} & -6.4109\times10^{-11} & 2.3277\times10^{-14} & 4.5057\times10^{-13} & 1.0810\times10^{-13} \\
-3.3057\times10^{-10} & -3.9624\times10^{-10} & -1.1100\times10^{-10} & -2.2049\times10^{-13} & 1.0810\times10^{-13} & 7.1473\times10^{-13}
\end{bmatrix} \tag{5.129}
$$

6-UPS 并联机器人的整体仿真柔度矩阵为

$$
\boldsymbol{C}_{\text{仿真}}=\begin{bmatrix}
9.6302\times10^{-7} & 5.8409\times10^{-7} & 5.4307\times10^{-8} & 4.0033\times10^{-10} & -2.8649\times10^{-10} & -3.3083\times10^{-10} \\
5.8409\times10^{-7} & 1.4207\times10^{-6} & -1.7857\times10^{-8} & 6.7775\times10^{-10} & 5.4803\times10^{-11} & -3.9655\times10^{-10} \\
5.4307\times10^{-8} & -1.7857\times10^{-8} & 1.3668\times10^{-7} & -1.9400\times10^{-11} & -6.4159\times10^{-11} & -1.1108\times10^{-10} \\
4.0033\times10^{-10} & 6.7775\times10^{-10} & -1.9400\times10^{-11} & 5.5486\times10^{-13} & 2.3296\times10^{-14} & -2.2066\times10^{-13} \\
-2.8649\times10^{-10} & 5.4803\times10^{-11} & -6.4159\times10^{-11} & 2.3296\times10^{-14} & 4.5092\times10^{-13} & 1.0818\times10^{-13} \\
-3.3083\times10^{-10} & -3.9655\times10^{-10} & -1.1108\times10^{-10} & -2.2066\times10^{-13} & 1.0818\times10^{-13} & 7.1528\times10^{-13}
\end{bmatrix} \tag{5.130}
$$

对比式(5.129)和式(5.130)，可得到两个柔度矩阵中各个元素的相对误差为

$$\Delta \boldsymbol{C}=\begin{bmatrix} 0.08\% & 0.08\% & 0.08\% & 0.08\% & 0.08\% & 0.08\% \\ 0.08\% & 0.08\% & 0.08\% & 0.08\% & 0.08\% & 0.08\% \\ 0.08\% & 0.08\% & 0.08\% & 0.08\% & 0.08\% & 0.08\% \\ 0.08\% & 0.08\% & 0.08\% & 0.08\% & 0.08\% & 0.08\% \\ 0.08\% & 0.08\% & 0.08\% & 0.08\% & 0.08\% & 0.08\% \\ 0.08\% & 0.08\% & 0.08\% & 0.08\% & 0.08\% & 0.08\% \end{bmatrix} \tag{5.131}$$

从式(5.131)可以发现，基于几何代数解析静刚度建模方法得到的柔度矩阵和通过有限元仿真得到的柔度矩阵基本一致，所有相对误差均不超过 0.08%。上述两个对比结果均证明了 6-UPS 并联机器人解析静刚度模型的正确性，其可替代 ANSYS 软件的仿真结果。

5.4.7　算例 7：6-PSS 并联机器人的静刚度建模与验证

本节对 6-PSS 并联机器人[27]进行解析静刚度建模与验证，主要包括建立 PSS 分支和整体的解析刚度矩阵，并通过 ANSYS 软件进行不同位形和负载下的理论刚度模型验证。

1. PSS 分支的解析刚度矩阵

6-PSS 并联机器人的驱动力分布情况如图 5.33 所示。由于 6-PSS 并联机器人具有六条相同的运动分支，且没有约束力，所以只需分析其中一条 PSS 运动分支的驱动力即可。以第一条 PSS 分支为例，根据 5.3.2 节中的分支约束力和驱动力推导方法，可得到 6-PSS 并联机器人中第一条 PSS 分支的驱动力螺旋 $\boldsymbol{S}_1^T$ 为

$$\boldsymbol{S}_1^T=\left(x_{B_1}-x_{A_1}\right)\boldsymbol{e}_1+\left(y_{B_1}-y_{A_1}\right)\boldsymbol{e}_2+z_{B_1}\boldsymbol{e}_3+y_{A_1}z_{B_1}\boldsymbol{e}_4-x_{A_1}z_{B_1}\boldsymbol{e}_5+\left(x_{A_1}y_{B_1}-y_{A_1}x_{B_1}\right)\boldsymbol{e}_6 \tag{5.132}$$

式中，$\boldsymbol{S}_1^T$ 表示过 A_1 点且沿着杆件 A_1B_1 方向的驱动力螺旋。

根据式(5.132)，可得到第一条 PSS 分支中驱动力螺旋的分布情况，如图 5.34(a)所示，其中 $\boldsymbol{S}_1^T$ 的幅值定义为 f_{11}。为方便进行驱动力和约束力的投影，在 PSS 分支中建立分支坐标系 $B_1\text{-}x_1y_1z_1$，其中 y_1 轴沿着虎克铰中第一转动副的轴线方向，z_1 轴沿着 A_1B_1 方向，x_1 轴可通过右手定则得到，其方向垂直于杆件 A_1B_1，如图 5.34(b)所示。

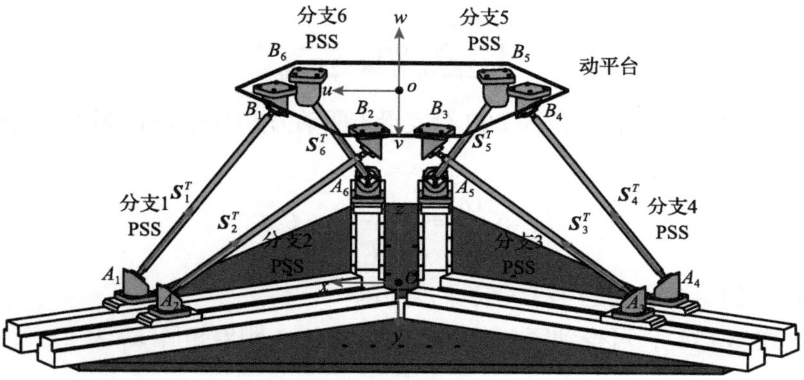

图 5.33　6-PSS 并联机器人的驱动力分布情况

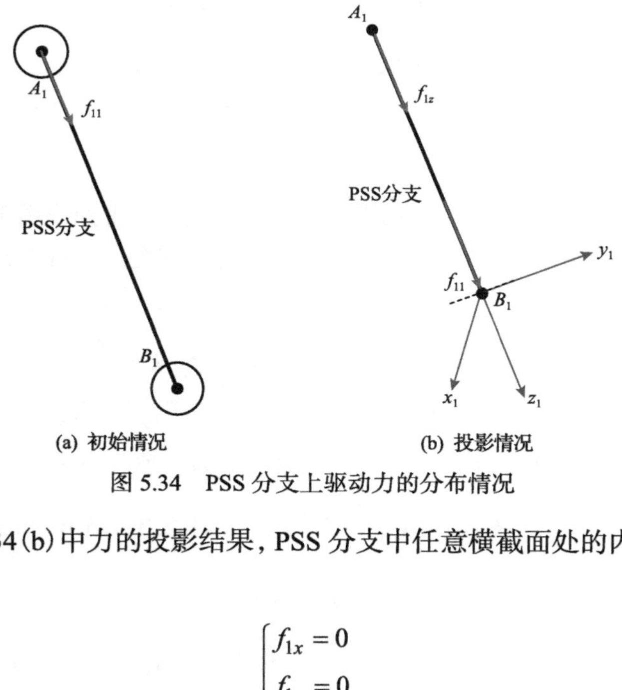

图 5.34　PSS 分支上驱动力的分布情况

根据图 5.34(b) 中力的投影结果，PSS 分支中任意横截面处的内力和内力偶可以表示为

$$\begin{cases} f_{1x} = 0 \\ f_{1y} = 0 \\ f_{1z} = f_{11} \\ m_{1x} = 0 \\ m_{1y} = 0 \\ m_{1z} = 0 \end{cases} \tag{5.133}$$

根据式(5.133)，可直接确定第一条 PSS 分支的应变能 U_1，即

$$U_1=\int_0^l \frac{f_{1z}^2}{2E_lA_l}\mathrm{d}v_1=\frac{l}{2E_lA_l}f_{11}^2 \tag{5.134}$$

结合卡氏第二定理，可得到 PSS 分支沿着驱动力方向的 1×1 弹性变形矢量 $\boldsymbol{\delta}_1=(\delta_{11})$ 的表达式，即

$$\delta_{11}=\frac{\partial U_1}{\partial f_{11}}=\frac{l}{E_lA_l}f_{11}=\boldsymbol{C}_1 f_{11} \tag{5.135}$$

式中，$\boldsymbol{C}_1$ 为第一条分支的 1×1 对称柔度矩阵。

根据式(5.124)，可得到第一条 PSS 分支的 1×1 刚度矩阵 $\boldsymbol{K}_1$ 为

$$\boldsymbol{K}_1=\boldsymbol{C}_1^{-1}=\frac{E_lA_l}{l} \tag{5.136}$$

同样地，可得到其余五条 PSS 分支的刚度矩阵为

$$\boldsymbol{K}_i=\boldsymbol{C}_i^{-1}=\frac{E_lA_l}{l},\quad i=2,3,4,5,6 \tag{5.137}$$

2. 6-PSS 并联机器人的整体刚度矩阵

根据前面 PSS 分支驱动力和约束力的分布情况，可得到作用于 6-PSS 并联机器人动平台的反作用力，与 6-UPS 并联机器人动平台类似，如图 5.31 所示。结合式(5.45)和式(5.46)，机器人的整体解析刚度矩阵可表示为

$$\begin{aligned}\boldsymbol{K}=&\overline{\boldsymbol{D}}_{C_1}\boldsymbol{K}_1\overline{\boldsymbol{D}}_{C_1}^{\mathrm{T}}+\overline{\boldsymbol{D}}_{C_2}\boldsymbol{K}_2\overline{\boldsymbol{D}}_{C_2}^{\mathrm{T}}+\overline{\boldsymbol{D}}_{C_3}\boldsymbol{K}_3\overline{\boldsymbol{D}}_{C_3}^{\mathrm{T}}\\&+\overline{\boldsymbol{D}}_{C_4}\boldsymbol{K}_4\overline{\boldsymbol{D}}_{C_4}^{\mathrm{T}}+\overline{\boldsymbol{D}}_{C_5}\boldsymbol{K}_5\overline{\boldsymbol{D}}_{C_5}^{\mathrm{T}}+\overline{\boldsymbol{D}}_{C_6}\boldsymbol{K}_6\overline{\boldsymbol{D}}_{C_6}^{\mathrm{T}}\end{aligned} \tag{5.138}$$

此外，可推得 6-PSS 并联机器人中各分支的力幅值矢量为

$$f_{i1}=\boldsymbol{K}_i\delta_{i1}=\boldsymbol{K}_i\overline{\boldsymbol{D}}_{C_i}^{\mathrm{T}}\boldsymbol{K}^{-1}\boldsymbol{W},\quad i=1,2,3,4,5,6 \tag{5.139}$$

3. 理论刚度模型和有限元模型的对比结果

类似于前面 Tex3 过约束并联机器人刚度模型的验证过程，本节也通过有限元法来对比验证 6-PSS 并联机器人理论刚度模型的正确性。表 5.29 和表 5.30 分别列出了 6-PSS 并联机器人的杆件尺寸和材料参数，以及位形和外部载荷不同的三个示例。通过 ANSYS 软件仿真，可得到 6-PSS 并联机器人三个示例的线性变形和角度变形结果，如图 5.35 所示。在示例 1 中，6-PSS 并联机器人的三个输出转角为 0°，此时机器人为中心对称结构。由于只受到沿 z 轴方向的外力，所以动平台原点 o 只沿 z 轴发生微小移动，并不发生微小转动。在示例 2 和示例 3 中，由于动平台受到一般外部载荷，所以动平台原点 o 在各个方向上均会发生微小移动和微小转动。表 5.31 列出了 6-PSS

表 5.29　6-PSS 并联机器人的杆件尺寸和材料参数

参数	数值
R_m/mm	250
l/mm	440
d/mm	40
A/mm^2	1256.64
E/GPa	210
G/GPa	80
α,β,γ/rad	−π/9～π/9

表 5.30　6-PSS 并联机器人的三个选择示例

参数	示例 1	示例 2	示例 3
z_o/mm	250	250	250
α/rad	0	0	π/36
β/rad	0	0	π/36
γ/rad	0	0	π/36
F_x/N	0	1	1
F_y/N	0	1	1
F_z/N	1	1	1
M_x/(N·m)	0	1	1
M_y/(N·m)	0	1	1
M_z/(N·m)	0	1	1

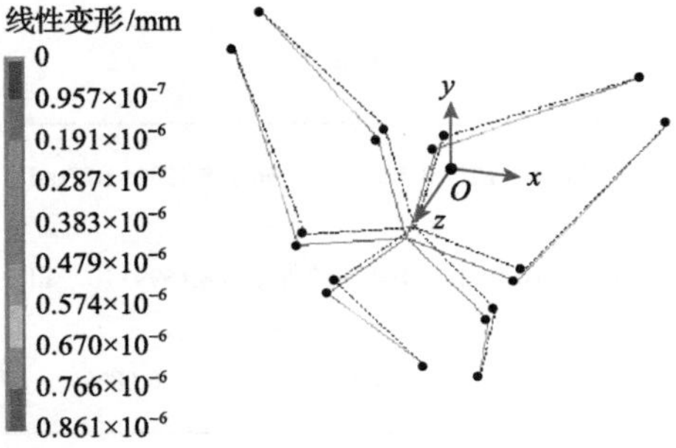

(a) 示例1的线性变形

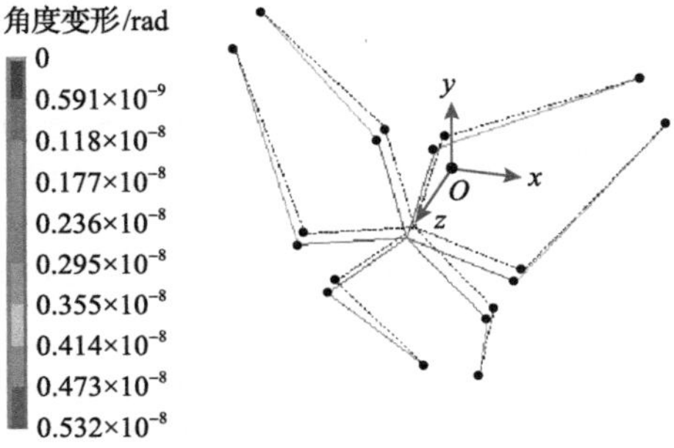

(b) 示例1的角度变形

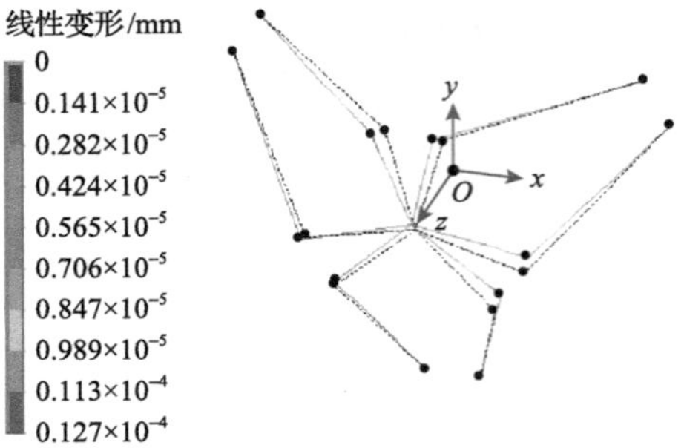

(c) 示例2的线性变形

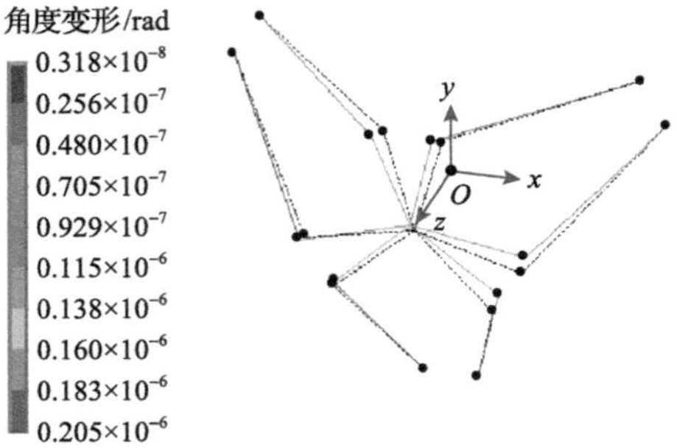

(d) 示例2的角度变形

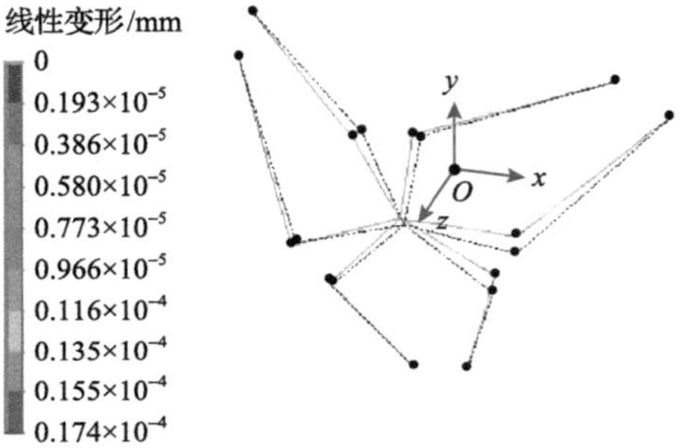

(e) 示例3的线性变形

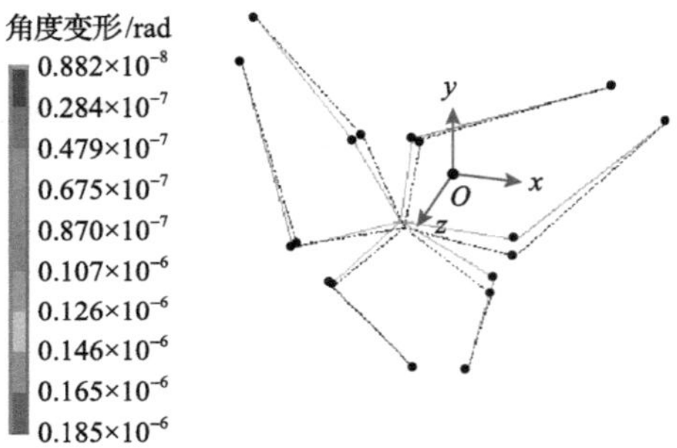

(f) 示例3的角度变形

图 5.35　6-PSS 并联机器人在三个示例下的变形结果

表 5.31　6-PSS 并联机器人理论结果和仿真结果的变形对比

示例	参数	沿 x 轴的线性变形	沿 y 轴的线性变形	沿 z 轴的线性变形	绕 x 轴的角度变形	绕 y 轴的角度变形	绕 z 轴的角度变形
1	理论结果	0mm	0mm	8.6079×10^{-7}mm	0rad	0rad	0rad
	仿真结果	1.2833×10^{-19}mm	2.3103×10^{-19}mm	8.6146×10^{-7}mm	1.6165×10^{-21}rad	5.1691×10^{-21}rad	-1.0176×10^{-22}rad
	相对误差	—	—	0.08%	—	0.08%	—
2	理论结果	-1.5862×10^{-6}mm	3.6246×10^{-6}mm	8.6079×10^{-7}mm	3.6811×10^{-8}rad	3.1600×10^{-8}rad	8.1535×10^{-9}rad
	仿真结果	-1.5875×10^{-6}mm	3.6274×10^{-6}mm	8.6146×10^{-7}mm	3.6840×10^{-8}rad	3.1625×10^{-8}rad	8.1599×10^{-9}rad
	相对误差	0.08%	0.08%	0.08%	0.08%	0.08%	0.08%
3	理论结果	-3.5538×10^{-6}mm	3.9013×10^{-6}mm	-1.5488×10^{-6}mm	3.5147×10^{-8}rad	4.4747×10^{-8}rad	8.8516×10^{-9}rad

续表

示例	参数	沿 x 轴的线性变形	沿 y 轴的线性变形	沿 z 轴的线性变形	绕 x 轴的角度变形	绕 y 轴的角度变形	绕 z 轴的角度变形
3	仿真结果	-3.5565×10^{-6}mm	3.9043×10^{-6}mm	-1.5500×10^{-6}mm	3.5174×10^{-8}rad	4.4782×10^{-8}rad	8.8585×10^{-9}rad
	相对误差	0.08%	0.08%	0.08%	0.08%	0.08%	0.08%

并联机器人动平台原点 o 变形情况的理论结果和仿真结果对比。对比发现，理论结果和仿真结果基本一致，三个示例中所有变形的相对误差均不超过 0.08%。

同样地，也可通过对比 6-PSS 并联机器人的整体柔度矩阵来验证理论模型的正确性。以示例 3 为例，6-PSS 并联机器人的整体理论柔度矩阵为

$$
\boldsymbol{C}_{\text{理论}}=\begin{bmatrix}
1.2085\times10^{-6} & -1.6430\times10^{-7} & 1.3076\times10^{-7} & -6.1896\times10^{-10} & -3.8125\times10^{-9} & -2.9729\times10^{-10} \\
-1.6430\times10^{-7} & 9.4836\times10^{-7} & -8.3960\times10^{-8} & 1.9901\times10^{-9} & 1.3314\times10^{-9} & -1.2030\times10^{-10} \\
1.3076\times10^{-7} & -8.3960\times10^{-8} & 9.2328\times10^{-7} & -9.3653\times10^{-10} & -1.3822\times10^{-9} & -2.0017\times10^{-10} \\
-6.1896\times10^{-10} & 1.9901\times10^{-9} & -9.3653\times10^{-10} & 3.1319\times10^{-11} & 4.7260\times10^{-12} & -1.3332\times10^{-12} \\
-3.8125\times10^{-9} & 1.3314\times10^{-9} & -1.3822\times10^{-9} & 4.7260\times10^{-12} & 4.1710\times10^{-11} & 2.1737\times10^{-12} \\
-2.9729\times10^{-10} & -1.2030\times10^{-10} & -2.0017\times10^{-10} & -1.3332\times10^{-12} & 2.1737\times10^{-12} & 8.6287\times10^{-12}
\end{bmatrix} \tag{5.140}
$$

6-PSS 并联机器人的整体仿真柔度矩阵为

$$
\boldsymbol{C}_{\text{仿真}}=\begin{bmatrix}
1.2094\times10^{-6} & -1.6443\times10^{-7} & 1.3086\times10^{-7} & -6.1944\times10^{-10} & -3.8154\times10^{-9} & -2.9752\times10^{-10} \\
-1.6443\times10^{-7} & 9.4910\times10^{-7} & -8.4025\times10^{-8} & 1.9916\times10^{-9} & 1.3324\times10^{-9} & -1.2039\times10^{-10} \\
1.3086\times10^{-7} & -8.4025\times10^{-8} & 9.2400\times10^{-7} & -9.3726\times10^{-10} & -1.3833\times10^{-9} & -2.0033\times10^{-10} \\
-6.1944\times10^{-10} & 1.9916\times10^{-9} & -9.3726\times10^{-10} & 3.1344\times10^{-11} & 4.7296\times10^{-12} & -1.3342\times10^{-12} \\
-3.8154\times10^{-9} & 1.3324\times10^{-9} & -1.3833\times10^{-9} & 4.7296\times10^{-12} & 4.1743\times10^{-11} & 2.1755\times10^{-12} \\
-2.9752\times10^{-10} & -1.2039\times10^{-10} & -2.0033\times10^{-10} & -1.3342\times10^{-12} & 2.1755\times10^{-12} & 8.6354\times10^{-12}
\end{bmatrix} \tag{5.141}
$$

对比式(5.140)和式(5.141)，可得到两个柔度矩阵中各个元素的相对误差为

$$\Delta\boldsymbol{C}=\begin{bmatrix} 0.08\% & 0.08\% & 0.08\% & 0.08\% & 0.08\% & 0.08\% \\ 0.08\% & 0.08\% & 0.08\% & 0.08\% & 0.08\% & 0.08\% \\ 0.08\% & 0.08\% & 0.08\% & 0.08\% & 0.08\% & 0.08\% \\ 0.08\% & 0.08\% & 0.08\% & 0.08\% & 0.08\% & 0.08\% \\ 0.08\% & 0.08\% & 0.08\% & 0.08\% & 0.08\% & 0.08\% \\ 0.08\% & 0.08\% & 0.08\% & 0.08\% & 0.08\% & 0.08\% \end{bmatrix} \tag{5.142}$$

从式(5.142)可以发现，基于几何代数解析静刚度建模方法得到的柔度矩阵和通过有限元仿真得到的柔度矩阵基本一致，所有相对误差均不超过 0.08%。上述两个对比结果均证明了 6-PSS 并联机器人解析静刚度模型的正确性，其可替代 ANSYS 软件的仿真结果。

5.5 本章小结

本章以 6 维几何代数 $\mathcal{G}_6$ 为数学工具，结合应变能方法，提出了串联机器人和并联机器人的解析静刚度建模方法。该方法在推导分支刚度矩阵时避免了高阶矩阵运算，并且考虑了杆件剪切变形的影响，提高了精度，具有推导简单、计算方便、物理意义明确等优点。

为验证串联机器人刚度建模方法，本章选取平面二自由度、平面三自由度和空间三自由度串联机器人作为研究对象，通过对比 ANSYS 软件仿真结果对所提解析静刚度建模方法进行了验证，结果显示理论刚度模型变形的相对误差不超过 1.15%。为验证并联机器人解析静刚度建模方法，本章选取具有确定输出转轴的 2R1T 非冗余驱动和冗余驱动并联机器人(Tex3、2PRU-PSR、Tex4 和 2PRU-2UPR)、输出转轴不定的 3-RPS 并联机器人和 2 个六自由度并联机器人(6-UPS 和 6-PSS)作为研究对象，通过对比 ANSYS 软件仿真结果对所提出的解析静刚度建模方法进行了验证，结果显示理论刚度模型变形和柔度矩阵元素的相对误差分别不超过 1.18%和 1.92%。因此，本章所提方法适用于串联机器人和并联机器人的静刚度建模分析，其可替代 ANSYS 软件的仿真结果。

参 考 文 献

[1] Sciliano B, Khatib O. Springer Handbook of Robotics[M]. 2nd ed. Heidelberg: Springer, 2016.

[2] El-Khasawneh B S, Ferreira P M. Computation of stiffness and stiffness bounds for parallel link manipulators[J]. International Journal of Machine Tools and Manufacture, 1999, 39(2): 321-342.

[3] Klimchik A, Pashkevich A, Chablat D. CAD-based approach for identification of elasto-static parameters of robotic manipulators[J]. Finite Elements in Analysis and Design, 2013, 75: 19-30.

[4] Rizk R, Fauroux J C, Munteanu M, et al. A comparative stiffness analysis of a reconfigurable parallel machine with three or four degrees of mobility[J]. Journal of Machine Engineering, 2006, 6(2): 45-55.

[5] Pashkevich A, Chablat D, Wenger P. Stiffness analysis of overconstrained parallel manipulators[J]. Mechanism and Machine Theory, 2009, 44(5): 966-982.

[6] Soares Jr G D L, Carvalho J C M, Goncalves R S. Stiffness analysis of multibody systems using matrix structural analysis—MSA[J]. Robotica, 2016, 34(10): 2368-2385.

[7] Yu G, Wang L P, Wu J, et al. Stiffness modeling approach for a 3-DoF parallel manipulator with consideration of nonlinear joint stiffness[J]. Mechanism and Machine Theory, 2018, 123: 137-152.

[8] Gosselin C M, Zhang D. Stiffness analysis of parallel mechanisms using a lumped model[J]. International Journal of Robotics and Automation, 2002, 17(1): 17-27.

[9] Xi F F, Zhang D, Mechefske C M, et al. Global kinetostatic modelling of tripod-based parallel kinematic machine[J]. Mechanism and Machine Theory, 2004, 39(4): 357-377.

[10] Zhang D, Xi F F, Mechefske C M, et al. Analysis of parallel kinematic machine with kinetostatic modelling method[J]. Robotics and Computer-Integrated Manufacturing, 2004, 20(2): 151-165.

[11] Hestenes D. New Foundations for Classical Mechanics[M]. Dordrecht: Kluwer Academic Publishers, 1999.

[12] Li Q C, Chai X X, Xiang J N. Mobility analysis of limited-degrees-of-freedom parallel mechanisms in the framework of geometric algebra[J]. Journal of Mechanisms and Robotics, 2016, 8(4): 041005.

[13] Chai X X, Li Q C. Analytical mobility analysis of Bennett linkage using geometric algebra[J]. Advances in Applied Clifford Algebras, 2017, 27(3): 2083-2095.

[14] Yao H J, Chen Q H, Chai X X, et al. Singularity analysis of 3-RPR parallel manipulators using geometric algebra[J]. Advances in Applied Clifford Algebras, 2017, 27(3): 2097-2113.

[15] Aristidou A, Lasenby J. FABRIK: A fast, iterative solver for the inverse kinematics problem[J]. Graphical Models, 2011, 73(5): 243-260.

[16] Li Q C, Xu L M, Chen Q H, et al. Analytical elastostatic stiffness modeling of overconstrained parallel manipulators using geometric algebra and strain energy[J]. Journal of Mechanisms and Robotics, 2019, 11(3): 031007.

[17] 柴馨雪. 几何代数框架下的并联机构自由度分析方法研究[D]. 杭州: 浙江理工大学, 2017.

[18] 徐灵敏. 基于几何代数的两转一移并联机构分析与综合[D]. 杭州: 浙江理工大学, 2021.

[19] Yan S J, Ong S K, Nee A Y C. Stiffness analysis of parallelogram-type parallel manipulators

using a strain energy method[J]. Robotics and Computer-Integrated Manufacturing, 2016, 37: 13-22.

[20] Xu L M, Li Q C, Tong J H, et al. Tex3: A 2R1T parallel manipulator with minimum DoF of joints and fixed linear actuators[J]. International Journal of Precision Engineering and Manufacturing, 2018, 19(2): 227-238.

[21] Xu L M, Ye W, Li Q C. Design, analysis, and experiment of a new parallel manipulator with two rotational and one translational motion[J]. Mechanism and Machine Theory, 2022, 177: 105064.

[22] Xu L M, Chai X X, Li Q C, et al. Design and experimental investigation of a new 2R1T overconstrained parallel kinematic machine with actuation redundancy[J]. Journal of Mechanisms and Robotics, 2019, 11(3): 031016.

[23] Xu L M, Li Q C, Zhang N B, et al. Mobility, kinematic analysis, and dimensional optimization of new three-degrees-of-freedom parallel manipulator with actuation redundancy[J]. Journal of Mechanisms and Robotics, 2017, 9(4): 041008.

[24] Chai X X, Ye W, Li Q C, et al. Elastostatic stiffness modeling and performance evaluation of a 2UPR-2PRU redundantly actuated parallel manipulator[J]. Machines, 2022, 10(12): 1219.

[25] Hunt K H. Structural kinematics of in-parallel-actuated robot-arms[J]. Journal of Mechanisms, Transmissions, and Automation in Design, 1983, 105(4): 705-712.

[26] Dasgupta B, Mruthyunjaya T S. A Newton-Euler formulation for the inverse dynamics of the Stewart platform manipulator[J]. Mechanism and Machine Theory, 1998, 33(8): 1135-1152.

[27] Xu W Y, Li Y M, Lu S, et al. Inverse dynamics analysis of a 6-PSS parallel manipulator[C]. International Conference on Intelligent Robotics and Applications, Guangzhou, 2014: 12-23.

[28] Yang C, Li Q C, Chen Q H, et al. Elastostatic stiffness modeling of overconstrained parallel manipulators[J]. Mechanism and Machine Theory, 2018, 122: 58-74.

[29] Enferadi J, Tootoonchi A A. Accuracy and stiffness analysis of a 3-RRP spherical parallel manipulator[J]. Robotica, 2011, 29(2): 193-209.

[30] Rezaei A, Akbarzadeh A, Akbarzadeh-T M R. An investigation on stiffness of a 3-PSP spatial parallel mechanism with flexible moving platform using invariant form[J]. Mechanism and Machine Theory, 2012, 51: 195-216.

[31] Rezaei A, Akbarzadeh A. Position and stiffness analysis of a new asymmetric 2PRR-PPR parallel CNC machine[J]. Advanced Robotics, 2013, 27(2): 133-145.

[32] 许允斗，姚建涛，金林茹，等. 考虑杆件空间复合弹性变形的过约束并联机构受力分析方法[J]. 机械工程学报, 2015, 51(7): 53-60.

[33] Joshi S A, Tsai L W. Jacobian analysis of limited-DoF parallel manipulators[J]. Journal of Mechanical Design, 2002, 124(2): 254-258.

[34] Huang Z, Li Q C. Type synthesis of symmetrical lower-mobility parallel mechanisms using the

constraint-synthesis method[J]. The International Journal of Robotics Research, 2003, 22(1): 59-79.

[35] Dai J S, Huang Z, Lipkin H. Mobility of overconstrained parallel mechanisms[J]. Journal of Mechanical Design, 2006, 128(1): 220-229.

第 6 章　几何代数框架下机器人的解析逆动力学建模与应用

逆动力学建模是指已知机器人某一时刻各个关节的位置、速度及加速度，反向推导确定各驱动关节的驱动力/力矩，为后续的结构设计、电机选型和实际控制提供重要保障[1-4]。为更好地对串/并联机器人进行设计和控制，有必要建立意义清晰且计算高效的解析逆动力学模型。

目前，常用的机器人逆动力学建模方法均存在一些问题，例如，牛顿-欧拉法[3]罗列了大量运动方程并进行求导计算，过程烦琐；拉格朗日法[4]则需要用广义独立坐标建立机器人中所有构件的微分运动方程，不适用于关节/杆件多的机器人逆动力学建模。本章以 6 维几何代数 $\mathcal{G}_6$ [5,6]为数学工具，提出串/并联机器人解析逆动力学建模方法[7]，具有计算简单、避免求导或微分计算、通用清晰的优点。对于串联机器人，利用 6 维几何代数 $\mathcal{G}_6$ 的外积性质直接确定串联机器人中关节/杆件的速度和加速度幅值，通过递归确定驱动力/力矩的解析表达式，并选取两个六自由度串联机器人(FANUC 和 JAKA)验证所提方法。对于并联机器人，在确定机器人中各串联分支关节速度和加速度幅值的基础上，建立并联机器人驱动速度和被动速度之间的映射关系，推导出并联机器人中关节/杆件的速度和加速度幅值，结合虚功原理确定驱动力/力矩的解析表达式，并选取两个 2R1T 三自由度并联机器人(2PRU-PSR[8]和 Tex3[9])以及两个六自由度并联机器人(6-UPS[10]和 6-PSS[11])验证所提方法。最后，与基于牛顿-欧拉方程的自然正交补法进行计算效率的对比，阐述所提方法的适用情况。

6.1　串联机器人的解析逆动力学通用模型

串联机器人关于运动螺旋分布的一般性示意图如图 6.1 所示，其由基座和 j 个杆件串联组成，且杆件之间的连接关节均为驱动关节。设基座的定坐标系为 $O\text{-}xyz$，每个杆件的局部坐标系为 $L_k\text{-}x_k y_k z_k$，每个关节的运动螺旋定义为 $\boldsymbol{S}_k$ (k=1, 2, ⋯, j)。

6.1.1　串联机器人的逆动力学建模流程

基于 6 维几何代数 $\mathcal{G}_6$，串联机器人的逆动力学建模流程如图 6.2 所示。本节主要关注串联机器人的速度、加速度和驱动力/力矩的推导，具体步骤如下：

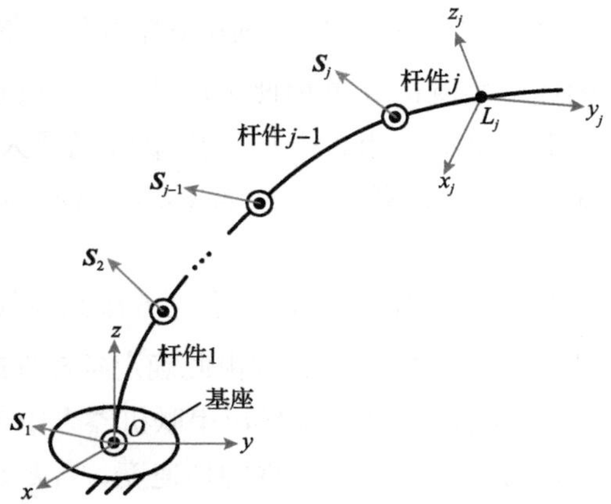

图 6.1　串联机器人关于运动螺旋分布的一般性示意图

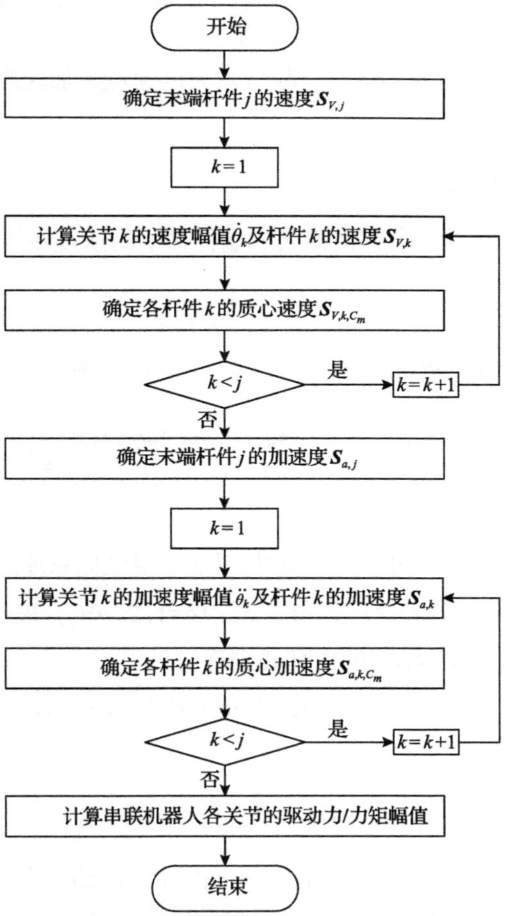

图 6.2　串联机器人的逆动力学建模流程图

(1) 根据给定的末端杆件 j 的速度 $\boldsymbol{S}_{V,j}$，利用 6 维几何代数 $\mathcal{G}_6$ 的外积性质确定串联机器人中各关节的速度幅值 $\dot{\theta}_k$，并由此确定各杆件的速度 $\boldsymbol{S}_{V,k}$。

(2) 结合各杆件的质心坐标，由 $\boldsymbol{S}_{V,k}$ 推导出串联机器人中各杆件质心速度 $\boldsymbol{S}_{V,k,C_m}$。判断是否已确定各关节/杆件的速度，若 $k<j$，则 $k=k+1$ 且跳至步骤(1)；若 $k \geqslant j$，则进行步骤(3)。

(3) 根据给定的末端杆件 j 的加速度 $\boldsymbol{S}_{a,j}$，利用 6 维几何代数 $\mathcal{G}_6$ 的外积性质确定串联机器人中各关节的加速度幅值 $\ddot{\theta}_k$，并由此确定各杆件的加速度 $\boldsymbol{S}_{a,k}$。

(4) 结合各杆件的质心坐标，由 $\boldsymbol{S}_{a,k}$ 推导出串联机器人中各杆件的质心加速度 $\boldsymbol{S}_{a,k,C_m}$。同理，判断是否已确定各关节/杆件的加速度，若 $k<j$，则 $k=k+1$ 且跳至步骤(3)；若 $k \geqslant j$，则进行步骤(5)。

(5) 根据步骤(1)～步骤(4)的结果，建立串联机器人的逆动力学模型，并逐步递推得到机器人中各关节的驱动力/力矩幅值。

根据上述建模流程，本章将对串联机器人的速度、加速度和驱动力/力矩进行详细分析。

6.1.2　串联机器人的速度分析

在定坐标系 $O\text{-}xyz$ 下，串联机器人末端杆件 j 的速度在 6 维几何代数 $\mathcal{G}_6$ 框架下表示为

$$
\begin{aligned}
\boldsymbol{S}_{V,j} &= \left(\boldsymbol{\omega}_j^{\mathrm{T}},\ \boldsymbol{v}_j^{\mathrm{T}}\right)^{\mathrm{T}} = \omega_{jx}\boldsymbol{e}_1 + \omega_{jy}\boldsymbol{e}_2 + \omega_{jz}\boldsymbol{e}_3 + v_{jx}\boldsymbol{e}_4 + v_{jy}\boldsymbol{e}_5 + v_{jz}\boldsymbol{e}_6 \\
&= \sum_{g=1}^{j}\dot{\theta}_g\left(p_{g,1}\boldsymbol{e}_1 + p_{g,2}\boldsymbol{e}_2 + p_{g,3}\boldsymbol{e}_3 + b_{g,1}\boldsymbol{e}_4 + b_{g,2}\boldsymbol{e}_5 + b_{g,3}\boldsymbol{e}_6\right) = \sum_{g=1}^{j}\dot{\theta}_g\left(\boldsymbol{p}_g + \boldsymbol{b}_g\right) = \sum_{g=1}^{j}\dot{\theta}_g\boldsymbol{S}_{g_u}
\end{aligned}
\tag{6.1}
$$

式中，$\boldsymbol{\omega}_j$ 表示杆件 j 的角速度；$\boldsymbol{v}_j$ 表示杆件 j 与定坐标系原点 O 重合点处的瞬时线速度；$\dot{\theta}_g$ 表示各个关节的速度幅值；$\boldsymbol{S}_{g_u}$ (g=1, 2, …, j) 表示各个关节的单位运动螺旋；$\boldsymbol{p}_g$ 和 $\boldsymbol{b}_g$ 分别表示 $\boldsymbol{S}_{g_u}$ 的主部和副部。

根据 6 维几何代数 $\mathcal{G}_6$ 的外积性质，串联机器人的末端输出运动子空间 $\boldsymbol{S}_v$ 可以表示为

$$
\boldsymbol{S}_v = \boldsymbol{S}_{1_u} \wedge \boldsymbol{S}_{2_u} \wedge \cdots \wedge \boldsymbol{S}_{j_u}
\tag{6.2}
$$

下面对串联机器人的关节速度幅值进行推导。以第一个运动关节为例，通过将其单位螺旋 $\boldsymbol{S}_{1_u}$ 替换成 $\boldsymbol{S}_{V,j}$，可构造得到新的子空间为

$$\boldsymbol{S}_{v1}=\boldsymbol{S}_{V,j}\wedge\boldsymbol{S}_{2_u}\wedge\cdots\wedge\boldsymbol{S}_{j_u}=\left(\sum_{g=1}^{j}\dot{\theta}_g\boldsymbol{S}_{g_u}\right)\wedge\boldsymbol{S}_{2_u}\wedge\cdots\wedge\boldsymbol{S}_{j_u} \tag{6.3}$$

结合式(6.1)和几何代数外积性质，可将式(6.3)进一步简化为

$$\boldsymbol{S}_{v1}=\dot{\theta}_1\boldsymbol{S}_{1_u}\wedge\boldsymbol{S}_{2_u}\wedge\cdots\wedge\boldsymbol{S}_{j_u} \tag{6.4}$$

对比式(6.2)和式(6.4)，可以发现两个子空间中均含有相同的基底。通过提取系数并相除，可得到第一个运动关节的速度幅值 $\dot{\theta}_1$。该过程类似于求解线性方程组时的克拉默法则，通过两个矩阵行列式之比依次确定未知数。同理，通过将其余关节的相应单位螺旋依次替换为 $\boldsymbol{S}_{V,j}$，可得到各个新的子空间 $\boldsymbol{S}_{vk}$，并由此得到各个关节的速度幅值 $\dot{\theta}_k$，整个速度计算过程不需要求导。

在确定各关节的速度后，可推得杆件 k 的速度为

$$\boldsymbol{S}_{V,k}=\left(\boldsymbol{\omega}_k^{\mathrm{T}},\ \boldsymbol{v}_k^{\mathrm{T}}\right)^{\mathrm{T}}=\sum_{g=1}^{k}\dot{\theta}_g\boldsymbol{S}_{g_u} \tag{6.5}$$

式中，$\boldsymbol{\omega}_k$ 和 $\boldsymbol{v}_k$ 分别表示杆件 k 的角速度和线速度。

在式(6.5)的基础上，可得到杆件 k 的质心速度为

$$\boldsymbol{S}_{V,k,C_m}=\left[\boldsymbol{\omega}_k^{\mathrm{T}},\ \boldsymbol{v}_k^{\mathrm{T}}+\left(\boldsymbol{\omega}_k^{\mathrm{T}}\wedge\boldsymbol{r}_{k,C_m}^{\mathrm{T}}\right)^*\right]^{\mathrm{T}} \tag{6.6}$$

式中，$\boldsymbol{r}_{k,C_m}$ 表示原点 O 到杆件 k 质心的位置矢量；$\left(\boldsymbol{\omega}_k^{\mathrm{T}}\wedge\boldsymbol{r}_{k,C_m}^{\mathrm{T}}\right)^*=\left(\boldsymbol{\omega}_k^{\mathrm{T}}\wedge\boldsymbol{r}_{k,C_m}^{\mathrm{T}}\right)i_3^{-1}$（其中，$i_3=\boldsymbol{e}_1\boldsymbol{e}_2\boldsymbol{e}_3$，$i_3^{-1}=\boldsymbol{e}_3\boldsymbol{e}_2\boldsymbol{e}_1$）表示相对于定坐标系，杆件 k 的质心附加线速度，其垂直于 $\boldsymbol{\omega}_k^{\mathrm{T}}\wedge\boldsymbol{r}_{k,C_m}^{\mathrm{T}}$ 所组成的平行四边形，且大小为平行四边形的面积。

6.1.3　串联机器人的加速度分析

串联机器人加速度分析的过程类似于速度分析。相对于定坐标系 $O\text{-}xyz$，串联机器人末端杆件 j 的加速度可在 6 维几何代数 $\mathcal{G}_6$ 框架下表示为

$$\boldsymbol{S}_{a,j}=\left(\dot{\boldsymbol{\omega}}_j^{\mathrm{T}},\ \boldsymbol{a}_j^{\mathrm{T}}\right)^{\mathrm{T}}=\left[\dot{\boldsymbol{\omega}}_j^{\mathrm{T}},\ \dot{\boldsymbol{v}}_j^{\mathrm{T}}-\left(\boldsymbol{\omega}_j^{\mathrm{T}}\wedge\boldsymbol{v}_j^{\mathrm{T}}\right)^*\right]^{\mathrm{T}}=\ddot{\theta}_1\boldsymbol{S}_{1_u}+\cdots+\ddot{\theta}_j\boldsymbol{S}_{j_u}+\boldsymbol{S}_L \tag{6.7}$$

式中，$\dot{\boldsymbol{\omega}}_j$ 表示杆件 j 的角加速度；$\dot{\boldsymbol{v}}_j$ 表示定坐标系 $O\text{-}xyz$ 下杆件 j 的局部坐标系原点 L_j 的线加速度；$\boldsymbol{a}_j$ 表示杆件 j 上与定坐标系原点 O 相重合的点的瞬时线加速

度；$\ddot{\theta}_j$ 表示各个关节的加速度幅值；$\boldsymbol{S}_L$ 可展开为

$$\boldsymbol{S}_L=\left[\dot{\theta}_1\boldsymbol{S}_{1_u},\ \dot{\theta}_2\boldsymbol{S}_{2_u}+\cdots+\dot{\theta}_j\boldsymbol{S}_{j_u}\right]+\left[\dot{\theta}_2\boldsymbol{S}_{2_u},\ \dot{\theta}_3\boldsymbol{S}_{3_u}+\cdots+\dot{\theta}_j\boldsymbol{S}_{j_u}\right]+\cdots+\left[\dot{\theta}_{j-1}\boldsymbol{S}_{j_u-1},\ \dot{\theta}_j\boldsymbol{S}_{j_u}\right] \tag{6.8}$$

式(6.8)中的$\left[\dot{\theta}_{j-1}\boldsymbol{S}_{j_u-1},\ \dot{\theta}_j\boldsymbol{S}_{j_u}\right]$可在几何代数框架下表示为

$$\left[\dot{\theta}_{j-1}\boldsymbol{S}_{j_u-1},\ \dot{\theta}_j\boldsymbol{S}_{j_u}\right]=\begin{bmatrix}\left(\dot{\theta}_{j-1}\boldsymbol{p}_{j-1}\wedge\dot{\theta}_j\boldsymbol{p}_j\right)^*\\ \left(\dot{\theta}_{j-1}\boldsymbol{p}_{j-1}\wedge\dot{\theta}_j\boldsymbol{b}_j\right)^*-\left(\dot{\theta}_j\boldsymbol{p}_j\wedge\dot{\theta}_{j-1}\boldsymbol{b}_{j-1}\right)^*\end{bmatrix}=\dot{\theta}_{j-1}\dot{\theta}_j\begin{bmatrix}\boldsymbol{p}_{j-1}\cdot\boldsymbol{p}_j^{\ *}\\ \boldsymbol{p}_{j-1}\cdot\boldsymbol{b}_j^{\ *}-\boldsymbol{p}_j\cdot\boldsymbol{b}_{j-1}^{\ *}\end{bmatrix} \tag{6.9}$$

根据 6 维几何代数 $\mathcal{G}_6$ 的外积性质，串联机器人的末端输出加速度子空间 $\boldsymbol{S}_a$ 可以表示为

$$\boldsymbol{S}_a=\boldsymbol{S}_{1_u}\wedge\boldsymbol{S}_{2_u}\wedge\cdots\wedge\boldsymbol{S}_{j_u} \tag{6.10}$$

下面对串联机器人的关节加速度幅值进行推导。同样以第一个运动关节为例，通过将其单位螺旋 $\boldsymbol{S}_{1_u}$ 替换成$\left(\boldsymbol{S}_{a,\,j}-\boldsymbol{S}_L\right)$，可构造得到新的子空间为

$$\boldsymbol{S}_{a1}=\left(\boldsymbol{S}_{a,j}-\boldsymbol{S}_L\right)\wedge\boldsymbol{S}_{2_u}\wedge\cdots\wedge\boldsymbol{S}_{j_u}=\left(\sum_{g=1}^{j}\ddot{\theta}_g\boldsymbol{S}_{g_u}\right)\wedge\boldsymbol{S}_{2_u}\wedge\cdots\wedge\boldsymbol{S}_{j_u} \tag{6.11}$$

结合式(6.7)和几何代数外积性质，可将式(6.11)进一步简化为

$$\boldsymbol{S}_{a1}=\ddot{\theta}_1\boldsymbol{S}_{1_u}\wedge\boldsymbol{S}_{2_u}\wedge\cdots\wedge\boldsymbol{S}_{j_u} \tag{6.12}$$

同样地，对比式(6.10)和式(6.12)，可以发现两个子空间中均含有相同的基底。通过提取系数并相除，可得到第一个运动关节的加速度幅值 $\ddot{\theta}_1$。同理，通过将其余关节依次替换为$\left(\boldsymbol{S}_{a,j}-\boldsymbol{S}_L\right)$，可得到各个新的子空间 $\boldsymbol{S}_{ak}$，并由此得到各个关节的加速度幅值 $\ddot{\theta}_k$。类似于速度分析，整个加速度计算过程中也不需要进行求导或微分计算。上述方法对结构复杂的机器人关节速度/加速度推导具有一定的优势。

在确定各关节的加速度后，可推得各杆件的加速度为

$$\begin{cases}\boldsymbol{S}_{a,1}=\left(\dot{\boldsymbol{\omega}}_1^{\mathrm{T}},\ \boldsymbol{a}_1^{\mathrm{T}}\right)^{\mathrm{T}}=\left[\dot{\boldsymbol{\omega}}_1^{\mathrm{T}},\ \dot{\boldsymbol{v}}_1^{\mathrm{T}}-\left(\boldsymbol{\omega}_1^{\mathrm{T}}\wedge\boldsymbol{v}_1^{\mathrm{T}}\right)^*\right]^{\mathrm{T}}=\ddot{\theta}_1\boldsymbol{S}_{1_u}\\ \boldsymbol{S}_{a,k}=\left(\dot{\boldsymbol{\omega}}_k^{\mathrm{T}},\ \boldsymbol{a}_k^{\mathrm{T}}\right)^{\mathrm{T}}=\left[\dot{\boldsymbol{\omega}}_k^{\mathrm{T}},\ \dot{\boldsymbol{v}}_k^{\mathrm{T}}-\left(\boldsymbol{\omega}_k^{\mathrm{T}}\wedge\boldsymbol{v}_k^{\mathrm{T}}\right)^*\right]^{\mathrm{T}}=\sum_{g=1}^{k}\ddot{\theta}_g\boldsymbol{S}_{g_u}+\boldsymbol{S}_{L,k},\quad 2\leqslant k\leqslant j\end{cases} \tag{6.13}$$

式中，$\left(\boldsymbol{\omega}_k^{\mathrm{T}} \wedge \boldsymbol{v}_k^{\mathrm{T}}\right)^*$ 表示相对于定坐标系杆件 k 的法向加速度，其垂直于 $\boldsymbol{\omega}_k^{\mathrm{T}} \wedge \boldsymbol{v}_k^{\mathrm{T}}$ 所组成的平行四边形，且大小为平行四边形的面积。

根据式(6.13)，可得到杆件 k 的质心加速度为

$$
\begin{aligned}
\boldsymbol{S}_{a,k,C_m} &= \left(\dot{\boldsymbol{\omega}}_k^{\mathrm{T}},\ \boldsymbol{a}_{k,C_m}^{\mathrm{T}}\right)^{\mathrm{T}} \\
&= \left[\dot{\boldsymbol{\omega}}_k^{\mathrm{T}},\ \dot{\boldsymbol{v}}_k^{\mathrm{T}} + \left(\dot{\boldsymbol{\omega}}_k^{\mathrm{T}} \wedge \boldsymbol{r}_{k,C_m}^{\mathrm{T}}\right)^* + \left(\boldsymbol{\omega}_k^{\mathrm{T}} \wedge \left(\boldsymbol{\omega}_k^{\mathrm{T}} \wedge \boldsymbol{r}_{k,C_m}^{\mathrm{T}}\right)^*\right)^*\right]^{\mathrm{T}}
\end{aligned} \tag{6.14}
$$

式中，$\boldsymbol{a}_{k,C_m}$ 表示相对于定坐标系杆件 k 的质心线加速度，其中的$\left(\dot{\boldsymbol{\omega}}_k^{\mathrm{T}} \wedge \boldsymbol{r}_{k,C_m}^{\mathrm{T}}\right)^*$ 和 $\left(\boldsymbol{\omega}_k^{\mathrm{T}} \wedge \left(\boldsymbol{\omega}_k^{\mathrm{T}} \wedge \boldsymbol{r}_{k,C_m}^{\mathrm{T}}\right)^*\right)^*$ 分别表示相对于定坐标系杆件 k 的质心切向加速度和法向加速度，两者分别垂直于 $\dot{\boldsymbol{\omega}}_k^{\mathrm{T}} \wedge \boldsymbol{r}_{k,C_m}^{\mathrm{T}}$ 和 $\boldsymbol{\omega}_k^{\mathrm{T}} \wedge \left(\boldsymbol{\omega}_k^{\mathrm{T}} \wedge \boldsymbol{r}_{k,C_m}^{\mathrm{T}}\right)^*$ 所组成的平行四边形，且大小为两个平行四边形的面积。

6.1.4　串联机器人的驱动力/力矩分析

根据 6.1.2 节和 6.1.3 节得到的速度和加速度结果，可推导得到作用于串联机器人杆件 k 质心处的力，其表达式为

$$
\boldsymbol{S}_{F,k,C_m} = \begin{bmatrix} \boldsymbol{f}_{k,C_m,\mathrm{all}} \\ \boldsymbol{\tau}_{k,C_m,\mathrm{all}} \end{bmatrix} = \begin{bmatrix} m_k\left(\boldsymbol{g} - \boldsymbol{a}_{k,C_m}\right) \\ -\left(\boldsymbol{I}_k \dot{\boldsymbol{\omega}}_k\right) - \left(\boldsymbol{\omega}_k \wedge \left(\boldsymbol{I}_k \boldsymbol{\omega}_k\right)\right)^* \end{bmatrix} \tag{6.15}
$$

式中，m_k 表示杆件 k 的质量；$\boldsymbol{g}$ 表示重力加速度；$\boldsymbol{f}_{k,C_m,\mathrm{all}}$ 和 $\boldsymbol{\tau}_{k,C_m,\mathrm{all}}$ 分别表示作用于杆件 k 质心处的合力和合力矩；$\boldsymbol{I}_k$ 表示相对于定坐标系 $O\text{-}xyz$ 杆件 k 的惯性矩阵。

式(6.15)中 $\boldsymbol{I}_k$ 可展开表示为

$$
\boldsymbol{I}_k = {}^{O}\boldsymbol{R}_k \boldsymbol{I}_{k,\,\mathrm{local}}\, {}^{O}\boldsymbol{R}_k^{-1} \tag{6.16}
$$

式中，$\boldsymbol{I}_{k,\,\mathrm{local}}$ 表示相对于局部坐标系 $L_k\text{-}x_k y_k z_k$ 杆件 k 的惯性矩阵；${}^{O}\boldsymbol{R}_k$ 用于描述局部坐标系 $L_k\text{-}x_k y_k z_k$ 和定坐标系 $O\text{-}xyz$ 之间的映射矩阵。

对于串联机器人，可通过递归算法逐步求得机器人的各驱动力/力矩。以末端关节 j 为例，根据末端杆件质心的受力情况，可推得关节 j 的受力情况为

$$
\boldsymbol{F}_j = \begin{bmatrix} \boldsymbol{f}_j \\ \boldsymbol{\tau}_j \end{bmatrix} = \begin{bmatrix} -\boldsymbol{f}_{j,C_m,\mathrm{all}} \\ -\left(\boldsymbol{r}_{杆,j,C_m} \wedge \boldsymbol{f}_{j,C_m,\mathrm{all}}\right)^* - \boldsymbol{\tau}_{j,C_m,\mathrm{all}} \end{bmatrix} \tag{6.17}
$$

式中，$\boldsymbol{f}_j$ 和 $\boldsymbol{\tau}_j$ 分别表示关节 j 所受的力和力矩；$\boldsymbol{r}_{杆,j,C_m}$ 表示在定坐标系下末端关节 j 到杆件 j 质心的位置。

在已知末端关节受力情况的基础上，可进一步递归计算得到串联机器人第 j–1 个关节的受力情况为

$$\boldsymbol{F}_{j-1}=\begin{bmatrix}\boldsymbol{f}_{j-1}\\ \boldsymbol{\tau}_{j-1}\end{bmatrix}=\begin{bmatrix}-\boldsymbol{f}_{j-1,C_m,\mathrm{all}}+\boldsymbol{f}_j\\ -\left(\boldsymbol{r}_{杆,j-1,C_m}\wedge\boldsymbol{f}_{j-1,C_m,\mathrm{all}}\right)^*+\left(\boldsymbol{r}_{杆,j-1}\wedge\boldsymbol{f}_j\right)^*-\boldsymbol{\tau}_{j-1,C_m,\mathrm{all}}+\boldsymbol{\tau}_j\end{bmatrix} \tag{6.18}$$

式中，$\boldsymbol{r}_{杆,j-1}$ 表示在定坐标系下关节 j–1 到关节 j 的位置。

因此，可逐步递推得到串联机器人中其余各个驱动关节的受力情况，并由此确定所施加的驱动力/力矩幅值 f_g（g=1, 2, …, j）。以上为基于几何代数的串联机器人解析逆动力学建模方法，其具有推导简单、可避免进行求导或微分计算、表达清晰等优点。

6.2　串联机器人的逆动力学建模与验证

为证明上述基于 6 维几何代数 $\mathcal{G}_6$ 的串联机器人解析逆动力学建模方法的正确性，本节选取六自由度 FANUC 串联机器人和 JAKA 串联机器人作为算例进行验证，少自由度串联机器人的分析过程与此类似。

6.2.1　算例 1：FANUC 串联机器人的逆动力学建模与验证

图 6.3 为六自由度 FANUC 串联机器人的局部坐标系分布，其基座和 6 个运动杆件通过转动副连接。通过驱动 6 个转动电机，六自由度 FANUC 串联机器人的末端执行器可实现三个平动自由度和三个转动自由度。六自由度 FANUC 串联机器人中的后三个关节转动轴线相交于同一点，可独立实现姿态调整。如图 6.3 所示，在六自由度 FANUC 串联机器人中建立定坐标系 O-xyz，其中 z 轴垂直于地面向上。6 个局部坐标系 L_i-$x_i y_i z_i$（i=1, 2, 3, 4, 5, 6）分别建立在相应杆件中，并且设所有局部坐标系的 z_i 轴沿着杆件 i 的转轴方向。

根据 6.1 节中的串联机器人逆动力学建模步骤，可建立六自由度 FANUC 串联机器人的逆动力学模型。为节省篇幅，本节不展开进行具体分析。通过将六自由度 FANUC 串联机器人三维模型导入 Adams 软件并根据表 6.1 进行参数设置，可建立其逆动力学模型。其逆动力学仿真试验轨迹定义如下：

$$\begin{cases} x = x_{so} + 400\left(6t^5/t_d^5 - 15t^4/t_d^4 + 10t^3/t_d^3\right) \\ y = y_{so} + 400\left(6t^5/t_d^5 - 15t^4/t_d^4 + 10t^3/t_d^3\right) \\ z = z_{so} - 400\left(6t^5/t_d^5 - 15t^4/t_d^4 + 10t^3/t_d^3\right) \\ \alpha = \alpha_{so} + \pi\left(6t^5/t_d^5 - 15t^4/t_d^4 + 10t^3/t_d^3\right)/20 \\ \beta = \beta_{so} + \pi\left(6t^5/t_d^5 - 15t^4/t_d^4 + 10t^3/t_d^3\right)/20 \\ \gamma = \gamma_{so} + \pi\left(6t^5/t_d^5 - 15t^4/t_d^4 + 10t^3/t_d^3\right)/20 \end{cases} \tag{6.19}$$

式中，x_{so}、y_{so}、z_{so}、α_{so}、β_{so}、γ_{so} 为六自由度 FANUC 串联机器人末端点的初始位置和姿态；t_d 为动力学仿真时间，设为 10s。

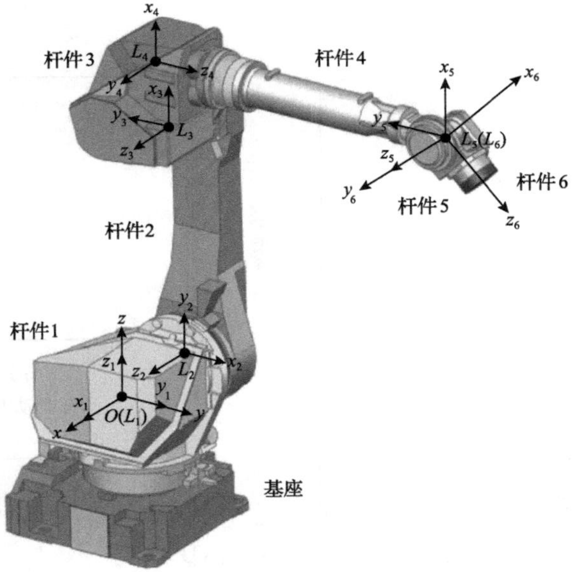

图 6.3　六自由度 FANUC 串联机器人的局部坐标系分布

表 6.1　六自由度 FANUC 串联机器人的参数

机器人部件	质量/kg	局部坐标系下的质心位置/mm	局部坐标系下的惯性矩阵/(kg · m²)
杆件 1	495.1665	(52.76, 40.66, –94.80)	diag(13.3793, 14.2316, 18.4974)
杆件 2	185.1493	(1.00, 403.41, –174.60)	diag(0.9612, 17.0915, 17.5003)
杆件 3	287.9329	(84.10, –6.87, 31.75)	diag(4.2917, 6.3907, 6.8431)
杆件 4	71.1038	(0.13, 11.02, 674.50)	diag(0.1588, 4.2313, 4.2507)
杆件 5	14.6744	(–53.60, –53.60, –15.44)	diag(0.4819, 0.6752, 0.7951)×10^{-1}
杆件 6	2.8440	(0, 0, 168.50)	diag(0.2946, 0.2946, 0.5466)×10^{-2}

经过仿真，可得到在给定轨迹下六自由度 FANUC 串联机器人 6 个驱动力矩的变化情况，其与几何代数法的计算结果对比如图 6.4 所示。可以发现，基于几何代数法得到的理论结果与 Adams 仿真结果基本一致。

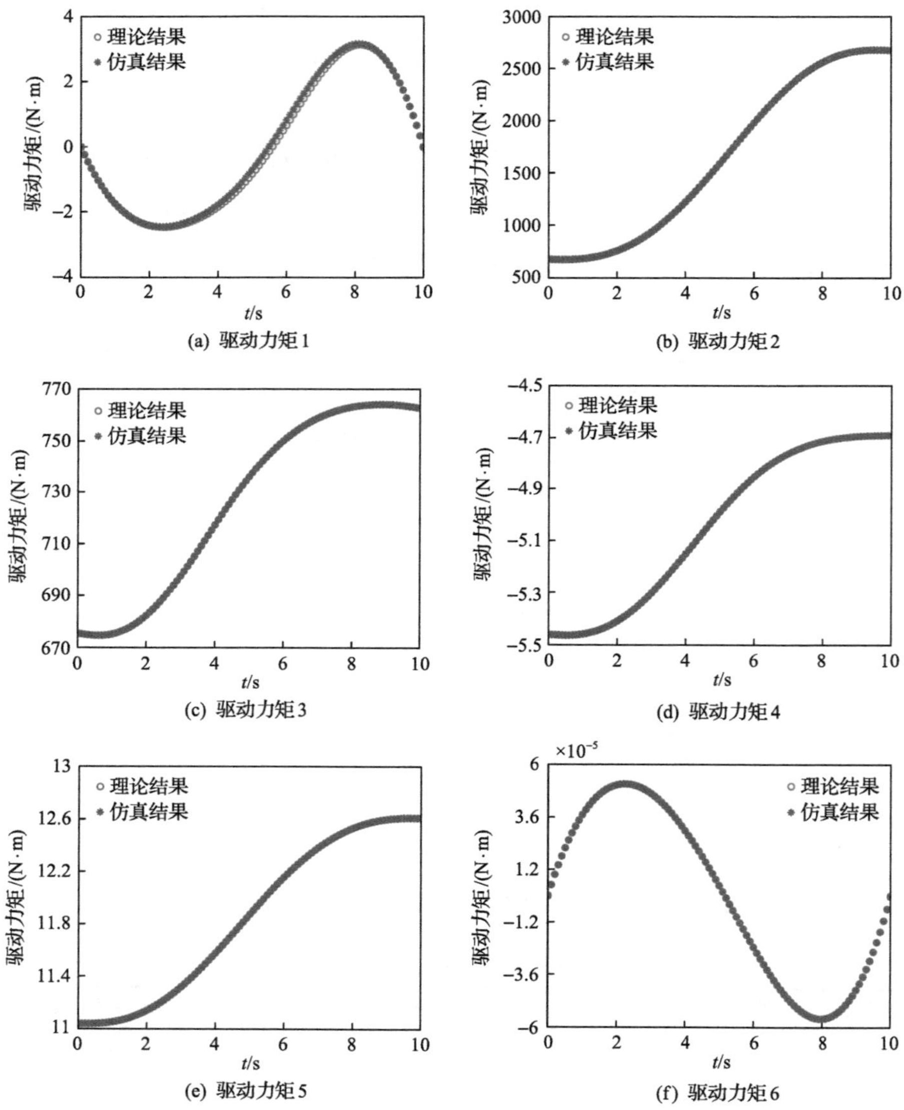

(a) 驱动力矩 1　(b) 驱动力矩 2　(c) 驱动力矩 3　(d) 驱动力矩 4　(e) 驱动力矩 5　(f) 驱动力矩 6

图 6.4　六自由度 FANUC 串联机器人逆动力学理论结果和仿真结果对比情况

6.2.2　算例 2：JAKA 串联机器人的逆动力学建模与验证

图 6.5 为六自由度 JAKA 串联机器人的局部坐标系分布，其基座和 6 个运动

杆件通过转动副连接。通过驱动 6 个转动电机，六自由度 JAKA 串联机器人的末端执行器可实现三个平动自由度和三个转动自由度。如图 6.5 所示，在六自由度 JAKA 串联机器人中建立定坐标系 $O\text{-}xyz$，其中 z 轴垂直于地面向上。6 个局部坐标系 $L_i\text{-}x_iy_iz_i$ $(i=1, 2, 3, 4, 5, 6)$ 分别建立在相应杆件中，并且设所有局部坐标系的 z_i 轴沿着杆件 i 的转轴方向。

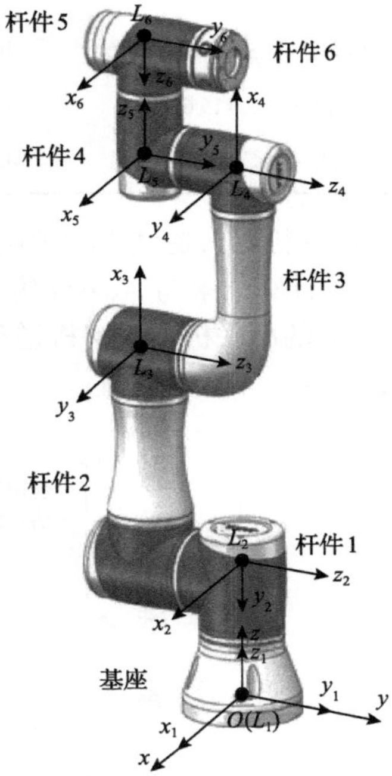

图 6.5　六自由度 JAKA 串联机器人的局部坐标系分布

通过将六自由度 JAKA 串联机器人三维模型导入 Adams 软件并根据表 6.2 进行参数设置，可建立其动力学模型。在本节中，六自由度 JAKA 串联机器人动力学仿真的试验轨迹定义如下：

$$\begin{cases} x = x_{so} - 100\left(6t^5/t_d^5 - 15t^4/t_d^4 + 10t^3/t_d^3\right) \\ y = y_{so} - 100\left(6t^5/t_d^5 - 15t^4/t_d^4 + 10t^3/t_d^3\right) \\ z = z_{so} - 100\left(6t^5/t_d^5 - 15t^4/t_d^4 + 10t^3/t_d^3\right) \\ \alpha = \alpha_{so} + \pi\left(6t^5/t_d^5 - 15t^4/t_d^4 + 10t^3/t_d^3\right)/20 \\ \beta = \beta_{so} + \pi\left(6t^5/t_d^5 - 15t^4/t_d^4 + 10t^3/t_d^3\right)/20 \\ \gamma = \gamma_{so} + \pi\left(6t^5/t_d^5 - 15t^4/t_d^4 + 10t^3/t_d^3\right)/20 \end{cases} \tag{6.20}$$

表 6.2　六自由度 JAKA 串联机器人的参数

机器人部件	质量/kg	局部坐标系下的质心位置/mm	局部坐标系下的惯性矩阵/(kg · m^2)
杆件 1	2.3274	(1.08, –1.89, 135.58)	diag(0.3631, 0.4539, 0.4587)×10^{-2}
杆件 2	5.9538	(0.01, –119.79, –102.40)	diag(1.0616, 7.8002, 8.0416)×10^{-2}
杆件 3	2.9937	(111.97, 64.54, 100.64)	diag(0.3671, 2.9398, 3.0458)×10^{-2}
杆件 4	1.1693	(32.51, 0.24, –111.07)	diag(0.9816, 1.7156, 1.7311)×10^{-3}
杆件 5	1.3076	(–11.18, 19.75, 115.67)	diag(0.1088, 0.2827, 0.2851)×10^{-2}
杆件 6	0.5077	(0.13, –0.06, 91.76)	diag(0.2086, 0.2121, 0.3610)×10^{-3}

图 6.6 为六自由度 JAKA 串联机器人逆动力学理论结果和仿真结果对比情况。可以发现，根据所提方法得到的计算结果与 Adams 仿真结果基本一致。通过上述两个例子，证明了基于几何代数的串联机器人解析逆动力学建模方法的正确性，其可替代 Adams 软件的仿真结果。

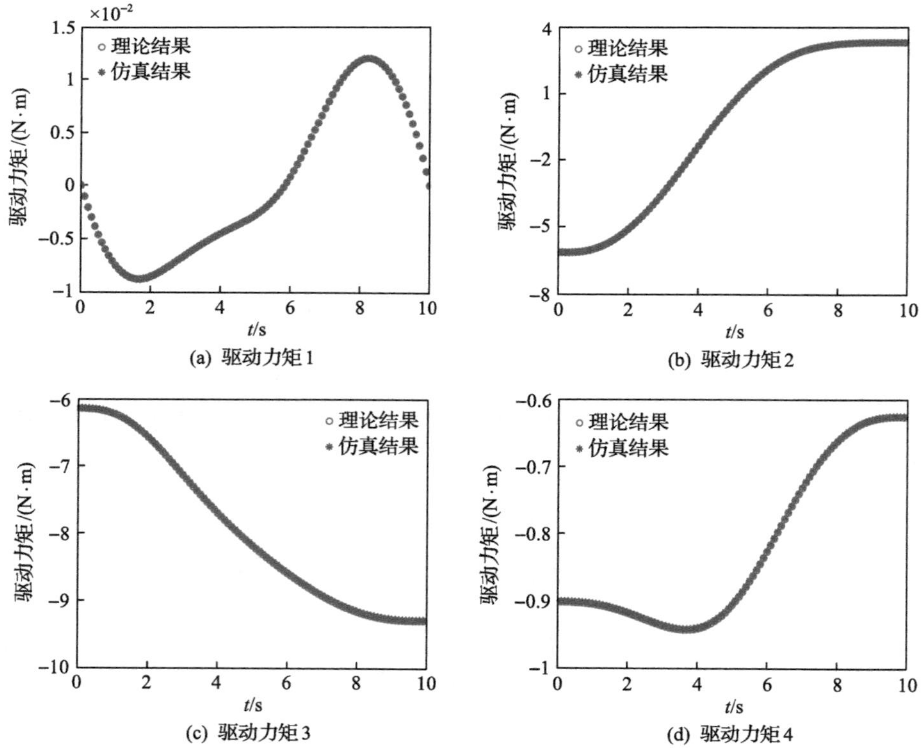

(a) 驱动力矩 1　(b) 驱动力矩 2　(c) 驱动力矩 3　(d) 驱动力矩 4

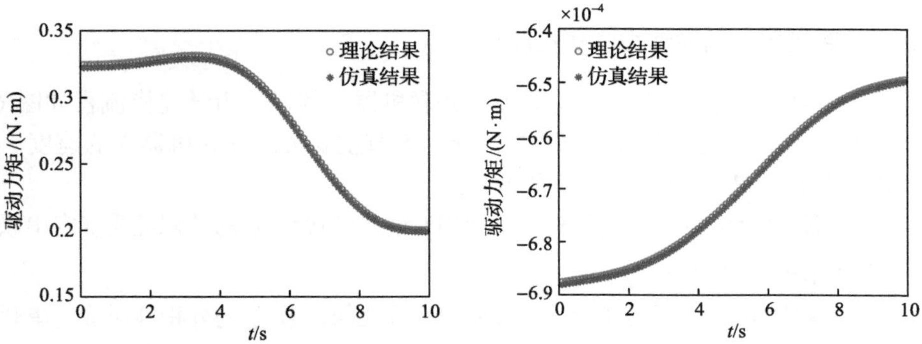

(e) 驱动力矩 5　　(f) 驱动力矩 6

图 6.6　六自由度 JAKA 串联机器人逆动力学理论结果和仿真结果对比情况

6.3　并联机器人的解析逆动力学通用模型

并联机器人关于运动螺旋分布的一般性示意图如图 6.7 所示，定平台和动平台通过 n 条分支 A_iB_i 相连接，每条分支由 j_i 个杆件和 h_i 个关节 $(i=1, 2,\cdots, n)$ 组成，且仅含一个驱动关节。

本节将虎克铰和球面副分别认定为由两个和三个具有相同转动中心，但转动方向不同的转动副组成。定平台的定坐标系为 $O\text{-}xyz$，动平台的动坐标系为 $o\text{-}uvw$，每个杆件的局部坐标系设为 $L_i\text{-}x_{j_i}y_{j_i}z_{j_i}$。

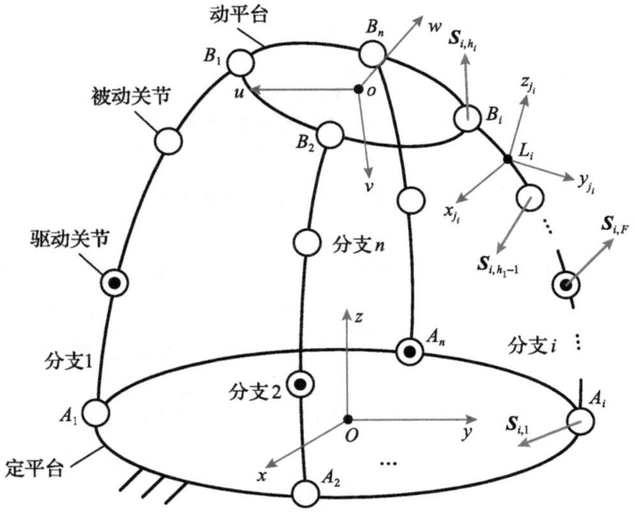

图 6.7　并联机器人关于运动螺旋分布的一般性示意图

6.3.1　并联机器人的逆动力学建模流程

基于 6 维几何代数$\mathcal{G}_6$和虚功原理，并联机器人的逆动力学建模流程如图 6.8 所示。类似于串联机器人的逆动力学推导，本节主要关注并联机器人的速度、加速度和驱动力/力矩推导，具体步骤如下：

(1)根据给定的动平台速度$\boldsymbol{S}_{V,P}$，利用 6 维几何代数$\mathcal{G}_6$的外积性质确定串联分支 i 中各关节的速度幅值$\dot{\theta}_{i,k}$。

(2)根据给定的动平台加速度$\boldsymbol{S}_{a,j}$，利用 6 维几何代数$\mathcal{G}_6$的外积性质确定串联分支 i 中各关节的加速度幅值$\ddot{\theta}_{i,k}$，判断是否已确定各串联分支的关节速度和加速度，若$i<n$，则跳至步骤(1)；若$i\geqslant n$，则进行步骤(3)。

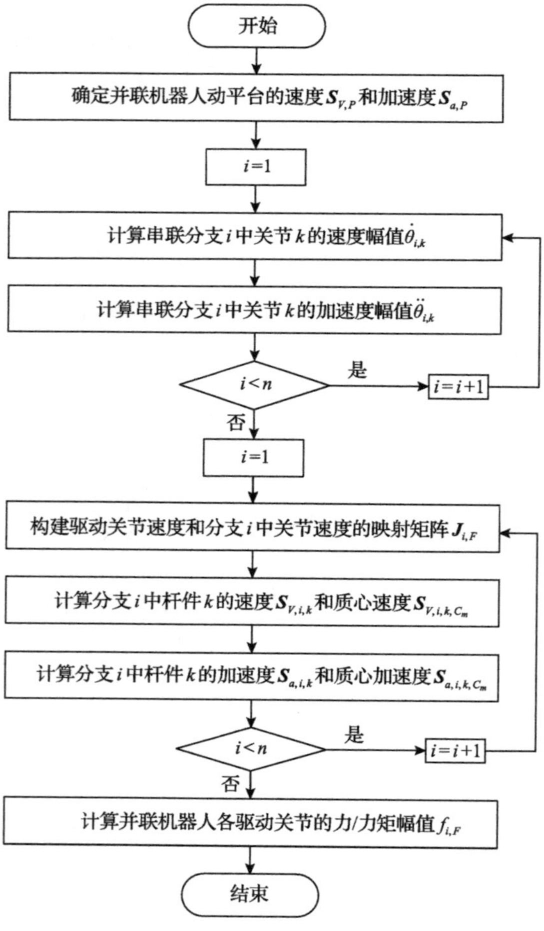

图 6.8　并联机器人的逆动力学建模流程图

(3) 构建各个分支驱动关节速度和分支 i 中关节速度的映射矩阵 $\boldsymbol{J}_{i,F}$。

(4) 根据分支 i 中的各关节速度，确定分支 i 中各杆件的速度 $\boldsymbol{S}_{V,i,k}$；结合分支 i 中各杆件的质心坐标，由 $\boldsymbol{S}_{V,i,k}$ 推导出分支 i 中各杆件的质心速度 $\boldsymbol{S}_{V,i,k,C_m}$。

(5) 根据分支 i 中的各关节加速度，确定分支 i 中各杆件的加速度 $\boldsymbol{S}_{a,i,k}$；结合分支 i 中各杆件的质心坐标，由 $\boldsymbol{S}_{a,i,k}$ 推导出分支 i 中各杆件的质心加速度 $\boldsymbol{S}_{a,i,k,C_m}$。判断是否已确定并联机器人中各杆件的速度和加速度，若 $i<n$，则跳至步骤(3)；若 $i \geqslant n$，则进行步骤(6)。

(6) 根据步骤(1)～步骤(5)的结果，借助虚功原理建立并联机器人的逆动力学模型，确定机器人中各分支驱动关节的驱动力/力矩幅值。

根据上述建模流程，后面将对并联机器人的速度、加速度和驱动力/力矩进行详细分析。

6.3.2　并联机器人的速度分析

类似 6.1.2 节中串联机器人的速度推导过程，可得到并联机器人中分支各关节的速度幅值 $\dot{\theta}_{i,k}$。提取出分支驱动关节速度 $\dot{\theta}_{i,F}$ 并结合运动雅可比矩阵，可建立各个分支驱动关节速度和分支 i 中关节速度的映射关系，即

$$\left(\dot{\theta}_{i,1}, \cdots, \dot{\theta}_{i,F}, \cdots, \dot{\theta}_{i,h_i}\right)^{\mathrm{T}}_{h_i \times 1} = \boldsymbol{J}_{i,F}\left(\dot{\theta}_{1,F}, \cdots, \dot{\theta}_{n,F}, \underbrace{0, \cdots, 0}_{6-n}\right)^{\mathrm{T}} \tag{6.21}$$

式中，$\boldsymbol{J}_{i,F}$ 为反映分支 i 关节速度和各个分支驱动关节速度的映射矩阵，其可展开为

$$\boldsymbol{J}_{i,F} = \left(\left(\boldsymbol{J}_i\right)^{-1}\left(\Delta\left(\boldsymbol{J}_w\right)^{-1}\right)\right)_{h_i \times 6} \tag{6.22}$$

式中，$\boldsymbol{J}_i$ 表示分支 i 的运动雅可比矩阵；$\boldsymbol{J}_w$ 表示含驱动力螺旋和约束力螺旋的 6×6 力矩阵，为

$$\boldsymbol{J}_w = \begin{bmatrix} \dfrac{b_{1,T,1}}{\boldsymbol{S}_1^{\mathrm{T}}\cdot\left(\Delta\boldsymbol{S}_{1,F_u}\right)} & \dfrac{b_{1,T,2}}{\boldsymbol{S}_1^{\mathrm{T}}\cdot\left(\Delta\boldsymbol{S}_{1,F_u}\right)} & \dfrac{b_{1,T,3}}{\boldsymbol{S}_1^{\mathrm{T}}\cdot\left(\Delta\boldsymbol{S}_{1,F_u}\right)} & \dfrac{p_{1,T,1}}{\boldsymbol{S}_1^{\mathrm{T}}\cdot\left(\Delta\boldsymbol{S}_{1,F_u}\right)} & \dfrac{p_{1,T,2}}{\boldsymbol{S}_1^{\mathrm{T}}\cdot\left(\Delta\boldsymbol{S}_{1,F_u}\right)} & \dfrac{p_{1,T,3}}{\boldsymbol{S}_1^{\mathrm{T}}\cdot\left(\Delta\boldsymbol{S}_{1,F_u}\right)} \\ \vdots & \vdots & \vdots & \vdots & \vdots & \vdots \\ \dfrac{b_{n,T,1}}{\boldsymbol{S}_n^{\mathrm{T}}\cdot\left(\Delta\boldsymbol{S}_{n,F_u}\right)} & \dfrac{b_{n,T,2}}{\boldsymbol{S}_n^{\mathrm{T}}\cdot\left(\Delta\boldsymbol{S}_{n,F_u}\right)} & \dfrac{b_{n,T,3}}{\boldsymbol{S}_n^{\mathrm{T}}\cdot\left(\Delta\boldsymbol{S}_{n,F_u}\right)} & \dfrac{p_{n,T,1}}{\boldsymbol{S}_n^{\mathrm{T}}\cdot\left(\Delta\boldsymbol{S}_{n,F_u}\right)} & \dfrac{p_{n,T,2}}{\boldsymbol{S}_n^{\mathrm{T}}\cdot\left(\Delta\boldsymbol{S}_{n,F_u}\right)} & \dfrac{p_{n,T,3}}{\boldsymbol{S}_n^{\mathrm{T}}\cdot\left(\Delta\boldsymbol{S}_{n,F_u}\right)} \\ b_{1,C,1} & b_{1,C,2} & b_{1,C,3} & p_{1,C,1} & p_{1,C,2} & p_{1,C,3} \\ \vdots & \vdots & \vdots & \vdots & \vdots & \vdots \\ b_{6-n,C,1} & b_{6-n,C,2} & b_{6-n,C,3} & p_{6-n,C,1} & p_{6-n,C,2} & p_{6-n,C,3} \end{bmatrix}_{6\times 6} \tag{6.23}$$

式中，$b_{s_T,T,t}$和$p_{s_T,T,t}$（$s_T=1, 2,\cdots, n$; $t=1, 2, 3$）分别表示并联机器人中驱动力螺旋的主部系数和副部系数；$b_{s_C,C,t}$和$p_{s_C,C,t}$（$s_C=1, 2,\cdots, 6-n$）分别表示并联机器人中约束力螺旋的主部系数和副部系数。

联立式(6.21)～式(6.23)，可将分支i中关节k的速度表示为驱动关节速度的组合形式，即

$$\dot{\theta}_{i,k}=\sum_{u=1}^{n}G_{\dot{\theta}_{i,k}}^{u}\dot{\theta}_{u,F} \tag{6.24}$$

式中，$G_{\dot{\theta}_{i,k}}^{u}$表示分支$u$的驱动关节速度对分支$i$中关节$k$速度的影响因子。

类似于式(6.1)，分支i中杆件k的速度可表示为

$$\boldsymbol{S}_{V,i,k}=\sum_{g=1}^{k}\dot{\theta}_{i,g}\boldsymbol{S}_{i,g_u}=\sum_{g=1}^{k}\left(\sum_{u=1}^{n}G_{\dot{\theta}_{i,g}}^{u}\dot{\theta}_{u,F}\right)\boldsymbol{S}_{i,g_u} \tag{6.25}$$

式(6.25)也可表示为

$$\boldsymbol{S}_{V,i,k}=\sum_{u=1}^{n}\dot{\theta}_{u,F}\boldsymbol{S}_{u,i,k}=\sum_{u=1}^{n}\left(\sum_{g=1}^{k}G_{\dot{\theta}_{i,g}}^{u}\boldsymbol{S}_{i,g_u}\right)\dot{\theta}_{u,F} \tag{6.26}$$

式中，$\boldsymbol{S}_{u,i,k}$表示受分支u驱动关节速度影响的分支i中杆件k的速度，展开为

$$\boldsymbol{S}_{u,i,k}=\left(\boldsymbol{\omega}_{u,i,k}^{\mathrm{T}},\ \boldsymbol{v}_{u,i,k}^{\mathrm{T}}\right)^{\mathrm{T}}=\omega_{u,i,k,1}\boldsymbol{e}_1+\omega_{u,i,k,2}\boldsymbol{e}_2+\omega_{u,i,k,3}\boldsymbol{e}_3+v_{u,i,k,1}\boldsymbol{e}_4+v_{u,i,k,2}\boldsymbol{e}_5+v_{u,i,k,3}\boldsymbol{e}_6 \tag{6.27}$$

式中，$\boldsymbol{\omega}_{u,i,k}$和$\boldsymbol{v}_{u,i,k}$分别表示受分支$u$影响的分支$i$中杆件$k$的角速度和线速度。

为表示分支i中杆件k的质心速度$\boldsymbol{S}_{V,i,k,C_m}$，需先计算$\boldsymbol{S}_{u,i,k}$对应的质心速度，为

$$\boldsymbol{S}_{u,i,k,C_m}=\left(\boldsymbol{\omega}_{u,i,k}^{\mathrm{T}},\ \boldsymbol{v}_{u,i,k,C_m}^{\mathrm{T}}\right)^{\mathrm{T}}=\left(\boldsymbol{\omega}_{u,i,k}^{\mathrm{T}},\ \boldsymbol{v}_{u,i,k}^{\mathrm{T}}+\left(\boldsymbol{\omega}_{u,i,k}^{\mathrm{T}}\wedge\boldsymbol{r}_{i,k,C_m}^{\mathrm{T}}\right)^{*}\right)^{\mathrm{T}} \tag{6.28}$$

式中，$\boldsymbol{r}_{i,k,C_m}$表示原点O到分支i中杆件k质心的位置矢量；$\left(\boldsymbol{\omega}_{u,i,k}^{\mathrm{T}}\wedge\boldsymbol{r}_{i,k,C_m}^{\mathrm{T}}\right)^{*}$表示相对于定坐标系，受分支$u$驱动关节速度影响的分支$i$中杆件$k$的质心附加线速度，其垂直于$\boldsymbol{\omega}_{u,i,k}^{\mathrm{T}}\wedge\boldsymbol{r}_{i,k,C_m}^{\mathrm{T}}$所组成的平行四边形，且大小为平行四边形的面积。

因此，分支i中杆件k的质心速度$\boldsymbol{S}_{V,i,k,C_m}$可表示为

$$\boldsymbol{S}_{V,i,k,C_m}=\sum_{u=1}^{n}\dot{\theta}_{u,F}\boldsymbol{S}_{u,i,k,C_m} \tag{6.29}$$

式中，$\boldsymbol{S}_{u,i,k,C_m}$ 表示受分支 u 驱动关节速度影响的分支 i 中杆件 k 的质心速度。

同理，动平台质心处的速度表达式 $\boldsymbol{S}_{V,P,C_m}$ 也可表示为

$$\boldsymbol{S}_{V,P,C_m}=\sum_{u=1}^{n}\dot{\theta}_{u,F}\boldsymbol{S}_{u,P,C_m} \tag{6.30}$$

式中，$\boldsymbol{S}_{u,P,C_m}$ 表示受分支 u 驱动关节速度影响的动平台质心处的速度。

6.3.3　并联机器人的加速度分析

类似于 6.1.3 节中串联机器人的加速度推导过程，可得到并联机器人中分支各关节的加速度幅值 $\ddot{\theta}_{i,k}$。相对于定坐标系 $O\text{-}xyz$，并联机器人分支 i 中杆件 k 的加速度可在 6 维几何代数 $\mathcal{G}_6$ 框架下表示为

$$\boldsymbol{S}_{a,i,k}=\left(\dot{\boldsymbol{\omega}}_{i,k}^{\mathrm{T}},\ \boldsymbol{a}_{i,k}^{\mathrm{T}}\right)^{\mathrm{T}}=\left(\dot{\boldsymbol{\omega}}_{i,k}^{\mathrm{T}},\ \dot{\boldsymbol{v}}_{i,k}^{\mathrm{T}}-\left(\boldsymbol{\omega}_{i,k}^{\mathrm{T}}\wedge\boldsymbol{v}_{i,k}^{\mathrm{T}}\right)^{*}\right)^{\mathrm{T}}=\ddot{\theta}_{i,1}\boldsymbol{S}_{i,1_u}+\cdots+\ddot{\theta}_{i,k}\boldsymbol{S}_{i,k_u}+\boldsymbol{S}_{i,k,L} \tag{6.31}$$

式中，$\dot{\boldsymbol{\omega}}_{i,k}$ 表示分支 i 中杆件 k 的角加速度；$\dot{\boldsymbol{v}}_{i,k}^{\mathrm{T}}$ 表示定坐标系 $O\text{-}xyz$ 下分支 i 中关节 k 的局部坐标系原点线速度；$\boldsymbol{a}_{i,k}$ 表示分支 i 中杆件 k 上与定坐标系原点 O 重合的点的瞬时线加速度。

根据式(6.31)，分支 i 中杆件 k 的质心加速度为

$$\begin{aligned}\boldsymbol{S}_{a,i,k,C_m}&=\left(\dot{\boldsymbol{\omega}}_{i,k}^{\mathrm{T}},\ \boldsymbol{a}_{i,k,C_m}^{\mathrm{T}}\right)^{\mathrm{T}}\\&=\left(\dot{\boldsymbol{\omega}}_{i,k}^{\mathrm{T}},\ \boldsymbol{a}_{i,k}^{\mathrm{T}}+\left(\dot{\boldsymbol{\omega}}_{i,k}^{\mathrm{T}}\wedge\boldsymbol{r}_{i,k,C_m}^{\mathrm{T}}\right)^{*}+\left(\boldsymbol{\omega}_{i,k}^{\mathrm{T}}\wedge\left(\boldsymbol{\omega}_{i,k}^{\mathrm{T}}\wedge\boldsymbol{r}_{i,k,C_m}^{\mathrm{T}}\right)^{*}\right)^{*}\right)^{\mathrm{T}}\end{aligned} \tag{6.32}$$

式中，$\boldsymbol{a}_{i,k,C_m}$ 表示相对于定坐标系分支 i 中杆件 k 的质心线加速度，其中的 $\left(\dot{\boldsymbol{\omega}}_{i,k}^{\mathrm{T}}\wedge\boldsymbol{r}_{i,k,C_m}^{\mathrm{T}}\right)^{*}$ 和 $\left(\boldsymbol{\omega}_{i,k}^{\mathrm{T}}\wedge\left(\boldsymbol{\omega}_{i,k}^{\mathrm{T}}\wedge\boldsymbol{r}_{i,k,C_m}^{\mathrm{T}}\right)^{*}\right)^{*}$ 分别表示相对于定坐标系分支 i 中杆件 k 的质心切向加速度和法向加速度，两者分别垂直于 $\dot{\boldsymbol{\omega}}_{i,k}^{\mathrm{T}}\wedge\boldsymbol{r}_{i,k,C_m}^{\mathrm{T}}$ 和 $\boldsymbol{\omega}_{i,k}^{\mathrm{T}}\wedge\left(\boldsymbol{\omega}_{i,k}^{\mathrm{T}}\wedge\boldsymbol{r}_{i,k,C_m}^{\mathrm{T}}\right)^{*}$ 所组成的平行四边形，且大小为两个平行四边形的面积。

同样地，并联机器人动平台的质心加速度可表示为

$$
\begin{aligned}
\boldsymbol{S}_{a,P,C_m} &= \left(\dot{\boldsymbol{\omega}}_P^{\mathrm{T}},\ \boldsymbol{a}_{P,C_m}^{\mathrm{T}}\right)^{\mathrm{T}} \\
&= \left(\dot{\boldsymbol{\omega}}_P^{\mathrm{T}},\ \dot{\boldsymbol{v}}_P^{\mathrm{T}} + \left(\dot{\boldsymbol{\omega}}_P^{\mathrm{T}} \wedge \boldsymbol{r}_{P,C_m}^{\mathrm{T}}\right)^{*} + \left(\boldsymbol{\omega}_P^{\mathrm{T}} \wedge \left(\boldsymbol{\omega}_P^{\mathrm{T}} \wedge \boldsymbol{r}_{P,C_m}^{\mathrm{T}}\right)^{*}\right)^{*}\right)^{\mathrm{T}}
\end{aligned} \tag{6.33}
$$

式中，$\dot{\boldsymbol{\omega}}_P$ 和 $\boldsymbol{a}_{P,C_m}$ 分别表示相对于定坐标系动平台的角加速度和线加速度；$\boldsymbol{r}_{P,C_m}$ 表示原点 O 到动平台质心的位置矢量；$\left(\dot{\boldsymbol{\omega}}_P^{\mathrm{T}} \wedge \boldsymbol{r}_{P,C_m}^{\mathrm{T}}\right)^{*}$ 和 $\left(\boldsymbol{\omega}_P^{\mathrm{T}} \wedge \left(\boldsymbol{\omega}_P^{\mathrm{T}} \wedge \boldsymbol{r}_{P,C_m}^{\mathrm{T}}\right)^{*}\right)^{*}$ 分别表示相对于定坐标系动平台的质心切向加速度和法向加速度，两者分别垂直于 $\dot{\boldsymbol{\omega}}_P^{\mathrm{T}} \wedge \boldsymbol{r}_{P,C_m}^{\mathrm{T}}$ 和 $\boldsymbol{\omega}_P^{\mathrm{T}} \wedge \left(\boldsymbol{\omega}_P^{\mathrm{T}} \wedge \boldsymbol{r}_{P,C_m}^{\mathrm{T}}\right)^{*}$ 所组成的平行四边形，且大小为两个平行四边形的面积。

6.3.4 并联机器人的驱动力/力矩分析

根据前面得到的速度和加速度结果，可推导得到作用于并联机器人分支 i 中杆件 k 质心处的力，表示为

$$
\boldsymbol{S}_{F,i,k,C_m} = \begin{bmatrix} \boldsymbol{f}_{i,k,C_m,\mathrm{all}} \\ \boldsymbol{\tau}_{i,k,C_m,\mathrm{all}} \end{bmatrix} = \begin{bmatrix} m_{i,k}\left(\boldsymbol{g} - \boldsymbol{a}_{i,k,C_m}\right) \\ -\left(\boldsymbol{I}_{i,k}\dot{\boldsymbol{\omega}}_{i,k}\right) - \left(\boldsymbol{\omega}_{i,k} \wedge \left(\boldsymbol{I}_{i,k}\boldsymbol{\omega}_{i,k}\right)\right)^{*} \end{bmatrix} \tag{6.34}
$$

式中，$m_{i,k}$ 表示分支 i 中杆件 k 的质量；$\boldsymbol{g}$ 表示重力加速度；$\boldsymbol{f}_{i,k,C_m,\mathrm{all}}$ 和 $\boldsymbol{\tau}_{i,k,C_m,\mathrm{all}}$ 分别表示作用于分支 i 中杆件 k 质心处的合力和合力矩；$\boldsymbol{I}_{i,k}$ 表示相对于定坐标系 $O\text{-}xyz$ 分支 i 中杆件 k 的惯性矩阵。

式(6.34)中 $\boldsymbol{I}_{i,k}$ 可展开表示为

$$
\boldsymbol{I}_{i,k} = {}^{O}\boldsymbol{R}_{i,k}\boldsymbol{I}_{i,k,\mathrm{local}}\,{}^{O}\boldsymbol{R}_{i,k}^{-1} \tag{6.35}
$$

式中，$\boldsymbol{I}_{i,k,\mathrm{local}}$ 表示相对于杆件坐标系 $L_i\text{-}x_{k_i}y_{k_i}z_{k_i}$ 分支 i 中杆件 k 的惯性矩阵；${}^{O}\boldsymbol{R}_{i,k}$ 表示杆件坐标系 $L_i\text{-}x_{k_i}y_{k_i}z_{k_i}$ 和定坐标系 $O\text{-}xyz$ 之间的映射矩阵。

对于并联机器人，其所有驱动力/力矩以及各个杆件和动平台合力所产生的功率 W_p 可表示为

$$
W_p = \boldsymbol{S}_{F,P,C_m} \cdot \left(\Delta\boldsymbol{S}_{V,P,C_m}\right) + \sum_{i=1}^{n}\left(\boldsymbol{S}_{F,i,1,C_m} \cdot \left(\Delta\boldsymbol{S}_{V,i,1,C_m}\right) + \cdots + \boldsymbol{S}_{F,i,j_i,C_m} \cdot \left(\Delta\boldsymbol{S}_{V,i,j_i,C_m}\right) + f_{i,F}\dot{\theta}_{i,F}\right) \tag{6.36}
$$

式中，$\boldsymbol{S}_{F,P,C_m}$ 和 $\boldsymbol{S}_{F,i,k,C_m}$ 分别表示作用于动平台和分支 i 中杆件 k 质心处的受力情况；$f_{i,F}$ 表示分支 i 的驱动力/力矩幅值。

将式(6.29)和式(6.30)代入式(6.36)，则并联机器人的虚功可写为

$$\delta W_p = \left\{ \boldsymbol{S}_{F,P,C_m} \cdot \left(\Delta \boldsymbol{S}_{1,P,C_m} \right) + \sum_{i=1}^{n} \left(\boldsymbol{S}_{F,i,1,C_m} \cdot \left(\Delta \boldsymbol{S}_{1,i,1,C_m} \right) + \cdots + \boldsymbol{S}_{F,i,j_i,C_m} \cdot \left(\Delta \boldsymbol{S}_{1,i,j_i,C_m} \right) \right) + f_{1,F} \right\} \delta \dot{\theta}_{1,F}$$
$$+ \cdots + \left[\boldsymbol{S}_{F,P,C_m} \cdot \left(\Delta \boldsymbol{S}_{n,P,C_m} \right) + \sum_{i=1}^{n} \left(\boldsymbol{S}_{F,i,1,C_m} \cdot \left(\Delta \boldsymbol{S}_{n,i,1,C_m} \right) + \cdots + \boldsymbol{S}_{F,i,j_i,C_m} \cdot \left(\Delta \boldsymbol{S}_{n,i,j_i,C_m} \right) \right) + f_{n,F} \right] \delta \dot{\theta}_{n,F} \tag{6.37}$$

鉴于在虚功原理中，机器人的虚速度 $\delta\dot{\theta}_g$ $(g=1, 2,\cdots, j)$ 为任意值，若使并联串联机器人的总虚功在任意位形下始终为零，即 $\delta W_p = 0$，则需满足如下条件：

$$\begin{cases} \boldsymbol{S}_{F,P,C_m} \cdot \left(\Delta \boldsymbol{S}_{1,P,C_m} \right) + \sum_{i=1}^{n} \left(\boldsymbol{S}_{F,i,1,C_m} \cdot \left(\Delta \boldsymbol{S}_{1,i,1,C_m} \right) + \cdots + \boldsymbol{S}_{F,i,j_i,C_m} \cdot \left(\Delta \boldsymbol{S}_{1,i,j_i,C_m} \right) \right) + f_{1,F} = 0 \\ \quad \vdots \\ \boldsymbol{S}_{F,P,C_m} \cdot \left(\Delta \boldsymbol{S}_{n,P,C_m} \right) + \sum_{i=1}^{n} \left(\boldsymbol{S}_{F,i,1,C_m} \cdot \left(\Delta \boldsymbol{S}_{n,i,1,C_m} \right) + \cdots + \boldsymbol{S}_{F,i,j_i,C_m} \cdot \left(\Delta \boldsymbol{S}_{n,i,j_i,C_m} \right) \right) + f_{n,F} = 0 \end{cases} \tag{6.38}$$

根据式(6.38)，即可得到驱动关节的力/力矩幅值 $f_{i,F}$ $(i=1, 2, \cdots, n)$ 为

$$\begin{cases} f_{1,F} = -\left[\boldsymbol{S}_{F,P,C_m} \cdot \left(\Delta \boldsymbol{S}_{1,P,C_m} \right) + \sum_{i=1}^{n} \left(\boldsymbol{S}_{F,i,1,C_m} \cdot \left(\Delta \boldsymbol{S}_{1,i,1,C_m} \right) + \cdots + \boldsymbol{S}_{F,i,j_i,C_m} \cdot \left(\Delta \boldsymbol{S}_{1,i,j_i,C_m} \right) \right) \right] \\ \quad \vdots \\ f_{n,F} = -\left[\boldsymbol{S}_{F,P,C_m} \cdot \left(\Delta \boldsymbol{S}_{n,P,C_m} \right) + \sum_{i=1}^{n} \left(\boldsymbol{S}_{F,i,1,C_m} \cdot \left(\Delta \boldsymbol{S}_{n,i,1,C_m} \right) + \cdots + \boldsymbol{S}_{F,i,j_i,C_m} \cdot \left(\Delta \boldsymbol{S}_{n,i,j_i,C_m} \right) \right) \right] \end{cases} \tag{6.39}$$

以上为基于几何代数对并联机器人进行解析逆动力学建模的几何代数法，其同样具有推导简单、可避免进行求导或微分计算、不需要求解大量符号线性方程组、通用清晰等优点。

6.4 并联机器人的逆动力学建模与验证

为证明上述基于 6 维几何代数 $\mathcal{G}_6$ 的并联机器人解析逆动力学建模方法的正确性，本节以两个 2R1T 三自由度并联机器人(2PRU-PSR 和 Tex3)以及两个六自由度并联机器人(6-UPS 和 6-PSS)为例，对上述方法进行验证。

6.4.1 算例 1：2PRU-PSR 并联机器人的逆动力学建模与验证

图 6.9 为三自由度 2PRU-PSR 并联机器人的局部坐标系分布，其定平台和动

平台通过 3 条分支 A_iB_i (i=1, 2, 3) 相连接。分支 1 和分支 2 为结构相同的 PRU 运动分支，分支 3 为 PSR 运动分支。通过移动副，三条分支与机架导轨固接，驱动三个移动副（q_1、q_2 和 q_3）可改变动平台的输出位姿。在三自由度 2PRU-PSR 并联机器人中建立定坐标系 O-xyz，其中 x 轴与 OC_3 共线，y 轴沿着 OC_1 方向，z 轴满足右手定则。动坐标系 o-uvw 的原点为 B_1B_2 的中点，其中 u 轴与 oB_3 共线，v 轴沿着 oB_1 方向，w 轴满足右手定则。在 3 个滑块和 RU/SR 杆件的质心处建立 6 个局部坐标系 S_i-$x_{S_i}y_{S_i}z_{S_i}$ 和 L_i-$x_{L_i}y_{L_i}z_{L_i}$ (i=1, 2, 3)，其中滑块中所有局部坐标系的 z 轴均沿着移动方向，杆件中所有局部坐标系的 z 轴则均垂直于杆件平面。

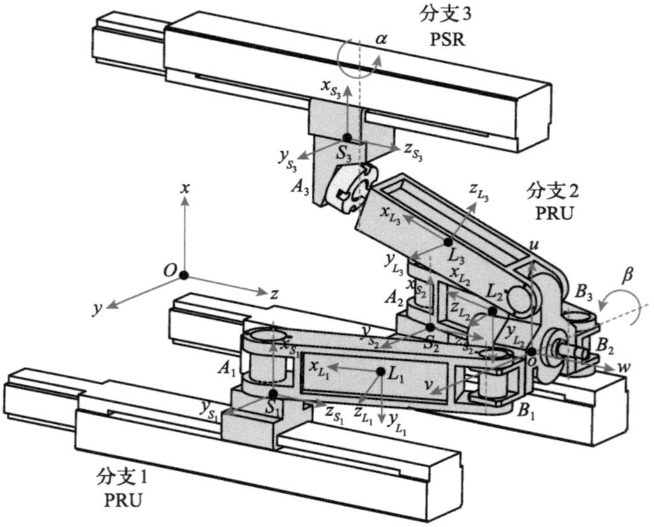

图 6.9　三自由度 2PRU-PSR 并联机器人的局部坐标系分布

通过将三自由度 2PRU-PSR 并联机器人三维模型导入 Adams 软件并根据表 6.3 进行参数设置，可建立其逆动力学模型。在本节中，三自由度 2PRU-PSR 并联机器人逆动力学仿真的试验轨迹定义如下：

$$\begin{cases} z = z_{po} + 50\left(6t^5/t_d^5 - 15t^4/t_d^4 + 10t^3/t_d^3\right) \\ \alpha = \alpha_{po} + \pi\left(6t^5/t_d^5 - 15t^4/t_d^4 + 10t^3/t_d^3\right)/9 \\ \beta = \beta_{po} + \pi\left(6t^5/t_d^5 - 15t^4/t_d^4 + 10t^3/t_d^3\right)/9 \end{cases} \tag{6.40}$$

经过仿真可得到在给定轨迹下三自由度 2PRU-PSR 并联机器人 3 个驱动力的变化情况，其与几何代数法的理论计算结果对比情况如图 6.10 所示。可以发现，基于几何代数法得到的计算结果与 Adams 仿真结果基本一致。

表 6.3　三自由度 2PRU-PSR 并联机器人的参数

机器人部件	质量/kg	局部坐标系下的质心位置/mm	局部坐标系下的惯性矩阵/($kg\cdot m^2$)
滑块 1 和滑块 2	1.2569	(0, 0, 0)	diag(0.1144, 0.2408, 0.2500)×10^{-2}
滑块 3	1.6324	(0, 0, 0)	diag(0.1693, 0.2936, 0.3200)×10^{-2}
RU 杆	2.2038	(0, 0, 0)	diag(0.2020, 1.5788, 1.6821)×10^{-2}
SR 杆	2.0411	(0, 0, 0)	diag(0.1722, 1.1677, 1.2595)×10^{-2}
动平台	1.9095	(31.13, 0, –8.76)	diag(0.2939, 0.3261, 0.3341)×10^{-2}

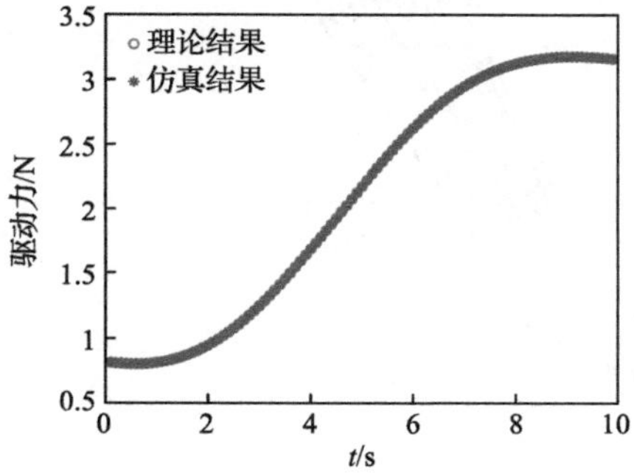

(a) 驱动力 1

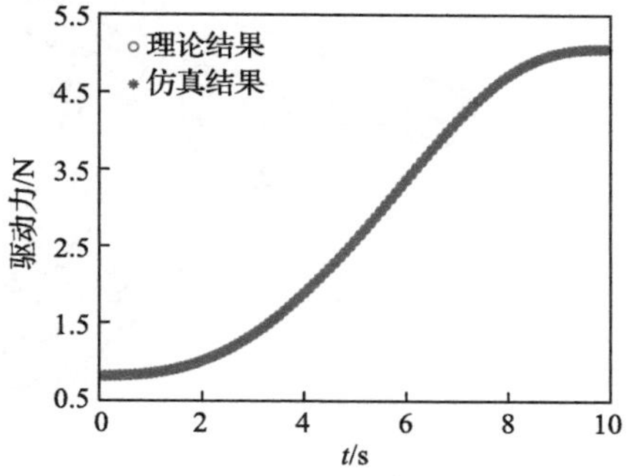

(b) 驱动力 2

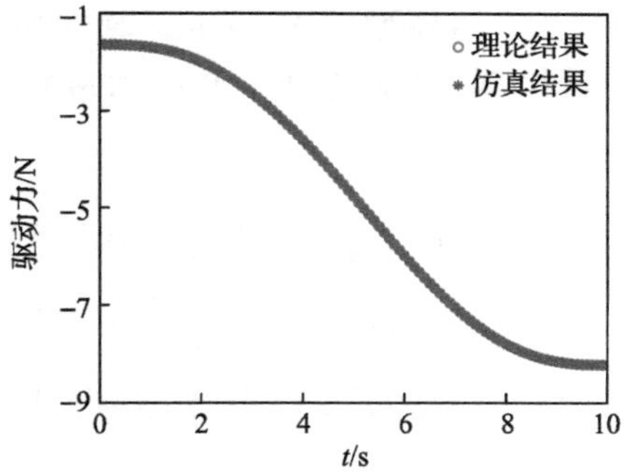

(c) 驱动力 3

图 6.10　三自由度 2PRU-PSR 并联机器人逆动力学理论结果和仿真结果对比情况

6.4.2　算例 2：Tex3 并联机器人的逆动力学建模与验证

图 6.11 为三自由度 Tex3 并联机器人的局部坐标系分布，其动平台通过 3 条分支 A_iB_i (i=1, 2, 3) 和机架相连。分支 1 和分支 2 为结构相同的 PUR 运动分支，分支 3 为 PRU 运动分支，通过驱动三个移动副 (q_1、q_2 和 q_3) 可改变动平台末端点的位姿。定坐标系 $O\text{-}xyz$ 的 x 轴与 OA_1 共线，y 轴沿着 OA_3 方向，z 轴垂直向下。动坐标系 $o\text{-}uvw$ 的原点为 B_1B_2 的中点，其中 u 轴与 oB_1 共线，v 轴沿着 oB_3 方向，w 轴垂直于动平台向下。在 3 个滑块和 UR/RU 杆件的质心处建立 6 个局部坐标系

S_i-$x_{S_i}y_{S_i}z_{S_i}$ 和 L_i-$x_{L_i}y_{L_i}z_{L_i}$ (i=1, 2, 3)，其中滑块中所有局部坐标系的 z 轴均垂直于导轨向下，杆件中所有局部坐标系的 z 轴则均垂直于杆件平面。

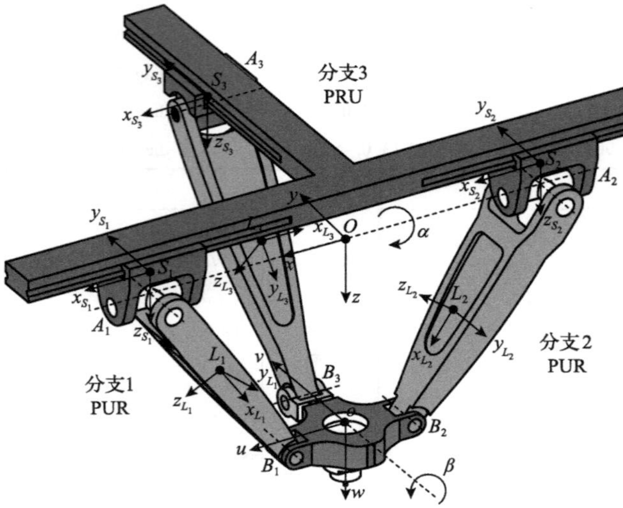

图 6.11　三自由度 Tex3 并联机器人的局部坐标系分布

通过将 Tex3 并联机器人三维模型导入 Adams 软件并根据表 6.4 进行参数设置，可建立其逆动力学三维模型。在本节中，Tex3 并联机器人逆动力学仿真的试验轨迹定义如下：

$$\begin{cases} z = z_{po} + 30\left(6t^5/t_d^5 - 15t^4/t_d^4 + 10t^3/t_d^3\right) \\ \alpha = \alpha_{po} + \pi\left(6t^5/t_d^5 - 15t^4/t_d^4 + 10t^3/t_d^3\right)/6 \\ \beta = \beta_{po} + \pi\left(6t^5/t_d^5 - 15t^4/t_d^4 + 10t^3/t_d^3\right)/6 \end{cases} \tag{6.41}$$

表 6.4　三自由度 Tex3 并联机器人的参数

机器人部件	质量/kg	局部坐标系下的质心位置/mm	局部坐标系下的惯性矩阵/(kg · mm^2)
滑块 1 和滑块 2	0.0770	(0, 0, 0)	diag(10.3657, 16.5780, 17.6225)
滑块 3	0.0705	(0, 0, 0)	diag(6.5686, 7.4954, 4.6471)
UR 杆件	0.1820	(0, 0, 0)	diag(14.4793, 122.8562, 132.72141)
RU 杆件	0.1662	(0, 0, 0)	diag(149.2921, 10.1624, 156.7583)
动平台	0.0910	(0, 0, 0)	diag(10.0910, 18.0041, 25.8856)

经过仿真，可得到在给定轨迹下 Tex3 并联机器人 3 个驱动力的变化情况，其与几何代数法的理论结果对比情况如图 6.12 所示。可以发现，基于几何代数法得

到的计算结果与 Adams 仿真结果基本一致。

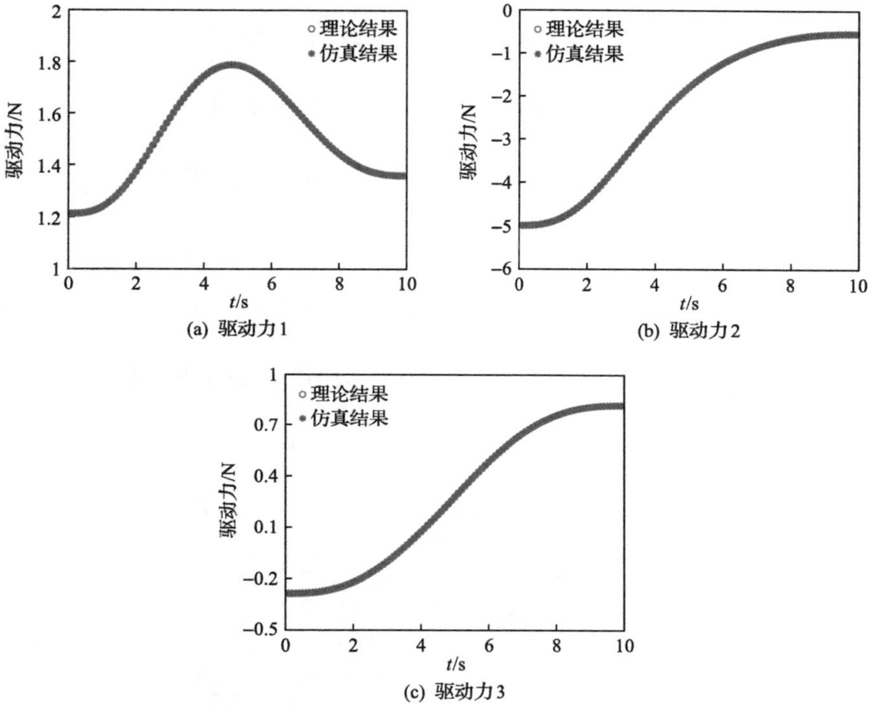

图 6.12　三自由度 Tex3 并联机器人逆动力学理论结果和仿真结果对比情况

6.4.3　算例 3：6-UPS 并联机器人的逆动力学建模与验证

图 6.13 为六自由度 6-UPS 并联机器人的局部坐标系分布，其定平台和动平台通过 6 条相同的 UPS 分支 A_iB_i (i= 1, 2, 3, 4, 5, 6) 连接，均由移动副进行驱动。每条 UPS 分支由两部分组成，即下 UP 杆件和上 PS 杆件。

在六自由度 6-UPS 并联机器人的定平台中建立定坐标系 $O\text{-}xyz$，其中 z 轴垂直于地面向上。在动平台中建立动坐标系 $o\text{-}uvw$，其中 u 轴沿着 oB_5 方向，w 轴垂直于动平台向上，v 轴则可通过右手定则得到。同时，在 6 个下 UP 杆件和上 PS 杆件的质心处建立 12 个局部坐标系 $L_i\text{-}x_{L_i}y_{L_i}z_{L_i}$ 和 $U_i\text{-}x_{U_i}y_{U_i}z_{U_i}$ (i=1, 2, 3, 4, 5, 6)，且设所有局部坐标系的 z 轴沿着杆件的移动方向。

根据 6.3 节中的并联机器人逆动力学建模步骤，可建立六自由度 6-UPS 并联机器人的逆动力学模型。通过将六自由度 6-UPS 并联机器人三维模型导入 Adams 软件并根据表 6.5 进行参数设置，可建立逆动力学三维模型。在本节中，六自由度 6-UPS 并联机器人逆动力学仿真的试验轨迹定义如下：

$$\begin{cases} x = x_{po} + 400\left(6t^5/t_d^5 - 15t^4/t_d^4 + 10t^3/t_d^3\right) \\ y = y_{po} + 400\left(6t^5/t_d^5 - 15t^4/t_d^4 + 10t^3/t_d^3\right) \\ z = z_{po} - 400\left(6t^5/t_d^5 - 15t^4/t_d^4 + 10t^3/t_d^3\right) \\ \alpha = \alpha_{po} + \pi\left(6t^5/t_d^5 - 15t^4/t_d^4 + 10t^3/t_d^3\right)/20 \\ \beta = \beta_{po} + \pi\left(6t^5/t_d^5 - 15t^4/t_d^4 + 10t^3/t_d^3\right)/20 \\ \gamma = \gamma_{po} + \pi\left(6t^5/t_d^5 - 15t^4/t_d^4 + 10t^3/t_d^3\right)/20 \end{cases} \tag{6.42}$$

式中，x_{po}、y_{po}、z_{po}、α_{po}、β_{po}、γ_{po}为六自由度 6-UPS 并联机器人末端点的初始位置和姿态。

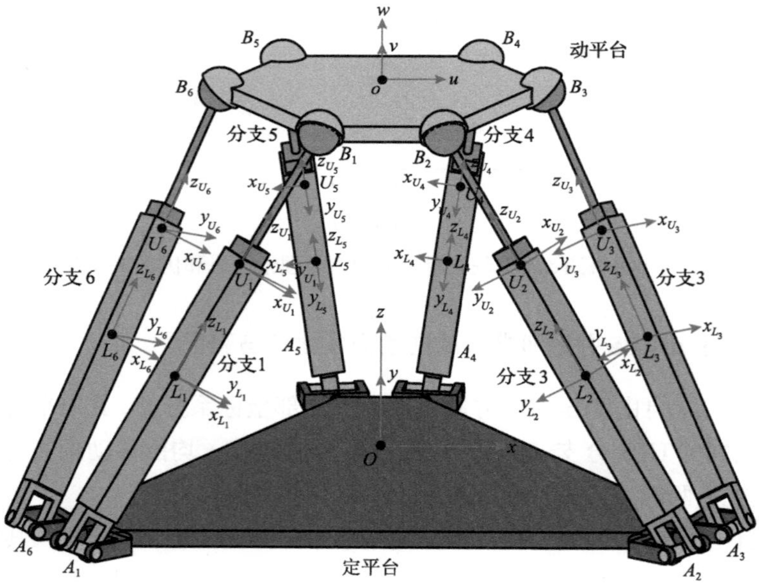

图 6.13　六自由度 6-UPS 并联机器人的局部坐标系分布

表 6.5　六自由度 6-UPS 并联机器人的参数

机器人部件	质量/kg	局部坐标系下的质心位置/mm	局部坐标系下的惯性矩阵/(kg · m²)
UP 杆件	248.2173	(0, 0, 0)	diag(88.5892, 88.4082, 2.5345)
PS 杆件	283.5475	(0, 0, 0)	diag(110.2704, 110.2704, 1.3490)
动平台	1979.2210	(0, 0, 2.92)	diag(411.9101, 411.9104, 819.2123)

经过仿真可得到在给定轨迹下六自由度 6-UPS 并联机器人 6 个驱动力的变化情况，其与几何代数法的理论计算结果对比情况如图 6.14 所示。可以发现，基于几何代数法得到的计算结果与 Adams 仿真结果基本一致。

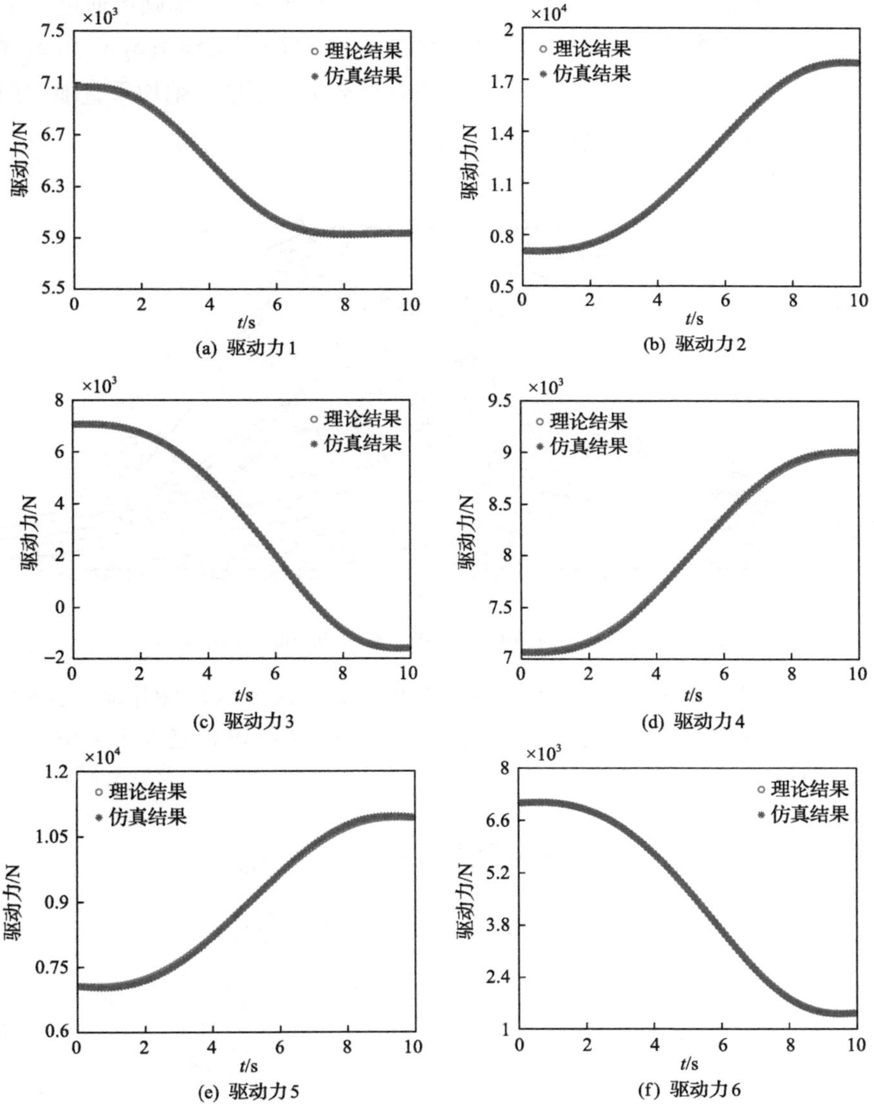

图 6.14　六自由度 6-UPS 并联机器人逆动力学理论结果和仿真结果对比情况

6.4.4　算例 4：6-PSS 并联机器人的逆动力学建模与验证

图 6.15 为六自由度 6-PSS 并联机器人的局部坐标系分布，其定平台和动平台

通过 6 条相同的 PSS 分支 A_iB_i (i=1, 2, 3, 4, 5, 6) 连接，均由移动副进行驱动。每条 PSS 分支由两部分组成，即滑块和 SS 杆件。在六自由度 6-PSS 并联机器人的定平台中建立定坐标系 $O\text{-}xyz$，其中 z 轴垂直于地面向上。在动平台中建立动坐标系 $o\text{-}uvw$，其中 u 轴沿着 oB_1 方向，w 轴垂直于动平台向上，v 轴则可通过右手定则得到。同时，在 6 个滑块和 SS 杆件质心处建立 12 个局部坐标系 $S_i\text{-}x_{S_i}y_{S_i}z_{S_i}$ 和 $L_i\text{-}x_{L_i}y_{L_i}z_{L_i}$ (i= 1, 2, 3, 4, 5, 6)，其中滑块中所有局部坐标系的 z 轴均垂直地面向上，杆件中所有局部坐标系的 z 轴均沿着 A_iB_i 方向。

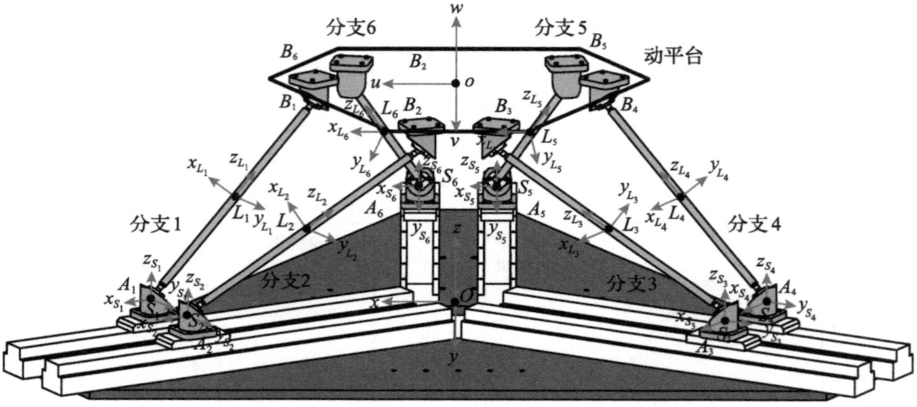

图 6.15　六自由度 6-PSS 并联机器人的局部坐标系分布

通过将六自由度 6-PSS 并联机器人三维模型导入 Adams 软件并根据表 6.6 进行参数设置，可建立其逆动力学三维模型。在本节中，6-PSS 的逆动力学仿真试验轨迹定义如下：

$$
\begin{cases}
x = x_{po} + 25\left(6t^5/t_d^5 - 15t^4/t_d^4 + 10t^3/t_d^3\right) \\
y = y_{po} + 25\left(6t^5/t_d^5 - 15t^4/t_d^4 + 10t^3/t_d^3\right) \\
z = z_{po} - 25\left(6t^5/t_d^5 - 15t^4/t_d^4 + 10t^3/t_d^3\right) \\
\alpha = \alpha_{po} + \pi\left(6t^5/t_d^5 - 15t^4/t_d^4 + 10t^3/t_d^3\right)/18 \\
\beta = \beta_{po} + \pi\left(6t^5/t_d^5 - 15t^4/t_d^4 + 10t^3/t_d^3\right)/18 \\
\gamma = \gamma_{po} + \pi\left(6t^5/t_d^5 - 15t^4/t_d^4 + 10t^3/t_d^3\right)/18
\end{cases}
\tag{6.43}
$$

表 6.6　六自由度 6-PSS 并联机器人的参数

机器人部件	质量/kg	局部坐标系下的质心位置/mm	局部坐标系下的惯性矩阵/(kg · m^2)
滑块	0.0927	(0, 0, 0)	diag (0.3081, 0.3365, 0.4000) ×10^{-4}
SS 杆件	0.3217	(0, 0, 0)	diag (0.6434, 429.2538, 429.2538) ×10^{-5}
动平台	1.1850	(0, 0, 0)	diag (0.2153, 0.2153, 0.4306) ×10^{-1}

经过仿真可得到在给定轨迹下六自由度 6-PSS 并联机器人 6 个驱动力的变化情况，其与几何代数法的理论计算结果对比情况如图 6.16 所示。可以发现，根据所提

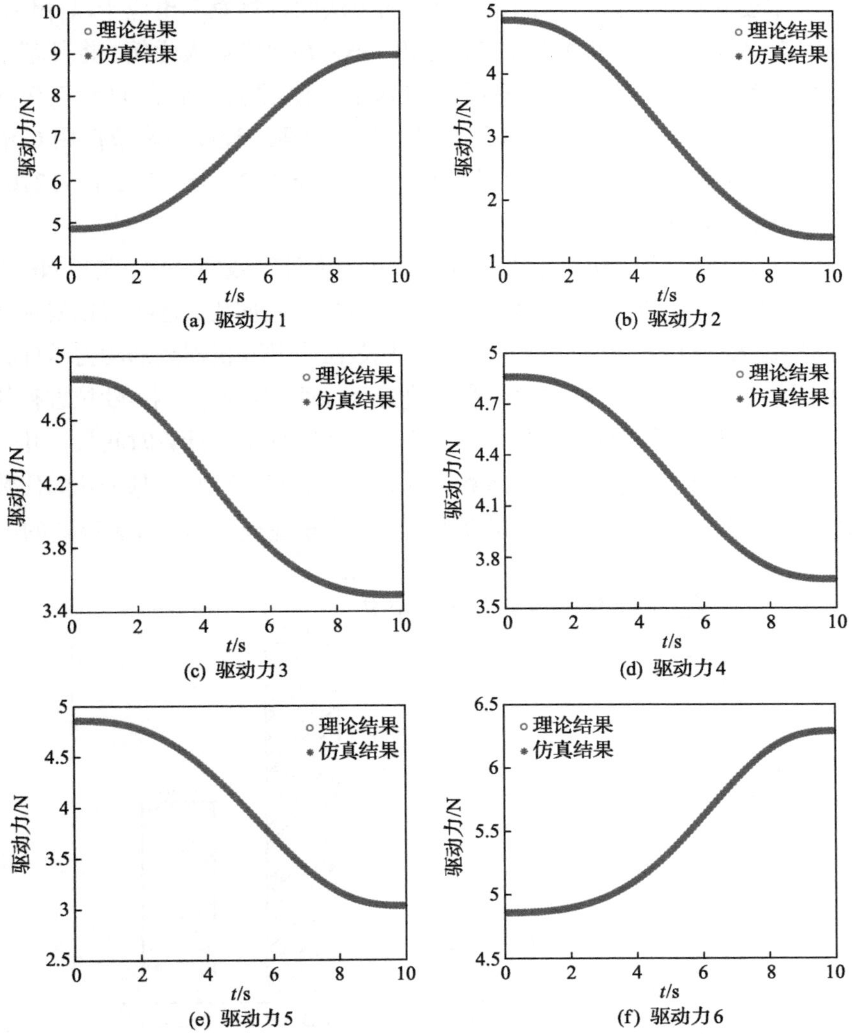

图 6.16　六自由度 6-PSS 并联机器人逆动力学理论结果和仿真结果对比情况

方法得到的计算结果与 Adams 软件仿真结果基本一致。通过上述五个例子证明了基于几何代数的并联机器人解析逆动力学建模方法的正确性，其可替代 Adams 软件的仿真结果。

6.5 几何代数逆动力学建模方法计算效率的逆动力学建模与验证

6.4 节主要验证了所提方法的正确性，而方法的计算效率也应予以评估。本节以六自由度 FANUC 串联机器人和三自由度 Tex3 并联机器人为例，将其基于 6 维几何代数逆动力学建模方法的计算时间与基于牛顿-欧拉方程的自然正交补法进行对比，验证所提方法的计算效率及不同情况下的适用程度。本节使用 C 语言对动力学模型进行编译计算，且所用计算机配置为 Intel® Xeon® CPU E3-1270 v6 @ 3.80GHz 处理器和 16GB RAM。

图 6.17 为两种动力学建模方法下串/并联机器人计算效率对比，其中 NE 表示使用基于牛顿-欧拉方程的自然正交补法，GA 表示使用几何代数法。可以发现两种方法对不同机器人的计算效率并不相同，几何代数法在并联机器人的动力学计算中具有一定优势。这是由于在计算并联机器人的驱动力时，用基于牛顿-欧拉方程的自然正交补法涉及大量高阶矩阵和方程计算，浮点运算次数多，计算时间长；几何代数法则避免了这些过程，减少了浮点运算次数和计算时间。因此，基于几何代数的解析逆动力学建模方法更适用于并联机器人的逆动力学建模，具有计算高效的优点。

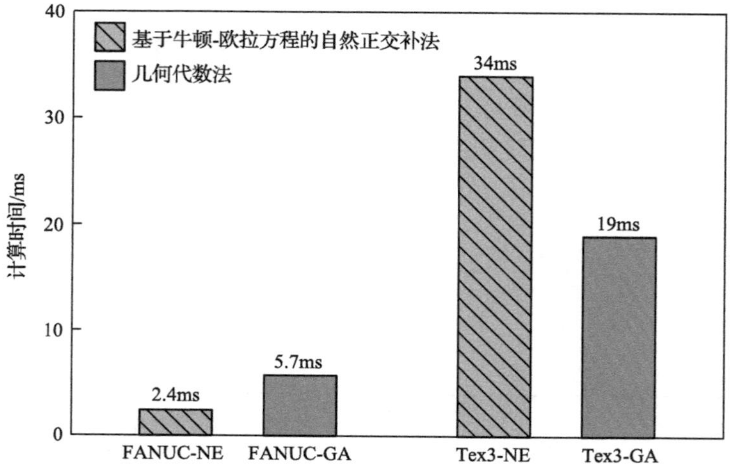

图 6.17 两种动力学建模方法下串/并联机器人计算效率对比

6.6 本章小结

本章以 6 维几何代数 $\mathcal{G}_6$ 为数学工具，提出了串/并联机器人解析逆动力学建模方法。对于串联机器人，利用 6 维几何代数 $\mathcal{G}_6$ 的外积性质，直接确定串联机器人中关节/杆件的速度和加速度，并递推得到驱动力/力矩的解析表达式。对于并联机器人，建立驱动速度和关节被动速度之间的映射关系，推导得到并联机器人中关节/杆件的速度和加速度，结合虚功原理得到驱动力/力矩的解析表达式。在计算关节速度和加速度时，不需要进行求导或微分计算，并且计算过程简单，仅涉及加法和乘法，不需要求解符号线性方程，可用于不同结构的串/并联机器人逆动力学建模。

本章选取两个六自由度串联机器人(FANUC 和 JAKA)、两个 2R1T 三自由度并联机器人(2PRU-PSR 和 Tex3)以及两个六自由度并联机器人(6-UPS 和 6-PSS)作为算例，计算在给定运动轨迹下的驱动力，并通过 Adams 软件仿真结果对比验证了所提方法的有效性。同时，以六自由度串联机器人 FANUC 和三自由度并联机器人 Tex3 为例，将几何代数法与基于牛顿-欧拉方程的自然正交补法进行了计算效率对比，证明所提方法更适用于并联机器人的逆动力学建模，具有计算高效的优点。

参考文献

[1] Siciliano B, Khatib O. Springer Handbook of Robotics[M]. 2nd ed. Heidelberg: Springer, 2016.

[2] Gallardo J, Rico J M, Frisoli A, et al. Dynamics of parallel manipulators by means of screw theory[J]. Mechanism and Machine Theory, 2003, 38(11): 1113-1131.

[3] Chen Z S, Xu L M, Zhang W Z, et al. Closed-form dynamic modeling and performance analysis of an over-constrained 2PUR-PSR parallel manipulator with parasitic motions[J]. Nonlinear Dynamics, 2019, 96(1): 517-534.

[4] Li Y B, Zheng H, Chen B, et al. Dynamic modeling and analysis of 5-PSS/UPU parallel mechanism with elastically active branched chains[J]. Chinese Journal of Mechanical Engineering, 2020, 33(1): 44.

[5] Hestenes D. New Foundations for Classical Mechanics[M]. Dordrecht: Kluwer Academic Publishers, 1999.

[6] Chai X X, Li Q C. Analytical mobility analysis of Bennett linkage using geometric algebra[J]. Advances in Applied Clifford Algebras, 2017, 27(3): 2083-2095.

[7] 徐灵敏, 叶伟, 李秦川. 并联机器人逆动力学建模的几何代数方法[J]. 机械工程学报, 2022, 58(7): 1-11.

[8] Xu L M, Ye W, Li Q C. Design, analysis, and experiment of a new parallel manipulator with two rotational and one translational motion[J]. Mechanism and Machine Theory, 2022, 177: 105064.

[9] Xu L M, Li Q C, Tong J H, et al. Tex3: A 2R1T parallel manipulator with minimum DoF of joints and fixed linear actuators[J]. International Journal of Precision Engineering and Manufacturing, 2018, 19(2): 227-238.

[10] Dasgupta B, Mruthyunjaya T S. A Newton-Euler formulation for the inverse dynamics of the Stewart platform manipulator[J]. Mechanism and Machine Theory, 1998, 33(8): 1135-1152.

[11] Xu W Y, Li Y M, Lu S, et al. Inverse dynamics analysis of a 6-PSS parallel manipulator[C]. International Conference on Intelligent Robotics and Applications, Guangzhou, 2014: 12-23.